“十三五”普通高等教育本科系列教材

MATLAB 基础及应用

（第三版）

主　编　张学敏
副主编　倪虹霞
编　写　吕晓丽　姜　航

中国电力出版社
CHINA ELECTRIC POWER PRESS

内 容 提 要

本书为“十三五”普通高等教育本科系列教材。

MATLAB 是集数学计算、图形处理和程序设计于一体的科学计算软件。本书以全新的编排方式，由浅入深、循序渐进地介绍了 MATLAB 7 的数值计算功能、符号运算功能、数据可视化、图形处理、程序设计、句柄图形和图形用户界面等内容，同时给出了 MATLAB 在电路、信号与系统、数字信号处理、图像处理、自控原理及电力系统仿真方面的应用实例。这些实例令 MATLAB 的学习更加直观、方便，条理更加清晰，也为读者灵活运用 MATLAB 处理实际问题、掌握 MATLAB 的应用技巧提供了思路。

本版书中重点章节后均附有习题，同时书后附带的光盘中配有全书示例的相关代码及习题答案。

本书可作为普通高等院校理工科学生学习 MATLAB 语言的教材和参考书，也可作为广大科技工作者和爱好 MATLAB 语言的学习者们的参考资料。

图书在版编目（CIP）数据

MATLAB 基础及应用/张学敏主编．—3 版．—北京：中国电力出版社，2018.4（2024.5 重印）
“十三五”普通高等教育本科规划教材
ISBN 978-7-5198-1892-0

Ⅰ. ①M… Ⅱ. ①张… Ⅲ. ①Matlab 软件－高等学校－教材 Ⅳ. ①TP317

中国版本图书馆 CIP 数据核字（2018）第 066836 号

出版发行：中国电力出版社
地　　址：北京市东城区北京站西街 19 号（邮政编码 100005）
网　　址：http://www.cepp.sgcc.com.cn
责任编辑：张　梅（010-63412548　10317085@qq.com）
责任校对：黄　蓓　李　楠
装帧设计：王英磊　赵姗姗
责任印制：钱兴根

印　　刷：北京雁林吉兆印刷有限公司
版　　次：2009 年 1 月第一版　2018 年 4 月第三版
印　　次：2024 年 5 月北京第二十二次印刷
开　　本：787 毫米×1092 毫米　16 开本
印　　张：20.75
字　　数：507 千字
定　　价：49.80 元

前　言

本书自2012年2月第二版起到此次再版期间，部分章节内容均有或多或少的补充或修改。由于 MATLAB 版本的不断更新，其工作环境界面在形式上也随之有所变化。本书是以 MATLAB7.1 版对 MATLAB 展开介绍的，鉴于新版本的出现，本次再版第一章增加了对 MATLAB R2014a 版的工作环境界面介绍一节，由于安装和卸载应用软件已是操作电脑者的一项熟练技能，故删去了原有的 MATLAB 的安装和卸载一节。事实上，无论哪个版本，MATLAB 工作环境的四个经典窗口（命令窗口、命令历史窗口、工作空间窗口和当前路径窗口）均没变，无论安装哪个版本，只要读者反复练习，勤于实践，即使遇到不是自己经常使用的版本，也会很快适应的。为了进一步满足广大读者的需求，本次再版还在以下三个方面做了补充。

（1）第二章第三节矩阵的乘法运算和除法运算的讲解更靠近线性代数知识点，尤其在矩阵的除法运算上，通过求解一个三元一次线性方程组的方式加以介绍，更易理解。

（2）第七章第二节关于图形用户界面的向导设计，将原来三个图形在控件作用下，分别画在同一个坐标轴里的操作，补充了将三个图形分别画在三个不同的坐标轴里的情形，这样更便于观察，也利于读者在利用图形用户界面 GUI 时根据实际情况灵活选择。

（3）第十一章增加了第七节 MATLAB 在通信原理课程中的应用，将 MATLAB 的应用又做了进一步延展。

另外，本书的 PPT 文档及书中例题可在中国电力出版社网站下载使用（http://jc.cepp.sgcc.com.cn）。

本书的编者希望读者继续提出宝贵的意见和建议，让我们在学习 MATLAB 的过程中共同进步！来信请发送至 ccitzhxm@126.com。

编　者

2018年2月

作者的声音！

第一版前言

MATLAB（Matrix Laboratory）是美国 MathWorks 公司于 20 世纪 80 年代开发的一种可视化科学计算软件，是界面友好且开放性很强的大型优秀应用软件。它将矩阵运算、数值分析、图形处理、图形用户界面和编程技术有机结合在一起，为用户提供了一个强有力的工程问题分析、计算及程序设计的工具。在发达国家，MATLAB 早已在工程院校普及。在中国，学习和使用 MATLAB 的人也越来越多，很多理工科高等院校开设了 MATLAB 课程，它已成为广大读者在数值分析、数字信号处理、自动控制理论以及工程应用等方面的首选工具。

作者在多年从事 MATLAB 教学的基础上，编写了本教材，在编写过程中还精心选择了具有代表性的例题，通过这些例题可以帮助读者理解 MATLAB 的基本命令并熟悉 MATLAB 的使用，从而进一步满足广大读者学习 MATLAB 的需要。

本书是按以下的指导思想来组织的：

（1）前十章是 MATLAB 语言的基础知识。MATLAB 语言的内容极其丰富，本书不可能涵盖 MATLAB 的所有内容，但通过这部分内容的学习，可以帮助读者了解 MATLAB 语言的基本内容框架，为读者体会 MATLAB 神奇魅力的探索之路上提供前进的路标。

（2）最后一章是 MATLAB 的综合应用，主要是在电路、信号与系统、数字信号处理、图像处理和电力系统仿真上的应用。这部分内容充分体现了 MATLAB 的科学计算能力和数据可视化特点。在数字信号处理应用方面充分使用了 MATLAB 的信号处理工具箱（MATLAB 中有许多应用在不同领域的工具箱，它们是用 MATLAB 基本语句编成的子程序集），应用工具箱可以进一步简化编程，为解决复杂问题提供高效的办法。在电力系统仿真应用方面充分利用了动态系统仿真工具 Simulink。

（3）对应用部分涉及的相关内容，本书不再做理论推导，而是直接利用教材上的现有结论来重点讨论如何利用这些结论和 MATLAB 编程解决实际问题，通过可视化结果来加深对理论的理解。

（4）读者不要忽视本书“提示”部分内容，它是所在章节的相关内容的补充，也是学习 MATLAB 的关键之处。

本书由孟祥萍教授主审。全书共分十一章，第一、第七章由姜航老师编写；第二、第十和第十一章及附录 A 和附录 B 由张学敏老师编写；第三、第四、第五章由吕晓丽老师编写；第六、第八、第九章由倪虹霞老师编写。刘春雷协助完成全书的版式设计工作。

本书主要介绍 MATLAB 7 的使用方法和技巧，同时兼顾 MATLAB 6.x 版本。书中列举的大量实例，可以帮助读者在最短的时间内熟悉 MATLAB，并开发和设计自己的 MATLAB 程序。

如果本书能为您学习 MATLAB 带来帮助，将是作者的无限欣慰。作为本书的作者，我们衷心期望您能为本书提出宝贵的意见和建议。例如：哪些章节还需要进一步修改？还应增加哪些内容？哪部分内容还需更详尽一步？您可以通过以下的 E-mail 与我们联系，ccitzhxm@126.com。

编　者

第二版前言

本书第一版出版以后，有很多读者希望本教材能提供相应的习题，以便于读者自学练习。在教材编写之初，编者也考虑过习题部分，但由于 MATLAB 语言作为一门工具类课程，仅凭有限的习题是不能把握其精髓的，需要学习者在熟悉相关内容后，自主做大量的练习，这是非常必要的。考虑到读者的需求，本书在第二版增加了习题。这些习题是编者在学习和使用 MATLAB 的过程中的总结和提炼。习题主要分布在第二章、第四章、第五章、第六章、第七章、第八章、第十章和第十一章，第二版教材主要特点如下：

（1）第六、第七、第八、第十、第十一章习题原创性强，特色鲜明；

（2）习题后附有习题求解的参考代码；

（3）第十章增加了 Simulink 的典型实例；

（4）第十一章增加了在自控原理课程中的应用内容；

（5）配有例题和习题的 MATLAB 代码光盘；

（6）在出版社网站（http://jc.cepp.sgcc.com.cn）挂有本教材的 PPT 课件。

限于编者水平，书中难免会有不妥之处，恳请广大读者批评指正。

编者联系方式：ccitzhxm@126.com。

编　者

2012 年 1 月

目　录

第一章　MATLAB 概述

第一节　MATLAB 简介

MATLAB 是一种高效的科学及工程计算语言，它将计算、可视化和编程等功能集于一体，广泛地应用于数学分析、计算、自动控制、系统仿真、数字信号处理、图像处理、数理统计、人工智能、通信工程和金融系统等领域。

一、MATLAB 的发展历史

MATLAB 是 Matrix Laboratory（矩阵实验室）的缩写，它是以线性代数软件包 LINPACK 和特征值计算软件包 EISPACK 中的子程序为基础发展起来的一种开放性程序设计语言。20 世纪 80 年代初期，Cleve Moler 和 John Little 采用 C 语言改写了 MATLAB 内核，不久他们便成立了 Mathworks 软件开发公司，并将 MATLAB 正式推向市场。经过几十年的发展和完善，MATLAB 成为国际认可的最优化的科技应用软件。

MATLAB 软件从 1984 年推出的第 1 个版本到目前发布的 MATLAB R201x，工作环境界面有了很大的改进和增补，增加了许多新功能和更为有效的处理方法。

二、MATLAB 的主要特点

MATLAB 是一个交互式系统（写程序与执行命令同步），这一点在命令窗口（Command Window）表现最为突出。当用户在命令窗口提示符后输入表达式或调入 M 文件，按 Enter 键后，MATLAB 会很快将运算结果以数据或可视化图形的形式显示出来，为用户解决许多工程实际问题提供了方便，特别是那些包含了大矩阵或数组的工程计算，采用 MATLAB 编程解决工程问题比采用仅支持标量和非交互式的编程语言（如 C 语言和 Fortran 语言）更加方便、高效。

MATLAB 的一个重要特色就是它有一套程序扩展系统和一组称为工具箱（Toolboxes）的特殊应用子程序。工具箱是 MATLAB 函数的子程序库，每一个工具箱都是为某一类学科专业定制的，主要包括信号处理、控制系统、神经网络、模糊逻辑、小波分析和电力系统仿真等方面的应用。

MATLAB 版本无论如何更替，其人性化的、简洁明了的四个窗口仍然存在，它们是命令窗口（Command Window）、工作空间窗口（Work Space）、命令历史记录（Command History）窗口和当前路径窗口（Current Directory）。本书 MATLAB 的工作环境是 MATLAB 7.1 版本，从 MATLAB 7.1 版本开始，添加和修改了一些内核数值算法，除了支持双精度类型的数组运算外，还能支持其他数据类型的数学运算，比如符号型。

MATLAB 7 的其他新特性如下。

1. 开发环境

（1）新的用户界面环境和开发环境，使用户可以更方便地控制多个文件和图形窗口，用户可以按照自己的习惯来定制桌面环境，还可以为常用的命令定义快捷键。

（2）功能更强的数组编辑器和工作空间浏览器，使用户可以更方便地浏览、编辑图形化变量。

（3）更强大的 M 文件编辑器，用户可以选择执行 M 文件中的部分内容等。

2. 编程

（1）支持函数嵌套、有条件中断点。

（2）可以用匿名函数来定义单行函数等。

3. 数值处理

（1）整数算法，方便用户处理更大的整数。

（2）单精度算法、线性代数、FFT 和滤波，方便用户处理更大的单精度数据等。

4. 图形化

（1）新的绘图界面窗口，使用户可以不必通过输入 M 函数代码而直接在绘图界面窗口中交互式地创建并编辑图形。

（2）用户可以直接从图形窗口中生成 FIG 文件，可以多次重复地执行用户自定义的作图。

（3）更强大的图形标注和处理功能。

（4）数据探测工具，用户可以在图形窗口中方便地查询图形上某一点的坐标值。

（5）功能更强大的图形句柄等。

5. 图形用户界面

（1）面板和分组按钮使得用户可以对用户界面的控件进行分组。

（2）用户可以直接在 GUIDE 中访问 ActiveX 控件。

总的来说，MATLAB 7.x 是对 MATLAB 版本演进过程中的又一次改进，基本操作及功能并没有显著变化，几乎所有用 MATLAB 6.x 编写的代码都可以不加修改地在 MATLAB 7.x 中运行。MATLAB 7.x 新增和改进的大部分特性都是为了使用户在利用 MATLAB 解决问题时取得更高的工作效率。

三、MATLAB 的基本组成

MATLAB 系统包括 5 个主要部分。

（1）MATLAB 语言：一种高级矩阵语言，带有独特的数据结构、输入输出、流程控制语句、函数及面向对象的特点。它集计算、数据可视化和程序设计于一体，并能将问题和解决方案以用户熟悉的数学符号表示出来。

（2）MATLAB 数学函数库：一个包含大量数学函数的集合，包括最简单、最基本的加法、减法、正弦、余弦等函数到矩阵的转置、分解和信号的快速傅里叶变换等较复杂的函数。

（3）工作环境：一个集成了许多应用程序和工具的工作空间。这些工具可以方便用户使用 MATLAB 的函数和文件，包括命令窗口、命令历史窗口、工作空间窗口、编辑器和调试器、路径搜索和在线帮助文档等。

（4）图形处理：用 MATLAB 可以将向量和矩阵以图形的形式表示出来，并且可以对图形进行标注和打印。低层次的作图包括直角坐标作图、极坐标作图和符号图形等，高层次的作图包括三维数据可视化、图像处理、动画等。

（5）MATLAB 应用程序接口（API）：这是一个库，它允许用户编写可以和 MATLAB 进行交互的 C 或 Fortran 语言程序。比如，从 MATLAB 中调用 C 和 Fortran 程序、输入和输出数据，以及与其他应用程序之间建立关系。

第二节　MATLAB 应用开发环境

在本书第二版和第一版中，均有关于 MATLAB 安装的介绍，鉴于安装应用软件对于读者来说，只要按照安装提示一步一步操作即可，此版省略了这部分内容的介绍。现在读者使用的电脑配置大多符合安装条件要求。本节仅介绍 MATLAB 7.1 的工作环境界面，使读者掌握 MATLAB 7.1 软件的基本操作方法。

MATLAB 7.x 的工作界面主要由菜单栏、工具栏、当前目录窗口、工作空间窗口、历史命令窗口和命令窗口组成，如图 1-1 所示。

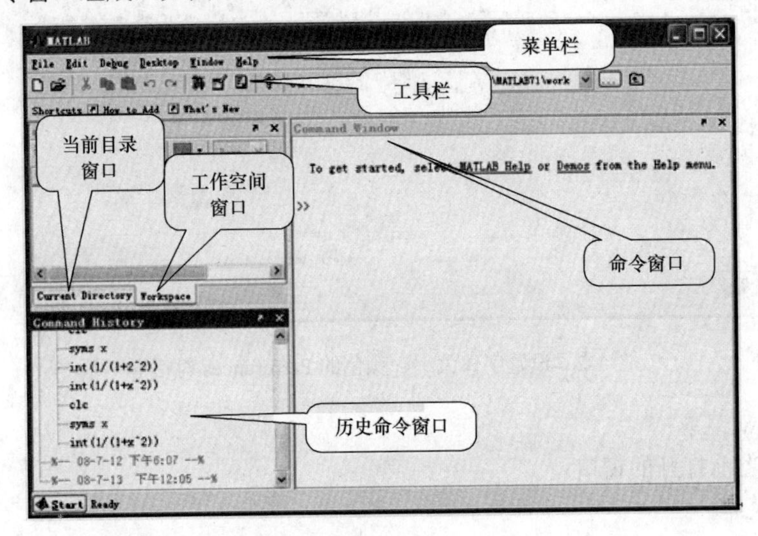

图 1-1　MATLAB 7 工作界面

一、菜单栏和工具栏

MATLAB 7.x 的菜单栏和工具栏与 Windows 程序的界面类似，用户只要稍加实践就可以掌握其功能和使用方法。菜单栏的内容会随着在命令窗口中执行不同命令而作出相应改变，这里只简单介绍默认情况下的菜单栏和工具栏。

1. File 菜单

- Import Data：向工作空间导入数据；
- Save Workspace As：将工作空间的变量存储在某一文件中，文件的扩展名为 mat；
- Set path：搜索路径设置对话框；
- Preferences：环境参数设置对话框，比如可以设置 MATLAB 界面各个窗口字体大小、颜色等参数，如图 1-2 所示。

2. Edit 菜单

主要用于复制、粘贴等操作，与一般的 Windows 程序类似，在此不作详细介绍。

3. Debug 菜单

用于程序的调试。

4. Desktop 菜单

用于设置主窗口中需要打开的窗口和对窗口进行布局。

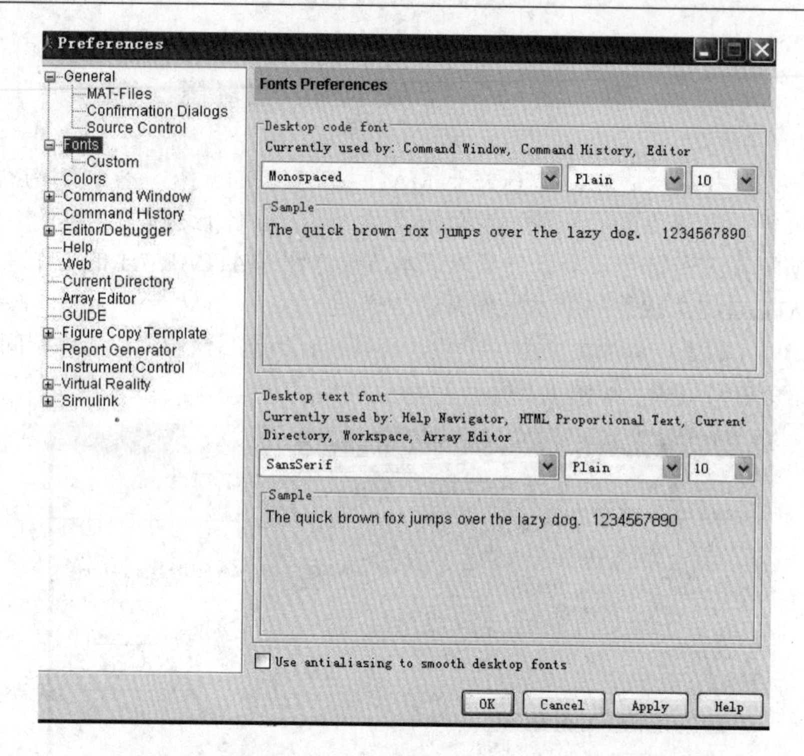

图 1-2　设置字体大小、颜色的 Preferences 对话框

5. Window 菜单

列出所有当前打开的窗口。

6. Help 菜单

用于选择打开不同的帮助系统。

下面介绍“工具栏”中部分按钮的功能。

：进入 Simulink 工作环境；

：打开图形用户界面设计窗口；

：打开帮助系统；

Current Directory: C:\Program Files\MATLAB71\work ：设置当前目录。

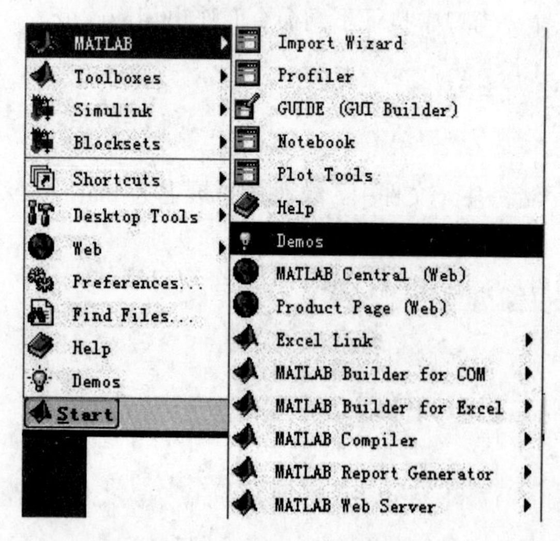

图 1-3　Start 按钮下的各种工具

单击主窗口左下角的【Start】按钮，可以直接打开各种 MATLAB 7 工具，如图 1-3 所示。单击各菜单可以浏览其内部内容，实际上，这是对安装者所安装的 MATLAB 的一个完整介绍。

二、命令窗口

MATLAB 的命令窗口如图 1-4 所示，其中“>>”为运算提示符，表示 MATLAB 处于准备状态。当在提示符后输入运算表达式或一段程序后，按 Enter 键，MATLAB 会给出计算结果或程序执行结果，并再次进入准备状态。

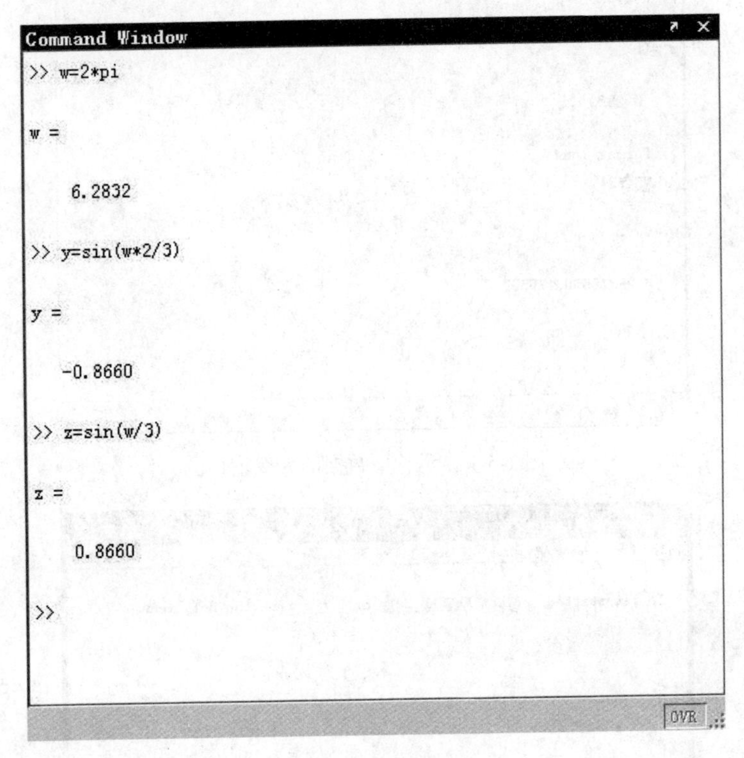

图 1-4　命令窗口

图 1-4 命令窗口里显示的数据是 MATLAB 的默认数据格式（format short），在此顺便给出 MATLAB 数据的不同显示格式，见表 1-1。

表 1-1　　MATLAB 数值显示格式

格式		对应结果	
命令	含义	4/3	1.2345e-6
format short	短格式	1.3333	0.0000
format short e	短格式 e 方式	1.3333e+000	1.2345e-006
format short g	短格式 g 方式	1.3333	1.2345e-006
format long	长格式	1.33333333333333	0.00000123450000
format long e	长格式 e 方式	1.333333333333333e+000	1.234500000000000e-006
format long g	长格式 g 方式	1.33333333333333	1.234500000000000e-006
format hex	十六进制格式	3ff5555555555555	3eb4b6231abfd271
format rat	分数格式	4/3	1/810045

若要以 format long 的数据格式重新显示数据，则图 1-4 命令窗口中的内容变为如图 1-5 所示的内容。

另外，单击命令窗口右上角的↗按钮，可以使命令窗口脱离主窗口而成为一个独立的窗口，如图 1-6 所示。

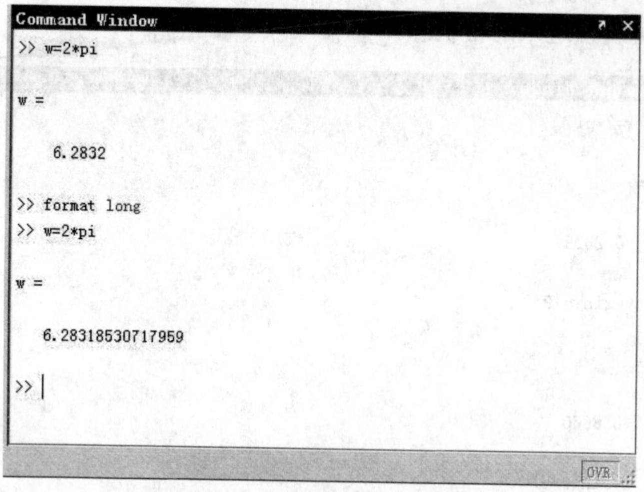

```
Command Window
>> w=2*pi

w =

    6.2832

>> format long
>> w=2*pi

w =

   6.28318530717959

>>
OVR
```

图 1-5 显示长型数据的命令窗口

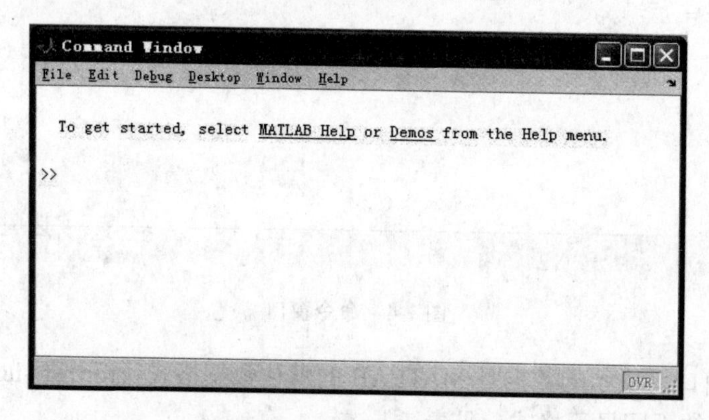

图 1-6 独立的命令窗口

若在命令窗口中选中某一表达式，然后单击鼠标右键，则弹出如图 1-7 所示的上下文菜单，通过不同的命令可以对选中的表达式进行相应的操作。

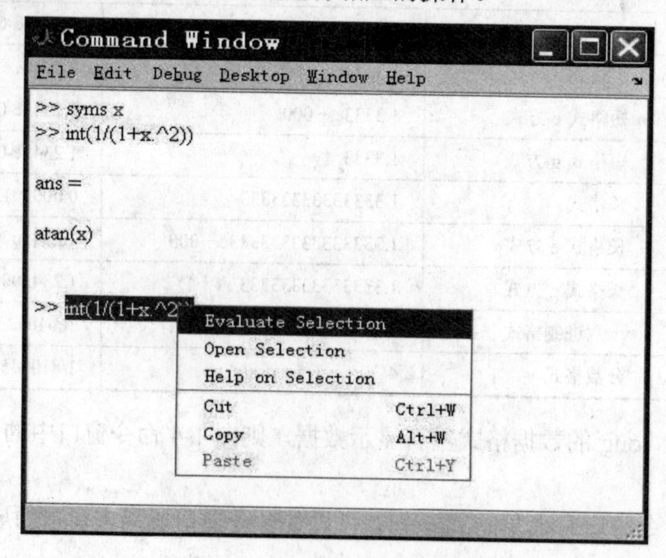

图 1-7 命令窗口的上下文菜单

三、工作空间窗口

在工作空间窗口中将显示目前内存中所有的 MATLAB 变量的变量名、变量值、字节数以及类型等信息，不同的变量分别对应不同的变量名图标，如图 1-8 所示。

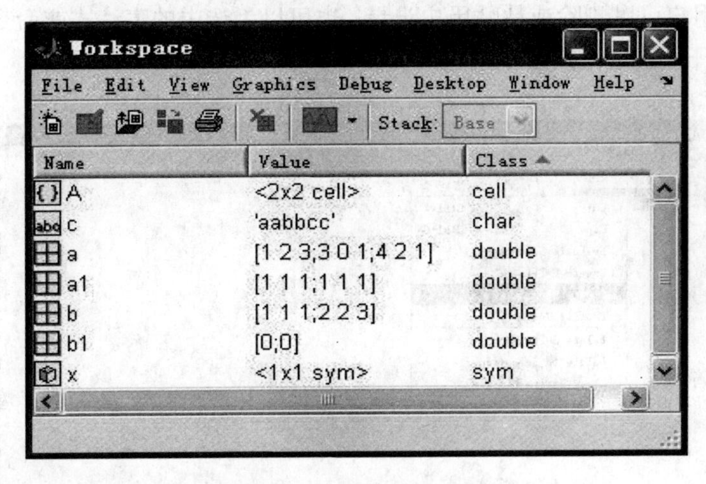

图 1-8 工作空间窗口中变量

下面介绍 Workspace 窗口中部分按钮的功能。

：向工作空间添加新的变量；

：打开在工作空间中选中的变量；

：向工作空间中导入数据文件；

：保存工作空间中的变量；

：删除工作空间中的变量；

：绘制工作空间中的变量，可以用不同的绘制命令来绘制变量，如图 1-9 所示。

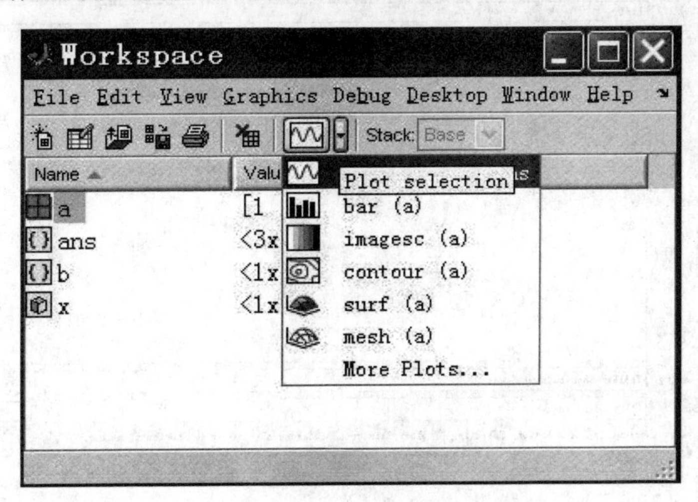

图 1-9 工作空间中不同的绘制变量命令

四、命令历史窗口

该窗口主要用于记录 MATLAB 所有执行过的命令，在默认设置下，该窗口会保留自安装以来使用过的所有命令的历史记录，并标明使用的时间。同时，用户可以通过双击某一历史命令来重新执行该命令。与命令窗口类似，该窗口也可以成为一个独立的窗口。

在该窗口中选中某个表达式，然后单击鼠标右键，弹出如图 1-10 所示的上下文菜单。通过上下文菜单，用户可以删除或粘贴历史记录；也可以为选中的表达式或命令创建一个 M 文件；还可以为某一段表达式或命令创建快捷按钮。

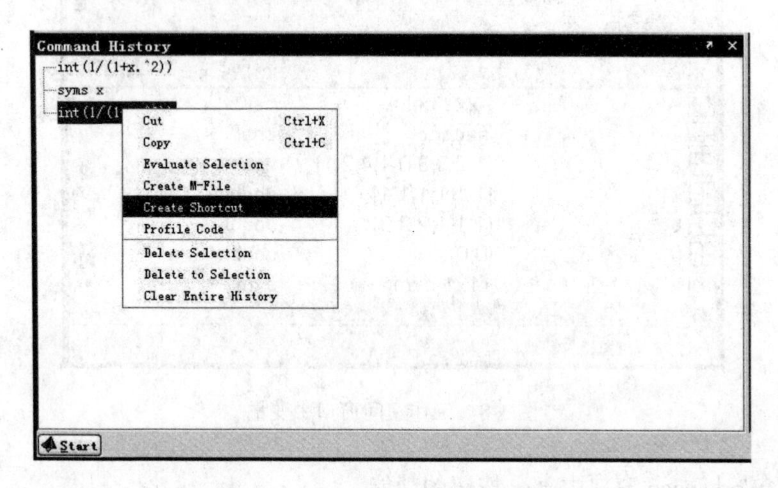

图 1-10 历史命令窗口的上下文菜单

下面以创建表达式的快捷键为例，对上述内容加以演示。

（1）在命令历史窗口选中表达式 int [1/（1+x.^2)]，单击鼠标右键后，再选择图 1-10 中的 Create Shortcut 命令，弹出如图 1-11 所示的“快捷键设置”对话框。

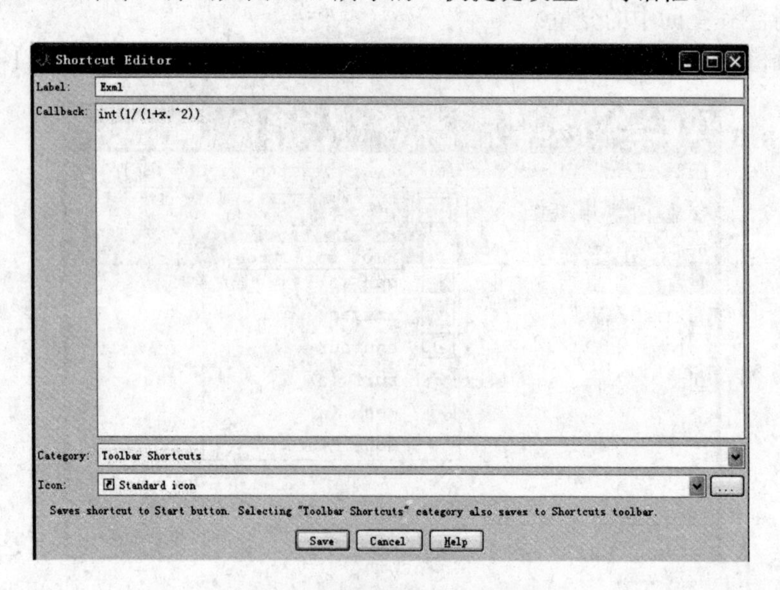

图 1-11 “快捷键设置”对话框

（2）按照图 1-11 进行快捷键的设置，快捷键命名为 Exml，然后单击 Save 按钮，注意观察工具栏 Shortcuts 栏的变化，如图 1-12 所示。

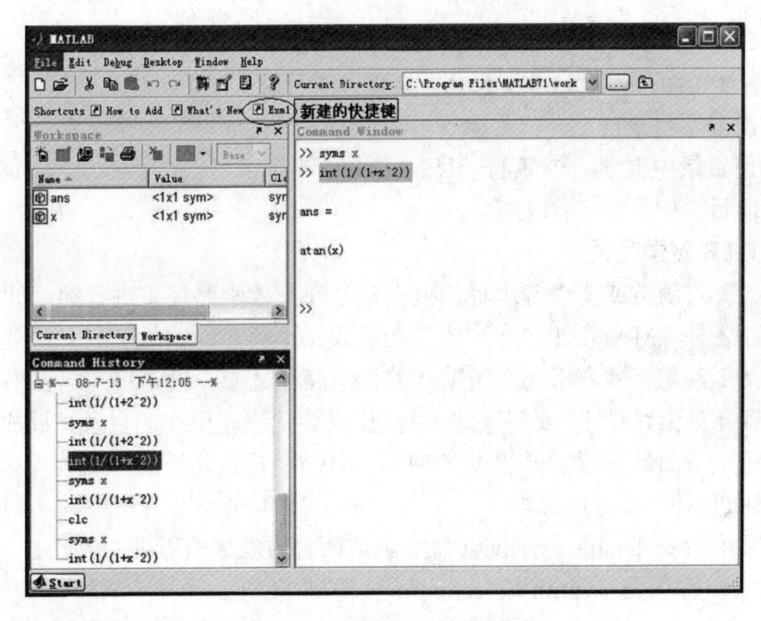

图 1-12 创建表达式的快捷键

（3）单击新加入的快捷按钮，命令窗口中会显示相应命令执行结果。

```
ans =
atan(x)
>>
```

用户还可以直接按住鼠标左键不放，将所选中的历史命令直接拖到 Shortcuts 栏中，这样也可以为所选命令创建快捷键。

五、当前目录窗口

在当前目录窗口中可显示或改变当前目录，还可以显示当前目录下的文件以及完成搜索功能。与命令窗口类似，该窗口也可以成为一个独立的窗口，如图 1-13 所示。

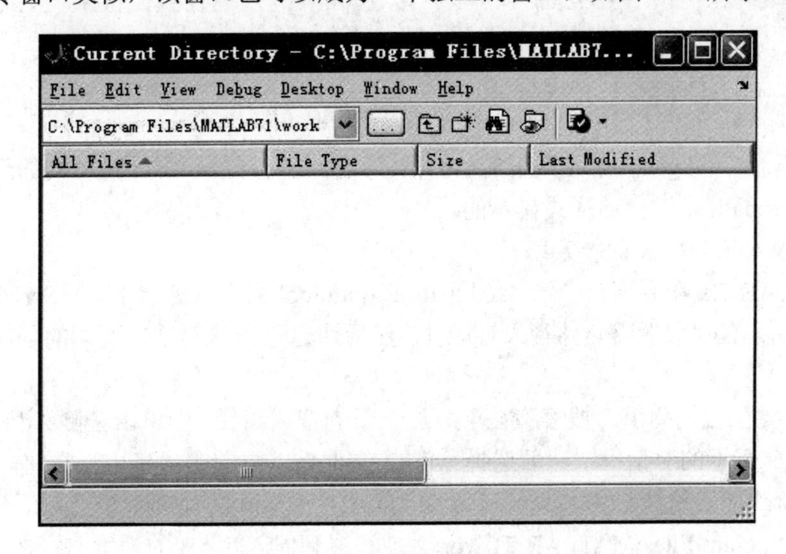

图 1-13 独立的当前目录窗口

下面介绍 Current Directory 窗口中部分按钮的功能。

C:\Program Files\MATLAB71\work ：显示并改变当前目录。

：进入所显示目录的上一级目录。

：在当前目录中创建一个新的子目录。

：在当前目录中查找一个文件。

六、MATLAB 搜索路径

MATLAB 7.x 对函数或文件等进行的搜索都是在其搜索路径下进行的。如果用户调用的函数在搜索路径之外，MATLAB 7.x 则认为此函数并不存在。一般情况下，MATLAB 7.x 系统的函数（包括工具箱函数）都在系统默认的搜索路径之中，但是用户自己书写的函数则有可能并没有保存在搜索路径下，要解决这个问题，只要把程序所在的目录扩展成 MATLAB 7.x 的搜索路径即可。下面就向读者介绍设置 MATLAB 7.x 搜索路径的方法。

1. 查看 MATLAB 7.x 的搜索路径

可以通过菜单命令和 path，genpath 命令函数两种方法来查看搜索路径。

在命令窗口中输入命令 path 或 genpath 可得到 MATLAB 7.1 的所有搜索路径，代码如下：

```
>> path
MATLABPATH
C:\ Program Files\ MATLAB 71\ toolbox\ MATLAB\ general
C:\ Program Files\ MATLAB 71\ toolbox\ MATLAB\ ops
C:\ Program Files\ MATLAB 71\ toolbox\ MATLAB\ lang
C:\ Program Files\ MATLAB 71\ toolbox\ MATLAB\ elmat
…
C:\ Program Files\ MATLAB 71\ work
>>genpath
ans =
     C:\ Program Files\ MATLAB 71\ toolbox;C:\ Program Files\ MATLAB 71\
     toolbox\ aeroblks;C:\ Program Files\ MATLAB 71\ toolbox\ aeroblks\
     aeroblks;C:\ Program Files\ MATLAB 71\ toolbox\ aeroblks\ aeroblks\
     ja;C:\ Program Files\ MATLAB 71\ toolbox\ aeroblks\ aerodemos;C:\ Program
     Files\ MATLAB 71\ toolbox\ aeroblks\ aerodemos\ HL20;C:\ Program Files\
     MATLAB 71\ toolbox\ aeroblks\ aerodemos\ HL20\ Models;C:\ Program Files\
     MATLAB 71\ toolbox\ aeroblks\ aerodemos\ html;…
```

执行 Path 命令和 genpath 命令所显示的搜索路径是一样的，Path 是以列的形式显示搜索路径的，而 genpath 是以行的形式显示的。

2. 设置 MATLAB 7.x 的搜索路径

在 MATLAB 7.x 命令窗口中输入 editpath 或 pathtool 命令或通过 File→Set Path 命令，进入如图 1-14 所示的“设置搜索路径”对话框，然后通过单击该对话框左侧的功能按钮即可编辑搜索路径。

例如，若要在右侧列出的搜索路径下添加一新的搜索路径，则单击左侧 Add Folder 按钮，打开如图 1-15 所示的对话框，然后选择 work2 文件夹，再单击“确定”按钮，这时图 1-14 的上方显示新的搜索路径 C:\Program Files\MATLAB 71\work2，如图 1-16 所示，最后单击 Save 按钮，则 C:\Program Files\MATLAB 71\work2 被扩展到 MATLAB 的搜索路径之下了。关于其他按钮的功能，读者可以自行一试，操作简单易行，这里不再多述。

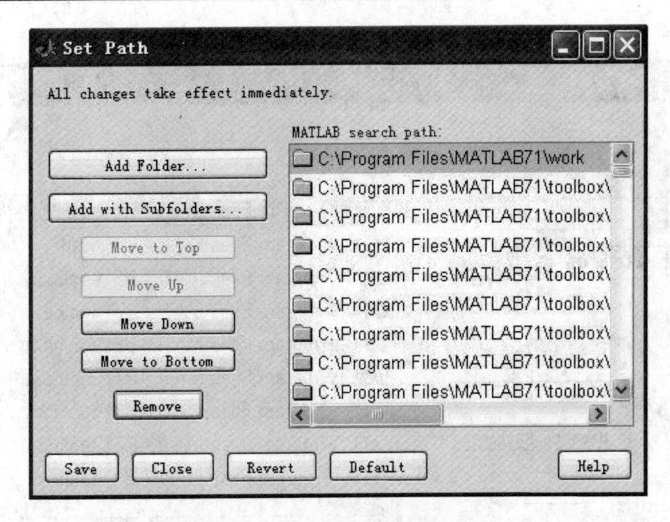

图 1-14 “设置搜索路径”对话框

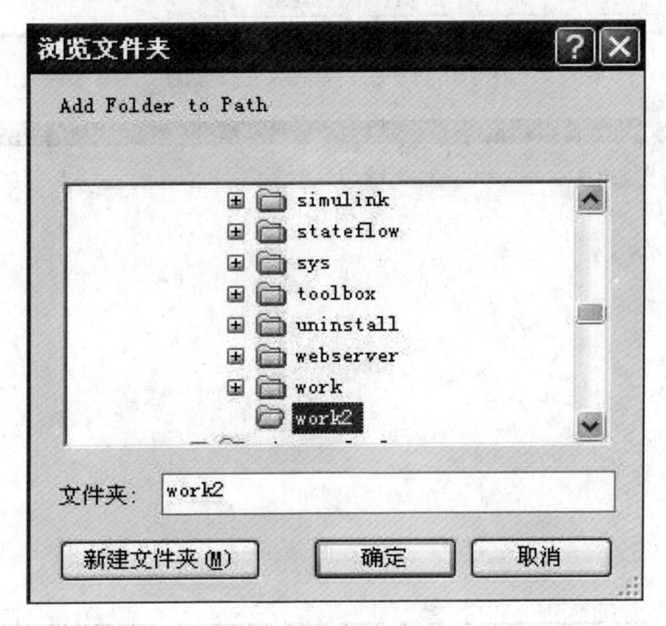

图 1-15 添加新的文件夹

七、M 文件编辑器

MATLAB 的命令文件和函数文件都是扩展名为.m 的文件，通常称之为 M 文件。M 文件是纯文本文件，可以用任何文本编辑器编辑，但 MATLAB 的开发环境中包括了专门的 M 文件编辑器，该编辑器不但提供了 M 文件的编辑功能，同时还与 MATLAB 的开发环境一起实现了 MATLAB 命令文件和函数文件的运行和调试。新建一个 MATLAB 的命令文件或函数文件时，空 M 文件编辑器如图 1-17 所示。

在编辑/调试窗口的菜单中有许多通用的菜单命令，与其他软件的使用方法相似，这里只介绍几个有特定功能的菜单项。

Edit 菜单中有一组特别的操作命令，用于程序行的查找，这对程序开发过程中内容的查找和修改是非常有用的。

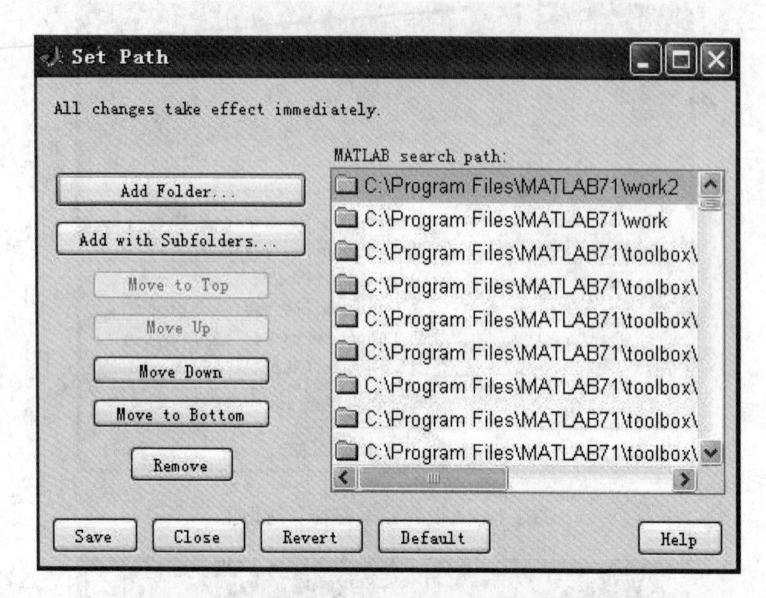

图 1-16　增添新搜索路径的对话框

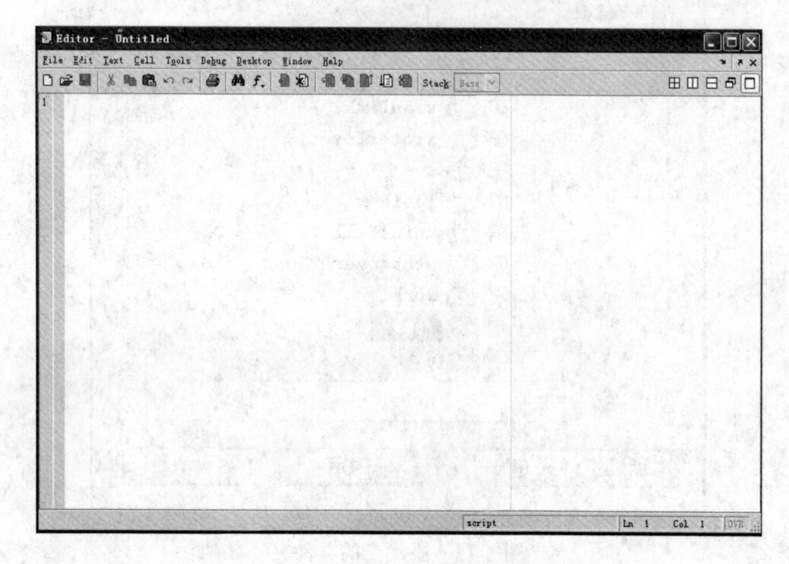

图 1-17　空 M 文件编辑器

- Go to...　　　　　　　　　　找到指定行号处；
- Set/Clear Bookmark　　　　设置或清除书签；
- Next Bookmark　　　　　　找到后一个书签处；
- Prev Bookmark　　　　　　找到前一个书签处。

当选择 Go To 命令时，弹出如图 1-18 所示的对话框，输入行号并单击 OK 按钮后，光标自动移到指定的行上，并将该行作为当前行。

在图 1-18 中还有 Function 单选按钮。如果 M 文件中有自定义函数，亦可通过函数名直接找到该函数。

Set/Clear Bookmark 命令用来设置或清除书签。首先将光标移到想要设置书签的行上，然后选择此行，则光标所在的程序行前面会显示一个浅蓝色的矩形标记，如图 1-19 所示。

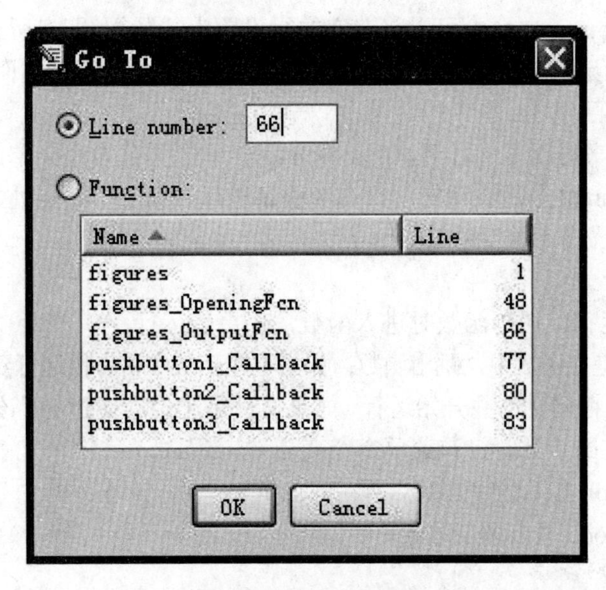

图 1-18　Go To 对话框

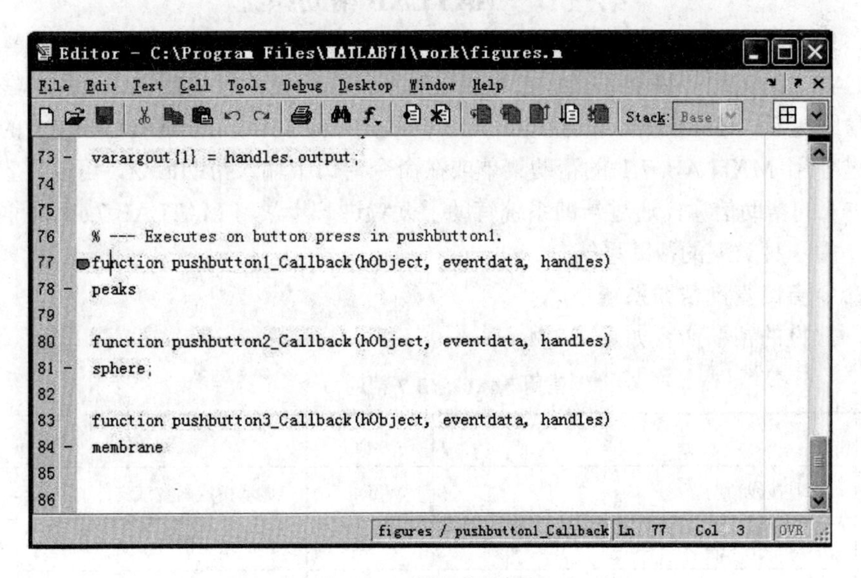

图 1-19　设置书签标记

一个程序中可以设置多个书签标记，通过选择菜单中的 Next Bookmark 命令或 Prev Bookmark 命令，可以找到光标所在位置的后一个或前一个书签的所在行。如果要清除书签标记，只要将光标移到要清除书签的程序行上，再选择一次 Set/Clear Bookmark 命令，书签标记就消失了。

设置书签的目的是查找程序中某些内容所在的位置，书签只按程序内容标识，而不是按行号标识，如果在书签前面的位置添加或删除程序行时，书签标记会随着程序的内容而移动，这一点与通过行号去查找程序的方法是不同的。

MATLAB 的程序设计中规定，如果程序行中的第一个符号是百分号“%”，则该行为注释行，注释行只用来解释说明程序代码而不参与程序的执行。

Text 菜单中的 Comment 命令可以将选定的行设置为注释行，即在所有选定的行前都加上一个百分号“%”（无论所选定的行是可执行行、空行还是注释行等），而 Uncomment 命令则在选定行中去掉一个百分号。

Debug 菜单是用来对程序进行调试的。Debug 菜单中共有 6 个菜单命令，在程序运行之前，仅有 Save and Run 命令是激活的，只有当程序运行到第一个断点处并暂停时，其他菜单命令方被激活，这些菜单命令为：

- Step 单步运行。
- Step in 单步运行，遇到函数时进入函数，仍单步运行。
- Step out 如果是在函数中，跳出函数；如果不在函数中，直接运行到下一个断点处。
- Save and Run 存储文件并开始运行，如果文件是已经存储过的，该菜单命令变为 Run，当程序暂停在断点处时，该菜单命令变为 Continue。
- Go Until Cursor 直接运行到光标所在的位置。
- Exit Debug Mode 退出调试方式。

第三节 MATLAB 帮助系统

MATLAB 7.x 为用户提供了非常完善的帮助系统，例如，MATLAB 7.1 的在线帮助、帮助窗口、帮助提示、HTML 格式的帮助、PDF 格式的帮助文件以及 MATLAB 7.1 的示例和演示等。通过使用 MATLAB 7.1 的帮助菜单或在命令窗口中输入帮助命令，可以很容易地获得 MATLAB 7.1 的帮助信息，通过帮助系统有助于读者进一步学习 MATLAB 7.1。下面分别介绍 MATLAB 7 中 3 种类型的帮助系统。

一、命令窗口查询帮助系统

首先，常见的帮助命令如表 1-2 所示。

表 1-2 常用 MATLAB 7 帮助命令

帮助命令	功能	帮助命令	功能
Help	获取在线帮助	Which	显示指定函数或文件的路径
demo	运行 MATLAB 7 演示程序	lookfor	按照指定的关键字查找所有相关的 M 文件
tour	运行 MATLAB 7 漫游程序	exist	检查指定变量或文件的存在性
who	列出当前工作空间中的变量	helpwin	运行帮助窗口
whos	列出当前工作空间中变量的更多信息	helpdesk	运行 HTML 格式帮助面板 Help Desk
what	列出当前目录或指定目录下的 M 文件、MAT 文件和 MEX 文件	doc	在网络浏览器中显示指定内容的 HTML 格式帮助文件或启动 helpdesk

【例 1-1】 建立 3 个变量，利用 who 命令观察当前工作空间中变量。

```
>> w=2*pi;
>> y=sin(w*2/3);
>> z=sin(w/3);
```

```
>> who
Your variables are:
w y z
```

【例1-2】 建立3个变量，利用whos命令观察当前工作空间中变量。

```
>> w=2*pi;
>> y=sin(w*2/3);
>> z=sin(w/3);
>> whos
  Name      Size                    Bytes  Class
  w         1x1                         8  double array
  y         1x1                         8  double array
  z         1x1                         8  double array
Grand total is 3 elements using 24 bytes
```

其次，通过help函数可以得到某个不知道其功能的函数或命令的使用方法，见［例1-3］。

【例1-3】 利用help命令得到fft使用方法的描述。

```
>> help fft
 FFT Discrete Fourier transform.
    FFT(X) is the discrete Fourier transform (DFT) of vector X.  For
    matrices, the FFT operation is applied to each column. For N-D
    arrays, the FFT operation operates on the first non-singleton
    dimension.

    FFT(X,N) is the N-point FFT, padded with zeros if X has less
    than N points and truncated if it has more.

    FFT(X,[],DIM) or FFT(X,N,DIM) applies the FFT operation across the
    dimension DIM.

    For length N input vector x, the DFT is a length N vector X,
    with elements
                     N
      X(k) =       sum  x(n)*exp(-j*2*pi*(k-1)*(n-1)/N), 1 <= k <= N.
                    n=1
    The inverse DFT (computed by IFFT) is given by
                     N
      x(n) = (1/N) sum  X(k)*exp( j*2*pi*(k-1)*(n-1)/N), 1 <= n <= N.
                    k=1

    See also fft2, fftn, fftshift, fftw, ifft, ifft2, ifftn.

   Overloaded functions or methods (ones with the same name in other directories)
      help uint16/fft.m
      help uint8/fft.m
      help gf/fft.m
      help qfft/fft.m
```

```
    help iddata/fft.m

  Reference page in Help browser
    doc fft
```

如果不知道“fft”的功能，运行 help fft 命令之后，在命令窗口会列出关于 fft 的使用说明，help 对读者学习 MATLAB 是非常有帮助的。另外，读者在命令窗口直接输入 help 后，会得到关于 MATLAB 的许多相关信息，这里就不再叙述了。

二、联机帮助系统

MATLAB 7.x 的联机帮助系统的功能非常全面。用户可以通过在命令窗口中执行 helpwin，helpdesk 或 doc 的方法进入 MATLAB 7 的联机帮助系统，如图 1-20 所示。

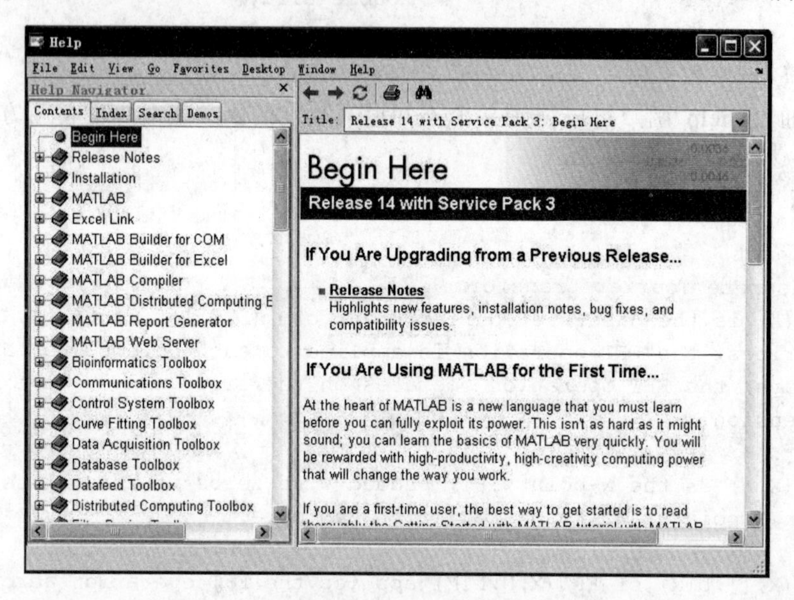

图 1-20 联机帮助系统

下面介绍联机帮助系统的使用方法和技巧。

联机帮助系统界面的菜单命令与大多数 Windows 程序界面菜单命令的含义和用法相似，熟悉 Windows 的用户可以很容易地掌握，在此不作详细介绍。帮助向导界面包含 4 个页面，分别是帮助主题（Contents）、帮助索引（Index）、查询帮助（Search）以及演示帮助（Demos）。如果知道需要查询的内容的关键字，一般可选择 Index 或 Search 模式来查询；只知道需要查询的内容所属的主题或只是想进一步了解和学习某一主题，一般可选择 Contents 或 demos 模式来查询。

三、联机演示系统

通过联机演示系统，用户可以直观、快速地学习 MATLAB 7.x 中某个工具箱的使用方法，它是有关参考书籍不能替代的。下面就向读者介绍如何使用联机演示系统。

可以通过以下方式打开联机演示系统。

- 选择 MATLAB 7.x 主窗口菜单的 Help→Demos 命令；
- 在命令窗口输入 demos；
- 直接在帮助页面上单击 Demos 标签。

【例 1-4】 在命令窗口中执行 demos 命令，练习 demos 的使用方法。

在命令窗口提示符后输入 demos（或 demo），则弹出如图 1-21 所示的联机演示系统。

（1）在 Demos 页面中单击 Signal Processing 工具箱中的 Spectral Analysis and Statistical Signal Processing 项后，如图 1-22 所示。

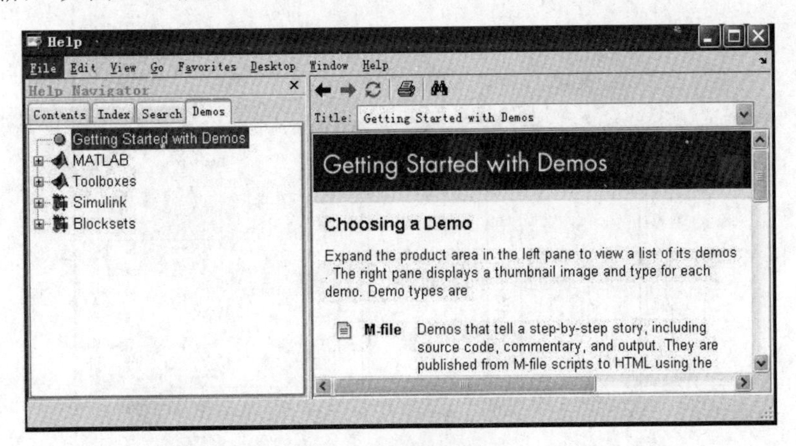

图 1-21　联机演示系统

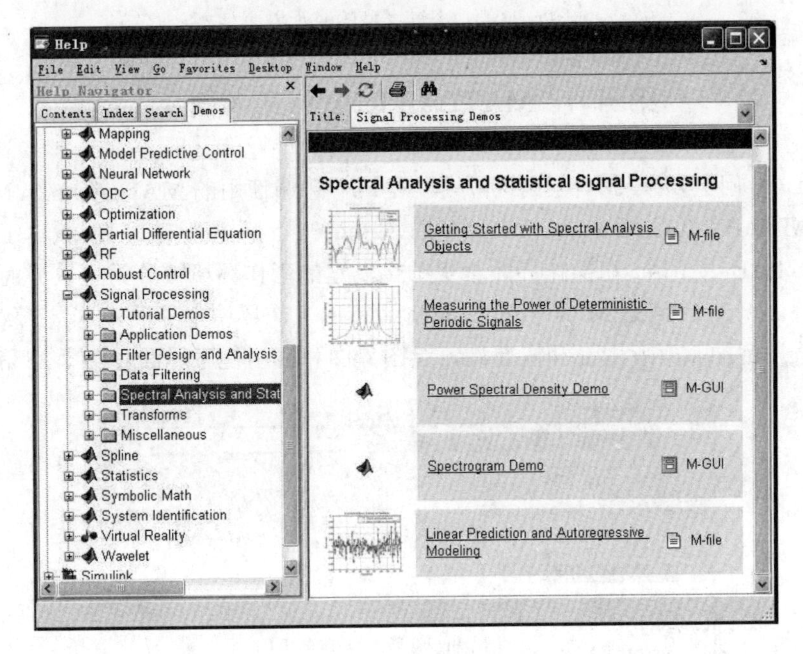

图 1-22　信号功率谱密度演示

（2）然后在右边窗口中选择 Power Spectral Density Demo 选项，打开对话框。单击页面底部有下划线的文字 Run this demo，打开如图 1-23 所示的示例界面。在该界面中，选择不同的信号，就会自动显示该信号的功率谱密度。

联机演示系统对读者使用 MATLAB 工具箱以及熟悉 MATLAB 在各个方面的应用有重要意义。通过演示示例，用户可以快速直观地掌握某一工具的使用方法，而不必从枯燥的理论开始学起。

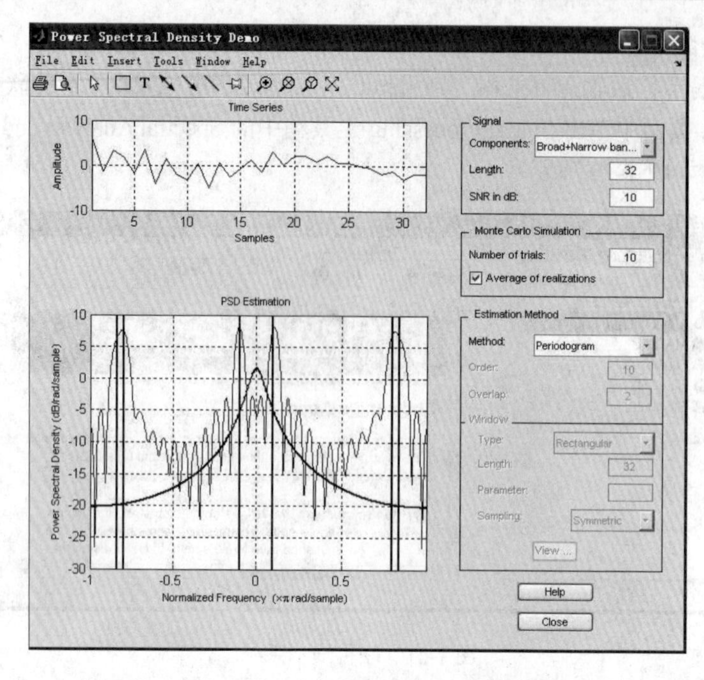

图 1-23　功率谱密度的演示界面

第四节　MATLAB R2014a 版本简介

自 MATLAB 问世以来，版本在不断升级，由最初普遍使用的 MATLAB 6.5、MATLAB 7.x 已升级到 MATLAB R201x 版本。本节以 MATLAB R2014a 版本为例，对新版本工作环境作简要介绍。MATLAB R2014a 在操作界面上更细化，它的工作环境被分为主页界面、绘图界面和应用程序界面。图 1-24 是 MATLAB R2014a 版本的工作环境主界面，这是一个通用界面，绘图和应用程序界面具有专用性和快捷性，绘图界面和应用程序界面见图 1-25 和图 1-26。

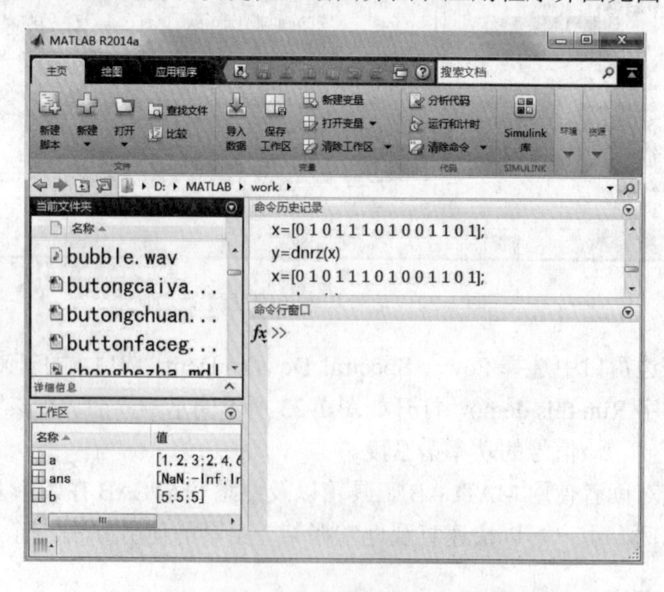

图 1-24　MATLAB R2014a 主界面

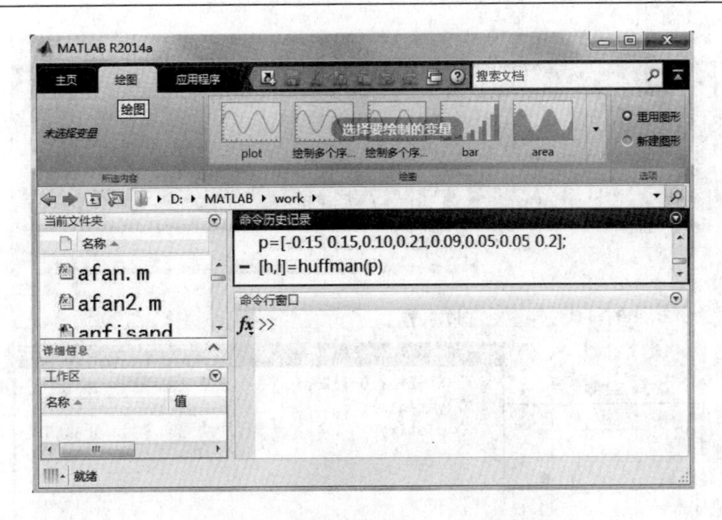

图 1-25　MATLAB R2014a 绘图界面

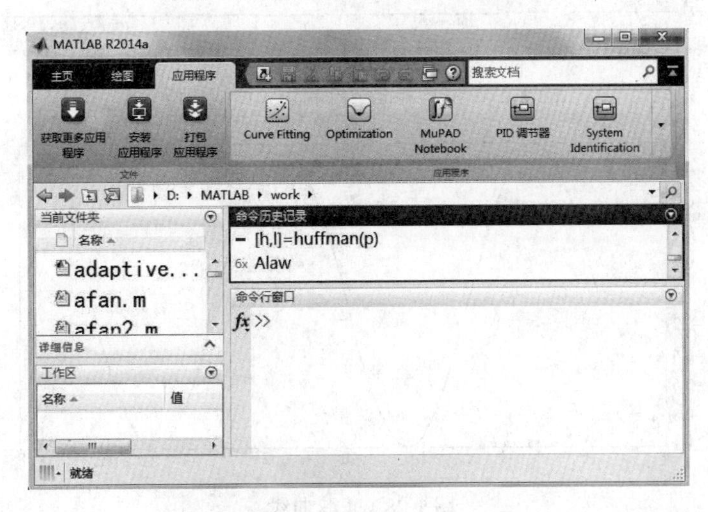

图 1-26　MATLAB R2014a 应用程序界面

由图 1-24～图 1-26 可见，尽管新版本以主界面、绘图界面和应用程序界面呈现，但仍然还保持着旧版本的命令窗口、命令历史、工作空间（工作区）和当前路径（当前文件夹）这四个经典窗口。

在绘图界面和应用程序界面下完成的任务，在主页界面下均可完成。

首先，观察主页界面和绘图界面下绘制曲线的不同操作（以绘制正弦曲线为例）。在主页界面下的操作步骤：在命令窗口给出自变量的范围→写出绘制曲线的函数表达式（这两步操作亦可在绘图界面和应用程序界面下进行）→利用绘图命令绘制图形（绘图命令将在第六章详细介绍），操作结果见图 1-27、图 1-28。

若在绘图界面下绘制曲线，操作步骤为：在命令窗口给出自变量的范围→写出绘制曲线的函数表达式→进入绘图界面，在工作区里选择要绘制的变量（这里要绘制的变量是 y，变量被选中后，在绘图界面的左上侧会出现变量 y 的图标）→在变量的右侧选择绘制命令（这里选的是 plot 绘图命令），则 plot（y）会自动出现在命令窗口里，见图 1-29，同时产生正弦曲线，见图 1-30。

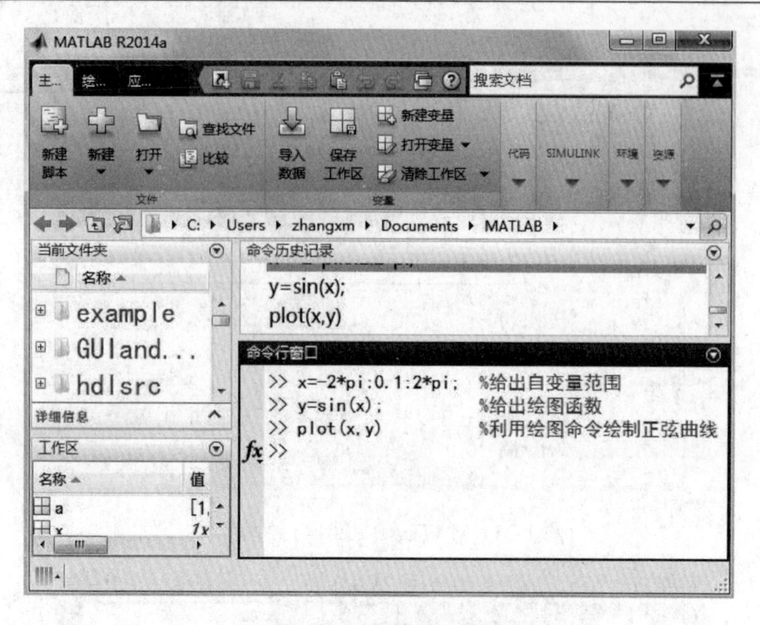

图 1-27　主页界面下绘制正弦曲线代码

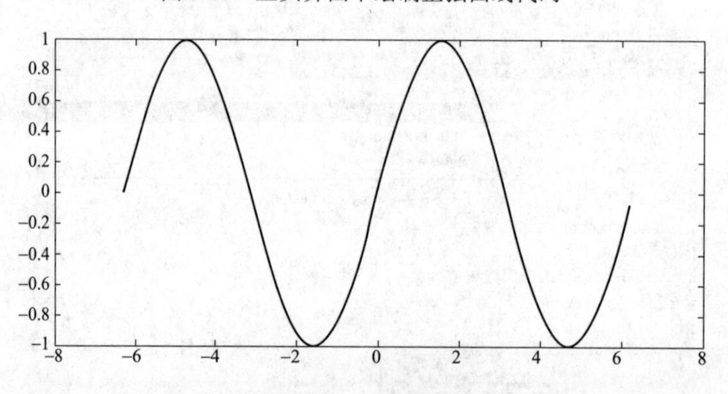

图 1-28　正弦曲线

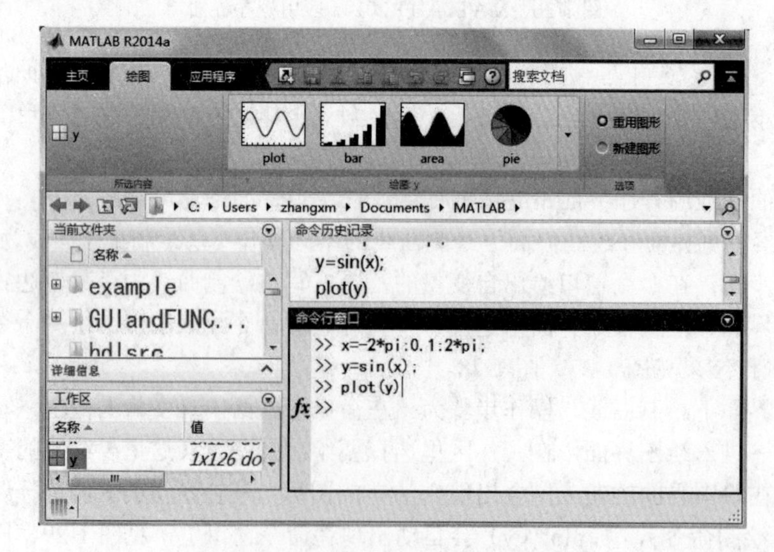

图 1-29　绘图界面下绘制正弦曲线代码

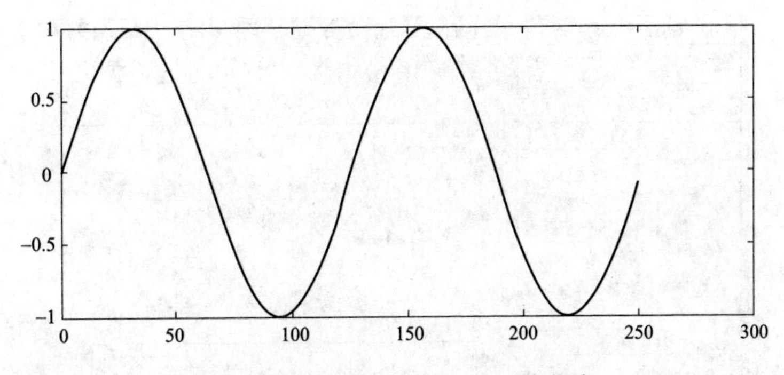

图 1-30　绘图界面下绘制的正弦曲线

图 1-28 和图 1-30 虽然曲线的形状完全一样，但曲线的自变量范围不一样。原因在于绘图命令的格式不一样。一个是 plot（x，y），一个是 plot（y）。plot（x，y）格式里有自变量 x，故限定了 x 的范围，而 plot（y）格式没有 x，所以系统自动给出 x 的范围。故绘图界面下自动出现在命令窗口里的这个没有自变量的绘图命令给精细绘图带来了局限性，若要精细绘图，必须自己编写 MATLAB 代码来实现（关于图形绘制，详见第六章）。

其次，再看主页界面与应用程序界面下对给定数据做曲线拟合的不同操作。在主页界面下，可以通过命令窗口或文件编辑器编写 MATLAB 代码对已知数据做曲线拟合（见第四章[例 4-11]）。先在命令窗口给出数据 a=[0 1 2 3 4 5 6 7]，b=[0.01 1.001 2.02 8.99 15.899 25.001 36.003 48.99]，于是数据 a 和 b 会出现在工作区中。再在应用程序界面下，选 Curve Fitting 则进入曲线拟合环境，如图 1-31 所示。这里只拟合 x 轴和 y 轴的数据。x 轴数据来自工作区数据 a，y 轴数据来自工作区数据 b，拟合方法选择 polynomial，拟合阶数选 2，拟合数据、拟合方法和阶数给定后，拟合曲线自动生成，见图 1-32，同时在拟合曲线左侧的拟合结果 Results 里给出二阶曲线表达式和拟合评价指标。事实上，应用程序界面是 MATLAB 开发的一个图形用户界面 GUI（graphical user interface），这在早期版本中的帮助文档里也有，关于 GUI 的内容，本书第七章将给予详细介绍。

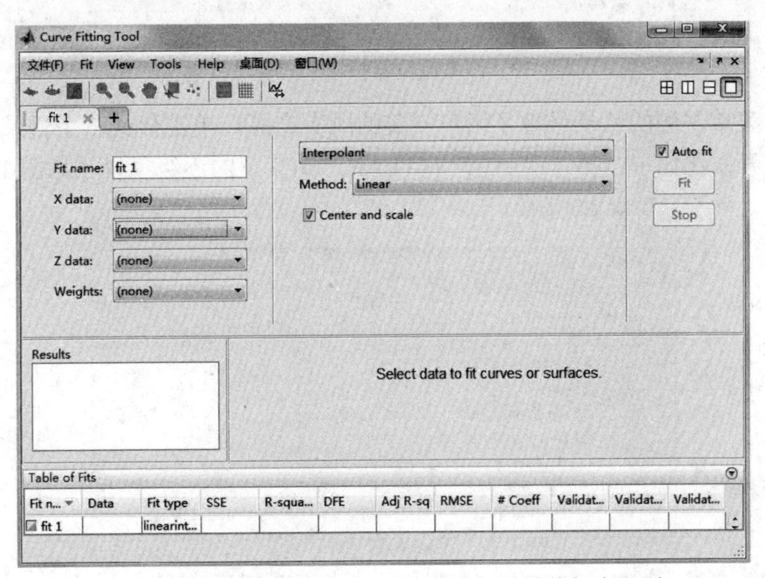

图 1-31　MATLAB R2014a 应用程序下的曲线拟合界面

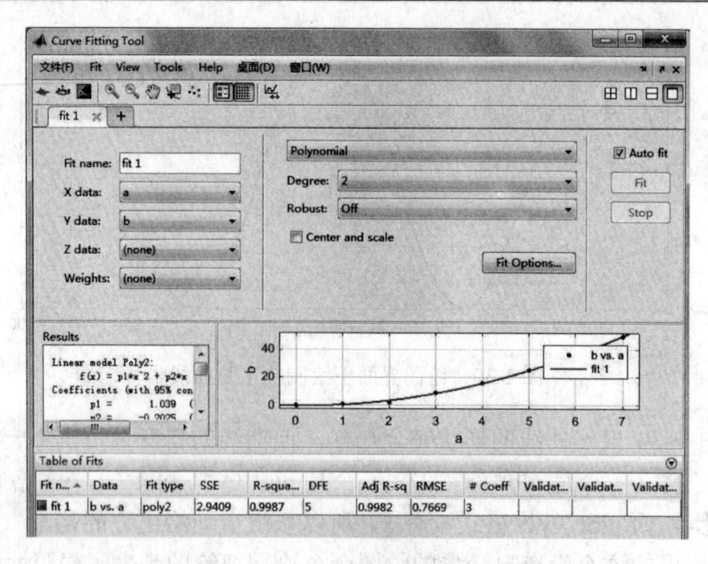

图 1-32　MATLAB R2014a 应用程序下的曲线拟合结果

最后，对 MATLAB R2014a 命令窗口中的函数浏览器按钮 *fx* 再作简要介绍。单击此按钮下的小三角会出现一个菜单，如图 1-33 所示。

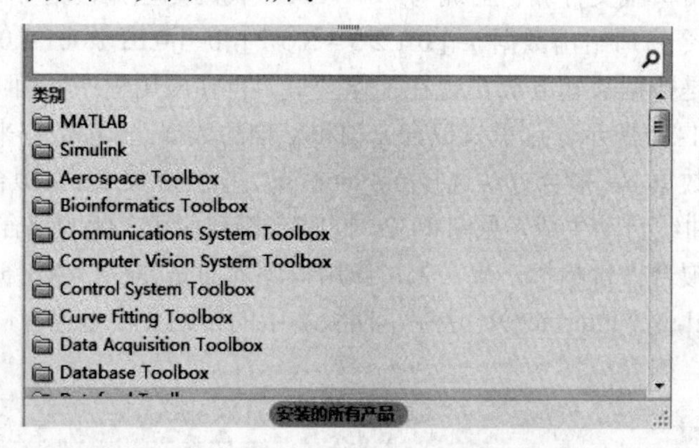

图 1-33　函数浏览器按钮下的产品目录

显然，该菜单左侧的目录呈现了用户安装的所有产品，单击任何一个目录，其相应的内容就会逐级展开，比如单击第一个目录 MATLAB，则其下的逐级子目录如图 1-34 所示。

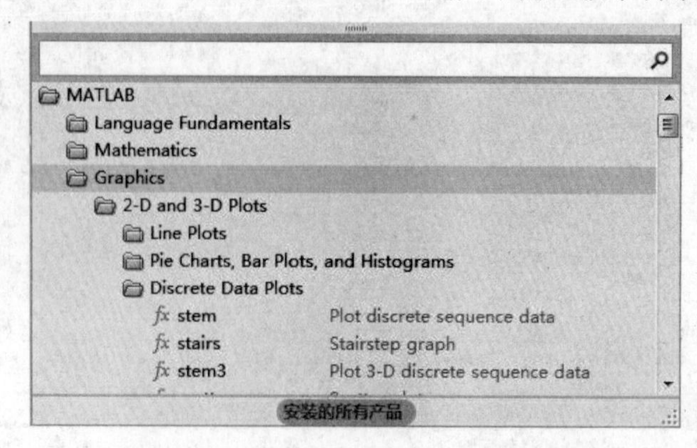

图 1-34　MATLAB 目录下的逐级子目录

再单击 Line Plots，则级联出所有二维绘图函数命令和关于这些函数命令的描述，见图 1-35。

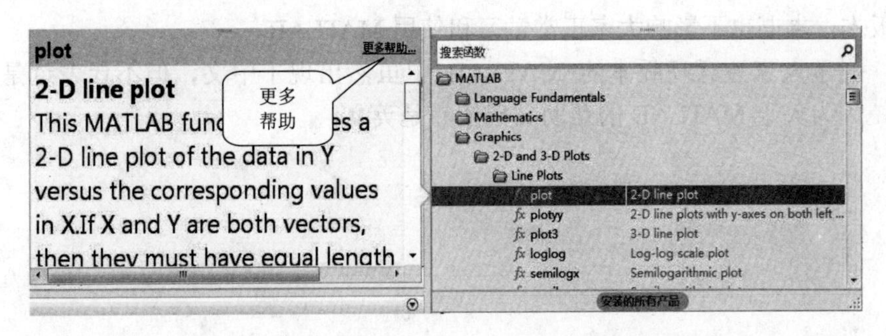

图 1-35　级联子目录内容描述

若想知道这些函数使用详情，则单击“更多帮助”即可。若读者安装了此版本，一试便一目了然。函数浏览器按钮的这个功能与在 MATLAB7 版本的命令提示符“>>”后输入“doc”功能是等价的。

另外，读者在函数搜索栏输入想要了解的函数，比如输入 fft，然后点击搜索图标，则含有 fft 的所有函数均被列入其中，见图 1-36，读者从中找到自己想要的函数即可。比如将鼠标指向图 1-36 的第一行，则快速傅立叶变换函数 fft 的解释说明如图 1-37 所示，这与在命令提示符“>>”后输入“help fft”是等价的。

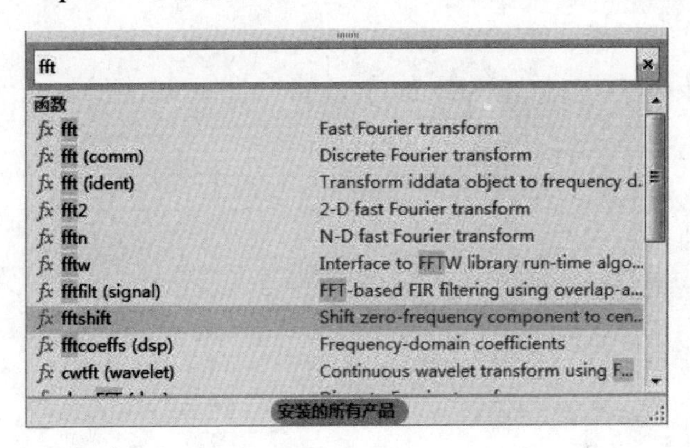

图 1-36　级联子目录内容描述

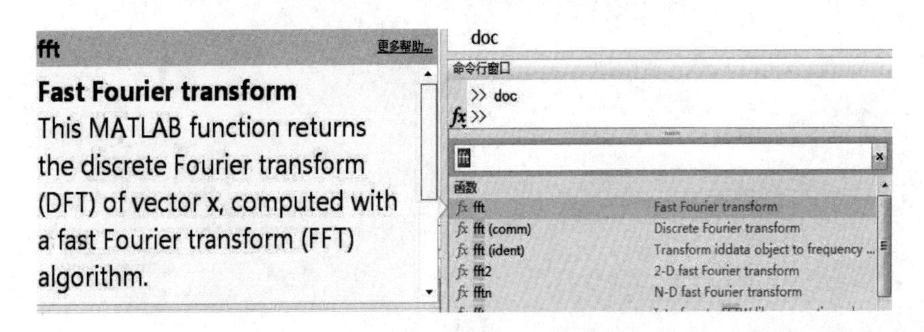

图 1-37　快速傅立叶变换 fft 的解释说明

由此可见，*fx* 函数浏览器按钮相当于 MATLAB 帮助系统的一个快捷键或快捷入口。

实际上，读者只要安装 MATLAB7.x 的版本完全不影响使用，且占用空间和启动时间比新版本少很多，由于新版本的出现，故在此对新版本的个别不同之处加以简介。若读者安装的就是新版本，本书也不影响大家正常学习和使用 MATLAB。

另外，提示大家注意高版本的 MATLAB 中虽然出现了中文，但不代表这是汉化版的 MATLAB，因为关于 MATLAB 的帮助文档依然是英文。

第二章 数组的运算基础

标量数值运算是数学的基础。但是，当用户希望同时对多个数据执行相同的运算时，重复的标量运算则显得既耗时又麻烦。为了解决这个问题，MATLAB 定义了基于数组的数据运算。在 MATLAB 中，标量可以看成是 1×1 的数组，n 维向量可以看成是 $1\times n$ 或 $n\times 1$ 的矩阵或数组，矩阵和数组的输入形式和书写方法是一样的，区别在于进行数值运算时，数组的运算是数组中对应元素的运算，而矩阵运算则应符合矩阵运算的规则。

第一节 数组的创建

MATLAB 数学运算中所用到的变量均以数组的形式处理，即使是一个标量，MATLAB 也把它视为数组处理，例如，在命令窗口生成一个变量 a，并赋值 2，即

```
>>a=2;
```

按 Enter 键后，在命令窗口提示符后输入 size(a)，即

```
>> size(a)
ans=
    1   1
```

这说明 MATLAB 将标量视为一个 1×1 的数组或矩阵。size 是一个观察数组大小的函数，通过此函数可以知道一个数组的大小，将在本章后面的内容介绍它。上面运行 size(a)后，得到的结果以 ans 表示，ans 是 MATLAB 默认的变量，读者也可以自己定义一个变量。例如：

```
>>a=2;
>>asize=size(a)
asize=
                1    1
```

又如：

```
>> b=[1 2 3;2 3 4]
b =
   1    2    3
   2    3    4
>> bsize=size(b)
bsize =
      2    3
```

即 b 是一个 2 行 3 列的二维数组或矩阵。

本节主要介绍一维、二维和多维数组的创建，其中多维数组以三维数组为例。

一、一维数组的创建

（1）若想在 MATLAB 中创建一个包含任意元素的一维数组，用户只需先输入一个左方括号，然后输入每个数值，并用空格（或逗号）隔开，最后用一个右方括号结束数组创建。

下面创建一个既含有实数，又含有虚数的一个一维数组：

```
>> a=[2  1+i  0  2*pi  sqrt(2)];
>> a=[2  1+i  0  2*pi  sqrt(2)]
a=
      2.000  1.000+1.000i  0  6.2832  1.4142
```

提 示

若在变量或表示式后面加“;”，则不显示变量或表达式的内容。所以在 MATLAB 中，若要看到表达式的运算结果，则不应在其后加“;”。

在前面创建的一维数组中，有一项是求开方的数学函数 sqrt(2)，这表明数组元素并非只是一个数值，也可以是一个变量表达式或函数。

若 *a* 中的元素不是用空格或逗号隔开，而是用分号隔开，则得到的是一个列向量，例如：

```
>> a=[2 ;1+i ;0 ;2*pi ;sqrt(2)]
a=
    2.000
    1.000+1.000i
    0
    6.2832
    1.4142
```

则 *a* 为一个 5 行 1 列的列向量。

（2）a＝first:last。此语句用于创建行向量，第一个元素是 first，步长为 1，最后一个元素是 last，如果数据不能到 last，则到小于 last 的最大数结束，示例如下：

```
>>a=-2:2
a=
    -2    -1     0     1     2
>>a=-2.5 : 2.55
a=
    -2.5000   -1.5000   -.5000   .5000   1.5000   2.5000
```

（3）a＝first:increment:last。创建行向量，首元素是 first，步长为 increment，last 是末元素，如果不能到 last，则到小于 last 的最大数结束，示例如下：

```
>>a=-6:2:6
a=
    -6   -4   -2   0   2   4   6
>> a=-5.5 : 1.5 : 5.65
      Columns 1 through 4
      -5.5000   -4.0000   -2.5000   -1.0000
      Columns 5 through 8
      0.5000   2.0000   3.5000   5.0000
```

（4）a=linspace(first,last,n)。创建均匀间隔的行向量 *a*，first 是首元素，last 是末元素，*n* 为元素总数。示例如下：

```
>>a=linspace (-2,2,5)
ans =
      -2    -1     0     1     2
```

（5）a=logspace(first,last,n)。创建对数间隔的行向量 a，first 是首元素，last 是末元素，n 为元素总数。示例如下：

```
>>a=logspace (-2,2,5)
ans =
      Columns 1 through 4
      0.0100    0.1000    1.0000   10.0000
      Column 5
      100.0000
```

二、二维数组的创建

二维数组是一个行数和列数均大于 1 的数组，在创建二维数组时，数组元素要用方括号括在其中；元素之间用空格或逗号分隔；数组的行与行之间用分号或回车符分隔；数组中的元素可以是数值、变量、表达式或函数，创建二维数组的最简方法是在命令窗口直接输入数组，示例如下：

```
>>a=[1  2  3 ;3  0  1;4  2  1]
a =
      1     2     3
      3     0     1
      4     2     1
>>b=[1   sin(pi/2);0   3*sqrt(40)]
b =
      1.0000    1.0000
       0        18.9737
```

另外，也可通过 M 文件创建二维数组。当数组较大，而数组的使用频率又比较高时，直接在命令窗口输入数组，显得既费时又笨拙，容易出现错误且不便修改。为此，可以先将数组按创建原则写入一个 M 文件中并保存起来，当需要时，在 MATLAB 的命令窗口或程序中执行该 M 文件，就可打开该数组对其做相应的操作，示例如下：

单击 MATLAB 桌面左上角的快捷图标□，则进入 M 文件编辑器环境，在编辑器内输入 a=[1 2 1 1 2 1 2;3 4 5 5 5 5 0;5 4 3 3 3 3 3;3 0 4 6 5 5 4]，然后将其保存为名为 myfirstmatrix 的文件，在命令窗口提示符后输入 myfirstmatrix，就可得到上面的数组，即，

```
>> myfirstmatrix
>> a =
          1     2     1     1     2     1     2
          3     4     5     5     5     5     0
          5     4     3     3     3     3     3
          3     0     4     6     5     5     4
```

三、多维数组的创建

一个二维数组由行和列组成，一个三维数组则由行、列和页组成。目前，对于多维数组只有第三维有统一的名称——页，更高的维还不存在通用的名称。故对三维数组而言，每一维都包含一个由行和列构成的二维数组。尽管数组的维数可以任意选取，但为了在验证过程中便于显示和观察，主要介绍三维数组的创建。

首先，可以利用直接索引方式生成三维数组。创建一个含 3 页，每页 3 行、2 列的三维数组，如下所示：

```
>>a=zeros(3,2);
>>a(:,:,2)=[1 1;3 3;2 0]
```

```
a(:,:,1) =
     0     0
     0     0
     0     0
a(:,:,2) =
     1     1
     3     3
     2     0
>>a(:,:,3)=4
a(:,:,1) =
     0     0
     0     0
     0     0
a(:,:,2) =
     1     1
     3     3
     2     0
a(:,:,3) =
     4     4
     4     4
     4     4
```

上面的代码首先建立了一个元素均为 0 的 3 行 2 列的二维数组，该数组是被索引的数组（被索引的数组维数可由用户根据情况自行定义），将该二维数组作为三维数组的第 1 页，然后，通过该二维数组的行数和列数直接索引，添加第 2 和第 3 页。

其次，可以利用标准数组函数创建三维数组，如下所示：

```
>>a=ones(4,3,2)
a(:,:,1) =
     1     1     1
     1     1     1
     1     1     1
     1     1     1
a(:,:,2) =
     1     1     1
     1     1     1
     1     1     1
     1     1     1
```

上面的代码生成了一个 4 行、3 列、2 页的三维全 1 数组。从结果可见，该数组是按页显示的，首先显示第 1 页，然后显示第 2 页。除 zeros 外，ones，eye，rand 和 randn 等函数构成的标准数组也可以按照相同的方法生成三维数组。

再次，可以利用函数生成三维数组。示例如下：

```
>>b=reshape(a, 4, 6)
b =
     1     1     1     1     1     1
     1     1     1     1     1     1
     1     1     1     1     1     1
     1     1     1     1     1     1
```

reshape 函数是一个数组重塑函数，原来的 *a* 数组是一个 2 页，每页 4 行 3 列的三维数组，经 reshape 函数重塑后得到一个 4 行 6 列的二维数组 *b*。

```
>>reshape(b,2,4,3)
ans(:,:,1) =
        1    1    1    1
        1    1    1    1
ans(:,:,2) =
        1    1    1    1
        1    1    1    1
ans(:,:,3) =
        1    1    1    1
        1    1    1    1
```

数组 *b* 再经 reshape 重塑后，又得到一个 3 页，每页 2 行 4 列的三维数组。

提示

reshape 函数可以将任何维数的数组转变成其他维数的数组，在第三节中将介绍该函数的使用。

第二节 标量—数组的运算

数组与数组之间或矩阵与矩阵之间的数学运算与标量和数组之间的运算是不同的。维数不同的数组或矩阵之间的运算是难以定义的，并且结果不确定。对数组而言，要求数组维数相同（即等行等列）才能进行加、减、乘、除的四则运算；对矩阵而言，加、减法的运算规则与数组四则运算相同，乘、除法则应遵照矩阵的乘、除规则进行。

```
>>a=[1  3  2  4;-1  -3  0  1];
>>a-2
ans =
    -1     1     0     2
    -3    -5    -2    -1
>>a*2+1
ans =
     3     7     5     9
    -1    -5     1     3
>>a*2/3
ans =
    0.6667    2.0000    1.3333    2.6667
   -0.6667   -2.0000         0    0.6667
```

第三节 数组—矩阵的运算

数组与数组之间或矩阵与矩阵之间的数学运算与标量和数组之间的运算是不同的。维数不同的数组或矩阵之间的运算是难以定义的，并且结果不确定。对数组而言，要求数组维数相同（即等行等列）才能进行加、减、乘、除的四则运算；对矩阵而言，加、减法的运算规则与数组四则运算相同，乘、除法则应遵照矩阵的乘、除规则进行。

一、数组的四则运算和幂运算

在命令窗口中建立两个一维数组，两个数组含有相同个数的元素，对这两个数组做四则运算。

```
>>a=[1  4  2  -1];
>>b=[-1  1  -2  2];
>>a+b
ans =
       0    5    0    1
>>a-b
ans =
       2    3    4    -3
>>a.*b
ans =
       -1    4   -4   -2
>>a./b
ans =
       -1.0000    4.0000   -1.0000   -0.5000
>> b.\a
ans =
       -1.0000    4.0000   -1.0000   -0.5000
>> a.\b
ans =
       -1.0000    0.2500  -1.0000   -2.0000
```

提示

数组相乘，不能使用“*”，而是使用“.*”，数组相除分左除和右除之分，左除用符号“.\”，右除用符号“./”。从上面“*a./b*”和“*b.\a*”的结果可见，数组 a 右除 b 等于 b 左除 a。

在 MATLAB 中，数组的幂运算有 3 种方式：一是以标量作为幂指数，数组中的诸元素作为底数；二是以标量作为底数，数组中的诸元素作为幂指数；三是若幂指数和底数是相同维数的数组，就执行元素对元素的幂运算，幂运算的符号为.^。示例如下：

```
>>a.^2
ans =
       1     16     4     1
>>2.^a
ans =
       2.0000   16.0000    4.0000    0.5000
>>a.^b
ans =
       1.0000    4.0000    0.2500    1.0000
```

上面是以一维数组为例，进行的数组—数组运算，二维数组应遵循同样的运算规则。

示例如下：

```
>> a=[1 2 1;2 1 4];
>> b=[2 2 2;1 1 1];
>> c=a+b
c =
```

```
     3     4     3
     3     2     5
>> d=a-b
d =
    -1     0    -1
     1     0     3
>> e=a.*b
e =
     2     4     2
     2     1     4
>> f=a./b
f =
    0.5000    1.0000    0.5000
    2.0000    1.0000    4.0000
>> g=b.\a
g =
    0.5000    1.0000    0.5000
    2.0000    1.0000    4.0000
>> h=a.^b
h =
     1     4     1
     2     1     4
>> j=b.^a
j =
     2     4     2
     1     1     1
```

显然，二维数组相乘除依然要用“.*”,“.\”，或“./”，若用“*”,“\”或“/”就变成矩阵相乘除了。矩阵的乘除运算和二维数组的乘除运算规则完全不同。

二、矩阵的四则运算和幂运算

实际上，二维数组可作为一个行数、列数都不为 1 的矩阵。下面来看一下矩阵的加、减、乘、除及幂运算。

1. 矩阵的加、减运算

矩阵的加、减运算和数组的加、减运算没有区别，其运算法则与普通的加、减运算法则相同，需要注意的是，相加、减的两个矩阵必须有相同的阶数，若其中一个为标量则除外。示例如下：

```
>>a=[1  2  3; 3  0  1;4  2  1];
>>b=[3  2  1; 1  0  3;1  2  4];
>>e=4;
>>f=a+e
f =
      5     6     7
      7     4     5
      8     6     5
>>c=a+b
c =
      4     4     4
      4     0     4
```

```
      5     4     5
>>d=[1  1  1];
>>g=c-d
???  Error  using = =>-
Matrix dimensions must agree.（译，矩阵维数必须一致）
```

做 $e=c-d$ 的运算时出现了错误，从提示发现，该错误是由于 c 和 d 的维数不一致导致的。

2. 矩阵的乘法运算

矩阵的乘法使用“*”运算符，当矩阵 a 为 $i*j$ 阶（即 a 为 i 行 j 列的矩阵），b 为 $j*k$ 阶（即 b 为 j 行 k 列的矩阵），即前一个矩阵的列数必须和后一个矩阵的行数相等时，两个矩阵才能相乘，新矩阵的阶数为 $i*k$（即 i 行 k 列的矩阵）。在命令窗口中重新调用 a 和 b，有

```
>> a=[1  2  3;3  0  1;4  2  1];
>> b=[3  2  1;1  0  3;1  2  4];
>> c= a*b
    c =
         8    8   19
        10    8    7
        15   10   14
>> e= c*d
???  Error using = =>-1
Matrix  dimensions  must  agree.
```

由于矩阵 c 为 3×3 阶，而 d 为 1×3 阶，不符合矩阵相乘的规则，所以出现错误提示：矩阵的维数必须一致。现做如下处理：

```
>> e= d*c
    e =
         33   26   40
```

或

```
>> e=c*d'
    e =
         33   26   40
```

d' 是矩阵 d 的转置。由此可见，改为 $d*c$ 或将 d 变为 d' 后满足矩阵相乘规则，就可以运算了。接下来再看 $a.*b$ 的结果：

```
>> aa= a.*b
    aa=
         3   4   3
         3   0   3
         4   4   4
```

显然，$a.*b$ 是对应元素相乘，做的是数组的乘法，而 $a*b$ 是遵循矩阵相乘的规则，做的是矩阵的乘法，故此，a 和 b 虽然行数和列数相同，但 $a.*b$ 和 $a*b$ 结果是完全不一样的。

3. 矩阵的除法运算

与数组的除法运算一样，矩阵的除法也包括左除“\”和右除“/”。若 $|a| \neq 0$，则 $a \backslash b$ 和 b/a 的运算均可以实现。$a \backslash b$ 等价于 $\mathrm{inv}(a)*b$，而 b/a 等价于 $b*\mathrm{inv}(a)$。一般情况下，$a \backslash b \neq b/a$。

由线性代数可知 $\mathrm{inv}(a)*b$ 是方程 $a*x=b$ 的解，$b*\mathrm{inv}(a)$ 是 $x*a=b$ 的解。$\mathrm{inv}(a)$ 代表求

a的逆阵，逆阵存在的条件是：首先该阵是方阵，再次方阵的行列式值不能为0，det(a)代表求方阵a的行列式。下面通过实例看一下矩阵的除法运算。

求方程$\begin{cases} x_1+2x_2+3x_3=5 \\ 3x_1+x_3=5 \\ 4x_1+2x_2+x_3=5 \end{cases}$的解。这里，$a=\begin{bmatrix} 1 & 2 & 3 \\ 3 & 0 & 1 \\ 4 & 2 & 1 \end{bmatrix}$，代表方程组的系数矩阵；$x=\begin{bmatrix} x_1 \\ x_2 \\ x_3 \end{bmatrix}$，代表待求的方程组的解；$b=\begin{bmatrix} 5 \\ 5 \\ 5 \end{bmatrix}$，是每个线性方程的结果构成的列向量。将三元一次方程写成矩阵的形式，即为$\begin{bmatrix} 1 & 2 & 3 \\ 3 & 0 & 1 \\ 4 & 2 & 1 \end{bmatrix}\begin{bmatrix} x_1 \\ x_2 \\ x_3 \end{bmatrix}=\begin{bmatrix} 5 \\ 5 \\ 5 \end{bmatrix}$。先在MATLAB命令窗口完成$a\backslash b$的运算。

```
>> a=[1  2  3;3  0  1;4  2  1];
>> b=[5 ;5; 5];      % 各元素用分号隔开,代表列向量;空格或用逗号隔开,代表行向量
>> c= a\b
  c=
         1.1111
         -0.5556
         1.6667
>> inv(a)*b
      ans =
        1.1111
        -0.5556
        1.6667
```

可见，$a\backslash b=\text{inv}(a)*b$。原方程组的解为：$x=\begin{bmatrix} x_1 \\ x_2 \\ x_3 \end{bmatrix}=\begin{bmatrix} 1.1111 \\ -0.5556 \\ 1.6667 \end{bmatrix}$。

由线性代数可知，当方程组系数矩阵的秩 rank(a)和增广矩阵的秩 rank(a,b)相等时，若rank(a)=rank(a,b)=n（称为满秩，满秩时，系数矩阵行列式值不为零），n为方程组中方程的个数，方程组有唯一解；若rank(a)=rank(a,b)<n，方程组有无穷解；若rank(a)≠rank(a,b)，方程组无解。

上面方程组的rank(a)和rank(a,b)求解如下：

```
>> a=[2 3 4;0 0 9;6 7 1];
>> rank(a)
     ans =
          3
>>  ab=[1 2 3 5;3 0 1 5;4 2 1 5];     %  增广矩阵
>> rank(ab)
     ans =
          3
>> det(a)
     ans =
          18
```

显见，rank(a)=rank(a,b)=3满秩。同时行列式值不等于0，故方程有唯一解。

若上面方程的系数矩阵为 $a=\begin{bmatrix}1 & 2 & 3\\2 & 4 & 6\\4 & 2 & 1\end{bmatrix}$，重新求解三元一次方程 $a*x=b$ 的解。

```
>> a=[1 2 3;2 4 6;4 2 1];
>> b=[5;5;5];
>> a\b
```

Warning：matrix is singular to working precision.（译解：求方阵的逆阵时，方阵的行列式不能为 0。）

求此时的 a 的秩和 a 的增广矩阵（a，b）的秩。rank(a)=2，rank(a,b)=3，故方程组无解。

这里，b 未必是单列，只要 b 的行数与 a 的列数相同即可。又如 b=［5 1；5 0；5 3］，解得 $x=\begin{bmatrix}1.1111 & 0.2222\\-0.5556 & 1.3889\\1.6667 & -0.6667\end{bmatrix}$。

再来求 $x*a=b$ 的解。由于 $x*a=b$ 的解是 $b*\mathrm{inv}(a)$，这里的 b 由原来的列向量要转置为行向量，否则不满足矩阵相乘的法则。在命令窗口完成方程 $x*a=b$ 的运算。

```
>> a=[1  2  3;3  0  1;4  2  1];
>> b=[5  5  5];
>> c= b\a
      c=
         1.3889   -0.2778    1.1111
>> b*inv(a)
      ans =
         1.3889   -0.2778    1.1111
```

显然，$b/a=b*\mathrm{inv}(a)$。

4. 矩阵的幂运算

矩阵的幂运算用“^”来表示，a^p，即 a 的 p 次方。

如果 a 是一个方阵，p 是一个标量，且 p 是大于 1 的整数，则 a 的 p 次幂即为 a 自乘 p 次。通过实例观察如下：

```
>>a=[2  2;2  3];
>>c=a^2
c =
     8   10
    10   13
```

如果 p 是不为整数的标量，则 a^p=v*D.^p/v，其中 D 为矩阵 $\boldsymbol{a}$ 的特征值所构成的对角阵，v 是特征矢量。产生 v 和 D 的函数格式是[v，D]＝eig(a)，eig 是计算特征值和特征矢量的函数，如下例：

```
>>a=[1  1;3  4];
>>c= a^1.5
c =
    1.8898    2.2678
    6.8034    8.6932
```

若 p 是方阵，而 a 是标量时，a^p=v*D.^p/v，其中 D 为矩阵 p 的特征值所构成的对角阵，v 是特征矢量。产生 v 和 D 的函数格式是[v，D]=eig(p)，eig 是计算特征值和特征矢量的函数，如下例：

```
>>p=[1  1;1  2];
c=2^p
c=
    2.6398    2.1627
    2.1627    4.8025
```

若 ***a*** 和 ***p*** 都是矩阵，则 a^p 是错误的，即 a 和 p 中必须有一个标量，另一个是方阵。如下例：

```
>>a=[1  1;2  3];
>>p=[2  3;1  1];
>>c=a^p
??? Error using ==> mpower
At least one operand must be scalar
```

三、数组的处理方法

数组是 MATLAB 的基础，其处理方法多种多样，了解这些处理特性有助于用户更有效地使用 MATLAB，下面通过示例看一下 MATLAB 的数组处理特性。

```
>>a=[2  1  1;3  2  2;4  3  3];
>>a(3,3)=0                              % 将第 3 行、第 3 列元素设置为 0
a =
     2     1     1
     3     2     2
     4     3     0
>>a(3,4)=1                              % 将第 3 行、第 4 列元素设置为 1
a =
     2     1     1     0
     3     2     2     0
     4     3     3     1
```

由于原数组中没有第 4 列，数组 a 的维数就根据需要增加，并且在其他没有赋值的位置填上 0 元素，以便使数组保持为一个 3 行 4 列的维数。

```
>>a(:,3)=5
a =
     2     1     5     0
     3     2     5     0
     4     3     5     1
```

该语句将数组 a 的第 3 列元素全都设置为 5，与下面的语句等效。

```
>>a(:,3)=[5;5;5]
a =
     2     1     5     0
     3     2     5     0
     4     3     5     1
```

但若写成下列形式，则产生错误提示信息。

```
>>a(:,3)=[5  5  5]
???  In an assignment A(:,matrix)=B,the number of elements in the subscript
of A and the number of columns must be the same.
```

事实上，上面的语句是想将 a 的第 3 行的元素全部设置为 5，重新调用 a 数组，其实现代码为：

```
>> a=[2  1  1;3  2  2;4  3  3]
a =
     2     1     1
     3     2     2
     4     3     3
>>a(3,:)=[5 5 5]
a =
     2     1     1
     3     2     2
     5     5     5
```

重新调用 a 数组，再看看其他一些数组处理方法。

```
>>a=[2  1  1;3  2  2;4  3  3];
>>b=a(3:-1:1, 1:3)
b =
     4     3     3
     3     2     2
     2     1     1
>>b=a(end: -1:1, 1:3)
b =
     4     3     3
     3     2     2
     2     1     1
```

这两条语句将数组 a 的行按逆序排列，得到数组 b。关键字 end 要自动指向指定维数的最后或最大索引。本例中，end 指向最大的行索引。

```
>>b=a( 3:-1:1, :)
b =
     4     3     3
     3     2     2
     2     1     1
```

该语句实现的功能与前两条语句一样。其中，最后一个冒号表示对所有的列进行操作，即 b 中的“:”与“1:3”等价。

```
>>c=[ a b(: ,[1  3] ) ]
c =
     2     1     1     4     3
     3     2     2     3     2
     4     3     3     2     1
```

该语句将数组 b 的第 1 和第 3 列连接在 a 的右侧，从而生成新的数组 c。

```
>>b=a(1:2,2:3)
b =
```

```
   1    1
   2    2
>>b=a(1:2,2:end)
b =
   1    1
   2    2
```

该两条语句通过提取数组 a 的前两行和后两列的元素生成数组 b，在第二个例子中，end 表示最后或最大的列索引。

```
>>b=a[:]
b =
     2
     3
     4
     1
     2
     3
     1
     2
     3
```

该语句通过依次提取数组 a 的各列，将数组延展成一个列向量 $\boldsymbol{b}$，这种方法是把一个数组重构成另一个不同维数，但数组元素保持不变的新数组的最简方式。

```
>>b=a                         % 将 a 赋给 b
b=
     2     1     1
     3     2     2
     4     3     3
>>b(:,2)=[ ]
b=
     2     1
     3     2
     4     3
```

该命令删除了原数组 b 中的第 2 列而重新定义数组 b，若数组的某个部分被设置成空矩阵或空数组 []，这部分将被删除，需要注意的是，数组必须被整行或整列地删除，这样才能保证缩维后的数组具有完整性。显然若要删除数组中第 2 行，则命令为

```
>>b ( 2, :)=[]
b=
     2     1     1
     4     3     3
```

上面介绍的是对数组原有元素的删减或增添而构成新数组。当保持数组元素个数不变而仅对数组的行和列进行对换时，就是数组的转置。转置符用“'”表示。在命令窗口建立一个二维数组。

```
>>a=[1 -1 0 ; 2 -2 1 ; 3 3 0]
a=
     1    -1     0
```

```
    2   -2   1
    3    3   0
>>a'
ans=
    1    2   3
   -1   -2   3
    0    1   0
```

若矩阵 ***a*** 是复数矩阵，则 ***a***'是其复数共轭转置，若要进行非共轭转置运算，使用 ***a***.'或 conj(**a**')。示例如下：

```
>>a= [2+5i ; 5+2i ];
>>c=a'
c=
     2.0000 - 5.0000i   5.0000 - 2.0000i
>>c=a.'
c=
    2.0000+5.0000i   5.0000+2.0000i
>>c= cinj(a')
c=
    2.0000+5.0000i    5.0000+2.0000i
```

除上面示例的数组处理方法外，reshape 函数是最通用的数组结构变换函数，下面给出了使用该函数的几个示例。

```
>> a=-4:4
a=
     -4  -3  -2  -1  0  1  2  3  4
>> reshape(a,1,9)
ans=
        -4  -3  -2  -1  0  1  2  3  4
```

reshape(a, 1, 9)将 ***a*** 变成了一个行向量，即 1 行 9 列的行向量。事实上，就是 ***a*** 本身。若将命令改成 reshape(a, 9, 1)，则将 ***a*** 变成了一个 9 行 1 列的列向量，即：

```
>> reshape(a,9,1)
ans =
         -4
         -3
         -2
         -1
          0
          1
          2
          3
          4
>>reshape(a,3,3)
ans=
        -4  -3  -2
        -1   0   1
         2   3   4
>> reshape(a,[3 3])
ans=
```

```
      -4  -3  -2
      -1   0   1
       2   3   4
```

reshape(a, [3 3])将 a 变成了一个 3 行 3 列的二维数组。

```
>> reshape(a,3,[ ])
ans=
      -4  -3  -2
      -1   0   1
       2   3   4
>> reshape(a,[ ],3)
ans=
      -4  -3  -2
      -1   0   1
       2   3   4
```

由上面的结果可见，命令 reshape(a, 3, 3)，reshape(a, [ ], 3)，reshape(a, 3, [ ])与 reshape(a, [3 3])的结果是一样的。

```
>> reshape(a,3,2)
??? Error using ==> reshape
To RESHAPE the number of elements must not change.
```

该信息提示读者，使用 reshape 函数处理数组，数组元素的个数不应改变。因为 a 数组的个数是 9 个，而这里被变成了 6 个，所以提示出错信息。

四、矩阵的分解

科学计算中，通常会遇到很多大的矩阵，对这样的矩阵直接进行运算，工作量很大，计算时间相对较长，为此，常常需要对矩阵加以分解。下面介绍几种矩阵分解方法。

1. 特征值分解

对于方阵 $\boldsymbol{A}$，若有一矢量 $\dot{V}$ 和一常数 m，使得方阵 $\boldsymbol{A}\dot{V}=\mathrm{m}\dot{V}$，则 m 为方阵的特征值，$\dot{V}$ 为特征矢量矩阵。在 MATLAB 中，矩阵的特征值分解调用函数为 eig，即[V，D]＝eig(a)，显然 $\dot{V}$ 是特征矢量矩阵，$\boldsymbol{D}$ 是特征值对角阵，如下例：

```
>> a=[1 0 1;0 1 1;2 1 2];
>> [V,D]=eig(a)
V =
     -0.3700   -0.5201    0.4472
     -0.3700   -0.5201   -0.8944
     -0.8521    0.6775    0.0000
D =
     3.3028      0          0
     0         -0.3028     0
     0          0          1.0000
```

2. 奇异值分解

对矩阵 $\boldsymbol{A}$，若存在两个矢量 $\dot{U}$、$\dot{V}$ 及一常数 q，使得 $\boldsymbol{A}$ 满足：$\boldsymbol{A}\dot{V}=q\dot{U}$，$\boldsymbol{A}'\dot{U}=q\dot{V}$，则称 q 为奇异值，而称 $\dot{U}$，$\dot{V}$ 为奇异矢量。在 MATLAB 中，矩阵的奇异值分解调用函数 svd，即[U，S，V]＝svd(a)，显然 $\dot{U}$，$\dot{V}$ 是奇异矢量阵，$\dot{S}$ 是奇异值。如下例：

```
>>a=[1 0 1;0 1 1;2 1 2];
>> [U,S,V]=svd(a)
```

```
U =
      -0.3856    0.4151   -0.8240
      -0.3052   -0.9002   -0.3107
      -0.8707    0.1317    0.4738
S =
      3.4385     0         0
      0          1.0489    0
      0          0         0.2773
V =
      -0.6186    0.6468    0.4460
      -0.3420   -0.7327    0.5883
      -0.7074   -0.2114   -0.6745
```

3. LU 分解

方阵 LU 分解又称为三角分解法，是将方阵分解成一个下三角阵和一个上三角阵。这种分解法所得的上、下三角阵并不是唯一的，可以找到各个不同的上、下三角阵对，每对三角阵相乘都可得到原方阵。在 MATLAB 中，利用函数 LU 实现对方阵的分解，调用格式为[L, U]=lu(a)，其中 ***L*** 代表下三角阵，***U*** 代表上三角阵，通过实例观察之：

```
a=[1 0 1;0 1 1;2 1 2];
>> [L,U]=lu(a)
L =
      0.5000   -0.5000    1.0000
      0         1.0000    0
      1.0000    0         0
U =
      2.0000    1.0000    2.0000
      0         1.0000    1.0000
      0         0         0.5000
```

4. cholesky 分解

若 ***a*** 是 ***n*** 阶对称正定矩阵，则存在一个非奇异的下三角矩阵 ***L***。使 $\boldsymbol{A}=\boldsymbol{L}\boldsymbol{L}^T$，当限定 ***L*** 的对角元素为正时，这种分解是唯一的。称为乔立斯基 cholesky 分解，其由函数 chol 实现，实例如下：

```
>> a=[9 1 2;5 6 3;8 2 7];
>> chol(a)
ans =
       3.0000    0.3333    0.6667
       0         2.4267    1.1447
       0         0         2.2903
```

5. QR 分解

实矩阵 ***A*** 可以写成 ***A***＝***QR*** 的形式，其中 ***Q*** 为正交阵，***R*** 为上三角阵。***QR*** 分解由函数 *qr* 实现，其调用格式为[Q，R]＝qr(a)，其中 ***Q*** 是正规正交矩阵，***R*** 是三角形矩阵。实矩阵 ***A*** 可以不是方阵，如果 ***A*** 是 ***m*n*** 阶的，则 ***Q*** 是 ***m*m*** 阶的，***R*** 是 ***m*n*** 阶的，示例如下：

```
>> [Q,R]=qr(a)
Q =
      -0.6903     0.3969     -0.6050
```

```
      -0.3835    -0.9097     -0.1592
      -0.6136     0.1221      0.7801
R =
     -13.0384    -4.2183     -6.8260
      0          -4.8172     -1.0807
      0                0      3.7733
```

第四节 标 准 数 组

鉴于某些数组的通用性，MATLAB 专门提供了一些函数来创建它们，称它们为标准数组。标准数组通常包括全 1 数组、全 0 数组、单位矩阵、随机矩阵、对角矩阵以及元素为指定常数的数组。

下面的函数命令将创建全 0 和全 1 的数组：

```
>>ones(4)
ans =
      1     1     1     1
      1     1     1     1
      1     1     1     1
      1     1     1     1
>>a=zeros(3,3)
ans =
      0     0     0
      0     0     0
      0     0     0
>>ones(size(a))                  %以 a 为索引,生成全 1 数组
ans =
      1     1     1
      1     1     1
      1     1     1
```

对于 ones 和 zeros 函数，当只有一个输入参数时，即 ones(n)或 zeros(n)，MATLAB 就分别生成一个 $n*n$ 的全 1 或全 0 数组；当有输入参数时，即 ones(r,c)或 zeros(r,c)，MATLAB 就分别生成一个 r 行 c 列的全 1 或全 0 数组。

另外，ones(size(a))在生成全 1 数组时，该数组的维数索引的是 3 行 3 列的全 0 的 a 数组的维数，它与 ones(3)是等价的。

下面的命令用于创建单位矩阵。

```
>> eye( 3 )
ans =
      1     0     0
      0     1     0
      0     0     1
>>eye(2,3)
ans =
      1     0     0
      0     1     0
>>eye(3,2)
```

```
ans =
      1    0
      0    1
      0    0
```

从上面的结果可见，生成单位阵函数 eye 的语法格式与生成全 1 和全 0 数组的函数的语法格式相同，单位矩阵是具有如下取值的矩阵：除 a(i,i)之外，其他所有元素为 0。其中 i＝1:min(r,c)，min(r,c)是矩阵的行数或列数的最小值。

下面的命令创建随机矩阵：

```
>> rand( 3 )
ans =
       0.9501    0.4860    0.4565
       0.2311    0.8913    0.0185
       0.6068    0.7621    0.8214
>>rand ( 3, 2 )
ans =
       0.4447    0.9218
       0.6154    0.7382
       0.7919    0.1763
```

函数 rand 生成正态分布的随机数组，其元素的取值介于 0 和 1 之间。另外，还有一个函数 randn 将生成数值为 0，方差 1 的标准正态分布矩阵，如下例：

```
>>randn( 3 )
ans =
      -0.4326    0.2877    1.1892
      -1.6656   -1.1465   -0.0376
       0.1253    1.1909    0.3273
```

函数 diag 生成对角数组，在该数组中，一个向量可以被放在与数组的主对角线平行的任何位置上，如下例：

```
>> a= 1: 3;
>>diag(a)
ans =
      1    0    0
      0    2    0
      0    0    3
>> diag(a,-1)
ans =
      0    0    0    0
      1    0    0    0
      0    2    0    0
      0    0    3    0
>> diag(a,1)
ans =
      0    1    0    0
      0    0    2    0
      0    0    0    3
      0    0    0    0
```

上面 diag(a)生成了一个在主对角线上有 3 个元素，而其余位置元素值为零的对角阵；

diag(a,－1)生成了一个将该 3 个元素放在与主对角线平行，但在主对角线之下一个位置的方阵，方阵中其他元素为 0；diag(a,1)生成了一个将该 3 个元素放在与主对角线平行，但在主对角线之上 1 个位置的方阵数组中，数组的其他元素为 0。由此可见，diag(a,－1)和 diag(a,1)的大小为 diag(a)在行数和列数上各增加 1，且主对角线元素值为 0。

利用上述标准数组，可以有两种不同方式生成一个所有元素值都相同的数组。生成一个所有元素值为 3 的数组，示例如下：

```
>>3* ones( 3 )
ans =
        3     3     3
        3     3     3
        3     3     3
>>3+zeros (3 )
ans =
        3     3     3
        3     3     3
        3     3     3
```

对于小数组而言，上述两种方法均可取。但是，随着数组的维数的增大，标量乘法(标量*ones(r,c))会使矩阵生成过程变慢。因为加法通常都比乘法运算速度快，所以较好的办法就是将非零标量加到一个全 0 数组中(标量 + zeros(r,c))。尽管第二种方法不如第一种方法直观，但它是生成大数组的最快方法。

第五节　数组的大小

MATLAB 提供了函数 size，length 和 numel 来分别获得数组的行数和列数，数组长度（即行数或列数中的最大值）和元素总数。下面先来看一下 size 的用法。

在命令窗口创建一个数组 *a*：

```
>> a=[1  2  2  3;2  3  1  4]
a=
    1  2  2  3
    2  3  1  4
>>size(a)
ans=
    2   4
```

当只有一个输出参数时，size 函数返回的是一个行向量，该行向量的第一个元素是数组的行数，第二个元素是数组的列数。当有两个输出参数时，size 函数将数组的行数返回给第一个输出变量，将数组的列数返回给第二个输出变量，示例如下：

```
>>[r,c]=size(a)
r=
    2
c=
    4
```

若在 size 函数的输入参数中再添加一项，并用 1 或 2 为该项赋值，则 size 函数将返回数组的行数或列数，示如例下：

```
>>r= size(a,1)
r=
     2
>>c= size(a,2)
c=
     4
```

由于一个数组 *a*（r，c）在声明时，第一个参数是其行数 *r*，因此 size（a，1）返回的是行数；第二个参数是其列数 *c*，因此 size（a，2）返回的是列数。

函数 numel 返回一个数组中元素的总数。例如，下面的代码求数组 *a* 中元素的个数。

```
>>numel(a)
ans=
     8
```

函数 length 返回行数或列数的最大值，如下面的代码将返回的是 *a* 的列数。

```
>>length(a)
ans=
     4
```

对于一个行向量或列向量，length 将返回该向量的长度，示例如下：

```
>>a=linspace(-4,4,10);
>>length(a)
ans=
    10
>>a=-3:3;
>>length(a)
ans=
     7
```

另外，函数 size 和 length 同样适用于空数组（即 0 维数组）。

请看下例：

```
>>a=[ ]
a =
    [ ]
>>size (a)
ans =
     0    0
>>b =zeros ( 3, 0)
b =
     Empty  matrix :  3-by-0
>>size (b)
ans =
     3   0
>>length (b)
ans =
     0
>>max (size (b))
```

```
ans =
      3
```

函数 size 和 length 在对空数组操作时，与普通数组相似，只是有一点，对于空数组，无论空数组在其他维上是否为 0，函数只返回 0。

第六节　矩阵和数组的关系运算和逻辑运算

在矩阵和数组的运算中，有时要遇到判断情况，这就需要通过某种运算来产生逻辑上的判断数值 0 或者是 1。MATLAB 中产生这种逻辑数值 0 或者是 1 的运算有关系运算和逻辑运算，本节将介绍如何进行这两种运算。

一、关系运算

MATLAB 提供了 6 种关系运算，其结果返回值为 1 或者是 0，表示运算关系是否成立。关系运算符如表 2-1 所示。

表 2-1　　**关 系 运 算 符**

运　算　符	功　　能	运　算　符	功　　能
<	小于	>=	大于等于
<=	小于等于	==	相等
>	大于	~=	不相等

例如在命令窗口输入以下内容，进行表达式的关系运算。

```
>> a=[1 2;0 4];
>> b=3;
>> c=[1 0;2 5];
>> d=[1 2 3;4 5 6];
>> ans1=(a>b)
>> ans1
ans1 =
        0    0
        0    1
>> ans2=(a<c)
>> ans2
ans2 =
        0    0
        1    1
>> ans3=(c>d);
??? Error using ==> gt
Matrix dimensions must agree.
```

由上面的代码可以看出，一个数值矩阵或者数组可以和一个标量进行关系运算。其运算规则是将矩阵的数值依次和标量数值进行关系运算，得出相应的关系结果，然后返回一个逻辑矩阵；同时，同维的矩阵也可以进行关系运算，运算规则是将对应元素进行关系运算，同样也可以返回一个逻辑矩阵。

若将非同维的矩阵进行关系运算，则返回错误信息，提示用户两个矩阵应该同维。

关系运算符通常用于程序的流程控制中，常与 if，while，for，switch 等控制命令联合使用。

二、逻辑运算

在 MATLAB 中，逻辑运算是指通过逻辑关系符将两个或多个表达式进行连接得到逻辑值。MATLAB 提供了 3 种比较常见的逻辑关系符：AND，OR 和 XOR。这 3 种逻辑关系符是二元关系运算符，同时还有一个非二元关系运算符 NOT。

逻辑运算符如表 2-2 所示。

表 2-2 逻辑运算符

运算符	功能	运算符	功能
&	与逻辑（AND）	Xor	异或逻辑（XOR）
|	或逻辑（OR）	～	非逻辑（NOT）

例如在命令窗口输入以下内容，进行表达式的逻辑运算。

```
>> a1=1;
>> a2=0;
>> a3=5;
>> ans1=~a1;
>> ans2=a1&a2;
>> ans3=a1&a2|a3;
>> ans4=a1|a2|a3;
>> ans5=a1&(a2|a3);
>> ans6=~(a1&a3);
>> ans7=~a2&a1|a3;
>> anss=[ans1 ans2 ans3 ans4 ans5 ans6 ans7]
anss =
       0    0    1    1    1    0    1
```

下面将关系运算和逻辑运算结合起来看二者的运算优先级情况。在命令窗口输入以下内容，观察结果。

```
>> a=3;
>> b=[-2 -1;0 5];
>> ans1=~(a>b);
>> ans2=(~a)>b;
>> ans3=~a>b;
>> ans1
ans1 =
       0    0
       0    1
>> ans2
ans2 =
       1    1
       0    0
>> ans3
ans3 =
       1    1
       0    0
```

从上面的示例可以总结出在 MATLAB 中，关系运算符、逻辑运算符，包括算术运算符在内的运算优先级如下：

算术运算符的优先级最高，高于关系运算符和逻辑运算符；

其次是所有的关系运算符（==，~=，>，>=，<，<=），运算顺序从左至右；

再次是逻辑运算符（~，&，|），运算顺序为从左至右。

三、逻辑运算函数

逻辑运算函数又称为 is 类函数，当函数的判断条件成立时，该类函数将返回数值 1；但函数判断条件不成立时，该类函数将返回数值 0。这些函数都可以用在关系表达式或逻辑表达式中，也可以用来作为程序结构的判断条件。

常见的逻辑函数如表 2-3 所示。

表 2-3　　常见的逻辑函数

函数名称	功能	函数名称	功能
iscell	判断项是否是单元数组	isnumeric	判断项是否为数值数组
ischar	判断项是否是字符串	isspace	判断项是否是空格
isempty	判断项是否为空	isequal	判断项是否相等
isinf	判断项是否是无穷大	iskeyword	判断项是否是 MATLAB 关键字

下面在 MATLAB 命令窗口输入如下内容，观察这类函数的使用方法。

```
>> iskeyword('function')              % 判断 function 是否是 MATLAB 的关键字
ans =
      1                               % 结果为真
>> iskeyword('end')                   % 判断 end 是否是 MATLAB 的关键字
ans =
      1                               % 结果为真
>> iskeyword('case')                  % 判断 case 是否是 MATLAB 的关键字
ans =
      1                               % 结果为真
>> iskeyword('cell')                  % 判断 cell 是否是 MATLAB 的关键字
ans =
      0
```

由此可见，function，end 和 case 是 MATLAB 在程序设计中经常用到的关键字，而 cell 则不是。

```
>> a=[1 2 3];
>> isnumeric(a)                       % a 是数值数组吗
ans =
      1                               % 结果为真
>> iscell(a)                          % a 是单元数组吗
ans =
      0                               % 结果为假
>> ischar(a)                          % a 是字符串吗
ans =
      0                               % 结果为假
>> isinf(a)                           % a 是无穷大数吗
ans =
      0     0     0                   % 结果为假
>> a=[1 2 3];
```

```
>> b=[1 2 3];
>> isequal(a,b)                    % a 和 b 相等吗
ans =
     1                             % 结果为真
>> a=[1 2 3];
>> b=[1 0 3];
>> isequal(a,b)
ans =
     0                             % 结果为假
```

除了表 2-3 所提供的逻辑函数外，还有其他的逻辑函数，读者可参见附录 A。

习 题

2.1 已知两个一维数组分别为 a=[2 2 1 2 1]，b=[1 2 3 2 1]，求这两个数组的四则运算结果，并求 a^2、b^2 和 a^b。

2.2 已知两个矩阵分别为 a=[1 2 1 1；2 3 1 0；0 3 4 2；3 0 6 3]，b=[2 1 0 1；3 0 1 0；5 3 3 1；5 0 3 1]，求 $a*b$ 和 $a\backslash b$。

2.3 已知方程 $ax=b$，其中 a=[3 2 1 4；1 3 1 4；6 3 1 0；1 0 4 2]，b=[1 2 3；4 3 1；4 7 0；3 1 1]，求方程的根 x。

2.4 已知方程 $xa=b$，其中 a=[3 2 1；1 3 1；3 1 0]，b=[1 2 3；4 3 1；4 7 0；1 3 2]，求方程的根 x。

2.5 利用 reshape 函数将数组 a=[3 2 11 3 13 1 0 4 7 2 0 21]分别重塑成 2×6 和 4×3 的二维数组。

2.6 将矩阵 a=[3 2 1；1 3 1；3 1 0]分别进行 QR 和 LU 分解。

2.7 先建立一个标准数组 ones（3，4），以此数组作为三维数组的第一页，建立一个含 3 页的三维数组，其他两页的元素自定。

2.8 已知数组 a=[3 2 1 4；1 3 3 1；3 1 7 0]，要求如下：

（1）读取 a（3，4），a（2，3）；

（2）读取 a 的前两行和前两列元素；

（3）读取 a 的第二行元素；

（4）读取 a 的第三列元素；

（5）删除 a 的第三行元素；

（6）删除 a 的第 2、3 列元素。

第三章　字　符　串

MATLAB 的主要功能在于对数值的处理能力，但在实际使用中不可避免地要遇到处理文本的情况，例如在处理可视化数据时需要插入坐标轴的标识和图形的标题，或在图形中添加文本、图例等。鉴于此，MATLAB 也提供了针对文本处理的数据类型——字符串。

第一节　字符串数组的建立

在 MATLAB 中，字符串数组的建立方法有多种，下面举例说明。

【例 3-1】 用直接输入法创建字符串数组。

```
>>a='hello';
>>b='''你好''';
>>c=[a,' ',b,'.'];
>>a
a =
    hello
>>b
b =
    '你好'
>>c
c =
    hello '你好'.
```

从［例 3-1］中可以看出，创建字符串数组的基本方法就是直接用单引号将一系列字符串括起来，其中的每个字符都是该字符串的一个元素，通常用两个字节来存储；当字符串文字中包含单引号时，每个单引号符号需要使用两个连续的单引号字符；并且可以直接引用短的字符串构成长的字符串。

需要注意的是，字符串是特殊的 ASCII 数值型数组，而显示出来的是字符形式。

【例 3-2】 利用 ASCII 码创建字符串数组。

```
>>b='你好';
>>ASCIIb=double(b);
>>c=char(ASCIIb);
>>b
b =
    你好
>>ASCIIb
ASCIIb =
        20320      22909
>>c
c =
    你好
```

在 MATLAB 中，可以使用 char 和 double 在字符串数组和数值数组之间进行转换。

【例 3-3】 使用函数创建字符串数组。

```
>>c1=char('China changchun','ccit');
>>c2=str2mat('China','Changchun','','ccit');
>>a1='auto';
>>a2='film';
>>a3='forest';
>>a4='city';
>>b1=strvcat(a1,a4);
>>b2=strvcat(a2,a4);
>>b3=strvcat(a3,a4);
```

查看上述语句运行结果。在命令窗口输入变量名，结果如下：

```
>>c1
c1 =
     China changchun
     ccit
>>c2
c2 =
     China
     Changchun
     ccit
>>b1
b1 =
     auto
     city
>>b2
b2 =
     film
     city
>>b3
b3 =
     forest
     city
```

再看下面的语句，

```
>>a1='auto  ';
>>a2='city';
>>b1=strcat(a1,a2)
b1 =
      autocity
```

在 MATLAB 中，使用函数 char，str2mat 和 strvcat 来创建字符串时，是将字符串纵向排列，且不需要注意每个字符串变量的长度是否相等。另外，从上面的示例中，不难发现函数 strcat()在合并字符串时是将字符串横向排列，并将字符串结尾的空格删除。要保留这些空格，可以用矩阵合并符[]来实现字符串的合并，例如下面的代码示例：

```
>>a='My name is ';
>>b='Shen Hong';
>>c=[a b]
```

上述语句得到输出代码如下：

```
c =
    My name is Shen Hong
```

由此可见，*a* 字符串中 is 后的空格被保留。否则，结果将是：My name isShen Hong。

用户也可以构造二维字符数组，不过要注意保持二维字符数组的每一行具有相同的长度。例如：下面字符串是合法的，因为它的每行都有 6 个字符：

```
>>str=['second';'string']
```

上述语句得到输出代码如下：

```
str =
       second
       string
```

当构造的多个字符串具有不同长度时，可以在字符串的尾部添加空格来强制使字符串具有相同的长度。

例如下面的代码示例：

```
>>str=['name  ';'string']
```

name 后添加了两个空格，这样实现与 string 具有相同的长度，运行上述语句，得到的输出代码如下：

```
str =
       name
       string
```

若 name 后的空格数是 1，重新运行上述代码，则提示出错信息：

```
>>str=['name ';'string']
??? Error using ==> vertcat
All rows in the bracketed expression must have the same
number of columns.
```

第二节 单元数组的建立

单元数组（Cell Array）是一种比较特殊的 MATLAB 数组，其基本结构是单元，每个元素都是一个单元，单元中可以包含其他类型的数组。每个单元本身在数组中是平等的，用下标来区分。单元内可以存放任何类型、大小的数组，而且同一单元数组内各单元的内容可以不同。

同数值数组一样，单元数组的维数不受限制，可以是一维、二维或多维。

对于单元数组来说，单元和单元里的内容是两个完全不同的范畴。因此，寻访单元和寻访单元内容是两种不同的操作。以二维单元数组为例，*A*（4，2）是 *A* 单元数组中的第 4 行第 2 列的单元元素；而 *A*{4，2}是指 *A* 单元数组中的第 4 行第 2 列单元中所允许存取的内容。

在 MATLAB 中，单元数组的建立方法有 3 种。

1. 利用赋值语句建立单元数组

【例 3-4】 利用赋值语句建立一个单元数组。

```
>>A(1,1)={'MATLAB'};
>>A(1,2)={'7.0'};
>>A(2,1)={'矩阵'};
>>A(2,2)={[1 2 3;4 5 6;7 8 9]};
```

```
>>A
A =
     'MATLAB'    '7.0'
     '矩阵'      [3×3 double]
```

当然，也可以用另外一种方法建立，即用花括号括起单元的下标，在赋值语句的右侧直接指定单元的内容。如上面的命令可写成：

```
>>A{1,1}='MATLAB';
>>A{1,2}='7.0';
>>A{2,1}='矩阵';
>>A{2,2}=[1 2 3;4 5 6;7 8 9];
>>A
A =
     'MATLAB'    '7.0'
     '矩阵'      [3×3 double]
```

2. 利用单元数组法建立单元数组

建立单元数组时，可以在花括号中直接赋值，单元与单元之间用逗号、空格或分号隔开。

【例 3-5】 利用单元数组法建立一个单元数组。

```
>>A={'MATLAB',7.0,'矩阵',[1 2 3;4 5 6;7 8 9]}
A =
     'MATLAB'    [7]    '矩阵'    [3×3 double]
```

若想与前面的例子显示一致，将 7.0 后面的逗号改成分号即可。

3. 利用函数 cell 建立单元数组

cell 函数用来预分配指定大小的单元数组，其调用格式如下。

（1）c＝cell(n)　建立 $n \times n$ 单元数组，单元是空矩阵。

（2）c＝cell(m，n)或 c=cell([m，n])　建立 $m \times n$ 单元数组，单元是空矩阵。

（3）c＝cell(m，n，p，…)或 c=cell([m，n，p，…])　建立 $m \times n \times p \times \cdots$ 的单元矩阵，单元是空矩阵。

（4）c＝cell(size(A))　建立和 A 大小相同的单元数组。

事实上，利用 cell 函数建立单元数组，是先用 cell 生成一个空的单元数组，然后再向其中添加所需的数据，见[例 3-6]。

【例 3-6】 利用 cell 函数建立单元数组，然后再向其中个别单元添加数据。

```
>>C=cell(3,3)
C =
     []     []     []
     []     []     []
     []     []     []
>>C(1,1)={'The Grate Wall'}
C =
     'The Grate Wall'     []     []
                   []     []     []
                   []     []     []
>>C(1,2)={'The Summer Palace'}
C =
     'The Grate Wall'    'The Summer Palace'    []
                   []                     []    []
                   []                     []    []
```

```
>>C(2,1)={[1 2;2 1]}
C =
     'The Grate Wall'   'The Summer Palace'   []
        [2x2 double]                     []   []
                  []                     []   []
>>C(3,2)={'celldisp'}
C =
     'The Grate Wall'   'The Summer Palace'   []
        [2x2 double]                     []   []
                  []    'celldisp'            []
>>C(3,3)={'cellplot'}
C =
     'The Grate Wall'   'The Summer Palace'   []
        [2x2 double]                     []   []
                  []    'celldisp'           'cellplot'
```

由［例 3-6］可见，单元数组中的内容一般以压缩的形式显示，可以通过函数 celldisp 来查看单元数组中的详细内容或通过函数 cellplot 以图形的形式显示单元数组的内容。

【例 3-7】 建立一个单元数组，用函数 celldisp 和 cellplot 将其显示出来。

```
>>clear A
>>A(1,1)={[3 2 0;6 3 9;5 5 5]};
>>A(1,2)={1+i};
>>A(2,1)={'cellarray'};
>>A(2,2)={-3:6};
>>A
A =
     [3x3 double]    [1.0000 + 1.0000i]
     'cellarray'          [1x10 double]
>>celldisp(A)
A{1,1} =
         3     2     0
         6     3     9
         5     5     5
A{2,1} =
         cellarray
A{1,2} =
         1.0000 + 1.0000i
A{2,2} =
         -3   -2   -1   0   1   2
          3    4    5    6
>>cellplot(A)
```

图 3-1 为图形方式显示的单元数组。

由图 3-1 可见，cellplot 命令用大白方格表示各个单元，此例共 4 个单元，所以有 4 个大白方格；用小方格表示单元内容；色彩表示数据类型，由于仅 A(2，1)单元的内容为字符型，所以它的颜色与其余均为数值型的单元内容的颜色不同。同时，由图 3-1 可直观地看出 A(1，1)代表第一个大白方格，而 A{1，1}则是第一个大白方格中的内容，即 3×3 的数组。

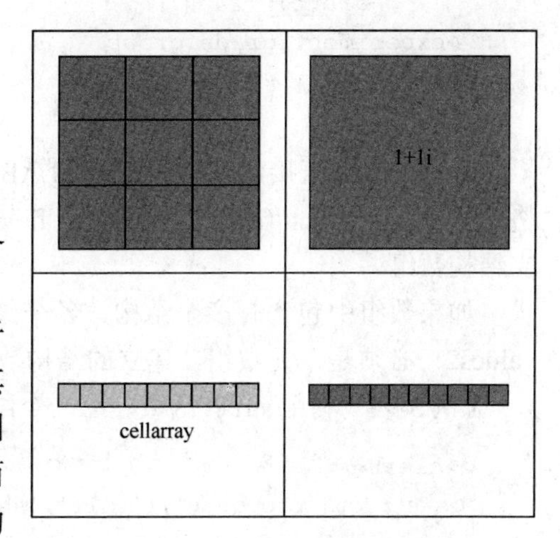

图 3-1 图形方式显示的单元数组

第三节 结构数组的建立

在 MATLAB 中，结构数组（Structure Array）与单元数组一样，所有类型的数据都可以放在结构数组中。具体来说，结构数组组织数据的能力要强于单元数组。结构数组的基本成分是结构（Structure），数组中的每个结构平等，用下标区分。但是，结构必须在划分“域”后才能使用。数据不能直接存放在结构上，而只能存放在域中。结构的域可以存放任何类型、大小的数组，而且不同结构的同名域中存放的内容可以不同。

结构数组可以采用直接建立的方法，此种方法是指直接建立结构的各个域，同时给各域赋值，结构和域之间用点连接。在访问结构数组的各个域时，也是“结构数组名.域名”的格式。当结构带有子域时，需完整地输入结构名、域名、子域名，才能显示域中的内容。结构数组的各个域可以按照其本身的数据类型进行相应的各种运算。

【例 3-8】 采用直接法建立一个结构数组。

```
>>experiment.name='FFT 频谱分析';
>>experiment.place='数字信号处理实验室';
>>experiment.grade='电子 0541 班';
>>experiment.grade.group='24 组';
>>experiment
experiment =
           name: 'FFT 频谱分析'
           place: '数字信号处理实验室'
           grade: [1x1 struct]
>>
>>experiment.place
ans =
     数字信号处理实验室
>>experiment.grade
ans =
     group: '24 组'
>>experiment.grade.group
ans =
     24 组
```

除了上面的直接建立法外，MATLAB 还提供了函数 structure 用来创建结构数组，其调用格式如下：S=struct('field1'，values1，'field2'，values2，…)使用指定的域名和各个域的数据建立结构数组。

如果数组中包含有多个结构，各个结构域中的数据又不尽相同，则域的数据 values1，values2…必须是单元数组，建立的结构数组和单元数组的大小相同。

【例 3-9】 利用 struct 函数建立一个结构数组。

```
>>clear
>>s=struct('property',{'tall','short'},'age',{'old','young'},'skin',{'black'})
s =
    1x2 struct array with fields:
```

```
    property
    age
    skin
```

第四节 数值与字符串的相互转换

在 MATLAB 中，有时需要把一个数值转换成一个字符串，或者把一个字符串转换成一个数值。MATLAB 提供了一系列的函数来完成这些操作，如 int2str，num2str，mat2str，sprintf 和 fprintf 等，如：

```
>>A1=int2str(eye(4))                              % 将整数转换成字符串
A1 =
     1  0  0  0
     0  1  0  0
     0  0  1  0
     0  0  0  1
>>size(A1)                                        % 结果为字符型矩阵
ans =
      4     10
>>A2=num2str(rand(3))                             % 将数值转换成字符串
A2 =
     0.95013      0.48598      0.45647
     0.23114       0.8913     0.018504
     0.60684       0.7621      0.82141
>>size(A2)
ans =
      3    31
>>A3=mat2str(pi/2*eye(2))                         % 将矩阵转换成字符串
A3 =
     [1.5707963267949 0;0 1.5707963267949]
>>size(A3)
ans =
      1    37
```

除了以上 3 种函数以外，MATLAB 还提供了 fprintf 和 sprintf 两种转换函数，其名称和用法与 C 语言中的格式转换函数（printf）类似。这两个函数在处理和显示数据方面灵活性强，fprintf 函数用于将数值型结果转换成 ASCII 字符格式，并将转换结果附加在一个数据文件之后。需要注意的是，用户必须设置一个文件标识符并将其传递给 fprintf 函数，作为 fprintf 函数的第一个参数，否则，该函数将把结果直接显示在命令窗口中。函数 sprintf 的用法与函数 fprintf 基本相同，只是它仅生成一个字符数据，该字符数组可以用于显示，也可以传递给另一个函数，并对其进行修改。

```
>>fprintf('% .4g\n',sqrt(2))
ans =
     1.414
>>sprintf('% .4g',sqrt(2))
```

```
ans =
      1.414
>>size(ans)
ans =
      1    5
```

其中，%.4g\n 是字符显示时的格式声明，表明显示 4 位有效位；\n 是换行符。下面再看一个简单的例子：

```
>>radius=sqrt(3);
>>area=pi*radius^2;
>>s=sprintf('A circle of radius % .5g has an area of % .5g.',radius,area)
s =
     A circle of radius 1.7321 has an area of 9.4248.
```

其中，%.5g 是变量 radius 和 area 显示时的格式声明。

上例显示圆面积也可以用下面的方法实现。

```
>>s=['A circle of radius ' num2str(radius) ' has an area of ' num2str(area) '.']
s =
     A circle of radius 1.7321 has an area of 9.4248.
```

虽然结果相同，但第二种方法却需要更大的计算量，容易出现拼写错误，并且程序的可读性也比较差。因此，当遇到这种情况时，建议使用 sprintf 函数，避免使用 int2str 和 num2str 函数。

从上面的例子中，读者可以看出，在进行数据与字符串之间的转换时，格式声明非常重要。下面以 pi 为例说明不同格式声明下的具体转换结果，如表 3-1 所示。

表 3-1　数据与字符串转换时格式声明举例列表

命令格式	显示结果	命令格式	显示结果
sprintf('% .0e', pi)	3e+000	sprintf('% .0g', pi)	3
sprintf('% .1e', pi)	3.1e+000	sprintf('% .1g', pi)	3
sprintf('% .3e', pi)	3.142e+000	sprintf('% .3g', pi)	3.14
sprintf('% .5e', pi)	3.14159e+000	sprintf('% .5g', pi)	3.1416
sprintf('% .10e', pi)	3.1415926536e+000	sprintf('% .10g', pi)	3.141592654
sprintf('% .0f', pi)	3	sprintf('% 8.0g', pi)	3
sprintf('% .1f', pi)	3.1	sprintf('% 8.1g', pi)	3
sprintf('% .3f', pi)	3.142	sprintf('% 8.3g', pi)	3.14
sprintf('% .5f', pi)	3.14159	sprintf('% 8.5g', pi)	3.1416
sprintf('% .10f', pi)	3.1415926536	sprintf('% 8.10g', pi)	3.141592654

其中，参数 e 表示转换成指数形式，参数 f 表示带有多少个小数位，参数 g 表示使用 e 或 f 中较短的表达式。需要注意的是，对于 e 和 f，小数点右边的数字表示在小数点后要显示多少位；而对于 g 来说，小数点右边的数字表示总共显示多少位。表 3-1 的后 5 种表示中，小数点前面的数字指定了 8 个字符的宽度，显示结果右对齐。比较特殊的是最后一行中，显示宽度超过了 8，这是由于小数点后面指定显示的位数是 10。

MATLAB 7 为用户提供了很多将数值转换为字符串的函数，如表 3-2 所示。

表 3-2 数值转换为字符串的函数

函数名	功能描述	例子
char	把一个数值截取小数部分，然后转换为等值的字符	[72 105]→'Hi'
int2str	把一个数值的小数部分四舍五入，然后转换为字符串	[72 105]→'72 105'
num2str	把一个数值类型的数据转换为字符串	[72 105]→'72/105/'（输出格式为% ld/）
mat2str	把一个数值类型的数据转换为字符串，返回的结果是 MATLAB 7 能识别的格式	[72 105]→'[72 105]'
dec2hex	把一个正整数转换为十六进制的字符串格式	[72 105]→'48 69'
dec2bin	把一个正整数转换为二进制的字符串格式	[72 105]→'1001000 1101001'
dec2base	把一个正整数转换为任意进制的字符串格式	[72 105]→'110151'（八进制）

在 MATLAB 中，不仅提供了将数值转换成字符串的函数，同时也提供了一系列逆操作函数，如 str2num 函数、str2double 函数以及 sscanf 函数等。下面开始讨论将字符串转换成数值的函数的具体用法。

首先介绍一下函数 num2str 逆操作 str2num 函数的用法。

```
>>s=num2str(log(3)*eye(3))
s =
      1.0986          0          0
      0          1.0986          0
      0               0     1.0986
>>ischar(s)                    % 判定 s 是否为字符串数组,如果是,返回逻辑真 1,否则,返回逻辑假 0
ans =
      1
>>n=str2num(s)
n =
      1.0986        0        0
      0        1.0986        0
      0             0   1.0986
>>isnumeric(n)                              % 判定 n 是否为数值数组
ans =
      1
>>isfloat(n)                                % 判定 n 是否为浮点数值数组
ans =
      1
>>A=log(3)*eye(3)-n
A =
      1.0e-004 *
      0.1229        0        0
      0        0.1229        0
      0             0   0.1229
```

函数 str2num 可以对一个表达式的值进行转换，但该表达式中不能包含工作区中的变量。

```
>>x=log(3);                                 % 定义变量 x
>>s='[pi j;exp(x) pi]'                      % 创建字符串 s(s 中包含变量 x)
s =
```

```
     [pi j;exp(x) pi]
>>str2num(s)
ans =
      []                                        % 转换失败
>>s='[pi j;exp(log(3)) pi]'                     % 将变量 x 用 log(3)替换
s =
     [pi j;exp(log(3)) pi]
>>str2num(s)                                    % 将字符串成功转换成数值矩阵
ans =
      3.1416             0 + 1.0000i
      3.0000             3.1416
```

下面介绍函数 sprintf 的逆操作 sscanf 函数用法，函数 sscanf 可以根据格式指示符从一个字符串中读取数据。

```
>>v=version                                     % 获取 MATLAB 版本信息
v =
     7.1.0.246 (R14) Service Pack 3
>>sscanf(v,'% f')                               % 获取浮点数值
ans =
      7.1000
           0
      0.2460
>>sscanf(v,'% f',1)                             % 获取浮点数值第一项
ans =
      7.1000
>>sscanf(v,'% d')                               % 获取整数数值
ans =
      7
>>sscanf(v,'% s')                               % 获取字符串
ans =
      7.1.0.246(R14)ServicePack3
```

函数 sscanf 是一个功能强大、使用灵活的函数。有关该函数更详细的信息，请参看帮助文档。

接下来，学习函数 str2double 的用法，这是一个把字符串转换成双精度值的函数。虽然 str2num 也能实现这项功能，但 str2double 的执行速度总体上要快一些，因为它对转换范围进行了更严格的限制。

```
>>clear
>>c={'8.693*exp(2)';'-38.565';'3.327'};
>>d=str2double(c)
d =
         NaN
    -38.5650
      3.3270
>>whos
Name      Size                   Bytes  Class
c         3x1                    228  cell array
d         3x1                    24  double array
Grand total is 30 elements using 252 bytes
```

MATLAB 7 为用户提供的将字符串转换数值的函数如表 3-3 所示。

表 3-3 字符串转换为数值的函数

函数名	功能描述	例子
uintN	把字符转换为等值的整数	'Hi'→[72 105]
str2num	把一个字符串转换为数值类型	'72 105'→[72 105]
str2double	与 str2num 相似，但比 str2num 性能优越，同时提供对单元字符数组的支持	['72''105']→[72 105]
hex2num	把一个 IEEE 格式的十六进制字符串转换为数值类型	'40092fb54442d18'→'pi'
hex2dec	把一个 IEEE 格式的十六进制字符串转换为整数	'12B'→299
bin2dec	把一个二进制字符串转换为十进制整数	'010111'→23
base2dec	把一个任意进制的字符串转换为十进制整数	'12'→10（八进制）

第五节 字符串函数

MATLAB 提供了许多与字符串有关的函数，在上述的内容中已经讨论了一部分。表 3-4 给出了这些函数的主要描述。

表 3-4 字符串主要函数功能描述

字符串函数	功能描述
char(s1, s2…)	利用给定的字符串或单元数组创建字符数组
double(s)	将字符串转换成 ASCII 形式
cellstr(s)	利用给定的字符数组创建字符串单元数组
blanks(s)	生成有 n 个空格组成的字符串
deblank(s)	删除尾部的空格
eval(s), evalc(s)	使用 MATLAB 解释器求字符串表达式的值
ischar(s)	判断 s 是否是字符串数组，若是，就返回 True；否则返回 False
iscellstr(c)	判断 c 是否是字母，若是，就返回 True；否则返回 False
isletter(s)	判断 s 是否是字母，若是，就返回 True；否则返回 False
isspace(s)	判断 s 是否是空格字符，若是，就返回 True；否则返回 False
isstrprop(s, 'property')	判断 s 是否为给定的属性，若是，就返回 True；否则返回 False
strcat(s1, s2…)	将多个字符串进行水平串联
strvcat(s1, s2…)	将多个字符串进行垂直串联，忽略空格
strcmp(s1, s2,)	判断两个字符串是否相同，若是，就返回 True；否则返回 False
strncmp(s1, s2, n)	判断两个字符串的前 n 个字符是否相同，若是，就返回 True；否则返回 False
strcmpi(s1, s2)	判断两个字符串是否相同（忽略大小写），若是，就返回 True；否则返回 False
strcmpi(s1, s2, n)	判断两个字符串的前 n 个字符是否相同（忽略大小写），若是，就返回 True；否则返回 False
strtrim(s1)	删除字符串前后的空格
findstr(s1, s2)	在一个较长的字符串中查找另一个较短的字符串
strfind(s1, s2)	在字符串 s1 中查找字符串 s2
strjust(s1, type)	按指定的方式调整一个字符串数组，分为左对齐、右对齐或居中对齐

续表

字符串函数	功 能 描 述
strmatch(s1, s2)	查找符合要求的字符串下标
strrep(s1, s2, s3)	将字符串 s1 中出现的 s2 用 s3 代替
strtok(s1, d)	查找 s1 中第一个给定的分隔符之前和之后的字符串
upper(s)	将一个字符串转换成大写
lower(s)	将一个字符串转换成小写
num2str(x)	将数字转换成字符串
int2str(k)	将整数转换成字符串
mat2str(x)	将矩阵转换成字符串，供 eval 使用
str2double(s)	将字符串转换成双精度值
str2num(s)	将字符串数组转换成数字数组
sprintf(s)	创建含有格式控制的字符串
sscanf(s)	按照指定的控制格式读取字符串

下面通过几个示例对表 3-4 中的部分函数进行说明。

```
>>C='Is this a string?';                          % 建立一个字符串数组
>>ischar(C)                                       % 判断 C 是一个字符串数组吗
ans =
     1                                            % 结果为真
>>C=[1 1 1;3 3 3];                                % 建立一个字符串数组
>>ischar(C)                                       % 判断 C 是一个字符串数组吗
ans =
     0                                            % 结果为假
>>S='Find another string in a longer string.';   % 建立一个字符串数组
>>result1=findstr(S,'longer')                     % 查找 longer 的位置
Result1 =
         26
>>result2=findstr(S,'a')                          % 查找 a 的位置
result2 =
        6    24
>>result3=findstr(S,'b')                          % 查找 b 的位置,由于 S 中
                                                  % 没有"b",所以返回值为空
result3 =
          [ ]
>>S='find another string in a longer string.';
>>upper(S)                                        % 将字符串转变成大写
ans =
     FIND ANOTHER STRING IN A LONGER STRING.
>>S='FIND ANOTHER STRING IN A LONGER STRING.';
>>lower(S)                                        % 将字符串转变成小写
ans =
    find another string in a longer string.
```

第四章　MATLAB数值运算基础

MATLAB 除了可以做数组和矩阵的运算外，也可以做数值计算，本章主要介绍基于 MATLAB 的多项式运算、插值计算和数据统计分析。

第一节　多项式运算

在 MATLAB 中，处理多项式是一件非常简单的事情，借助 MATLAB 提供的函数，用户很容易对多项式进行乘、除、求根、微分和积分等操作，下面通过示例来说明在 MATLAB 中如何进行多项式的运算。

一、多项式创建

1. 系数矢量直接输入法

在 MATLAB 中，一个多项式是用多项式的系数行向量表示的，向量中的系数按照其所对应的自变量阶次的降幂进行排列。

【例 4-1】 在 MATLAB 中，将多项式 $x^5-5x^4-4x^3+3x^2-2x+1$ 用行向量表示如下：

```
>>p=[1  -5  -4  3  -2  1]
p=
    1  -5  -4  3  -2  1
```

通常，人们习惯于用多项式的实际表达式形式来表示一个多项式，在 MATLAB 中，用函数 poly2sym 可以表示完整的多项式，如上面的多项式表示如下：

```
>>y=poly2sym(p)
y=
    x^5-5*x^4-4*x^3+3*x^2-2*x+1
```

【例 4-2】 某多项式的行矢量 $\dot{p}=[1\quad 0\quad 3\quad 2\quad -1]$，创建与之相对应的多项式。

```
>>p=[ 1  0  3  2  -1];
>>y=poly2sym( p)
y=
    x^4 +3*x^2+2*x-1
```

可见，y 的表达式中不含 x^3 项，因为多项式系数矢量中 x^3 项的系数为 0。

2. 由根矢量创建多项式

用函数 poly 实现。

【例 4-3】 根矢量 $\dot{r}=[0\quad 1\quad 2]$，创建对应此根矢量的多项式。

```
>>r=[ 0  1  2];
>>p=poly(r)
p=
    1    -3    2    0
>>y=poly2sym(p)
y=
    x^3-3*x^2+2*x
```

【例 4-4】 根矢量 $\dot{r}$ =[2　−1+i　−1−i]，创建对应此根的多项式。

```
>>r=[ 2   -1+i   -1-i];
>>p=poly(r)
p=
    1  0   -2  -4
>>pr =real(p)                          % 滤除多项式系数的微小虚部项
pr =
      1  0  -2  -4
>>y =poly2sym(pr)
y=
     x^3-2*x-4
```

复数根的根矢量所对应的多项式系数中，有可能带有很小的虚部，此时可对多项式系数进行取实部命令把虚部滤掉。

二、多项式求值和求根

1. 多项式求值

多项式求值有两种格式，一种按数组运算规则计算，对应函数格式为 polyval；另一种按矩阵的运算规则计算，对应的函数格式为 polyvalm。函数的调用格式分别为：

- **y=polyval(p，x)**　求多项式 p 在 x 点的值，x 也可以是一数组，代表多项式 p 在各点的值。
- **y=polyvalm(p，x)**　求多项式 p 对于矩阵 x 的值，要求矩阵 x 必须是方阵，x 若是一标量，求得的值与函数 polyval 相同。下面通过示例观察 polyval 和 polyvalm 的用法。

【例 4-5】 求多项式 $2x^3+2x+1$ 在 0，1，2 处的值。

```
>>p=[2  0  2  1];
>> pv =polyval( p, [0  1  2])
pv=
     1   5   21
```

【例 4-6】 求多项式 $2x^3+2x+1$ 对于矩阵［1　0；0　1］及标量 5 的值。

```
>> p =[ 2  0  2  1];
>> pv1=polyvalm( p , [ 1  0;0  1])
pv1 =
       5  0
       0  5
>>pv2=polyvalm(p,5)
pv2=
      261
>>pv3=polyval(p,5)
pv3=
      261
```

2. 多项式求根

多项式求根用函数 roots 实现。在 MATLAB 中，多项式系数和多项式根都是用向量表示的，为了对它们加以区别，MATLAB 通常将多项式系数表示为行向量，将多项式根表示为列向量。

【例 4-7】 求多项式 $2x^3+2x+1$ 的根。

```
>>p=[2  0  2  1];
>>r=roots(p)
r=
   0.2119 +1.6052i
   0.2119 -1.0652i
   -0.4329
```

三、多项式乘法和除法

多项式的乘、除法分别用函数 conv 和 deconv 来实现。

【例 4-8】 求多项式 $a(x)=x^3+x+1$ 和 $b(x)=x^2-1$ 的乘积。

```
>>a=[1  0  1  1];  b=[ 1  0  -1];
>>c =conv(a,b)
c =
    1  0  0  1  -1  -1
>>cx=poly2sym(c)
cx=
    x^5+x^2-x-1
```

【例 4-9】 求多项式 $a(x)=x^6+6x^5+20x^4+50x^3+75x^2+84x+64$ 与 $b(x)=x^3+4x^2+9x+16$ 的除法运算 $a(x)/b(x)$。

```
>>a=[ 1  6  20  50  75  84  64];
>>b=[ 1  4  9  16];
>>d=deconv(a,b)
d=
    1  2  3  4
>>dx=poly2sym(c)
dx =
      x^3+2*x^2+3*x+4
```

四、多项式的微分和积分

在 MATLAB 中，多项式的微分和积分分别用 polyder 和 polyint 实现。

【例 4-10】 求多项式 $4x^3+3x^2-2x+1$ 的微分和积分。

```
>>p=[ 4  3  -2  1];
>>polyder(p)
ans=
     12   6   -2
>>poly2sym(ans)
ans =
     12*x^2+6*x-2
>>polyint(p)
ans=
     1  1  -1  1  0
>>poly2sym(ans)
ans=
     x^4+x^3-x^2+x
```

五、多项式曲线拟合

曲线拟合是进行数据分析时经常遇到的问题，它是指根据一组或多组测量数据找出数学上可以描述此数据走向的一条曲线的过程。评价一条曲线是否准确地描述了测量数据的最通用的方法，是看测量数据点与该曲线上对应点之间的平方误差是否达到最小，这种曲线拟合的方法称为最小二乘曲线拟合。

MATLAB 提供了函数 polyfit(x，y，n)用于实现最小二乘多项式曲线拟合。这里，x 和 y 代表被拟合的数据，n 代表拟合多项式的阶次。下面通过一个例子看一下该函数的用法。

【例 4-11】 对数据 x=[0 0.1 0.2 0.3 0.4 0.5 0.6 0.7 0.8 0.9 1]和 y=[−0.232 0.647 1.877 3.565 5.134 7.443 9.221 10.011 11.678 12.566 13.788]做二次曲线拟合，并图示拟合曲线和原来的数据。

```
>>x=[0 0.1 0.2 0.3 0.4 0.5 0.6 0.7 0.8 0.9 1];
>>y=[-0.232 0.647 1.877 3.565 5.134 7.443 9.221 10.011 …
    11.678 12.566 13.788];
>>p=polyfit(x,y,2);
>>x1=linspace(0,1,50);
>>y1=polyval(p,x1);
>>plot(x,y,'o',x1,y1)
```

得到的图形如图 4-1 所示。以上在 MATLAB 的 Command Window 窗口命令提示符“>>”后的代码，也可录入文件编辑器 Editor 里。方法如下：单击命令窗口工具栏里的第一个图标，进入 Editor 环境，将代码逐条录入，如图 4-2 所示。单击 Editor 工具栏里的保存文件图标，在出现的对话框中将文件命名为 example411。然后，单击 Editor 工具栏里的运行图标，则运行结果如图 4-1 所示。单击运行图标后，若无图形出现，说明有错误的命令或语句，这时返回 Command Window 命令窗口，可看到错误提示信息，按照提示信息修改相关代码，直到图形出现为止。后面的诸例题均可这样操作。将文本保存为 M 文件后，可便于文本的编辑或修改，而在命令窗口里无法编辑文本。

给文件命名时，切记不要用汉字，要用英文字母或英文字母与数字的组合，且首字符不要用数字。比如，a.m 或 a1.m 可以，但 1.m 或 1a.m 不可以。

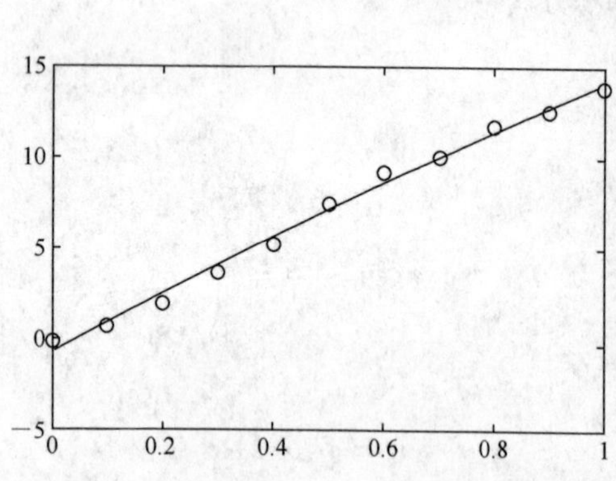

图 4-1 原数据与二次曲线拟合结果比较

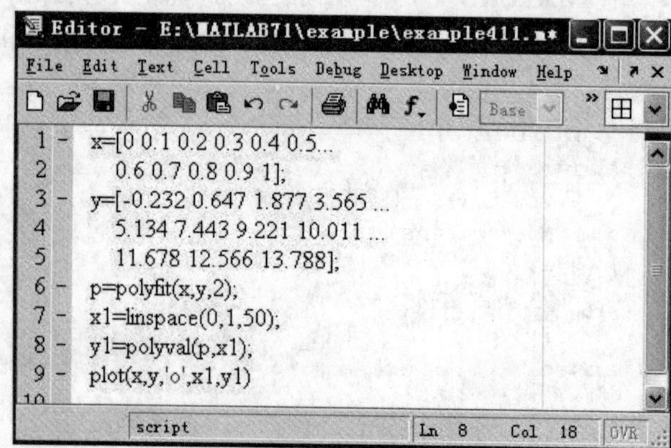

图 4-2 编辑器环境下的［例题 4-11］

在图 4-1 中，原数据点用 o 表示，二阶拟合曲线用 MATLAB 默认的实线表示。

在进行曲线拟合时，采用高阶多项式可以准确地拟合测量数据，但随着多项式阶数的升高，拟合曲线会出现局部波形，所以在数据拟合时没有必要仅仅考虑通过使拟合的曲线无限接近数据点来提高拟合的阶数，而要在曲线的阶数和均方误差之间综合考虑。下面选择一个 9 阶的多项式对[例 4-11]进行拟合。

【例 4-12】 对[例 4-11]的数据 x 和 y 做 9 阶多项式曲线拟合，并图示原来的数据、二次曲线拟合、9 阶曲线拟合结果。

```
>>x=[0  0.1  0.2  0.3  0.4  0.5  0.6  0.7  0.8  0.9  1];
>>y=[-0.232  0.647  1.877  3.565  5.134  7.443  9.221 …
    10.011  11.678  12.566  13.788];
>>p=polyfit(x,y,2);                        % 2 阶拟合曲线
>>pp=polyfit(x,y,9);                       % 9 阶拟合曲线
>>x1=linspace(0,1,50);                     % 产生 50 个数据点
>>y1=polyval(p,x1);                        % 2 阶拟合曲线在 50 个数据点处的函数值
>>y2=polyval(pp,x1) ;                      % 9 阶拟合曲线在 50 个数据点处的函数值
>>plot(x,y,'oK',x1,y1,'--',x1,y2,'m')      % 画原始数据、2 阶拟合曲线、9 阶拟合曲线
```

得到的图形如图 4-3 所示。

在图 4-3 中，原始数据用“o”标出，二次拟合曲线用虚线表示，9 阶拟合曲线用实线表示。从该图可见，尽管 9 阶拟合曲线均经过原始数据点，但在图形的左右两端出现了波浪曲线，波浪的出现增加了拟合的均方误差，这在工程上是极为不利的，所以曲线拟合时，要在曲线的阶数和均方误差之间综合考虑。

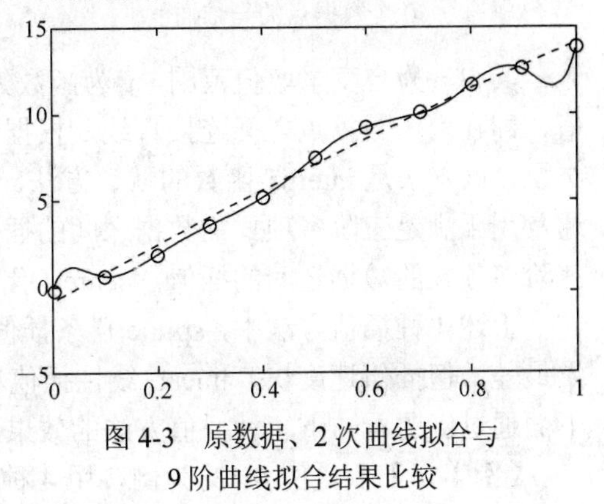

图 4-3　原数据、2 次曲线拟合与 9 阶曲线拟合结果比较

在 MATLAB 中，当输入的代码太长，需要换行时，应在换行处添加 3 个点“...”，然后再按 Enter 键。

第二节　数 据 插 值

前面讲的多项式曲线拟合是指找到一条平滑的曲线，以便最好地表现测量数据，并不要求拟合曲线完全通过这些测量数据点。本节讲的插值是指在原始数据点之间按照一定的关系插入新的数据点，以便更准确地分析数据的变化规律。下面主要介绍一维插值和二维插值。

一、一维插值

前面用 MATLAB 绘图时，就是用连续的直线来连接各个数据点，若两个数据点之间的距离较大，则阶次大于 2 的曲线或本身不是直线的特殊曲线（例如三角函数、指数函数等）就不会很精确，这时就需要增加数据点数来缩小两数据点之间连线的距离，通俗地讲，这就是在做插值。[例 4-13]用个数不同的数据点绘制了抛物线图形。

【例 4-13】 在［−2，2］区间上分别用 5 个数据点和 50 个数据点绘制抛物线函数 $y=x^2$ 的图形。

```
>>x1=linspace(-2,2,5);
>>x2=linspace(-2,2,50);
>>y1=x1.^2;y2=x2.^2;
>>plot(x1,y1,x2,y2)
```

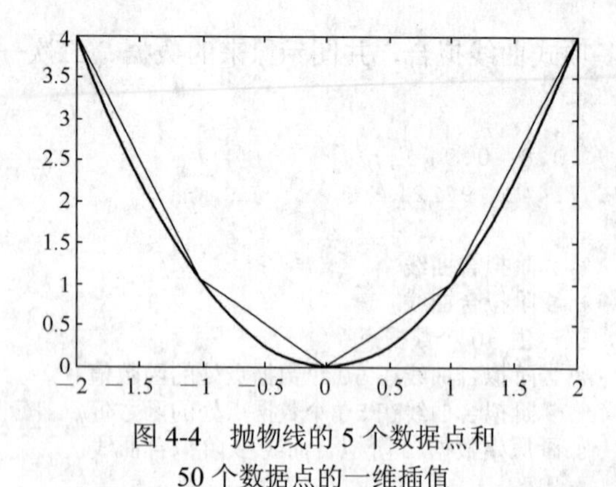

图 4-4 抛物线的 5 个数据点和 50 个数据点的一维插值

得到的图形如图 4-4 所示。

从图 4-4 可见，利用 50 个数据点绘制的图形要比利用 5 个数据点绘制的图形精确。此例可以称为一维插值的一个特例。

在 MATLAB 中，数据的一维插值函数是 interp1，它的调用格式有：

- S=interp1(x，y，xi，'linear');
- S=interp1(x，y，xi，'cubic');
- S=interp1(x，y，xi，'spline');
- S=interp1(x，y，xi，'nearest')。

其中 *x* 为自变量取值范围，***y*** 为函数矢量，xi 为插值点的自变量矢量。linear 代表线性插值，即在两个数据点之间连接直线，根据给定的插值点计算出它们在直线上的值，作为插值结果，该方法是 interp1 函数的默认方法，[例 4-13]就是线性插值；cubic 代表分段立方插值，通常用于满足三阶多项式的数据之间的插值；spline 代表样条插值，与 cubic 一样，用于满足三阶多项式的数据之间的插值；nearest 代表最邻近法插值。

上述 4 种插值方法中，spline 样条插值和 cubic 立方插值的平滑性最好，最邻近点插值效果最差，但插值速度快，linear 线性插值尽管结果也是连续的，但在非插值点处会有转折，下面通过例题看一下 4 种插值方法的效果。

【例 4-14】 以[例 4-13]为例，用 4 种插值方法重新画抛物线。

```
>>x=linspace(-2,2,5); y=x.^2; xi=linspace(-2,2,50);
>>strcell={'linear','cubic','spline','nearest'};
>>for  i=1:4
yi=interp1(x,y,xi,strcell{i});
subplot(2,2,i)
plot(x,y,'ok',xi,yi,'g')
end
```

得到的图形如图 4-5 所示。

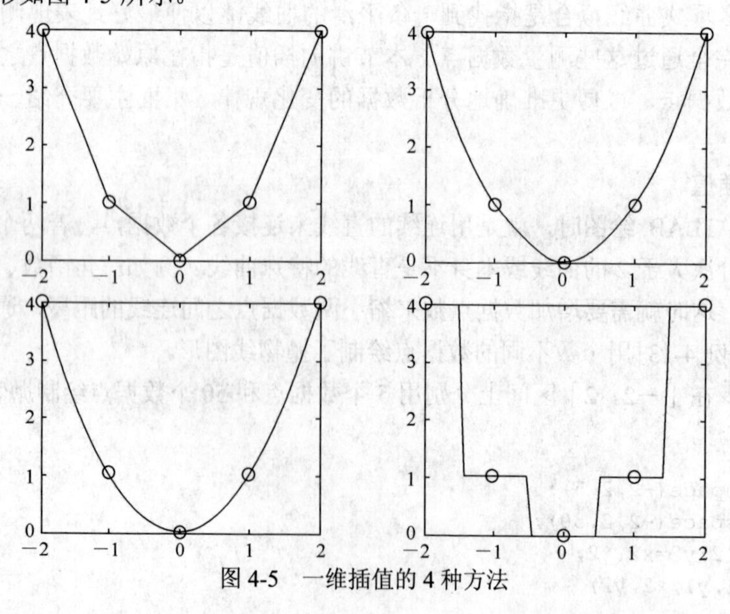

图 4-5 一维插值的 4 种方法

由于在很多情况下，三次样条插值方法的插值效果最好，所以 MATLAB 专门提供了三次样条插值函数 spline。spline 函数计算的结果与 interp1 函数中使用 spline 方法所得到的结果是相同的。spline 的调用格式为 spline(x，y，xi)，*x* 和 *y* 是原始数据，xi 是插值点的自变量矢量。

二、二维插值

一维插值主要是对单变量函数进行插值，二维插值是对两个变量的函数（$z=f(x, y)$）进行插值，函数调用格式为 ZI＝interp2(X，Y，Z，XI，YI，method)，其中 *X*，*Y* 是插值前的自变量数组，XI，YI 是 *X*，*Y* 被插值后重新组合生成的维数相同的新数组。method 是插值方法，与一维插值的 4 种方法相同。下面通过一个测绘实例来说明一下二维插值的基本原理。

【例 4-15】 假设某勘测公司要对某山峰的地形进行勘测，勘测人员将测量的地域用 0.4km 宽的方形格栅分成不同的区域，并在格栅和每个交点处记录下测量的山峰高度（单位 km）以便日后分析。部分测量数据如下：

```
>>x=0:0.4:2;                                  % x 轴的 6 个坐标点数
>>y=0:0.4:4;                                  % y 轴的 11 个坐标点数
>>z=[ 1      0.99      1      0.99      1      0.98
      1      0.98      0.99   0.98      1      0.99
      0.99   0.99      0.98   0.99      1      0.99
      1      0.98      0.97   0.97      0.99   0.99
      1.01     1       0.98   0.98      1      1.02
      102    1.03      1.01   1         1.02   1.06
      0.99   1.02      1      1         1.03   1.08
      0.97   0.99      1      1         1.02   1.05
      1      1.02      1.03   1.02      1.01   1.01
      1        1       1.01   1.01      1      1
      1        1       1      0.99      0.99   1  ]
>>mesh(z);                                    % 原始数据生成的三维图形
```

根据上面的数据，可以利用函数 interp2 得到格栅区内任一点的高度。例如，想得到平面上（1.1，2.2）处山峰高度，命令如下：

```
>>z=interp2(x,y,z,1.1,2.2)
z =
   1.0013
```

即在平面坐标（1.1，2.2）处，山峰的高度是 1.001 3km。

从图 4-6 的第一个图可以看出，原始数据的三维图形是很不平滑的，为了使之平滑化，需对 *x* 轴和 *y* 轴进行插值细化，*x* 轴和 *y* 轴的插值点分别为：

```
>>xi =linspace ( 0 , 2, 30);          % x 轴的 30 个坐标点数
>>yi =linspace (0 , 4 ,40);           % y 轴的 40 个坐标点数
```

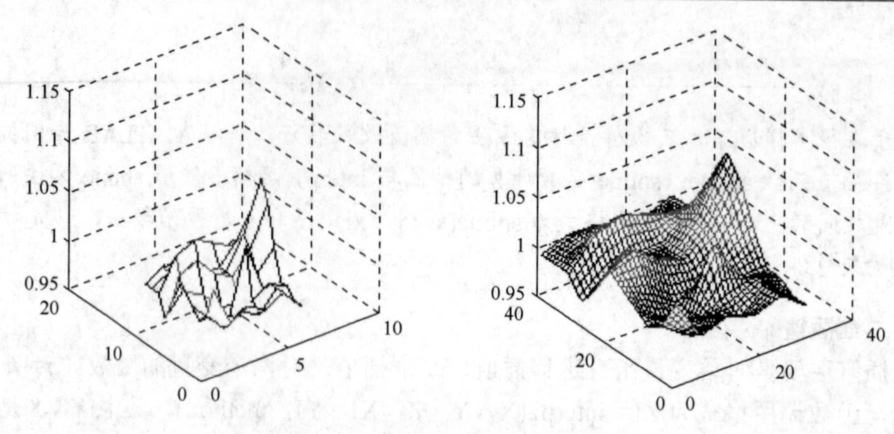

图 4-6 二维插值前后的效果比较图

要获得 xi 和 yi 的所有可能组合，需要使用函数 meshgrid。meshgrid 的格式是[xx，yy]=meshgrid(x，y)，自变量 *x* 与 *y* 可以同维，亦可不同维，但由 meshgrid 函数得到的结果 *xx* 与 *yy* 是同维的数组。现在回到山峰高度测量的例子中，利用 meshgrid 函数，可以得到细化后的所有栅格交点的集合，即

```
>>[xx ,yy]=meshgrid(xi ,yi);
>>zz=interp2(x ,y ,z ,xx, yy);
>>mesh(zz)
```

此时，重新求平面上坐标（1.1，2.2）处山峰高度，命令如下：

```
>>z=interp2(xx,yy,zz,1.1,2.2)
z=
    1.0183
```

即在平面坐标（1.1，2.2）处，山峰的高度是 1.018 3km。

由图 4-6 的第二个图可见，通过二维插值使山峰高度的三维图形变得更加平滑，因此可以得到平面上某点所对应的更精确的山峰高度。

本例仅用了默认 linear 插值法，读者可以尝试另外的 3 种方法，在此不再赘述。

第三节 数 据 分 析

利用 MATLAB 对数据进行分析时，MATLAB 将数据集成为按列存储的数组，一个数组的每一列代表不同的观测变量，每一行代表该变量的一次采样或观测值，下面来看一个数据分析的例子。

【例 4-16】 某商场 4 个营业部一年（12 个月）的销售额（单位：万元）存在 M 文件的 sale 数组中，文件名为 sale.m，在命令窗口运行该文件，即有：

```
>>sale
  sale = 30    32    50   40
         50    51    60   50
```

```
    20    21    48    37
    25    24    40    29
    35    34    37    28
    30    28    30    31
    28    30    32    42
    22    24    30    37
    21    20    26    38
    27    25    23    25
    23    24    25    26
    22    22    24    27
```

显然，sale 中每行包含的是 4 个营业部某个月的营业额，每列包含的是不同营业部在一年中的营业额。为了使读者看到数据的变化情况，将这些数据图形化，采用条形图来可视化数据，如图 4-7 所示，代码为：

```
>>bar(sale)
>>xlabel('month of year');   ylabel ('sale of Deps');
```

提示

条形图命令在第五章有详细介绍。

下面给出 sale 的转置的条形图，如图 4-8 所示，代码为：

```
>>saleflip=sale';
>>bar(saleflip)
```

图 4-7 和图 4-8 均表示 4 个营业部的年销售情况，不过表现的形式不同。

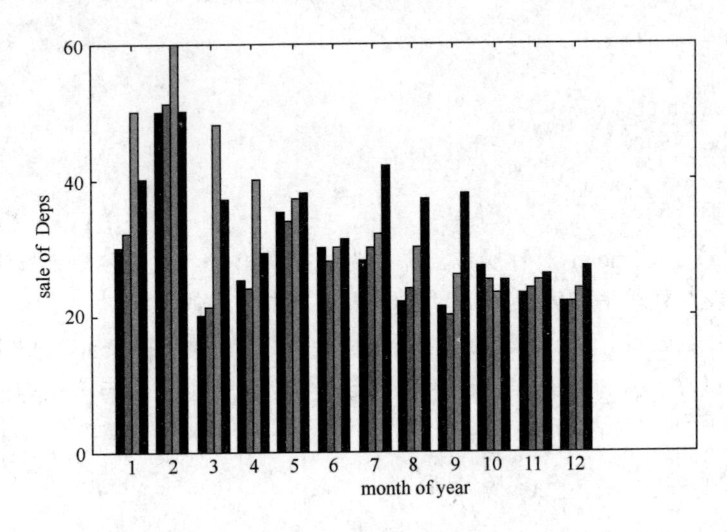

图 4-7　4 个营业部的年销售条形图（1）

下面利用以上数据，来看一下如何在 MATLAB 中对数据进行分析。

（1）求 4 个营业部年平均营业额，代码为：

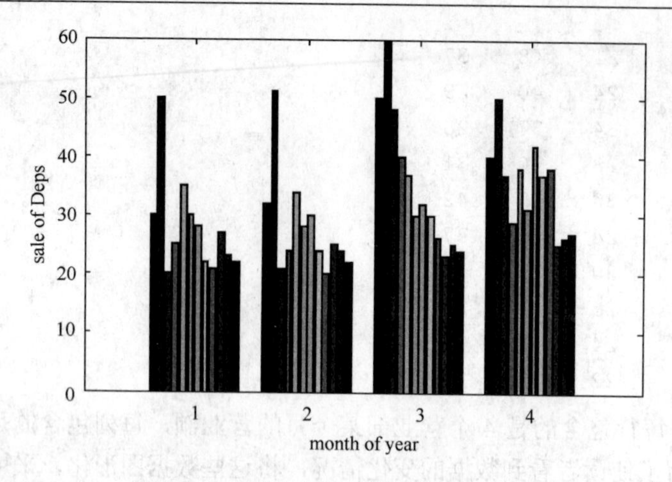

图 4-8　4 个营业部的年销售条形图（2）

```
>>avgsale1=mean(sale)
avgsale1=
            27.7500   27.9167   35.4167   34.1667
```

上述结果是 MATLAB 分别对每一列求平均值得到的。由结果可见，第三个营业部的年平均营业额最多。对上述平均值再求平均值，代码为：

```
>>avgsale=mean(savgsale1)
avgsale=
         31.3125
```

就得到了 4 个营业部的总年平均营业额。

（2）求 4 个营业部每月的平均营业额，代码为：

```
>>avgsale2=mean(sale, 2)
avgsale2=
          38.0000
          52.7500
          ⋮
          23.7500
```

由此可见，若要使 mean 对行操作，需要为其提供第二个输入参数来指定进行操作的对象，其中，1 代表对列求平均值（默认）；2 代表对行求平均值。

（3）下面给出 avgsale1 和 avgsale2 的条形图，并将其分别叠加在 bar（saleflip）和 bar（sale）上，来比较一下 4 个营业部的月销售额与月平均销售额、年销售额与年平均销售额情况。如图 4-9 和图 4-10 所示，代码为：

```
>>bar(avgsale1)
>>hold on
>>bar(saleflip)
>>bar(avgsale2)
>>hold on
>>bar(sale)
```

图 4-9 直观地说明了在一年 12 月中 4 个营业部的月营业额与月平均营业额的比较。

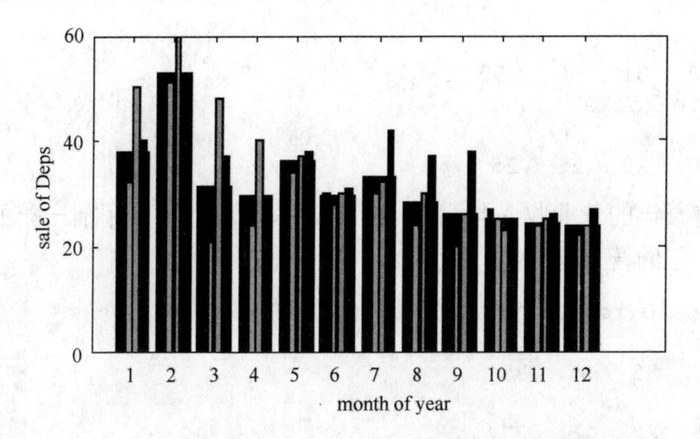

图 4-9 4 个营业部的月销售额与月平均销售额条形图

图 4-10 直观地说明了 4 个营业部的年营业额与年平均营业额的比较。

（4）求每个营业部月营业额与年平均营业额的额差，代码为：

```
>>saledif=sale-avgsale1
 ???Error using = =>-
 Matrix dimcnsions must agree.
```

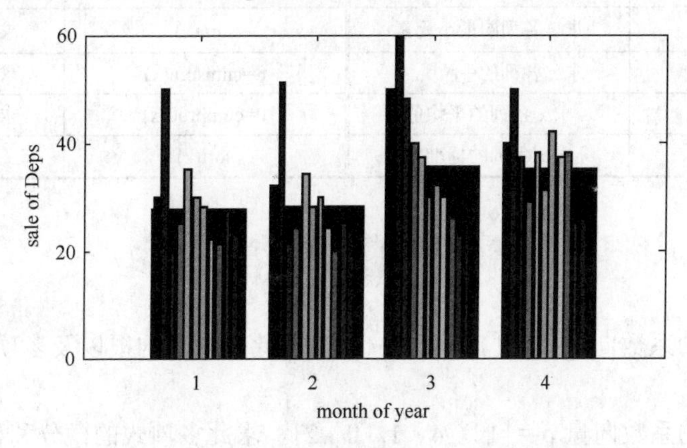

图 4-10 4 个营业部的年销售额与年平均销售额条形图

由于 sale 是一个 12×4 的数组，而 avgsale1 是一个 1×4 的数组，所以二者不能做数组的减法运算，为此，要先复制 avgsale1，使其维数与 sale 相同，然后再做减法运算，代码为：

```
>>saledif=sale-avgsale1(ones (12 ,1), :)
saledif=
        2.2500    4.0833    14.5833    5.0000
       22.2500   23.0833    24.5833   15.0000
                             ...
       -7.7500   -6.9167    12.5833    2.0000
       -5.7500   -5.9167   -11.4167   -8.0000
```

命令 avgsale1(ones(12，1)，:)表示将 avgsale1 复制 12 次，生成一个 12×4 的二维数组，其第 i 列的所有元素都等于 avgsale1(i)。

（5）求 4 个营业部本年的最高营业额和最低营业额，代码为：

```
>>maxsale=max(sale)
```

```
maxsale=
         50   51   60   50
>>minsale=min (sale)
minsale=
         20   20   23   25
```

（6）若要以前一年的营业收入预测下一年的收入情况，可以用前一年的营业情况作为参考，随机生成下一年的营业额数据，代码为：

```
>>nextsale=sale+round(2*rand (size(sale))-1)
nextsale=
        30   32   51   39
                 …
        22   22   25   27
```

上述预测数据可作为商家调整下一年营销策略的参考依据，帮助商家提高经济效益。

表 4-1 给出了与统计数据分析相关的基本函数，供读者参考。

表 4-1 基本统计函数

函数	功能	函数	功能
max(x)	求 x 各列的最大元素	prod(x)	求 x 各列的元素之积
min(x)	求 x 各列的最小元素	sum(x)	求 x 各列的元素之和
median(x)	求 x 各列的中位元素	S=cumsum(x)	求 x 各列元素累计和
mean(x)	求 x 各列的平均值	P=cumprod(x)	求 x 各列元素累计积
std(x)	求 x 各列的标准差	sort(x)	将 x 各列元素按递增排序

4.1 多项式的系数向量 p=[1 4 7 2]，求此多项式的根以及多项式在[1 0 −1]处的函数值。

4.2 多项式的系数向量 p=[12 4 1 0 2]，求此多项式的微分和积分。

4.3 两个多项式的系数向量分别为 a=[4 1 2 1]和 b=[3 2 1]，求两个多项式的乘积。

4.4 某公司 5 个营业部半年的销售额（单位：万元）sale=[30 32 50 40 60；50 51 60 50 45；20 21 48 37 38；25 24 40 29 30；35 34 37 38 37；30 28 30 31 30]，参看[例 4-16]对营业额进行数据分析。

参考代码及结果如下：

```
sale=[30 32 50 40 60;50 51 60 50 45;...
20 21 48 37 38;25 24 40 29 30;...
35 34 37 38 37;30 28 30 31 30];
subplot(221)
bar(sale)
xlabel('每月每个营业部的销售条形图')
subplot(222)
bar(sale')
xlabel('每个营业部每月的销售条形图')
```

```
avgsale1=mean(sale);
saledif=sale-avgsale1(ones(6,1),:)
avgsale2=mean(sale');
subplot(223)
bar(avgsale2)
hold on
bar(sale)
xlabel('每月每部营业额与平均营业额比较')
subplot(224)
bar(avgsale1)
hold on
bar(sale')
xlabel('每部每月营业额与平均营业额比较')
```

图 4-11 为本习题结果。

4.5　下面两组数据是科学家对人耳在不同声音频率下的灵敏度的测试结果（单位：dB）。利用一维插值估计频率为 2.5kHz 时声音的压力水平，要求在一个图形窗口内画出原始数据和插值函数 interp1 所生成的图形，并观察人耳对多大频率的声音是最敏感的？

频率 Hz＝[20:10:100　200:100:1000　1500　2000:1000:10000]，压力 pres＝[76　66　58　54　49　46　43　40　38　22　14　9　0　3.5　2.5　1.4　0.7　0　−1　−3　−8　−7　−2　2　7　9　11　12]。（提示：由于频率范围跨度大，建议用 x 轴对数函数 semilogx 绘图）

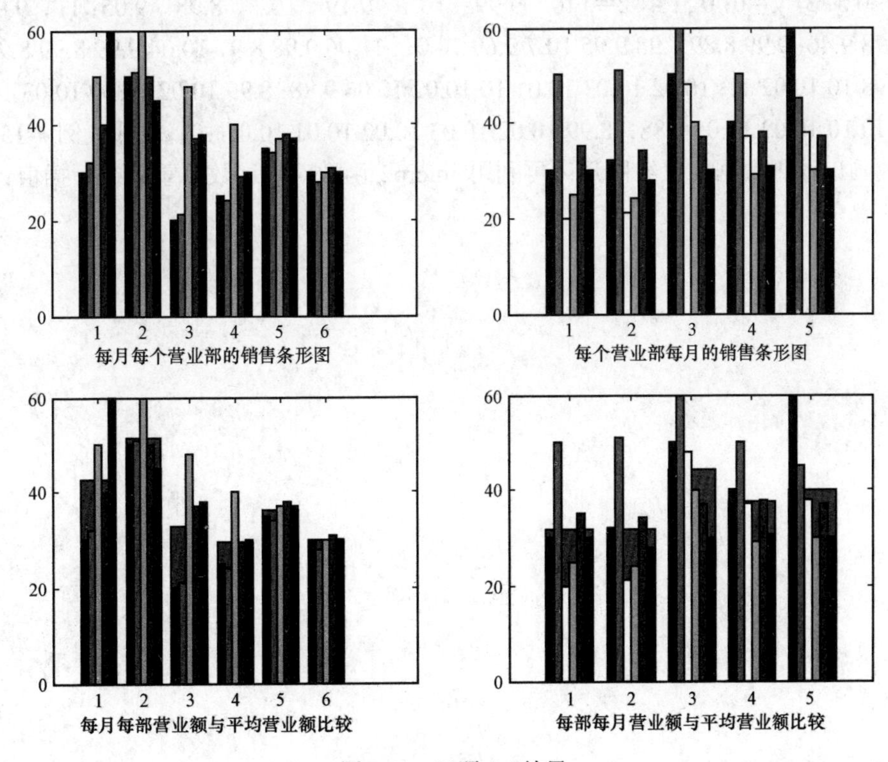

图 4-11　习题 4.4 结果

参考代码及结果如下：

```
Hz=[20:10:100  200:100:1000  1500  2000:1000:10000];
```

```
pres=[76 66 58 54 49 46 43 40 38 ...
    22 14 9 0 3.5 2.5 1.4 0.7 0 -1 -3 -8 -7 -2 2 7 9 11 12];
Hz1=linspace(20,10000,200);                % 产生 200 个插值点
pres1=interp1(Hz,pres,Hz1);                 % 生成新的插值函数
semilogx(Hz,pres,'o',Hz1,pres1)
pres2500=interp1(Hz1,pres1,2500)            % 2.5kHz 处的声音的压力值
```

在命令窗口可看到频率为 2.5kHz 时声音的压力值为－0.55dB，同时由仿真结果可知人耳对 3kHz 的声音是最敏感的。图 4-12 为本习题结果。

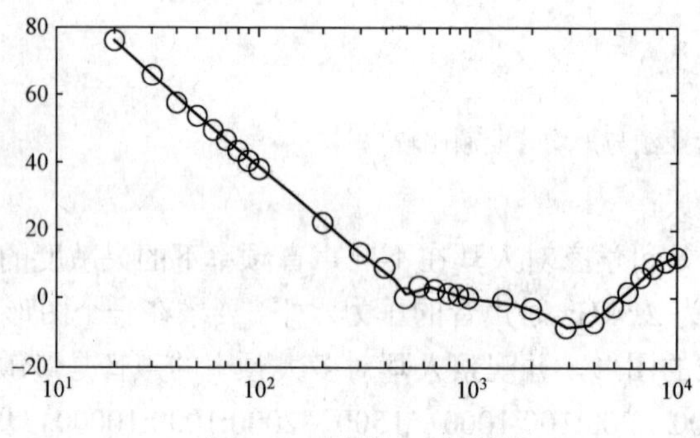

图 4-12　习题 4.5 结果

4.6　一组原始测试数据如下：

x＝0: 0.5: 3，y＝0: 0.5: 4，z＝[10　9.99　10.1　9.19　10.3　8.98　9.05; 11　9.98　9.99　8.98 10 8.98 9.46; 9.99 8.89 8.98 9.95 10.7 9.69 10.01; 11.06 9.98 8.97 10.04 9.99 8.99 8.98; 10.01 10 9.98 8.98 10 10.02 11; 10.02 10.03 10.01 10 10.02 10.06 9.88; 8.99 10.02 10 10 10.03 10.08 11; 9.97 9.99 10 10 10.02 10.05 9.88; 8.99 10.02 10.03 10.02 10.01 10.01 10]，仿照[例 4-15]，利用 mesh 函数画出该组数据的三维图形；再利用 interp2 函数对上述数据重新进行插值计算并画出图形。

第五章　MATLAB 符号运算

在自然科学领域，经常需要将计算对象从具体的某一数值抽象为一般的符号进行运算，这样的计算称为符号运算。符号运算是 MATLAB 一个极其重要的组成部分。

MATLAB 符号运算是通过集成在 MATLAB 中的符号数学工具箱（Symbolic Math Toolbox）来实现的。与一般的工具箱不同，该工具箱不是基于矩阵的数值分析，而是使用符号对象或字符串来进行符号分析和计算，其结果是符号函数或者是解析形式的，并且能以解析的形式求得函数的极限、微积分以及方程的解。MATLAB 提供的符号运算符合人们的数学表达习惯。

第一节　创建符号变量

在进行符号运算之前，首先要创建符号变量，然后利用这些符号去构建表达式，继而完成符号运算。由此可见，创建符号变量是进行符号运算的基础和前提。MATLAB 符号数学工具箱中提供了两个基本函数用来创建符号变量，分别是 sym 和 syms。

一、sym 函数定义符号变量

函数 sym 用于定义单个符号变量，使用函数 sym 的调用格式为：

```
sym('x')
sym('x','real')
sym('x','unreal')
```

其中，参数 real 定义的变量为实型符号变量，unreal 定义的是非实型符号变量。

【例 5-1】 使用函数 sym 定义符号变量。

```
>>a=sym('a')                    % 定义符号变量 a
a =
    a
>>sym('b','real')               % 定义 b 为实型符号变量
ans =
     b
>>c=sym('byebye','unreal')      % 定义 c 为非实型符号变量
c =
     byebye
```

使用符号运算也可将数值变量向符号变量转换。

【例 5-2】 使用函数 sym 将数值矩阵转换成符号矩阵。

```
>>A=[3 1.1 2;2 4 1.5;3.1 2.2 5];
>>B=sym(A)
B =
     [     3, 11/10,     2]
     [     2,     4,   3/2]
     [31/10,  11/5,      5]
```

由[例 5-2]可见，将数值矩阵转换为符号矩阵时，矩阵的表示方法发生了变化，原数值矩阵中的每一行单独用括号括了起来，而且，尽管矩阵中元素依然以数值的形式出现，但此时却是符号变量。

二、syms 函数定义符号变量

除了 sym 函数以外，MATLAB 还提供了 syms 函数用来定义符号变量。与 sym 函数最大的不同点在于，syms 可以很方便地一次定义多个符号变量。syms 函数的调用格式为：

```
syms arg1 arg2 arg3 …
```

【例 5-3】 使用函数 syms 定义多个符号变量。

```
>>syms x t n
>>who
Your variables are:
n  t  x
```

以上 3 个符号变量也可以通过 sym 函数来定义：

```
>>x=sym('x');
>>t=sym('t');
>>n=sym('n');
>>who
Your variables are:
n  t  x
```

被定义的变量也可以通过 Workspace 窗口查看，如图 5-1 所示。

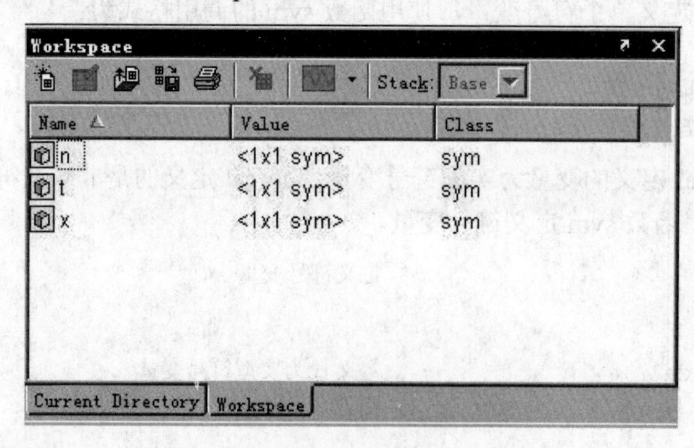

图 5-1 在 Workspace 窗口查看变量

【例 5-4】 使用函数 syms 定义符号矩阵。

```
>>syms  a b c d;
>>n=[a b c d;b c d a;c d a b;d a b c]
n =
     [ a, b, c, d]
     [ b, c, d, a]
     [ c, d, a, b]
     [ d, a, b, c]
>>m=size(n)                         % size 函数用于查看符号矩阵的大小
m =
     4     4
```

在这里，需要注意的是符号矩阵和数值矩阵的区别。

- 在 Workspace 窗口中，变量的图标不同，数值矩阵的图标为田，符号矩阵的图标为▣；
- 在 Command Window 显示时，数值矩阵只显示元素的数值，而符号矩阵的每行元素都放在一对方括号内。

第二节　符号表达式的建立、化简和替换

前一节讲述了如何定义符号变量，本节接着讲述符号表达式的表示方法。在 MATLAB 中，符号表达式可以采用单引号或 sym/syms 函数定义。

【例 5-5】 使用单引号建立符号表达式。

```
>>y='a*x^2+b=0'                          % 定义符号代数方程
y =
    a*x^2+b=0
>>y='D2y-c*Dy+d=0'                       % 定义符号微分方程
y =
    D2y-c*Dy+d=0
```

【例 5-6】 使用 sym/syms 函数建立符号表达式。

```
>>f1=sym('x^3+4*x^2+x+3')
f1 =
     x^3+4*x^2+x+3
>>f2=sym('a*x^2+b*x+c=0')
f2 =
     a*x^2+b*x+c=0
>>f3=sym('[a b;c d]')
f3 =
     [ a, b]
     [ c, d]
>>syms  x y;
>>f4=sin(x)+cos(y)
f4 =
     sin(x)+cos(y)
```

在书写符号表达式时，需要注意以下几点：

- 数学符号π的书写形式为 pi；
- 虚数单位用 i 或 j 表示；
- 无穷大用 INF 或 inf 表示；
- 符号或数值相乘必须用*连接；
- 以 e 为底的指数运算的书写形式为 exp()；
- 表达式需写在同一行；
- MATLAB 中的自然对数用 log 表示，而不是 ln；
- 与数学表达式不同，MATLAB 的表达式中只能用小括号。在 MATLAB 函数嵌套调用时，多重小括号嵌套使用，要避免出错。

一、符号表达式的化简

MATLAB 符号数学工具箱提供了化简符号表达式的各种函数，如多项式展开（expand）、

因式分解（factor）、合并同类项（collect）、化简（simplify 和 simple）、分式通分（numden）以及嵌套形式重写（horner）等。

1. 多项式展开（expand）

在 MATLAB 中，expand 函数的功能是将符号表达式展开，其调用格式为：

```
R=expand(s)
```

该函数的功能是对表达式 s 进行因式展开，常用于多项式、三角函数、指数函数和对数函数。

【例 5-7】 展开符号表达式 $f_1=(x+1)^7$ 和 $f_2=\cos(x+y)$。

```
>>syms x y;
>>f1=(x+1)^7;
>>expand(f1)                              % 声明 x,y 是符号变量
ans =
      x^7+7*x^6+21*x^5+35*x^4+35*x^3+21*x^2+7*x+1
>>f2=cos(x+y);
>>f=expand(f2)
f =
     cos(x)*cos(y)-sin(x)*sin(y)
```

【例 5-8】 展开符号表达式 $(x+3)(x+t)(y-1)$，$(x-2)^2(x+1)-x^2$ 和符号矩阵 $\begin{pmatrix} (x-b)^2 & (x+b)^2 \\ \sin(x+y) & \cos(2x) \end{pmatrix}$。

```
>>syms  x y t b;
>>f1=expand((x+3)*(x+t)*(y-1))
f1 =
      x^2*y-x^2+x*t*y-x*t+3*x*y-3*x+3*t*y-3*t
>>f=(x-2)^2*(x+1)-x^2;
>>f2=expand(f)
f2 =
      x^3-4*x^2+4
>>A=[(x-b)^2 (x+b)^2;sin(x+y) cos(2*x)];    % 定义符号矩阵 A
>>expand(A)
ans =
      [              x^2-2*b*x+b^2,           x^2+2*b*x+b^2]
      [ sin(x)*cos(y)+cos(x)*sin(y),            2*cos(x)^2-1]
```

2. 因式分解（factor）

函数 factor 的功能是对符号表达式进行因式分解，其调用格式为：

```
factor(s)
```

其中，s 可以是正整数、符号整数、符号表达式或符号矩阵。当 s 为正整数时，因式分解的结果返回的是 s 的质数分解式。在这里，需要注意的是，若正整数的位数超过 16 位，则必须用 sym 函数声明其为符号整数，否则会提示错误信息；当 s 为符号表达式时，结果返回乘积形式。

【例 5-9】 因式分解整数 12 345 678 901 234 567 89、符号表达式 x^5-y^5 以及符号矩阵 $\begin{pmatrix} (x-b)^2 & x^2-bx \\ a^2-b^2 & ax-a \end{pmatrix}$。

```
>>f0=factor(1234567890)
f0=
    2      3      3      5     3607      3803
>>factor(12345678901234567890)
```

```
??? Error using ==> factor
The maximum value of n allowed is 2^32.
>>f1=factor(sym(1234567890123456789))
f1 =
      (2)^8*(3)*(11)*(146137297599841)
>>syms  a b x y
>>f2=factor(x^5-y^5)
f2 =
      (x-y)*(x^4+x^3*y+x^2*y^2+x*y^3+y^4)
>>f3=factor([(x-b)^2 x^2-b*x;a^2-b^2 a*x-a])
f3 =
      [      (x-b)^2,      x*(x-b)]
      [  (a-b)*(a+b),      a*(x-1)]
```

可见，factor 函数不仅在多项式中有着强大的分解能力，而且在正整数质数分解中也有着广泛的应用。

3. 合并同类项（collect）

函数 collect 的功能是对符号表达式进行同类项合并，其调用格式有两种：

（1）R=collect(s)　将表达式 s 中相同次幂的项合并，其中 s 可以是符号表达式，也可以是符号矩阵。

（2）R=collect(s，v)　将表达式 s 中关于 v 的相同次幂项合并，v 的默认值是 x。

【例 5-10】 对符号表达式 $(x-e^x)(x+y)$ 进行同类项合并。

```
>>clear                                    % 清除内存变量
>>syms  x y
>>f1=(x-exp(x))*(x+y);
>>R1=collect(f1)
R1 =
       x^2+(-exp(x)+y)*x-exp(x)*y
>>R2=collect(f1,y)
R2 =
       (x-exp(x))*y+(x-exp(x))*x
```

【例 5-11】 试按照不同方式合并表达式 $(x^2-ae^y)(axy+e^{2y}x)$。

```
>>syms  a x y
>>f=(x^2-a*exp(y))*(a*x*y+exp(2*y)*x);
>>R1=collect(f)                            % 将 x 默认为自变量
R1 =
       (a*y+exp(2*y))*x^3-a*exp(y)*(a*y+exp(2*y))*x
>>R2=collect(f,y)                          % 将 y 默认为自变量
R2 =
       (x^2-a*exp(y))*a*x*y+(x^2-a*exp(y))*exp(2*y)*x
>>R3=collect(f,a)                          % 将 a 默认为自变量
R3 =
       -exp(y)*x*y*a^2+(x^3*y-exp(y)*exp(2*y)*x)*a+x^3*exp(2*y)
```

从结果可以看出，采用不同的合并条件时，同一个符号表达式可能会得到不同的结果。因此，在实际应用中，应根据需要选择适当的合并条件。

4. 化简（simplify 和 simple）

函数 simplify 和 simple 的功能是对符号表达式进行化简，其中函数 simplify 的调用格式为：

```
R=simplify(s)
```

在 MATLAB 中，函数 simplify 的具体功能是根据一定规则对符号表达式进行化简。*s* 代表符号表达式或符号矩阵，*R* 是经过化简后的结果。

【例 5-12】 试对表达式 $\csc^2(t)-\cot^2(t)$ 和 $(x^5-1)/(x-1)$ 进行化简。

```
>>syms  t x
>>R1=simplify(csc(t)^2-cot(t)^2)
R1 =
      1
>>R2=simplify((x^5-1)/(x-1))
R2 =
      x^4+x^3+x^2+x+1
```

函数 simplify 是一个强大的化简工具，它可以完成对指数、对数、三角函数等各种数学表达式的化简；而函数 simple 将化简结果及所使用的方法均列出来，这些方法中就包括 simplify。simple 的调用格式为：

（1）r=simple(s)：simple 函数使用不同的简化规则来对符号表达式进行化简，返回表达式 *s* 的最简形式。如果 *s* 是符号表达式矩阵，则返回表达式矩阵的最短形式，而不一定是使每一项都最短；如果不给定输出参数 *r*，该函数将显示所有使表达式 *s* 最短的化简方式，并返回其中最短的一个表达式。

（2）[r，how]=simple(s)：该格式不显示化简的中间结果，只显示寻找到的最短形式以及所有可以使用的化简方法。参数 *r* 表示符号表达式的结果，how 则表示具体使用的方法，表 5-1 给出了 simple 的化简示例。

表 5-1　　　　simple 化简示例

符号表达式（*s*）	化简结果（*r*）	使用方法（how）
cos(*x*)^2+sin(*x*)^2	1	combine(trig)
2*cos(*x*)^2–sin(*x*)^2	3*cos(*x*)^2–1	simplify
cos(*x*)^2–sin(x)^2	cos(2*x*)	combine
cos(*x*)+(–sin(*x*)^2)^(1/2)	cos(*x*)+i*sin(*x*)	radsimp
cos(*x*)+i*sin(*x*)	exp(i*x*)	convert(exp)
(*x*+1)*x*(*x*–1)	*x*^3-*x*	collect(x)
cos(3*acos(*x*))	4*x*^3–3*x*	expand
x^3+3*x*^2+3*x*+1	(*x*+1)^3	factor

由表 5-1 可以看出，simple 的化简方法有很多，其中：

- radsimp 函数对含根式的表达式进行化简；
- combine 函数将表达式中以求和、乘积、幂运算等形式出现的各项合并；
- collect 函数合并同类项；
- factor 函数对表达式进行因式分解；
- convert 函数完成表达式由一种形式到另一种形式的转换。

【例 5-13】 简化符号表达式 $1/x^2-1/(x-1)^2-1/(x^2-x)$ 和 $\sin^2 x-\cos^3 x+\sin 2x$。

```
>>syms x;
>>simple(1/x^2-1/(x-1)^2-1/(x^2-x))
```

```
simplify:
-(x^2+x-1)/x^2/(x-1)^2
radsimp:
(-x^2-x+1)/x^2/(x-1)^2
combine(trig):
(-x^2-x+1)/(x^4-2*x^3+x^2)
factor:
-(x^2+x-1)/x^2/(x-1)^2
expand:
1/x^2-1/(x-1)^2-1/(x^2-x)
combine:
1/x^2-1/(x-1)^2-1/(x^2-x)
convert(exp):
1/x^2-1/(x-1)^2-1/(x^2-x)
convert(sincos):
1/x^2-1/(x-1)^2-1/(x^2-x)
convert(tan):
1/x^2-1/(x-1)^2-1/(x^2-x)
collect(x):
1/x^2-1/(x-1)^2-1/(x^2-x)
mwcos2sin:
1/x^2-1/(x-1)^2-1/(x^2-x)
ans =
        -(x^2+x-1)/x^2/(x-1)^2

>>simple(sin(x)^2-cos(x)^3+sin(2*x))
simplify:
-cos(x)^3+2*sin(x)*cos(x)+1-cos(x)^2
radsimp:
sin(x)^2-cos(x)^3+sin(2*x)
combine(trig):
1/2-1/2*cos(2*x)-1/4*cos(3*x)-3/4*cos(x)+sin(2*x)
factor:
sin(x)^2-cos(x)^3+sin(2*x)
expand:
sin(x)^2-cos(x)^3+2*sin(x)*cos(x)
combine:
1/2-1/2*cos(2*x)-1/4*cos(3*x)-3/4*cos(x)+sin(2*x)
convert(exp):
-1/4*(exp(i*x)-1/exp(i*x))^2-(1/2*exp(i*x)+1/2/exp(i*x))^3-1/2*i*(exp
  (2*i*x)-1/exp(2*i*x))
convert(sincos):
sin(x)^2-cos(x)^3+sin(2*x)
convert(tan):
4*tan(1/2*x)^2/(1+tan(1/2*x)^2)^2-(1-tan(1/2*x)^2)^3/(1+tan(1/2*x)^2)^3
  +2*tan(x)/(1+tan(x)^2)
collect(x):
sin(x)^2-cos(x)^3+sin(2*x)
mwcos2sin:
```

```
sin(x)^2-cos(x)^3+sin(2*x)
ans =
      sin(x)^2-cos(x)^3+sin(2*x)
```

从结果可以看出，simple 函数的化简过程会调用所有相关的简化方法，分别得出化简结果，然后比较所有的结果，从中选择最简化的结果。如果只想查看最后的结果，简化化简过程时，则需要将化简的表达式赋值给变量。

```
>>r=simple(1/x^2-1/(x^2+2*x-3)-1/(x^2-x))
r =
     -(x^2+x+3)/(x+3)/(x-1)/x^2

>>r=simple(sin(x)^2-cos(x)^3+sin(2*x))
r =
     sin(x)^2-cos(x)^3+sin(2*x)
```

可见，将 simple 化简的结果赋值给变量后，结果只显示最简形式。

虽然函数 simplify 和 simple 都是用来化简表达式的函数，但是，通过以上介绍可以看出，simple 的功能比较强大，而且可以对表达式进行多次化简，这也是 simplify 函数没有的功能。

5. 分式通分（numden）

在 MATLAB 中，numden 函数的功能是对符号表达式进行通分，其调用格式如下：

```
[n,d]=numden(s)
```

其中，s 是符号多项式，n(numerator)返回分子多项式，d(denominator)返回相应的分母多项式。

【例 5-14】 在 MATLAB 中对表达式 $f=\frac{x+1}{x^2}+\frac{x-1}{2x+3}$ 进行通分。

```
>>syms  x
>>f=(x+1)/x^2+(x-1)/(2*x+3);
>>[n,d]=numden(f)
n =
    x^2+5*x+3+x^3
d =
    x^2*(2*x+3)
```

根据数学知识，可以直接对[例 5-14]进行计算，结果如下：

$$f=\frac{x+1}{x^2}+\frac{x-1}{2x+3}=\frac{x^3+x^2+5x+3}{x^2(2x+3)}$$

因此，n 代表通分后的分子多项式，d 代表通分后的分母多项式。

【例 5-15】 试确定符号矩阵 $\begin{pmatrix} \frac{1}{x^2} & \frac{2}{y} \\ \frac{1}{a^2} & \frac{3}{b} \end{pmatrix}$ 的分子和分母。

```
>>syms a b x y
>>A=[1/x^2 2/y;1/a^2 3/b];
>>[n1,d1]=numden(A)
n1 =
```

```
    [ 1, 2]
    [ 1, 3]
d1 =
    [ x^2,   y]
    [ a^2,   b]
```

6. 嵌套形式重写（horner）

在 MATLAB 中，函数 horner 的功能是将符号表达式转换成为嵌套形式，其调用格式如下：

```
r=horner(s)
```

其中，*s* 是符号多项式矩阵，函数 horner 将其中每个多项式转换成它们各自的嵌套形式。

【例 5-16】 在 MATLAB 中完成对表达式 $f=x^3+x^2+5x+3$ 的嵌套形式重写。

```
>>syms x
>>f=x^3+x^2+5*x+3;
>>r=horner(f)
r =
      3+(5+(x+1)*x)*x
```

需要注意的是，函数 horner 并不是对多项式进行因式分解，而是将多项式变换成嵌套形式。

另外，为了使表达式的书写形式符合人们的习惯，MATLAB 提供了函数 pretty，该函数能够对由 MATLAB 得到的符号表达式的结果再进行整理，例如，将[例 5-16]的结果利用此函数重新表示如下：

```
>>syms x;
>>r=3+(5+(x+1)*x)*x;
>>pretty(r)
3 + (5 + (x + 1) x) x
```

二、符号表达式替换

在 MATLAB 中，符号计算的结果往往比较复杂，这是由于某些表达式重复出现。为了简化计算结果，MATLAB 提供了两个重要的函数：subexpr 和 subs，用来实现符号表达式的替换，以得到一个简单的表达式。

1. subexpr 函数

在 MATLAB 中，subexpr 函数的功能是将表达式中重复出现的字符串用变量代替，其调用格式为：

- [Y，SIGMA]=subexpr(X，SIGMA)　用变量 SIGMA（符号对象）的值来代替符号表达式中重复出现的字符串，*Y* 返回替换后的结果；
- [Y，SIGMA]=subexpr(X，'SIGMA')　与第一种形式的区别在于，SIGMA 是字符或字符串，用来替换表达式中重复出现的字符串。

【例 5-17】 求解方程 $ax^3+bx^2+5x+3=0$。

```
>>syms  a b x
>>t=solve('a*x^3+b*x^2+5*x+3=0')              % 对代数方程求解
t =
```

```
1/6/a*(180*b*a-324*a^2-8*b^3+12*3^(1/2)*(500*a-25*b^2-270*b*a+243*a^2+
12*b^3)^(1/2)*a)^(1/3)-2/3*(15*a-b^2)/a/(180*b*a-324*a^2-8*b^3+12*3^(1/2)*
(500*a-25*b^2-270*b*a+243*a^2+12*b^3)^(1/2)*a)^(1/3)-1/3*b/a-1/12/a*(180
*b*a-324*a^2-8*b^3+12*3^(1/2)*(500*a-25*b^2-270*b*a+243*a^2+12*b^3)^(1/
2)*a)^(1/3)+1/3*(15*a-b^2)/a/(180*b*a-324*a^2-8*b^3+12*3^(1/2)*(500*a-25
*b^2-270*b*a+243*a^2+12*b^3)^(1/2)*a)^(1/3)-1/3*b/a+1/2*i*3^(1/2)*(1/6/a
*(180*b*a-324*a^2-8*b^3+12*3^(1/2)*(500*a-25*b^2-270*b*a+243*a^2+12*b^3)
^(1/2)*a)^(1/3)+2/3*(15*a-b^2)/a/(180*b*a-324*a^2-8*b^3+12*3^(1/2)*(500*
a-25*b^2-270*b*a+243*a^2+12*b^3)^(1/2)*a)^(1/3))-1/12/a*(180*b*a-324*a^2
-8*b^3+12*3^(1/2)*(500*a-25*b^2-270*b*a+243*a^2+12*b^3)^(1/2)*a)^(1/3)+1
/3*(15*a-b^2)/a/(180*b*a-324*a^2-8*b^3+12*3^(1/2)*(500*a-25*b^2-270*b*a+
243*a^2+12*b^3)^(1/2)*a)^(1/3)-1/3*b/a-1/2*i*3^(1/2)*(1/6/a*(180*b*a-324
*a^2-8*b^3+12*3^(1/2)*(500*a-25*b^2-270*b*a+243*a^2+12*b^3)^(1/2)*a)^(1/
3)+2/3*(15*a-b^2)/a/(180*b*a-324*a^2-8*b^3+12*3^(1/2)*(500*a-25*b^2-270*
b*a+243*a^2+12*b^3)^(1/2)*a)^(1/3))
```

可见，这是一个十分烦琐的结果。下面引入函数 subexpr 对表达式进行简化。

```
>>Y=subexpr(t)
sigma =
          180*b*a-324*a^2-8*b^3+12*3^(1/2)*(500*a-25*b^2-270*b*a+243*a^2
           +12*b^3)^(1/2)*a
Y=
     1/6/a*sigma^(1/3)-2/3*(15*a-b^2)/a/sigma^(1/3)-1/3*b/a
     -1/12/a*sigma^(1/3)+1/3*(15*a-b^2)/a/sigma^(1/3)-1/3*b/a+1/2*i*3^(1/2)
      *(1/6/a*sigma^(1/3)+2/3*(15*a-b^2)/a/sigma^(1/3))
     -1/12/a*sigma^(1/3)+1/3*(15*a-b^2)/a/sigma^(1/3)-1/3*b/a-1/2*i*3^(1/2)
      *(1/6/a*sigma^(1/3)+2/3*(15*a-b^2)/a/sigma^(1/3))
```

当然，也可以指定一个字符或字符串去替代表达式中的重复部分。

```
>>[Y,s]=subexpr(t,'s')
Y =
     1/6/a*s^(1/3)-2/3*(15*a-b^2)/a/s^(1/3)-1/3*b/a
     -1/12/a*s^(1/3)+1/3*(15*a-b^2)/a/s^(1/3)-1/3*b/a+1/2*i*3^(1/2)*(1/6/a
       *s^(1/3)+2/3*(15*a-b^2)/a/s^(1/3))
       -1/12/a*s^(1/3)+1/3*(15*a-b^2)/a/s^(1/3)-1/3*b/a-1/2*i*3^(1/2)*(1/6
       /a*s^(1/3)+2/3*(15*a-b^2)/a/s^(1/3))
s =
     180*b*a-324*a^2-8*b^3+12*3^(1/2)*(500*a-25*b^2-270*b*a+243*a^2+12*b^3)
       ^(1/2)*a
```

从[例 5-17]可以看出，当没有给出替换参数时，系统会默认采用 SIGMA 进行替换，被替换的表达式是系统自行查找的。使用函数 subexpr 进行替换后，整个表达式简化了很多，这是使用前面介绍过的简化函数所达不到的效果。

2. subs 函数

在 MATLAB 中，subs 函数的功能是使用指定符号替换符号表达式中的某一个特定符号，相对于 subexper 函数，subs 函数是一个通用的替换命令，其调用格式为：

- R=subs(s)　使用工作空间中的变量来替换符号表达式 s 中的所有符号变量，如果没有指定某符号变量的值，该符号变量不会被替换；
- R=subs(s，new)　使用新的符号变量 new 来替换原来符号表达式 s 中的默认变量；
- R=subs(s, old, new)　使用新的符号变量 new 来替换原来符号表达式 s 中的变量 old，当 new 是数值形式的符号时，就用数值替换 old，所得结果仍是字符串形式。

【例 5-18】 已知符号表达式 $\sqrt{b^2x-4ac}+\dfrac{x+y}{y+b}$，试完成以下操作。

（1）将 x 换成 t；

（2）接着将 b 换成 y；

（3）当 $t=2$ 时，计算（2）的值；

（4）当 $y=3$ 时，计算（3）的值。

```
>>syms  a b c t x y
>>f=(b^2*x-4*a*c)^(1/2)+(x+y)/(y+b);
>>f1=subs(f,t)
f1 =
        (b^2*t-4*a*c)^(1/2)+(t+y)/(y+b)
>>f2=subs(f1,b,y)
f2 =
        (y^2*t-4*a*c)^(1/2)+1/2*(t+y)/y
>>f3=subs(f2,t,2)
f3 =
        (2*y^2-4*a*c)^(1/2)+1/2*(2+y)/y
>>f4=subs(f3,y,3)
f4 =
        (18-4*a*c)^(1/2)+5/6
```

第三节　符号微积分

无论是在科学计算中，还是在工程应用中，微积分一直是重要的数学工具之一。在MATLAB中，符号工具箱提供了进行微积分运算的各种函数，涉及极限、导数、积分、级数等各个方面。

一、符号极限

函数极限是微积分的基础，极限的概念贯穿微积分的始终。在 MATLAB 中，给出了多种求极限的运算函数，使得原本复杂的极限求解变得简单、方便。

在 MATLAB 中，极限的求解用 limit 函数实现，其常用的调用格式为：

- limit(F，x，a)　计算符号表达式 F 在 $x\to a$ 条件下的极限。
- limit(F，a)　计算符号表达式 F 在默认自变量趋向于 a 条件下的极限。
- limit(F)　计算符号表达式 F 在默认自变量趋向于 0 时的极限。
- limit(F，x，a，'right')　计算符号表达式 F 在 $x\to a$ 条件下的右极限。
- limit(F，x，a，'left')　计算符号表达式 F 在 $x\to a$ 条件下的左极限。

【例 5-19】 在 MATLAB 中，求解表达式 $\lim\limits_{x\to 0}\dfrac{\tan x-\sin x}{x^2}$ 的极限数值。

```
>>syms x
>>F=limit((tan(x)-sin(x))/x^2)
F =
   0
```

在[例 5-19]中，采用 MATLAB 的默认格式求解极限数值，也就是自变量为 x，求解当 x 趋于 0 时的极限。

【例 5-20】 在 MATLAB 中，试证明表达式 $\lim\limits_{t\to\infty}\left(1+\dfrac{x}{t}\right)^t=e^x$。

```
>>syms  t x
>>f=limit((1+x/t)^t,t,inf)
f =
      exp(x)
```

【例 5-21】 在 MATLAB 中，已知 $f(x)=\begin{cases}\dfrac{x}{|x|}, & x\neq 0,\\ 0\,, & x=0。\end{cases}$ 试求 $f(x)$ 在 $x=0$ 点处的左右极限。

```
>>syms  x
>>fl=limit(x/abs(x),x,0,'left')
fl =
       -1
>>fr=limit(x/abs(x),x,0,'right')
fr =
       1
```

从结果可以看出，左极限的值为-1，右极限的值为 1，左右极限不相等，故 $f(x)$ 在 $x=0$ 点处的极限不存在。在 MATLAB 中，可以通过绘制函数的图形来形象地了解其属性，如：

```
>>xl=-2:0.01:0;
yl=xl/abs(xl);
xr=0:0.01:2;
yr=xr/abs(xr);
plot(xl,yl,xr,yr)
axis([-2 2 -1.5 1.5])                              % 设置坐标轴的刻度范围
```

绘制图形如图 5-2 所示。

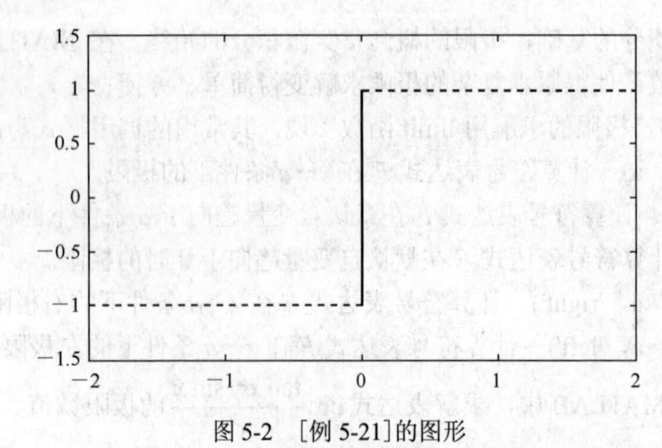

图 5-2 [例 5-21]的图形

从图形中，可以清楚看到，函数在 x=0 处是间断的，其左侧值为－1，右侧值为 1，故极限不存在（程序中的绘图函数参考后续章节）。

二、符号微分

在符号数学工具箱中，表达式的微分运算用函数 diff 实现，其调用格式为：

- diff(S) 求对于默认自变量的符号表达式 S 的微分；
- diff(S，'v') 求对于自变量 v 的符号表达式 S 的微分；
- diff(S，n) 求对于默认自变量的符号表达式 S 的 n 次微分；
- diff(S，'v'，n) 求对于自变量 v 的符号表达式 S 的 n 次微分。

【例 5-22】 试对表达式 $f(x,y)=x^3-5x^2y+y^2$ 求一阶偏导和二阶偏导。

```
>>syms  x  y
>>f=x^3-5*x^2*y+y^2;
>>df=diff(f)
df=
    3*x^2-10*x*y
```

可见，x 是默认自变量。

```
>>dfdx=diff(f,x)
dfdx =
      3*x^2-10*x*y
>>dfdy=diff(f,y)
dfdy =
        -5*x^2+2*y
>>dfdxdy=diff(dfdx,y)
dfdxdy =
        -10*x
>>dfdydx=diff(dfdy,x)
dfdydx =
        -10*x
```

由此可见，使用函数 diff 可以很容易地实现微分计算，这和数学求解相比，要简单得多。

【例 5-23】 试对表达式 $\ln\left(x+\sqrt{x^2+n^2}\right)$ 求一阶导数并化简。

```
>>syms  x  n
>>f=diff(log(x+sqrt(x^2+n^2)))
f =
    (1+1/(x^2+n^2)^(1/2)*x)/(x+(x^2+n^2)^(1/2))
>>f1=simple(f)
f1 =
     1/(x^2+n^2)^(1/2)
```

根据数学知识，可以得到表达式 $\ln\left(x+\sqrt{x^2+n^2}\right)$ 的一阶导数为：$\frac{\mathrm{d}}{\mathrm{d}x}\ln\left(x+\sqrt{x^2+n^2}\right)=\frac{1}{\sqrt{x^2+n^2}}$，其结果与 f1＝1/(x^2＋n^2)^(1/2)是等价的，只是两种环境下的不同表示形式。

【例 5-24】 在 MATLAB 中，求矩阵 $A=\begin{pmatrix} xt & x^2\sin t \\ \mathrm{e}^{xt} & \ln(x+t) \end{pmatrix}$ 的微分 $\frac{\mathrm{d}A}{\mathrm{d}t}$，$\frac{\mathrm{d}^2A}{\mathrm{d}x^2}$，$\frac{\mathrm{d}^2A}{\mathrm{d}x\mathrm{d}t}$。

```
>>syms   x  t
>>A=[x*t  x^2*sin(t);exp(x*t) log(x+t)];
>>D1=diff(A,t)
```

```
D1 =
     [              x, x^2*cos(t)]
     [ x*exp(x*t),      1/(x+t)]
>>D2=diff(A,2)
D2 =
     [            0,    2*sin(t)]
     [ t^2*exp(x*t),   -1/(x+t)^2]
>>D3=diff(diff(A,t))
D3 =
     [                  1,            2*x*cos(t)]
     [ exp(x*t)+x*t*exp(x*t),              -1/(x+t)^2]
```

三、符号积分

积分和微分可以看成一对互逆运算，然而积分的求解却难于微分，原因在于积分不仅包括定积分、不定积分，而且还包括重积分。在 MATLAB 的符号数学工具箱中，提供函数 int 来对符号积分进行求解，其调用格式为：

- int(S) 求符号表达式 S 对于默认自变量的不定积分；
- int(S，v) 求符号表达式 S 对于自变量 v 的不定积分；
- int(S，a，b) 求符号表达式 S 对于默认自变量从 a 到 b 的定积分；
- int(S，v，a，b) 求符号表达式 S 对于自变量 v 从 a 到 b 的定积分。

在函数 int 中，a 和 b 不仅可以是常数变量，也可以是符号表达式和其他数值表达式，分别表示积分表达式的上下限。

【例 5-25】 计算积分 $f_1=\int\frac{x}{1+x^2}\mathrm{d}x$，$f_2=\int_0^1 x\ln(1-x)\,\mathrm{d}x$，$f_3=\int_x^{1+x}\int_0^1(x^2+y^2)\,\mathrm{d}x\mathrm{d}y$。

```
        >>syms  x y z
        >>f1=int(x/(1+x^2),x);                  % 求关于 x 的不定积分
        >>f2=int(x*log(1-x),0,1);               % 求关于 x 在[0,1]区间内的定积分
>>f3=int(int(x^2+y^2,y,x,1+x),x,0,1);           % 求表达式在 y=[x,1+x],x=[0,1]区间内的积分
        >>f1
        f1 =
            1/2*log(1+x^2)
        >>f2
        f2 =
            -3/4
        >>f3
        f3 =
            3/2
```

【例 5-26】 在 MATLAB 中，求矩阵 $A=\begin{pmatrix} t & \sin t \\ \mathrm{e}^t & \ln(1+t) \end{pmatrix}$ 的积分结果。

```
>>syms  t
>>A=[t sin(t);exp(t) log(1+t)];
>>I=int(A)
I =
    [           1/2*t^2,            -cos(t)]
```

```
[                exp(t), log(1+t)*(1+t)-t-1   ]
>>pretty(I)

[     2                                ]
[1/2 t              -cos(t)                 ]
[                                      ]
[exp(t)    log(1 + t) (1 + t) - t - 1       ]
```

同数学中的积分相比，MATLAB 中的符号积分要简单得多，适应性也较强，但是也存在缺点，其运算时间较长，并且积分结果有时较为复杂，需要使用化简命令来对结果进行化简。

除了 int 命令之外，MATLAB 还提供了一个交互性的近似积分命令 rsums，该命令可以计算一元函数在有限的闭区间上的积分数值。其调用格式如下：

```
rsums(S,a,b)
```

S 是积分表达式，*a* 和 *b* 分别为积分的上下限。

【例 5-27】 在 MATLAB 中，试运用命令 rsums 函数求解函数 $f(x)=(x+1)^3+3x^2+2x$ 在积分区间［－2，2］上的积分结果。

```
>>syms  x
>>f=(x+1)^3+3*x^2+2*x;
>>rsums(f,-2,2)
```

在命令窗口输入以上命令之后，按 Enter 键，MATLAB 会自动调用近似积分的交互界面，如图 5-3 所示。

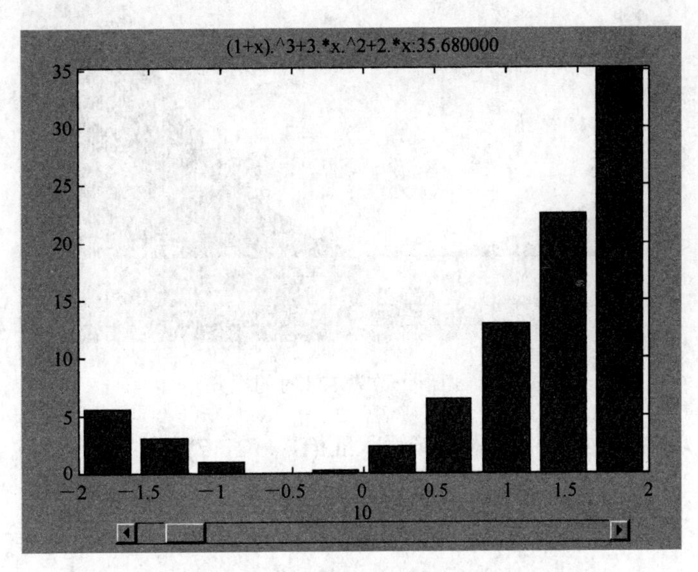

图 5-3　交互近似积分界面

在默认情况下，交互近似积分界面下方有一个滑动条，此滑动条用来设置函数曲线下方的矩形个数，默认情况下，矩形个数是 10，当滑块向左滑动时，矩形个数减少；向右滑动时，矩形个数增加，最大的矩形个数为 128。

调整积分矩形个数，将其设置成 90，查看近似积分结果，如图 5-4 所示。

调整积分矩形个数，将其设置成 128，查看近似积分数值，如图 5-5 所示。

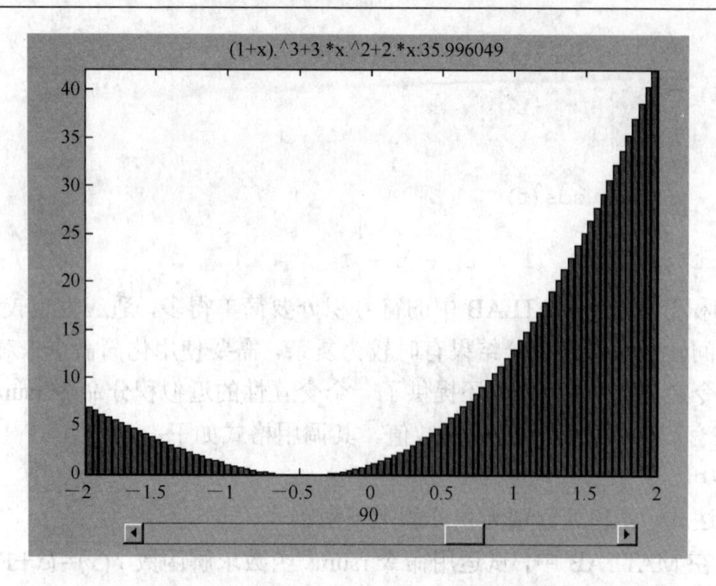

图 5-4　矩形个数为 90 时的积分界面

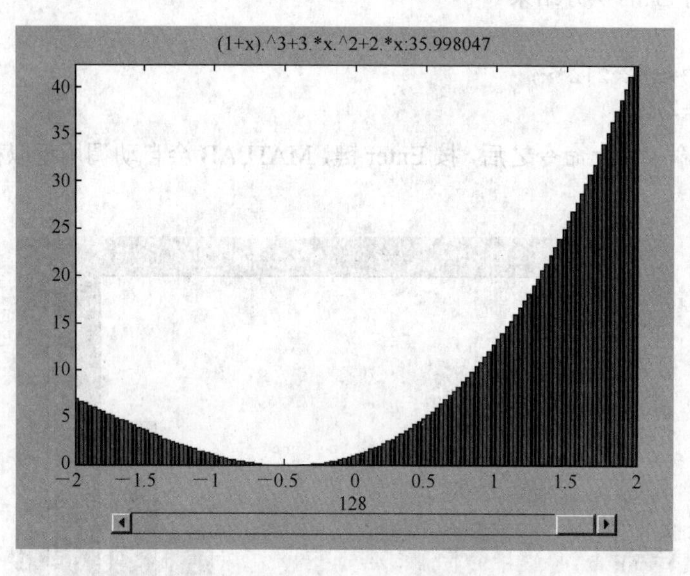

图 5-5　矩形个数为 128 时的积分界面

当然，也可以在命令窗口中输入直接输入 int(f，－2，2)，计算函数的准确积分数值，结果如下：

```
>>int(f,-2,2)
ans =
36
```

从上面结果可以看出，精确值为 36，当滑块滑到最右端时，近似积分值为 35.998 047，精度可以达到一般要求。同时，不难发现，滑块向右端滑动的过程中，积分界面上端显示的结果在不断趋近于真值 36。

四、符号求和

在符号数学工具箱中，表达式的求和由函数 symsum 实现，其调用格式为：

- symsum(S) 计算符号表达式 S 对于默认自变量的不定和；
- symsum(S，v) 计算符号表达式 S 对于自变量 v 的不定和；
- symsum(S，a，b) 计算符号表达式 S 对于默认自变量从 a 到 b 的有限和；
- symsum(S，v，a，b) 计算符号表达式 S 对于自变量 v 从 a 到 b 的有限和。

【例 5-28】 试分别计算表达式 $\sum n$，$\sum_{0}^{10} n^2$ 和 $\sum_{n=0}^{\infty} \frac{x^n}{n!}$ 的值。

```
>>syms  x n
>>symsum(n)
ans =
     1/2*n^2-1/2*n
>>symsum(n^2,0,10)
ans =
     385
>>symsum(x^n/sym('n!'),n,0,inf)
ans =
     exp(x)
```

第四节 符 号 方 程 求 解

一、代数方程求解

代数方程的求解一直都是数学分析中十分重要的内容。一般代数方程包括线性方程、非线性方程以及超越方程等。本节将主要介绍符号代数方程的求解函数和实例。

对于上述不同类型方程的求解，MATLAB 符号数学工具箱提供了求解函数 solve，其调用格式为：

- g=solve(eq) 求解 eq=0 的代数方程，自变量为默认变量（可以通过函数 findsym 来确定），其中 eq 可以是符号表达式或不带符号的字符串表达式。
- g=solve(eq，var) 求解 eq=0 的代数方程，自变量为 var。返回值 g 是由方程的所有解构成的列向量。
- g=solve(eq1，eq2，…，eqn，var1，var2，…，varn) 求解符号表达式或不带符号的字符串表达式 eq1，eq2，…，eqn 组成的代数方程组，自变量分别为 var1，var2，…，varn。

当输出参数的个数和方程组的个数相等的时候，方程组的解将分别赋给每个输出参数，并且按照字母表的顺序进行排列。

【例 5-29】 求线性代数方程 $\begin{cases} x+y+z=10 \\ 3x+2y+z=14 \\ 2x+3y-z=1 \end{cases}$ 的解。

```
>>syms  x y z
>>f1='x+y+z=10';
>>f2='3*x+2*y+z=14';
>>f3='2*x+3*y-z=1';
>>[x,y,z]=solve(f1,f2,f3)
x =
    1
```

```
y =
     2
z =
     7
```

结果中，x，y，z 是分别输出的，若想整体输出方程组的数值解，需要在返回值中引入新的变量，如：

```
>>syms  x y z
>>f1='x+y+z=10';
>>f2='3*x+2*y+z=14';
>>f3='2*x+3*y-z=1';
>>[x,y,z]=solve(f1,f2,f3);
>>g=[x,y,z]
g =
     [ 1, 2, 7]
```

【例 5-30】 求解非线性方程组 $\begin{cases} x^2-2xy+y^2=3 \\ x^2-4x+3=0 \end{cases}$ 的数值解。

```
>>syms  x y
>>[x,y]=solve('x^2-2*x*y+y^2=3','x^2-4*x+3=0');
>>solution=[x,y]
solution =
                [         1, 1+3^(1/2)]
                [         1, 1-3^(1/2)]
                [         3, 3+3^(1/2)]
                [         3, 3-3^(1/2)]
```

【例 5-31】 求解含有参数的非线性方程组 $\begin{cases} a+b+x=y \\ 2ax-by=-1 \\ (a+b)^2=x+y \\ ay+bx=4 \end{cases}$ 的解。

```
>>syms  a b x y
>>f1='a+b+x=y';
>>f2='2*a*x-b*y=-1';
>>f3='(a+b)^2=x+y';
>>f4='a*y+b*x=4';
>>[a,b,x,y]=solve(f1,f2,f3,f4);
>>a=double(a),b=double(b),x=double(x),y=double(y)   % 将解析解的符号常数形式转换
                                                     % 为双精度形式
a =
      1.0000
     23.6037
      0.2537 - 0.4247i
      0.2537 + 0.4247i
b =
      1.0000
    -23.4337
     -1.0054 - 1.4075i
     -1.0054 + 1.4075i
```

```
x =
      1.0000
     -0.0705
     -1.0203 + 2.2934i
     -1.0203 - 2.2934i
y =
      3.0000
      0.0994
     -1.7719 + 0.4611i
     -1.7719 - 0.4611i
```

可见，方程组共有 4 组解，其中两组为实数解，两组为虚数解。一般来说，用函数 solve 得到的解是精确的符号表达式，显得不直观，通常要把所得的解化为数值型以使结果显得直观、简洁。读者查看一下未转换成数值型解之前的结果，便会一目了然。

【例 5-32】 求解超越方程组$\begin{cases}\sin(x+y)-e^x=0\\ x^2-y=2\end{cases}$的解。

```
>>syms  x y
>>S=solve('sin(x+y)-exp(x)=0','x^2-y=2');
>>S
S =
    x: [2x1 sym]
    y: [2x1 sym]
```

程序的结果中，并没有显示方程组的解，只显示了方程结果的属性和维数。在本例中，变量 x 和 y 都是符号变量，维数都是 2×1。

若要查看各个变量的具体数值，则输入：

```
>>S.x
ans =
      1.0427376369218101928864474535215
      -2.0427376369218101928864474535215
>>S.y
ans =
      -.91269822054671914040802950004414
      2.1727770532969012453648654069989
```

需要注意的是，如果没有指定该方程组的变量，MATLAB 会使用 findsym 函数依次将 x 和 y 作为方程的自变量，最终的结果会和[例 5-32]有所差别，请读者自行尝试。

二、微分方程求解

同代数方程的求解相比，微分方程的求解相对复杂一点。但对于符号求解而言，不论是初值问题还是边值问题，其求解微分方程的指令都是很简单的。

在符号数学工具箱中，求表达式的常微分方程的符号解由函数 dsolve 实现，其调用格式为：

r=dsolve('eq1，eq2，…'，'cond1，cond2，…'，'v')求由 eq1，eq2，…指定的常微分方程的符号解，参数 cond1，cond2，…为指定常微分方程的边界条件或初始条件，自变量 v 如果不指定，将为默认自变量。

在方程中，用大写字母 D 表示一次微分，D2 和 D3 分别表示二次及三次微分，D 后面的字符为因变量。

【例 5-33】 求常微分方程$\frac{dy}{dx}=-ax$的通解。

```
>>clear
>>S1=dsolve('Dy=-a*x','x')
S1 =
     -1/2*a*x^2+C1
```

其中 C1 表示所求的解为通解。

【例 5-34】 求解常微分方程$\begin{cases}\frac{d^2y}{dx^2}=\cos(2x)-y \\ y(0)=1, y'(0)=0\end{cases}$的通解。

```
>>syms  x y
>>S2=dsolve('D2y=cos(2*x)-y','y(0)=1','Dy(0)=0','x');
>>S2
S2 =
     4/3*cos(x)-1/3*cos(2*x)
```

在上面的程序中，求解方程为 $y(x)$，而不是 $y(t)$，如果在命令中没有特别指明方程自变量 x，得到的结果将是关于自变量 t 的表达式，如：

```
>>syms  x y
>>S3=dsolve('D2y=cos(2*x)-y','y(0)=1','Dy(0)=0');
>>S3
S3 =
      cos(t)*(-cos(2*x)+1)+cos(2*x)
```

【例 5-35】 求常微分方程组$\begin{cases}\frac{dy}{dt}=3y(t)+4x(t) \\ \frac{dx}{dt}=-4y(t)+3x(t) \\ x(0)=1, y(0)=0\end{cases}$的通解。

```
>>clear
>>syms  x y
>>[y,x]=dsolve('Dy=3*y+4*x,Dx=-4*y+3*x','x(0)=1,y(0)=0');
>>disp('y=');disp(y)
y=
    exp(3*t)*cos(4*t)
>>disp('x=');disp(x)
x=
    exp(3*t)*sin(4*t)
```

第五节　符号数学的简易绘图函数

MATLAB 提供了一系列简易绘图函数，这些函数的功能和作用与 MATLAB 中的普通绘图函数基本相同，但简易绘图函数使用极为简单，一般只要在简易绘图函数的参数中指定所绘制的函数名即可。

一、二维绘图函数

二维绘图函数 plot 是 MATLAB 最基本和最常用的绘图函数，其对应的简易绘图函数为 ezplot，前两个字母 ez 的含义是 Easy to，表示对应的命令是简易命令。这个命令的最大特点就是，不需要用户对函数自变量进行赋值，就可以直接画出字符串函数或者符号函数的图形。ezplot 的调用格式为：

- ezplot(f) 绘制表达式 f 的二维图形，x 轴坐标的近似范围为[-2π，2π]。
- ezplot(f，[xmin，xmax]) 绘制表达式 f 的二维图形，x 轴坐标的范围为[xmin，xmax]。其中，参数 f 可以是字符表达函数、符号函数等，但是所有的函数类型只能是一元函数。在默认情况下，ezplot 命令会将函数表达式和自变量写成图形名称和横坐标名称，用户可以根据需要使用 title，xlabel 命令来给图形加标题和横坐标标识。

【例 5-36】 绘制表达式 $y=3e^{-x}(\sin x-\cos x)$ 的图形。

```
>>syms  x y
>>y=3*exp(-x)*(sin(x)-cos(x));
>>ezplot(y)
```

绘制的图形如图 5-6 所示。

【例 5-37】 试绘制标准正态分布概率密度函数 $\varphi_0(x)=\frac{1}{\sqrt{2\pi}}e^{-\frac{x^2}{2}}$ 的函数曲线。

```
>>clear
>>syms  x
>>ezplot('exp(-(x^2/2))/sqrt(2*pi)',[-4,4])
>>grid                                              % 绘制网格命令
```

绘制的图形如图 5-7 所示。

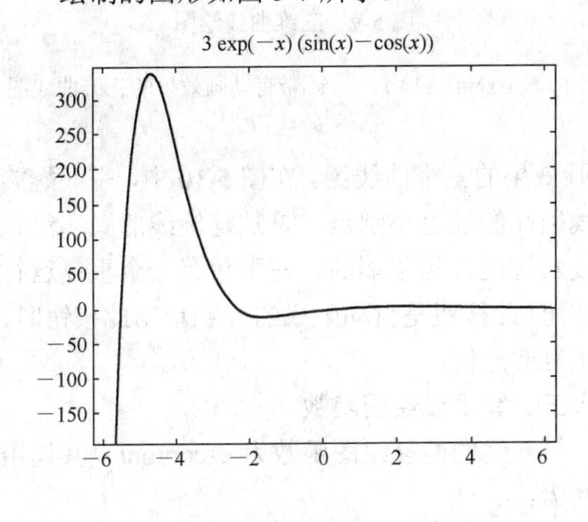

图 5-6 二维简易绘图

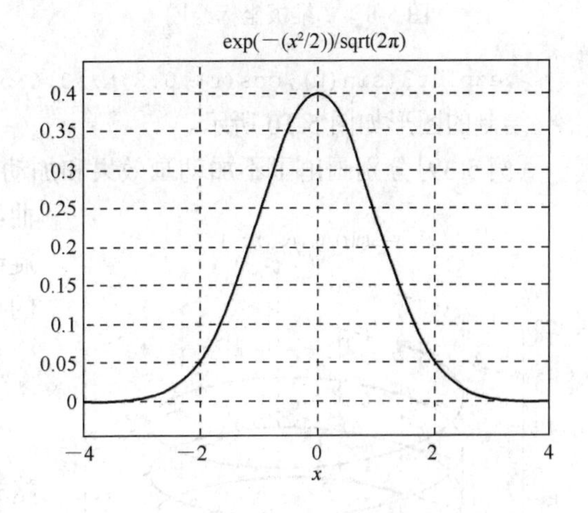

图 5-7 加网格的二维简易绘图

函数 ezpolar 是极坐标下的二维绘图函数，其调用格式与 ezplot 相同。

【例 5-38】 在极坐标下，绘制函数表达式 $\sin t-\cos t-0.4$ 的二维图形。

```
>>syms t
>>ezpolar(sin(t)-cos(t)-0.4)
```

绘制的图形如图 5-8 所示。

二、三维曲线绘图函数

三维曲线图的简易绘图函数为 ezplot3，其调用格式为：

- ezplot3(x，y，z)　绘制由表达式 $x=x(t)$，$y=y(t)$和 $z=z(t)$定义的三维曲线，自变量 t 的变化范围为[－2π，2π]；
- ezplot3(x，y，z，[tmin，tmax])　绘制由表达式 $x=x(t)$，$y=y(t)$和 $z=z(t)$定义的三维曲线，自变量 t 的变化范围为[tmin，tmax]；
- ezplot3(…，'animate')　如果在函数中增加 animate 参数，则绘制三维动态轨迹图。

【例 5-39】 根据表达式 $x=\sin t$，$y=\cos t$，$z=0.8t$，绘制三维曲线。

```
>>syms t
>>ezplot3(sin(t),cos(t),0.8*t,[0,6*pi]);
```

绘制的图形如图 5-9 所示。

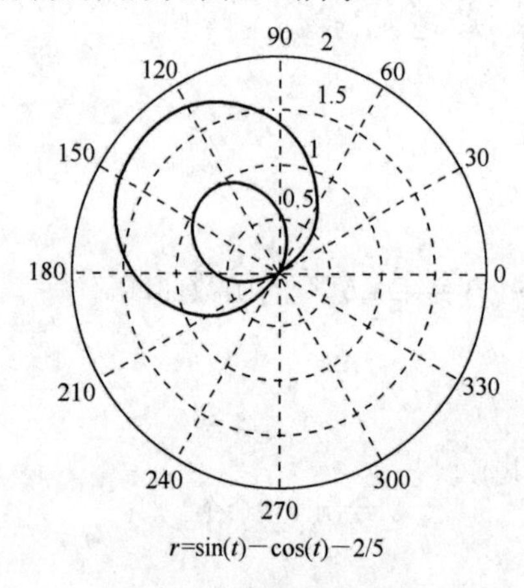

图 5-8　二维极坐标绘图

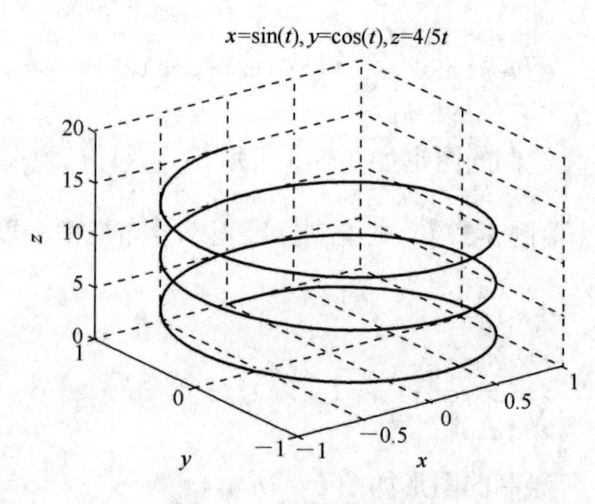

图 5-9　三维曲线绘图

```
>>ezplot3(sin(t),cos(t),0.8*t,[0,6*pi],'animate');    % 带有动画效果的三维曲线图
```

绘制的图形如图 5-10 所示。

[例 5-39]分别画出了不加动画效果和加动画效果的三维曲线图。在图 5-10 中，空间螺旋曲线顶端的红色小圆点，是从螺旋线的底端沿螺旋线轨迹运行到顶端的。左下角有一个重复运行的按钮(此按钮是自动生成的)，当单击此按钮时，会重复此过程。

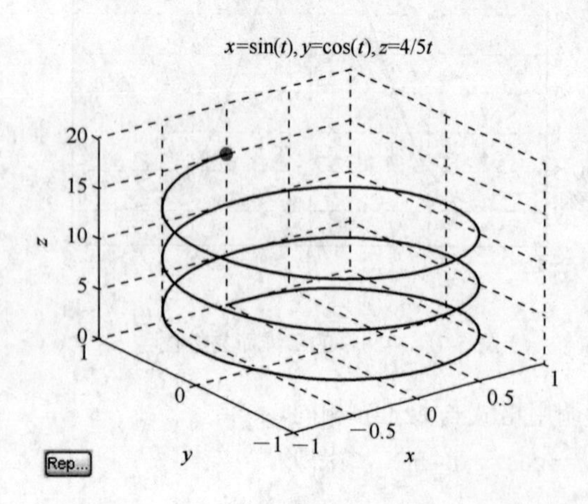

图 5-10　带有动画效果的三维曲线绘图

三、等高线绘图函数

等高线的简易绘图函数为 ezcontour，其调用格式为：

- ezcontour(f)　绘制由表达式 $f(x, y)$定义的等高线，自变量 x 和 y 的变化范围均为[－2π，2π]。
- ezcontour(f，domain)　绘制由表达式 $f(x, y)$定义的等高线，自变量 x 和 y 的变化范

围由 domain 确定，domain 可以是 4×1 阶的矢量[xmin，xmax，ymin，ymax]，也可以是 2×1 阶的矢量[min，max]，当 domain 为 2×1 阶的矢量时，min<*x*<max，min<*y*<max。

- ezcontour(…，n)　绘制等高线时按 $n\times n$ 的网格密度绘图，*n* 的默认值为 60。

【例 5-40】 绘制 $f=2(1-x)^2\mathrm{e}^{-x^2-(y+1)^2}-8\left(-x^3+\dfrac{x}{4}-y^5\right)\mathrm{e}^{-x^2-y^2}-\dfrac{1}{2}\mathrm{e}^{-(1+x)^2-y^2}$ 的等高线。

```
>>syms  x y
>>f=2*(1-x)^2*exp(-x^2-(y+1)^2)-8*(-x^3+x/4-y^5)*exp(-x^2-y^2)-1/2*exp
   (-(1+x)^2-y^2);
>>ezcontour(f,[-4,4],40)
```

绘制的等高线如图 5-11 所示。

填充等高线的简易绘图函数为 ezcontourf，其调用格式与 ezcontour 相同。

【例 5-41】 绘制 $f=2(1-x)^2\mathrm{e}^{-x^2-(y+1)^2}-8\left(-x^3+\dfrac{x}{4}-y^5\right)\mathrm{e}^{-x^2-y^2}-\dfrac{1}{2}\mathrm{e}^{-(1+x)^2-y^2}$ 的填充等高线。

```
>>syms x y
>>f=2*(1-x)^2*exp(-x^2-(y+1)^2)-8*(-x^3+x/4-y^5)*exp(-x^2-y^2)-1/2*exp
          (-(1+x)^2-y^2);
>>ezcontourf(f,[-4,4],40)
```

绘制的填充等高线如图 5-12 所示。

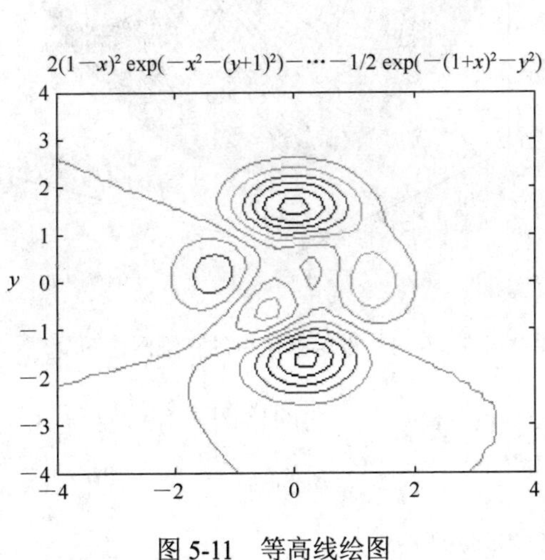

图 5-11　等高线绘图

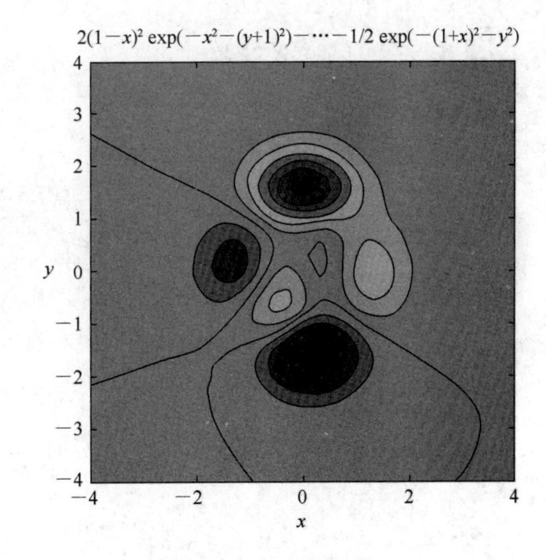

图 5-12　填充等高线绘图

四、网格图绘图函数

网格图的简易绘图函数为 ezmesh，其调用格式为：

- ezmesh(f)　绘制由表达式 *f*(*x*，*y*)定义的网格图，自变量 *x* 和 *y* 的变化范围均为[−2π，2π]；
- ezmesh(f，domain)　绘制由表达式 *f*(*x*，*y*)定义的网格图，自变量 *x* 和 *y* 的变化范围由 domain 确定，domain 可以是 4×1 阶的矢量[xmin，xmax，ymin，ymax]，也可以

是 2×1 阶的矢量[min, max]，当 domain 为 2×1 阶的矢量时，min<x<max，min<y<max；

- ezmesh(x, y, z)　绘制由表达式 $x=x(s, t)$，$y=y(s, t)$和 $z=z(s, t)$定义的参数表面网格图，自变量 s 和 t 的变化范围均为[-2π, 2π]；
- ezmesh(x, y, z, [smin, smax, tmin, tmax])　绘制由表达式 $x=x(s, t)$，$y=y(s, t)$ 和 $z=z(s, t)$定义的参数表面网格图，自变量 s 和 t 的变化范围均为[smin, smax, tmin, tmax]；
- ezmesh(…, n)　绘制网格图时按 $n\times n$ 的网格密度绘图，n 的默认值为 60；
- ezmesh(…, 'circ')　以圆盘为自变量域绘制网格图。

【例 5-42】 试绘制 $z=x^2+y^2$ 的三维网格图，其中 $-5\leqslant x\leqslant 5, -5\leqslant y\leqslant 5$。

```
>>syms  x y
>>z=x^2+y^2;
>>ezmesh(z,[-5,5],50)
```

绘制的三维网格图如图 5-13 所示。

其中，图形的当前颜色是可以改变的，在原程序的基础上增加以下语句：

```
>>colormap([0 0 1])                 % 设置图形的当前颜色
```

设定颜色后的三维网格图如图 5-14 所示。

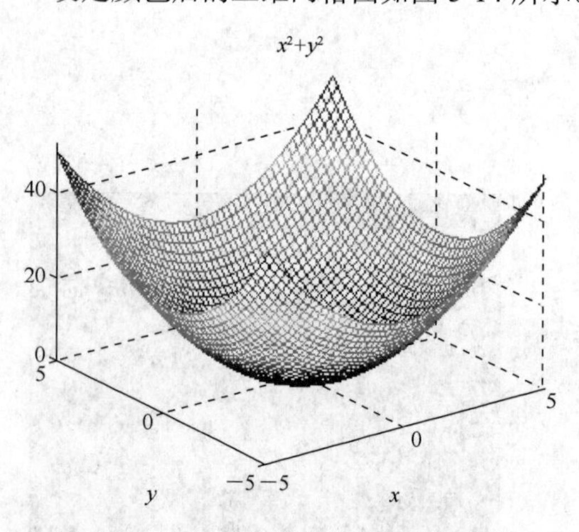

图 5-13　$z=x^2+y^2$ 的三维网格图

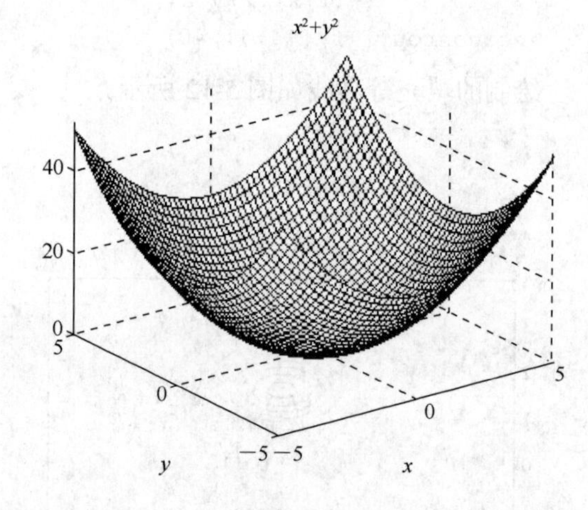

图 5-14　设定颜色后的三维网格图

【例 5-43】 以圆盘域为自变量，绘制表达式 $f=(x+y)e^{-x^2-y^2}$ 的网格图。

```
>>clear
>>syms  x y
>>ezmesh((x+y)*exp(-x^2-y^2),[-3,3],20,'circ')
```

绘制的圆盘域网格图如图 5-15 所示。

带等高线网格图的简易绘图函数为 ezmeshc，其调用格式同 ezmesh。

【例 5-44】 绘制表达式 $f=\dfrac{x^2}{1+x+y}$ 的带等高线网格图。

```
>>clear
>>syms  x y
>>ezmeshc(x^2/(1+x^2+y^2),[-4,4,-2*pi,2*pi])
```

绘制的带等高线的网格图如图 5-16 所示。

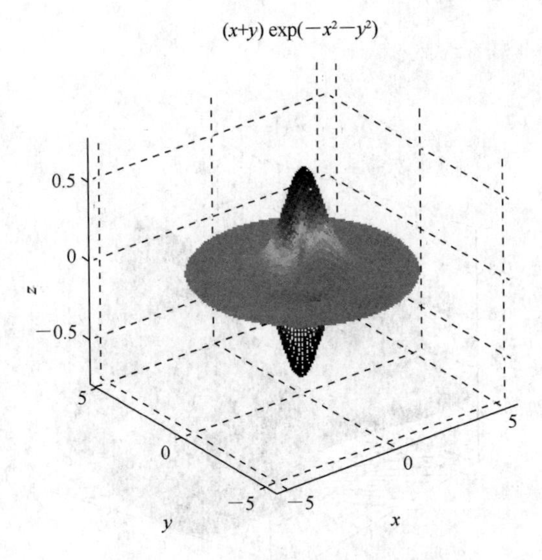

图 5-15　$f=(x+y)e^{-x^2-y^2}$ 的圆盘域网格图

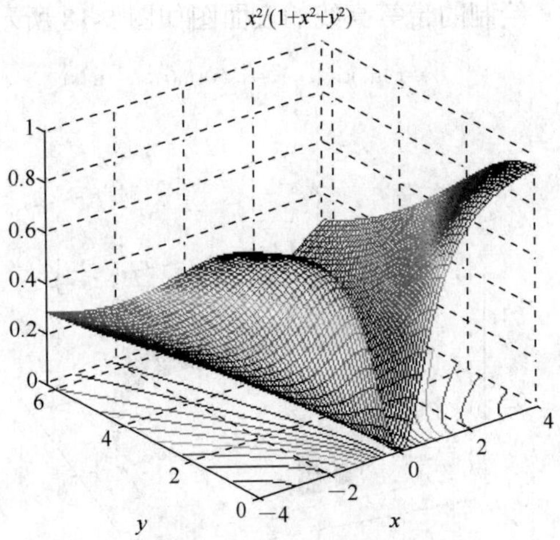

图 5-16　带等高线的网格图

五、表面图绘图函数

表面图的简易绘图函数为 ezsurf，其调用格式为：

- ezsurf(f)　绘制由表达式 $f(x, y)$定义的表面图，自变量 x 和 y 的变化范围均为[-2π，2π]；
- ezsurf(f，domain)　绘制由表达式 $f(x, y)$定义的表面图，自变量 x 和 y 的变化范围由 domain 确定，domain 可以是 4×1 阶的矢量[xmin，xmax，ymin，ymax]，也可以是 2×1 阶的矢量[min，max]，当 domain 为 2×1 阶的矢量时，min<x<max，min<y<max；
- ezsurf(x，y，z)　绘制由表达式 $x=x(s, t)$，$y=y(s, t)$和 $z=z(s, t)$定义的参数表面图，自变量 s 和 t 的变化范围均为[-2π，2π]；
- ezsurf(x，y，z，[smin，smax，tmin，tmax])　绘制由表达式 $x=x(s, t)$，$y=y(s, t)$和 $z=z(s, t)$定义的参数表面图，自变量 s 和 t 的变化范围均为[smin，smax，tmin，tmax]；
- ezsurf(…，n)　按 $n\times n$ 的网格密度绘制网格图，n 的默认值为 60；
- ezsurf(…，'circ')　以圆盘为自变量域绘制表面图。

【例 5-45】　绘制表达式 $x=\cos s\cos t$，$y=\cos s\sin t$，$z=\sin s$ 的表面图。

```
>>syms  t  s
>>x=cos(s)*cos(t);y=cos(s)*sin(t);z=sin(s);
>>ezsurf(x,y,z,[0,pi/2,0,3*pi/2])
>>view(20,40)                          % 设置视角
>>shading flat                         % 设置颜色渲染属性
```

绘制的表面图如图 5-17 所示。

带等高线表面图的简易绘图函数为 ezsurfc，其调用格式同 ezsurf。

【例 5-46】　绘制表达式 $f=\dfrac{x^2}{1+x+y}$ 的带等高线表面图。

```
>>syms  x y
>>ezsurfc(x^2/(1+x^2+y^2),[-4,4,-2*pi,2*pi])
>>shading interp
```

绘制的带等高线的表面图如图 5-18 所示。

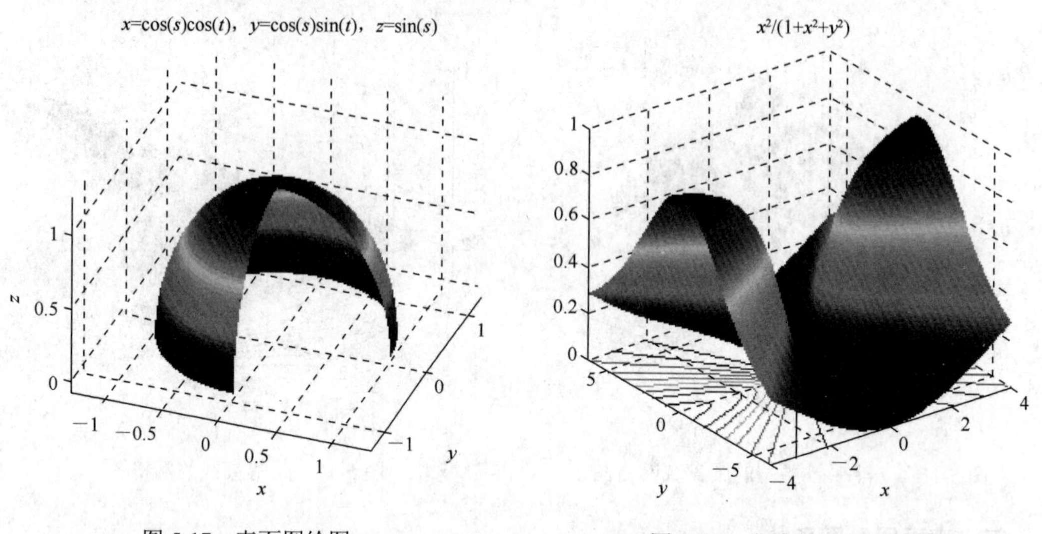

图 5-17　表面图绘图　　　　图 5-18　带等高线的表面图

本节所讲的简易绘图命令，是指在定义变量为符号变量的前提下，给出简易绘图命令进行图形绘制，图形的坐标轴范围是 MATLAB 根据图形的特点自动生成的，如前面例题所示。若要绘制精细图形，必须先对生成图形的函数的自变量进行赋值，自变量的范围由用户自行定义，这样绘制出来的图形更符合用户的意愿。本书将在第六章详细讨论图形的处理功能。

5.1　利用符号函数求下列表达式的极限值。

（1）$\lim\limits_{t\to\infty}\left(1+\dfrac{2x}{t}\right)^t$　　（2）$\lim\limits_{x\to 0}\sin(x)/x$

（3）$\lim\limits_{x\to 0}\left[\arctan\left(\dfrac{1}{1+x^2}\right)\right]$　　（4）$\lim\limits_{x\to 0}\dfrac{\tan(x)}{\sin(x)}$

（5）求函数 $f(x)=\begin{cases}-x+1 & 0<x<1\\ x+1 & -1<x<0\end{cases}$ 在 $x=0$ 处的左右极限

5.2　分别求下列表达式对 x 和 y 的一阶和二阶偏导数，并对结果进行化简。

（1）$f(x,y)=\sqrt{x^3y+xy+y^3}$

（2） $f(x,y)=x^3y+xy-4xy^2+y^3$

5.3　求矩阵 $A=\begin{pmatrix} x^2t & x\cos(x) \\ e^{xt^2} & \ln(x^2+1) \end{pmatrix}$ 的微分 $\frac{dA}{dt}$，$\frac{d^2A}{dx^2}$，$\frac{d^2A}{dxdt}$。

5.4　利用符号函数求下列表达式的积分。

（1） $f_1=\int\frac{1}{x^2+1}dx$　　（2） $f_2=\int_{-1}^{1}\frac{\sin(x)\cos(x)}{\sin(x)+\cos(x)}dx$

（3） $f_3=\int_{x}^{x-1}\int_{1}^{2}\sqrt{x^2+y^2}\,dxdy$　　（4） $f_4=\int_{x}^{\frac{1}{x}}\int_{0}^{1}\frac{xy}{x+y}dxdy$

5.5　利用简易绘图命令 ezplot 绘制下面的表达式（1）和 ezmesh 绘制（2）、（3）和（4）。

（1） $f_1=xe^{2x}\cos(x)$　　（2） $f_2=\sqrt{x^2+y^2}$

（3） $f_3=(x^2-y^2)e^{(x-y)}$　　（4） $f_4=x\ln(x+y)$， $x,y\in[1,50]$

考虑第（4）小题为什么要给出自变量的范围？

第六章　图 形 处 理 功 能

MATLAB 不仅具有数值计算和符号运算功能，而且还拥有大量简单、灵活、易用的二维和三维图形绘制命令以及丰富的图形表现能力，这使得用户可以很方便地实现数据的可视化。通过对图形的线型、颜色、光线、视角等的设置和处理，将计算数据更好地表现出来。

第一节　二维平面图形的绘制

一、基本二维绘图命令

Plot 函数是绘制二维图形的最基本的函数，plot 函数的调用格式如表 6-1 所示。

表 6-1　　plot 函数调用格式

调 用 格 式	说　明
plot(y)	单矢量绘图命令，**x** 范围自动定义为与 **y** 相同的长度；如果 **y** 是一个复向量，则绘制以其实部为横坐标，以其虚部为纵坐标的图形
plot(x, y)	双矢量绘图命令，分 4 种情况：**x** 和 **y** 是等长度的矢量；**x** 是矢量，**y** 是矩阵；**x** 是矩阵，**y** 是矢量；**x** 和 **y** 均是矩阵（详见例题）
plot(x1, y1, s, …)	其中 *s* 是一字符串，用于指定绘图时的曲线线型、颜色和标记等特性
plot(…, 'ProName', 'ProVal'ProVal, …)	对所有用 plot 函数创建的图形进行属性设置
h=plot(…)	返回一个图形对象句柄，这样可以对图形对象的属性进行修改

【例 6-1】 绘制单矢量曲线图。

在命令窗口输入矢量并绘图：

```
>>y=[0  0.6  2.3  5  8.2  11.6  15  1 7.8  19.6  20];
>>plot(y)
```

单矢量绘图是一种最简单的绘图方法，只对 y 矢量赋值即可进行绘图，MATLAB 会自动给出图中坐标轴的范围和刻度，如图 6-1 所示。

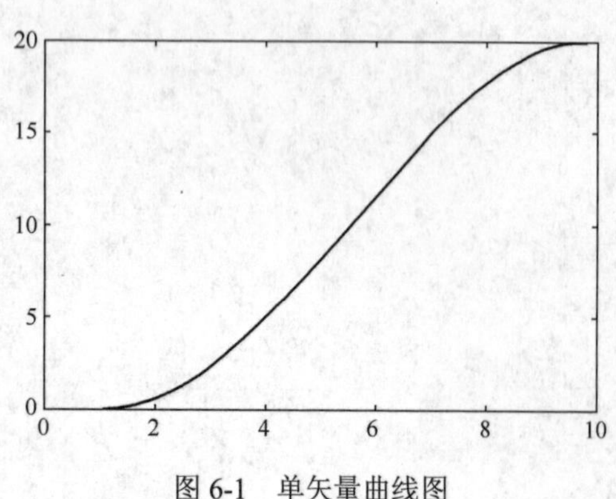

图 6-1　单矢量曲线图

【例 6-2】 绘制 ***y*** 为复向量的单矢量曲线图。

```
>>x=-1:0.1:1;
>>y=x.^2;
>>Y=x+y*i;
>>plot(Y)
```

得到的图形如图 6-2 所示。

由图 6-2 可见，plot(Y)与 plot(x，y)所画的图形是一样的。

【例 6-3】 绘制双矢量曲线图。

```
>>x=linspace(0,2*pi,30);
```

```
>>y=sin(x);
>>plot(x,y)
```

得到的图形如图 6-3 所示。

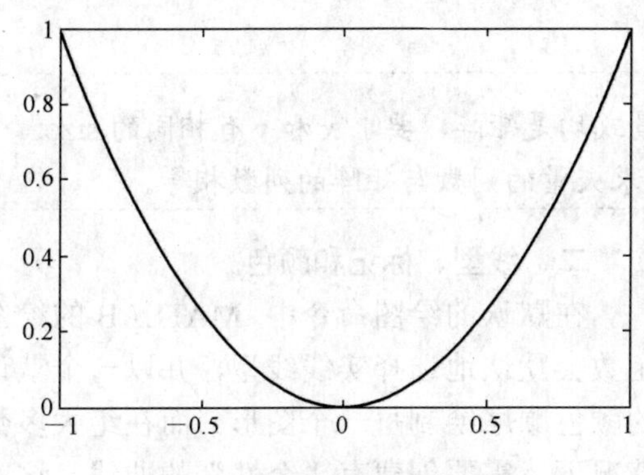

图 6-2 复向量单矢量曲线图

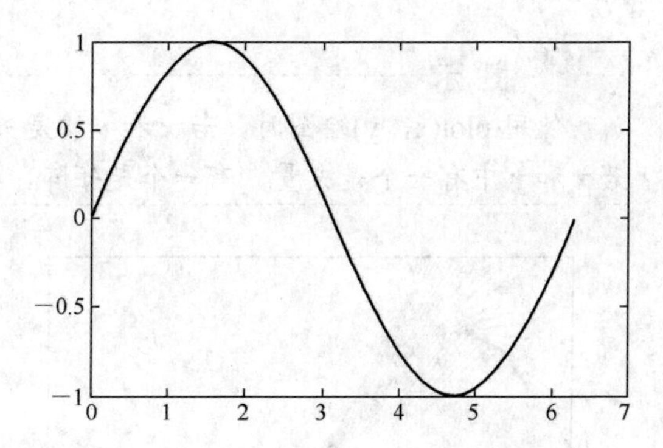

图 6-3 ***x*** 和 ***y*** 均为矢量时的曲线图

双矢量绘图是经常使用的绘图方式。

【例 6-4】 绘制 ***x*** 为矢量，***y*** 为矩阵时的二维图形。

```
>>x=0:0.04:8;                     % x为1×201的矢量
>>y=[cos(x);sin(x)];              % y为2×201的矩阵
>>plot(x,y)
```

得到的图形如图 6-4 所示。

【例 6-5】 绘制 ***x*** 为矩阵，***y*** 为矢量时的二维图形。

```
>>x1=0:0.1:5;x2=1:0.1:6;x3=2:0.1:7;
>>x=[x1;x2;x3];                   % x为3×51的矩阵
>>y=sin(x3);                      % y为1×51的矢量
>>plot(x,y)
```

得到的图形如图 6-5 所示。

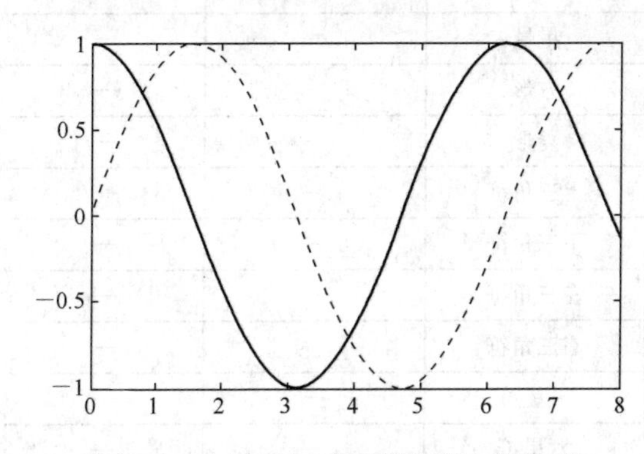

图 6-4 ***x*** 为矢量，***y*** 为矩阵时的二维图形

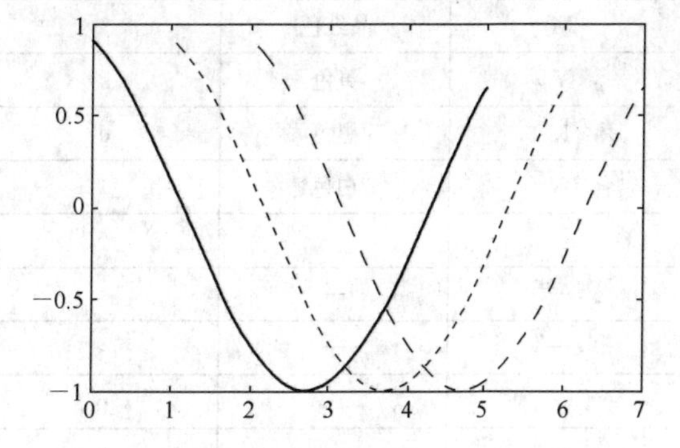

图 6-5 ***x*** 为矩阵，***y*** 为矢量时的二维图形

【例 6-6】 ***x*** 和 ***y*** 均为矩阵时的二维图形。

```
>>x1=0:0.1:5;x2=1:0.1:6;x3=2:0.1:7;
>>x=[x1;x2;x3];                          % x为3×51的矩阵
>>y1=sin(x1);y2=.6*sin(x2);y3=.2*sin(x3);
```

```
>>y=[y1;y2;y3];      % y为3×51的矩阵
>>plot(x,y);
```

得到的图形如图 6-6 所示。

提示

使用 plot(x，y)绘图时，若 x 和 y 均是矢量或均是矩阵，要求 x 和 y 有相同的 size；若 x 和 y 中有一个是矢量，有一个是矩阵，要求矢量的列数与矩阵的列数相等。

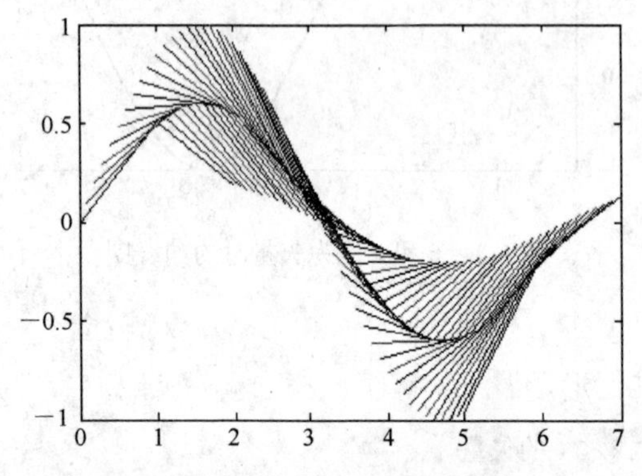

图 6-6　x 和 y 均为矩阵时的二维图形

二、线型、标记和颜色

在默认的绘图命令中，MATLAB 的绘图函数会默认地选择实线线型，并以一个默认的颜色顺序绘制每一个图形。而在绝大多数情况下，需要创建有“个性”的曲线，这就需要对它的线型、颜色进行控制，另外，用户还可以指定用于区别数据点的标记。要实现这些特定的操作，用户只需要将表 6-2 中的符号以字符串的形式传递给 MATLAB 绘图函数即可。

表 6-2　绘图指令的颜色、标记和线型

颜色		标记		线型	
符号	含义	符号	含义	符号	含义
B	蓝色	.	点号	-	实线
G	绿色	o	圆圈	:	点线
R	红色	×	叉号	-.	点画线
C	青色	+	加号	--	虚线
M	品红色	*	星号	—	—
Y	黄色	s	方形	—	—
K	黑色	d	菱形	—	—
W	白色	ˇ	上三角符	—	—
—	—	^	下三角符	—	—
—	—	<	左三角符	—	—
—	—	>	右三角符	—	—
—	—	p	五星符	—	—
—	—	h	六星符	—	—

注　如果用户没有声明是哪一种线型，MATLAB 将曲线的线型一律设为实线。如果没有设置标记，那么就不会画出标记。当用户设置了任何一种标记时，就会在每个数据点的位置画出所设置的标记符号，但是不会用直线连接这些标记点。

【例 6-7】 线型、标记和颜色设置实例。

```
>>x=0:pi/20:2*pi;
```

```
>>y=sin(x);
>>y1=sin(x-0.25);
>>y2=sin(x-0.5);
>>y3=sin(x-0.75);
>>plot(x,y)                    % 使用曲线默认的颜色和线型,没有设置标记
>>Hold on                      % 保留上面的曲线 y
>>plot(x,y1,':k')              % 定义曲线颜色为黑色,线型为虚线,没有设置标记
>>Hold on                      % 保留上面的曲线 y1
>>plot(x,y2,'om')              % 定义曲线为品红色,标记设置为空心圆
>>Hold on                      % 保留上面的曲线 y2
>>plot(x,y3,'-.gp')            % 定义曲线为绿色,线型为点画线,标记设置为五角星
```

设置的效果如图 6-7 所示。

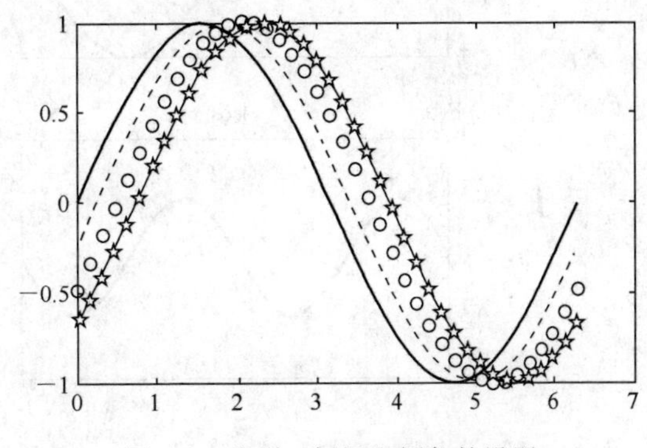

图 6-7　线型、标记和颜色的设置

三、图形窗口分割

在同一图形窗口中，可以创建 *n* 个子图形，*n* 个子图形的创建有两种方法：一种是使用命令函数 subplot(m，n，p)，将当前的图形窗口分成一个维数为 $m \times n$ 的绘图区域数组，*p* 为某个图形在图形窗口的排序，从上到下，从左到右，编号分别为 1，2，…，$m \times n$。该方法建立的各个子图形所占用的空间大小是由 MATLAB 默认提供的，具有局限性。另一种创建子图的方法可以打破该局限性，子图的大小和位置由用户自行决定，实现之的函数是 subplot('position', [left bottom width height])。这里，position 是位置属性，后面中括号里的内容代表属性值，即该子图的具体位置；left 指子图到图形窗口左端的距离；bottom 指子图到图形窗口下端的距离；width 指该子图的宽度；height 指该子图的高度。这里，left，bottom，width 和 height 的取值范围为 0～1。

【例 6-8】 图形窗口分割设置示例 1。

```
>>x=linspace(0,2*pi,30);
>>y=sin(x);z=cos(x);
>>a=sin(x).*cos(x);
>>b=sin(x)./cos(x);
>>subplot(2,2,1);plot(x,y)
>>axis([0,2*pi,-1 1]);title('sin(x)')
>>subplot(2,2,2);plot(x,z)
>>axis([0,2*pi,-1,1]);title('cos(x)')
>>subplot(2,2,3);plot(x,a)
>>axis([0,2*pi,-1 1]);title('sin(x)cos(x)')
>>subplot(2,2,4);plot(x,b)
>>axis([0,2*pi,-20,20]);title('sin(x)/cos(x)')
```

图形窗口分割设置结果如图 6-8 所示。

【例 6-9】 图形窗口分割设置示例 2。

```
>>subplot('position',[0.1 0.1 0.35 0.8])
>>yn=randn(10000,1);
>>hist(yn,20)
```

```
>>subplot('position',[0.55 0.55 0.35 0.35])
>>sphere
>>subplot('position',[0.55 0.1 0.35 0.35])
>>membrane
```

图形窗口分割设置结果如图 6-9 所示。

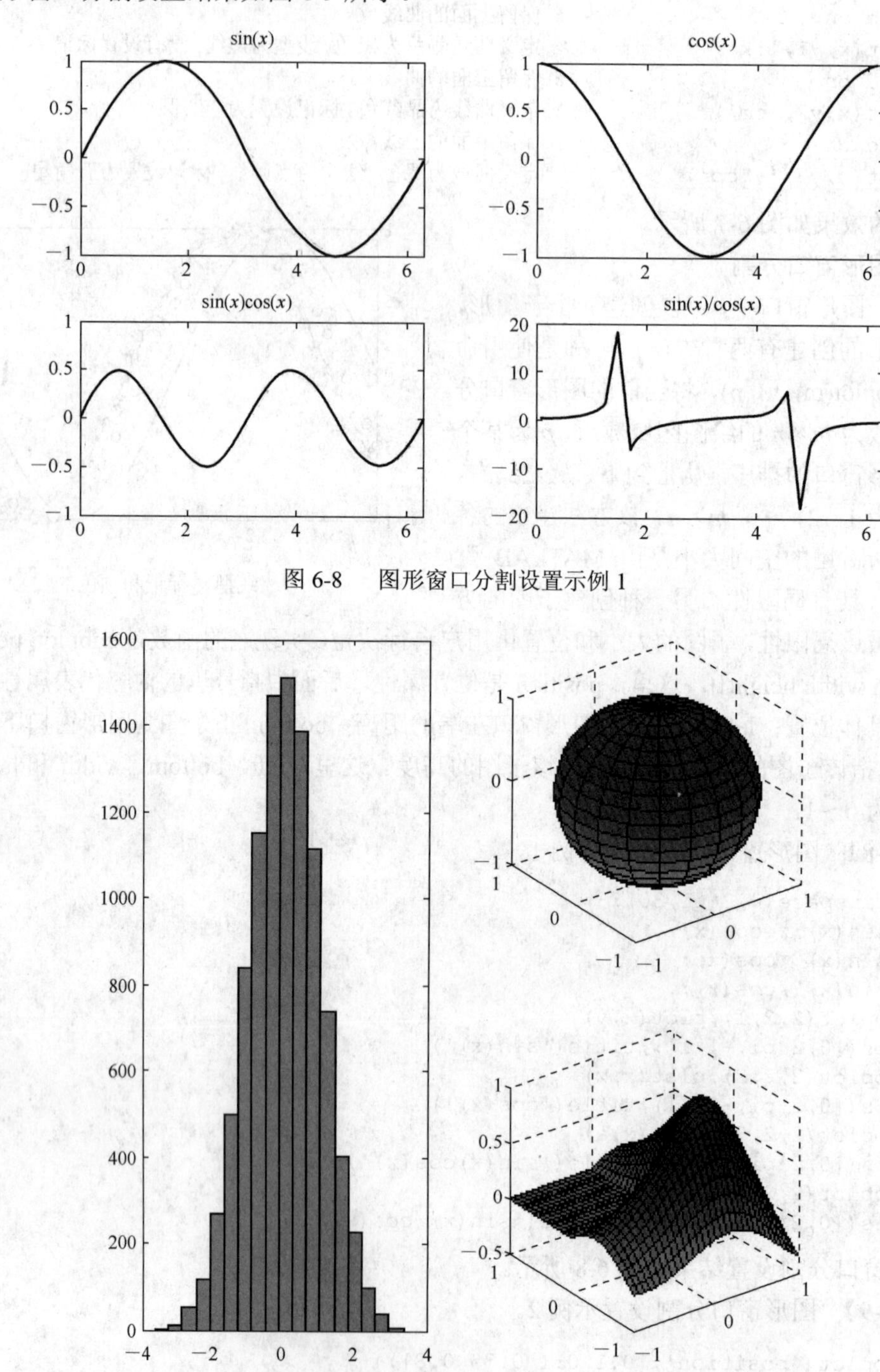

图 6-8 图形窗口分割设置示例 1

图 6-9 图形窗口分割设置示例 2

四、特殊二维图形

在 MATLAB 中，仅仅上面一些绘图函数是远远不够的。因此，MATLAB 还提供了一些特殊的绘图函数。本节将介绍 MATLAB 中一些特殊图形的绘制方法。

1. 条形图的绘制

在 MATLAB 中，提供命令 bar 和 bar3 来绘制二维和三维垂直条形图，提供命令 barh 和 bar3h 来绘制二维和三维水平条形图。绘制二维条形图的基本函数 bar 和 barh 的调用格式如表 6-3 所示。

表 6-3 绘制二维条形图的基本函数及其调用格式

调 用 格 式	说 明
bar(Y)	如果 ***Y*** 为向量，其每一个元素绘制一个条形；如果 ***Y*** 为矩阵，则 bar 函数对每一行中元素绘制的条形进行分组
bar(x, Y)	按 *x* 中指定的位置绘制 ***Y*** 中每一元素的条形图
bar(…, width)	用 width 指定条状图中条状的宽度，默认值为 0.8
bar(… 'style')	参数 style 用来设置条形的形状类型，可以选择 group① 和 stack②
h=bar(…)	返回图形句柄
barh(…)	用来绘制二维水平条形图

① group 绘制 *n* 个条形图组，每一个条形图组中有 *m* 个垂直条形，其中 *n* 对应矩阵 ***Y*** 的行数，*m* 对应矩阵列数，group 为 style 的默认值。

② stack 表示绘制叠加形式的条形图。在叠加形式的条形图中，每一个条形由多个块组成来表示一行数据，即整个一个条形表示一行数据，同一颜色表示一列数据。

命令 bar3 和上面的命令大致相同，这里不再赘述。

【例 6-10】 绘制二维条形图。

```
>>x=-3:0.2:3;
>>y=x.^2;
>>subplot(1,2,1)
>>bar(x,y)                    % 绘制二维垂直条形图
>>subplot(1,2,2)
>>barh(x,y)                   % 绘制二维水平条形图
```

绘制的二维条形图如图 6-10 所示。

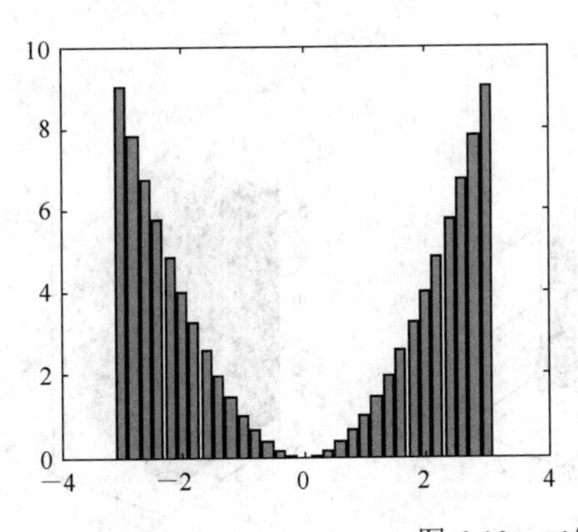

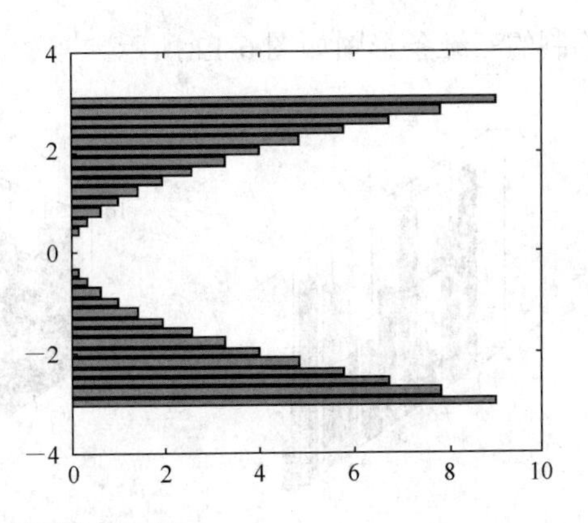

图 6-10 二维条形图绘制示例

【例 6-11】 绘制指定 x 坐标的条形图。

```
>>x=[1 3 4 6 10];
>>Y=[9 8 6;2 4 6;6 2 9;5 7 6;9 4 3];
>>subplot(1,2,1)
>>bar(x,Y)
>>subplot(1,2,2)
>>bar(x,Y,'stack')
```

绘制的指定 x 坐标的条形图如图 6-11 所示。

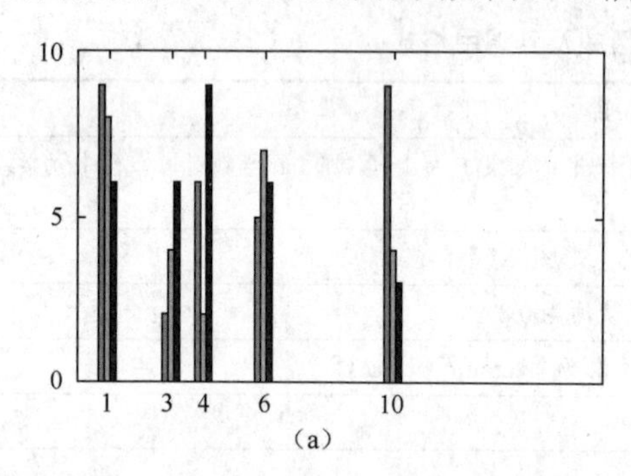

(a)

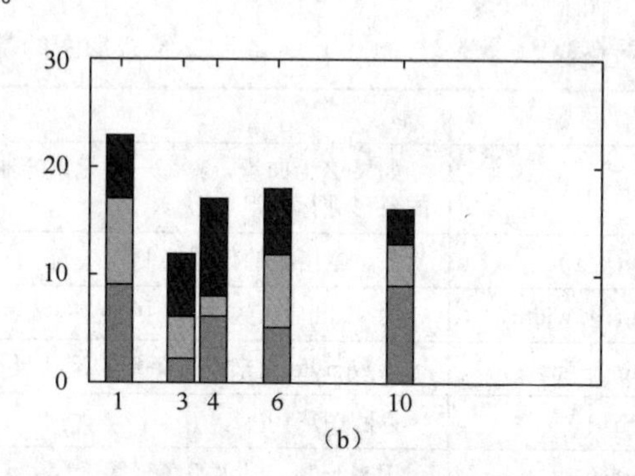

(b)

图 6-11 指定 x 坐标的二维条形图

(a) bar(x，Y)；(b) bar(x，Y，'stack')

【例 6-12】 绘制三维条形图。

```
>>y=[9 6 7;2 5 9;6 2 4;5 7 8;9 4 2];
>>subplot(1,3,1)
>>bar3(y,'group')
>>title('bar3')
>>subplot(1,3,2)
>>bar3(y)
>>title('bar3')
>>subplot(1,3,3)
>>bar3h(y)
>>title('bar3h')
```

绘制的三维条形图如图 6-12 所示。

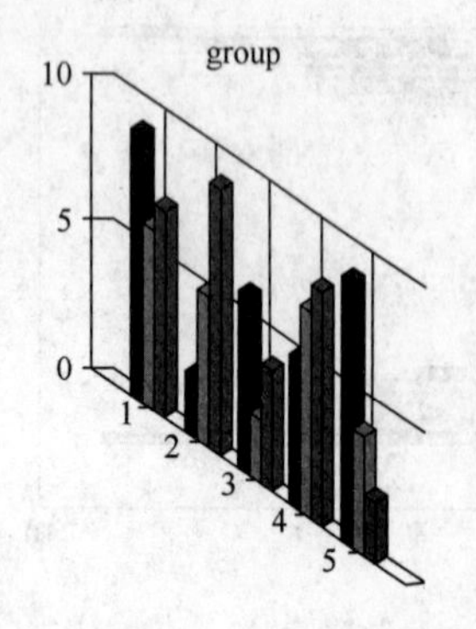

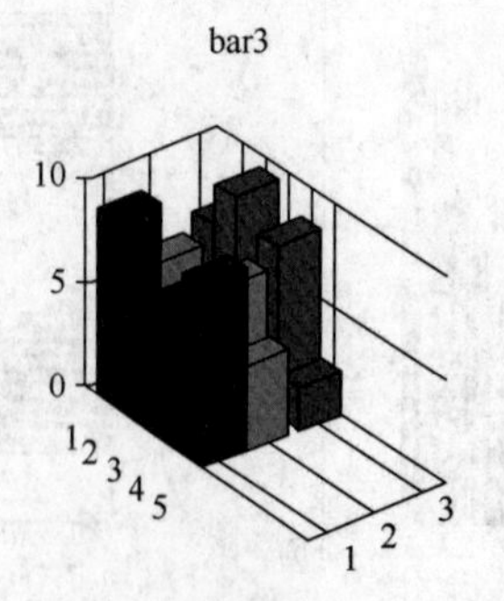

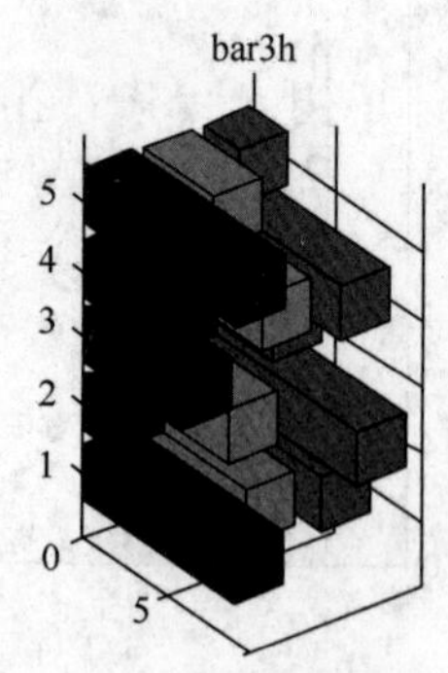

图 6-12 三维条形图绘制示例

2. 绘制阶梯图

阶梯图可以用绘图函数 stairs 得到。命令参数说明同 plot()函数，其调用格式如下：

- stairs(x)；
- stairs(x，y)；
- stairs(…，s)。

【例 6-13】 绘制阶梯图。

```
>>t=-3:0.1:3;
>>y=exp(-t).*(t.^2);
>>stairs(t,y)
>>axis([-3 0 0 200])
```

绘制的阶梯图如图 6-13 所示。

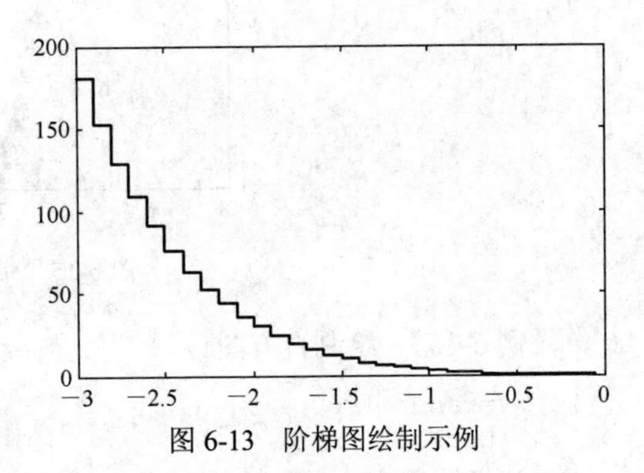

图 6-13 阶梯图绘制示例

3. 绘制离散采样图

离散采样图可以用绘图函数 stem 得到。命令参数说明同 plot()函数，其调用格式如下：

- setm(x) 生成一个向量 $\boldsymbol{x}$ 中的数据点的图形；
- stem(x，y) 将 $\boldsymbol{y}$ 中的数据点绘制在 $\boldsymbol{x}$ 值所声明的位置；
- stem(…，'fill') 选择参数 fill 表示数据采样点端部被填涂为实心原点。

【例 6-14】 绘制离散采样图。

```
>>x=0:0.2:2*pi;
>>y=2*sin(x).*cos(x);
>>stem(x,y,'fill')
```

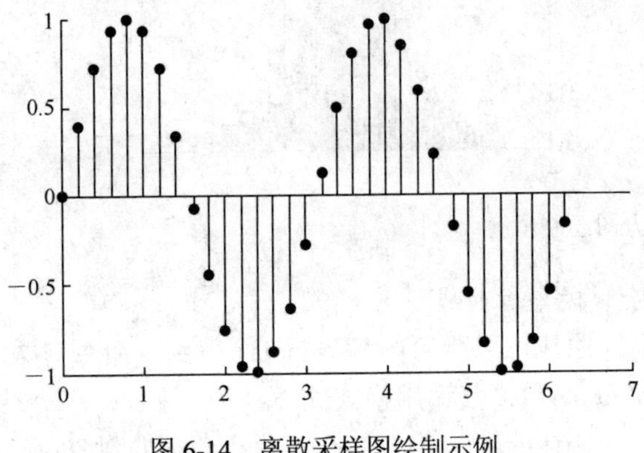

图 6-14 离散采样图绘制示例

绘制的离散采样图如图 6-14 所示。

【例 6-15】 绘制带有标记的余弦曲线，并指定标记形状、标记边界的颜色和标记的大小。

```
>>x=-2*pi:0.15:2*pi;
>>y=sin(x);
>>plot(x,y,'^','markeredgecolor',
'k','markerfacecolor',…
        'y','markersize',6)
```

绘制的带有标记的余弦曲线如图 6-15 所示。

4. 绘制直方图

直方图是通过一组矩形条来反应数据的分布情况，代表一种统计运算的结果。它的横轴是数据的幅度，纵轴是对应于各个幅度数据出现的次数，直方图纵坐标没有负数。绘制直方图的命令是 hist()，hist 函数的调用格式如下：

- hist(y) $\boldsymbol{y}$ 可以是向量也可以是矩阵，当 $\boldsymbol{y}$ 为向量时，将 $\boldsymbol{y}$ 中的元素均匀分成 10 组，直方图的高度表示每一部分元素的个数。当 $\boldsymbol{y}$ 为矩阵时，每列数据产生一个直方图。
- hist(y，k) 根据 $\boldsymbol{k}$ 值确定横坐标的等分份数，绘制直方图。

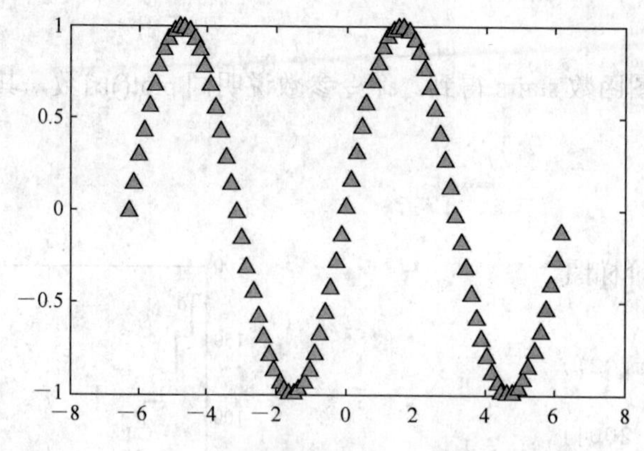

图 6-15　带有标记的正弦曲线

【例 6-16】 绘制直方图。

```
>>y=randn(1000,1);                    % 生成一个随机矩阵
>>subplot(1,2,1)
>>hist(y)
>>subplot(1,2,2)
>>hist(y,20)
```

绘制的直方图如图 6-16 所示。

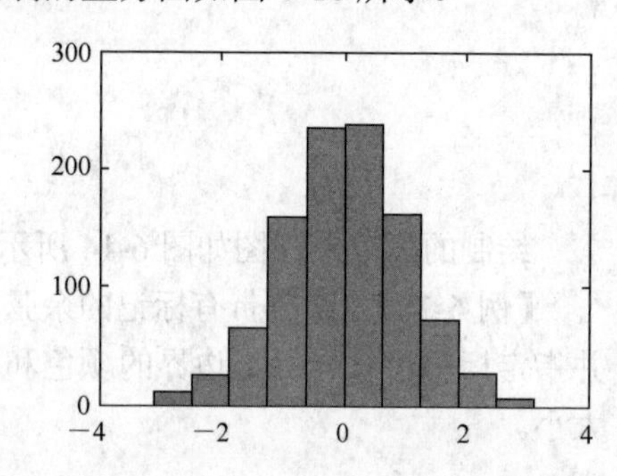

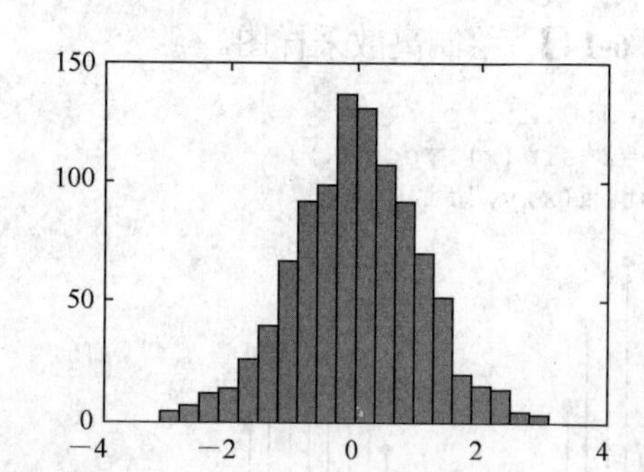

图 6-16　直方图绘制示例

5. 绘制极坐标曲线

极坐标曲线可以用绘图函数 polar 得到。命令参数说明同 plot()函数，其调用格式如下：

- polar(theta，rho)　theta(θ)是极角，向量 rho(ρ)是极径。此命令用来绘制极坐标曲线 $\rho=f(\theta)$；
- polar(theta，rho，s)　指定线型、颜色、标记的极坐标曲线。

【例 6-17】 极坐标曲线绘制示例。

```
>>t=0:0.1:8*pi;
>>r=2*cos(t/2);
>>polar(t,r)
>>title('双心脏线')
```

绘制的结果如图 6-17 所示。

图 6-17　极坐标曲线绘图示例

6. 绘制复数图

复数图绘制函数及其调用格式如表 6-4 所示。

表 6-4 绘制复数图的函数及其调用格式

调 用 格 式	说 明
compass(x)	绘制复向量 ***x*** 的角度和幅度的图形
compass(x, y)	给定复向量的实部向量 ***x*** 和虚部向量 ***y***，在复平面绘制复数图
compass(⋯, s)	按指定的线型、颜色和标记，在复平面绘制复数图
feather(x)	给出复数向量 ***x***，在直角坐标平面绘制羽毛状复数图
feather(x, y)	给定复向量的实部向量 ***x*** 和虚部向量 ***y***，在直角坐标平面绘制羽毛状复数图
feather(⋯, s)	按指定的线型、颜色和标记在直角坐标平面绘制羽毛状复数图

【例 6-18】 复向量绘图示例 1。

```
>>x=[10+3i,2+6i,-5+10i,-5-5i,8];
>>feather(x)
```

得到的图形如图 6-18 所示。

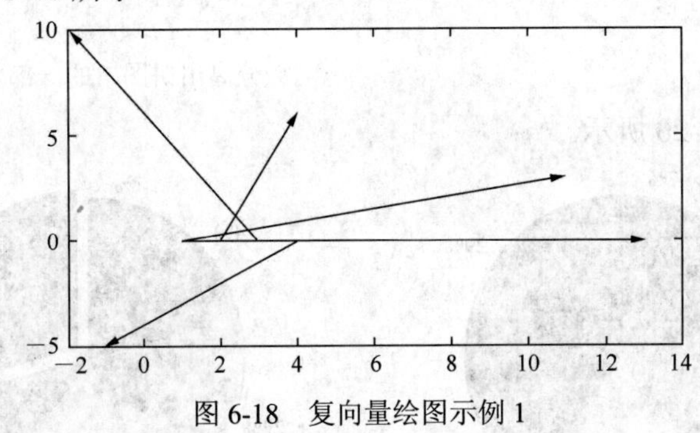

图 6-18 复向量绘图示例 1

【例 6-19】 复向量绘图示例 2。

```
>>z=eig(randn(20));
>>x=[10+3i,2+6i,-5+10i,-5-5i,8];
>>y=[3,6,10,5,0];
>>subplot(1,2,1)
>>compass(z)
>>subplot(1,2,2)
>>feather(x,y,'r');
```

得到的图形如图 6-19 所示。

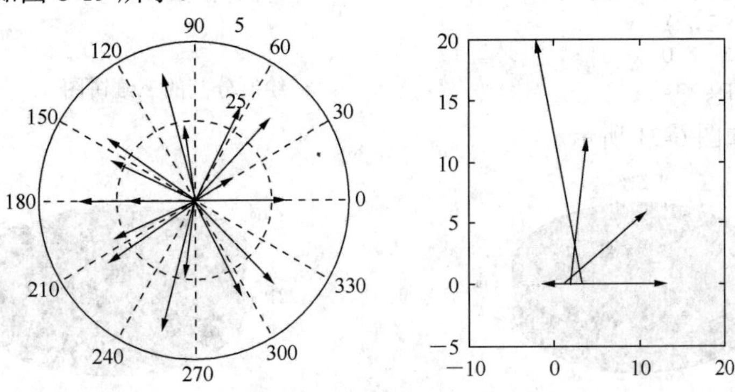

图 6-19 复向量绘图示例 2

7. 绘制饼图

饼图是分析数据比例中常用的图表类型，主要用于显示各个项目与其总和的比例关系。在 MATLAB 中，提供 pie 和 pie3 命令来分别绘制二维和三维饼图。pie 命令的调用格式如表 6-5 所示。

表 6-5　　pie 命令的调用格式

调 用 格 式	说　　明
pie(x)	使用 *x* 中的数据绘制饼图，*x* 中的每一个元素用饼图中的一个扇区表示
pie(a, b)	描述了从一个饼图中分离出来的一个或多个饼片，其中 *b* 为一个与 *a* 尺寸相同的矩阵，其非零元素把与 *a* 阵中对应的部分从饼图中分离出来
h=pie(⋯)	返回图形对象的句柄

命令 pie3 的参数格式和命令 pie 大致相同，只是最后显示的结果是一个三维的饼图。

【例 6-20】 二维饼图绘制示例。

```
>>a=[0.5 1 1.6 1.2 0.8 2.1];
>>b=[0 0 0 0 0 1];
>>pie(a)
>>pie(a,b);                              % 分离出饼图中的一部分
```

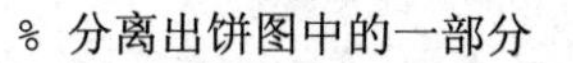

得到的图形如图 6-20 所示。

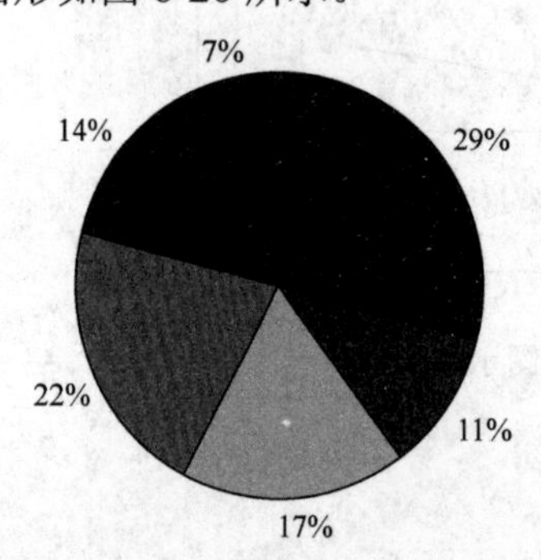

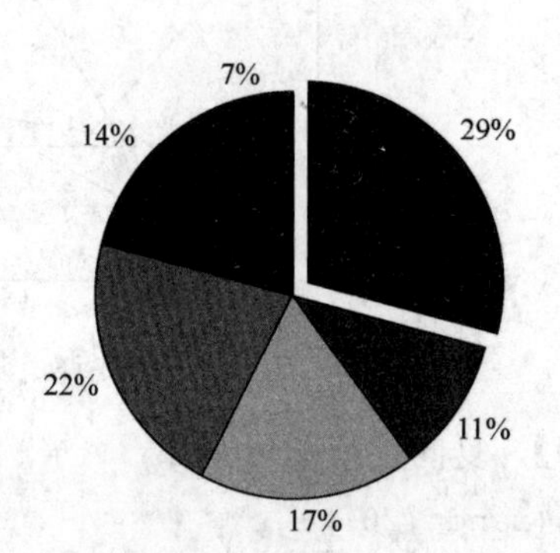

图 6-20　绘制二维饼图

【例 6-21】 三维饼图绘制示例。

```
>>x=[1 2.4 1.6 3.8 2.5];
>>subplot(1,2,1)
>>pie3(x);colormap cool                  % 绘制三维饼图
>>subplot(1,2,2)
>>explode=[1 0 0 1 0];
>>pie3(x,explode);                       % 绘制分割的三维饼图
```

得到的图形如图 6-21 所示。

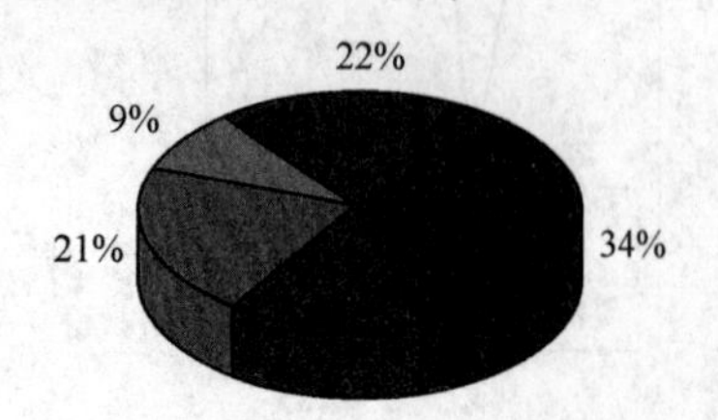

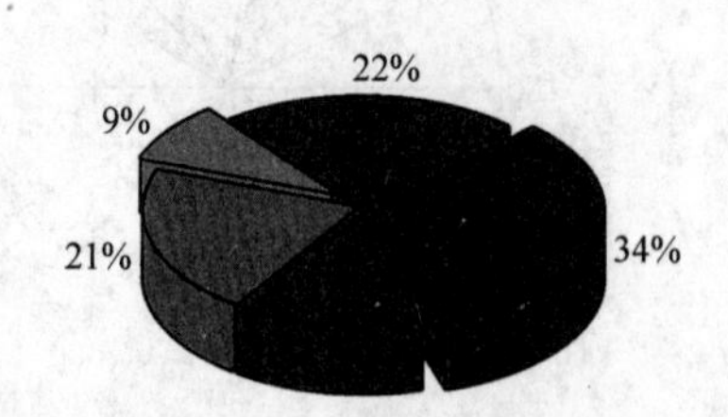

图 6-21　三维饼图绘制示例

第二节 三维平面图形的绘制

MATLAB 不仅提供了卓越的二维图形绘制功能，其三维图形的绘制能力也特别强大。MATLAB 提供了大量三维图形的表现函数，通过这些函数可以绘制三维曲线图、网格图、表面图、伪色彩图和等高线图等。另外，MATLAB 还提供了控制视角、光照、颜色等绘图效果的函数和命令，从而使三维图形的表现更加灵活丰富。

一、三维曲线绘图命令

与二维曲线绘图函数 plot 相对应，MATLAB 提供了 plot3 函数用于绘制三维曲线。Plot3 函数的用法和 plot 函数的用法一样，是二维绘图函数 plot 的扩展，plot3 函数常见调用格式如表 6-6 所示。

表 6-6　　plot3 函数调用格式

调用格式	说明
plot3(x, y, z, s)	绘制由相同大小的向量 *x*，*y*，*z* 对应元素构成的曲线，*s* 指定曲线的颜色、标记和线型
plot3(X, Y, Z, s)	绘制由 3 个相同大小的矩阵 *X*，*Y*，*Z* 对应的列所构成的多条曲线，*s* 为线型、颜色、标记等字符串
plot3(x1, y1, z1, s1, …, xn, yn, zn, sn)	绘制由多个参数组构成的多条曲线

【例 6-22】 绘制 *x*，*y* 和 *z* 均为矢量的三维曲线图示例。

```
>>t=0:pi/200:10*pi;                % 定义数据向量
>>x=cos(t);                        % 计算 x 坐标向量
>>y=3*sin(t);                      % 计算 y 坐标向量
>>z=t.^2;                          % 计算 z 坐标向量
>>plot3(x,y,z)                     % 绘制空间曲线
```

得到的图形如图 6-22 所示。

【例 6-23】 绘制 *x*，*y* 和 *z* 均为矩阵时的三维曲线图示例。

```
>>[x,y]=meshgrid([-2:0.1:2]);      % 产生供三维绘图的网格数据阵
>>z=x.*exp(-x.^2-y.^2);
>>plot3(x,y,z)
```

得到的图形如图 6-23 所示。

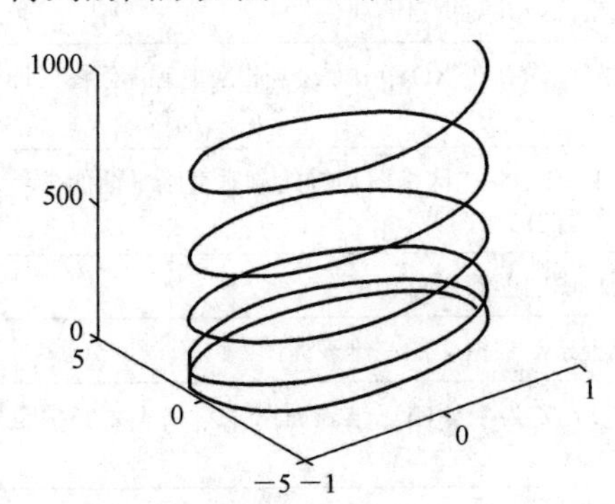

图 6-22　*x*，*y* 和 *z* 均为矢量时的三维曲线

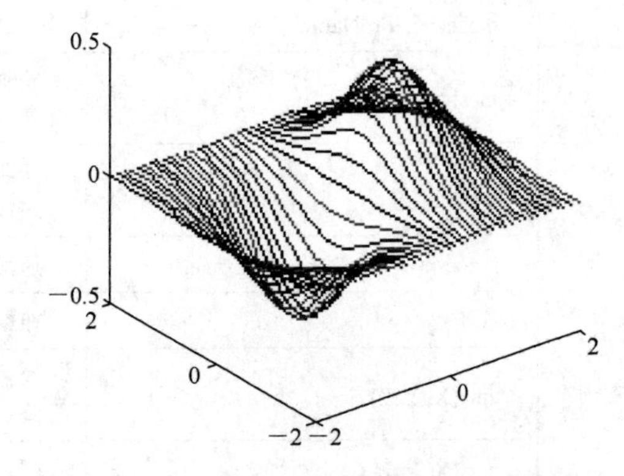

图 6-23　*x*，*y* 和 *z* 均为矩阵时的三维曲线

提 示

meshgrid 是 MATLAB 的内置函数，它是绘制三维曲面必用的函数。其格式为[X，Y]=meshgrid(x，y)。其中，输入数据 *x* 和 *y* 是矢量，长度可以相等，也可以不等，但输出数据 *X* 和 *Y* 是具有相同 size 的矩阵。若 *x* 和 *y* 长度相同，则 *X* 和 *Y* 是方阵；若 *x* 和 *y* 长度不同，则 *X* 和 *Y* 不是方阵，Meshgrid 指令主要作用是将两个矢量(*x* 和 *y*)转换成两个矩阵(*X* 和 *Y*)，这两个矩阵是 *Z*=*f*(*X*，*Y*)的自变量。meshgrid 函数使用简单示例如下：

```
>>x=-2:2;y=-2:2;
>>[X, Y]=meshgrid(x, y)
X=
     -2    -1     0     1     2
     -2    -1     0     1     2
     -2    -1     0     1     2
     -2    -1     0     1     2
     -2    -1     0     1     2
Y=
     -2    -2    -2    -2    -2
     -1    -1    -1    -1    -1
      0     0     0     0     0
      1     1     1     1     1
      2     2     2     2     2
```

这里，*X* 和 *Y* 的相同位置的元素组成了（−2，−2）、（−2，−1）、（−2，0）、（−2，1）、（−2，2）直到（2，−2）、（2，−1）、（2，0）、（2，1）、（2，2）共 25 个平面数据点，这些数据点就是函数 *Z*=*f*(*X*, *Y*)的自变量。

二、网格图和表面图

绘制三维网格图和表面图的函数及其调用格式如表 6-7 所示。

表 6-7　　绘制三维网格图和表面图的函数及其调用格式

类别	函数及调用格式	说　明
网格图	mesh(X, Y, Z)	绘制以 *X*，*Y*，*Z* 为坐标的三维网格图，*X*，*Y*，*Z* 必须是同阶矩阵
	mesh(Z)	在系统默认颜色和网格区域的情况下绘制数据 *Z* 的网格图
	mesh(X, Y, Z, C)	同 mesh (X，Y，Z)，但网格图颜色由参数矩阵 *C* 确定
	mesh(…, 'ProName', ProVal, …)	绘制三维网格图，并对指定的属性设置属性值
	meshc(…)	绘制三维网格图，并在 XOY 平面绘制相应的等高线图（即带有等高线的网格图）
	meshz(…)	绘制三维网格图，并在网格图周围绘制垂直水平面的参考平面（即带基准水平面的网格图）
	h=mesh(…),h=meshc(…), h=meshz(…)	返回三种网格图的图形对象句柄
表面图	surf(Z)	在默认区域上绘制数据 *Z* 的三维表面图
	surf(X, Y, Z)	绘制以 *X*，*Y*，*Z* 为坐标的三维表面图，*X*，*Y*，*Z* 必须是同阶矩阵
	surf(X, Y, Z, C)	同 surf (X，Y，Z)，但表面图颜色由参数矩阵 *C* 确定

续表

类别	函数及调用格式	说　明
表面图	surf(…, 'ProName', ProVal, …)	绘制三维表面图，并对参数 ProName 指定的属性设置属性值
	surfc(…)	绘制三维表面图，并在水平面上绘制相应的等高线图
	h=surf(…), h=surfc(…)	返回三维表面图的图形对象句柄

【例 6-24】 绘制三维网格图的示例。

```
>>[x,y]=meshgrid(-8:0.5:8,-10:0.5:10); % 定义网格数据向量 x, y
>>R=sqrt(x.^2+y.^2);
>>z=sin(R)./R;
>>subplot(1,3,1)
>>mesh(x,y,z);                           % 绘制三维网格图
>>title('mesh')
>>subplot(1,3,2)
>>meshc(x,y,z)                           % 绘制带有等高线的三维网格图
>>title('meshc')
>>subplot(1,3,3)
>>meshz(x,y,z);                          % 绘制帘状三维网格图
>>title('meshz')
```

得到的图形如图 6-24 所示。

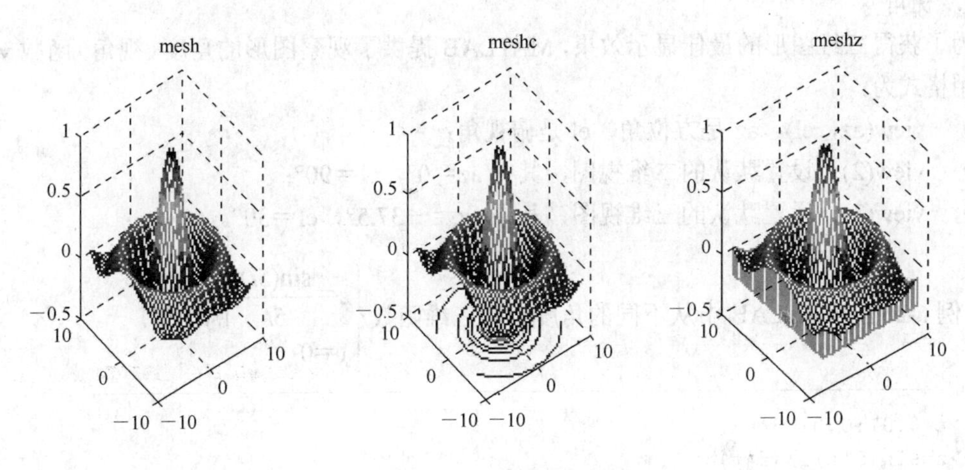

图 6-24　三维网格图绘制示例

【例 6-25】 绘制三维表面图的示例。

```
>>[x,y]=meshgrid(-3:0.125:3,-5:0.125:5);          % 定义网格数据向量 x,y
>>z=peaks(x,y);                                   % 计算函数值
>>subplot(1,3,1)
>>surf(x,y,z);                                    % 绘制三维表面图
>>title('surf(x,y,z)')
>>subplot(1,3,2)
>>surfc(x,y,z);                                   % 绘制带有等高线的三维表面图
>>title('surfc(x,y,z)')
>>subplot(1,3,3)
```

```
>>surf(z);
```

绘制的图形如图 6-25 所示。

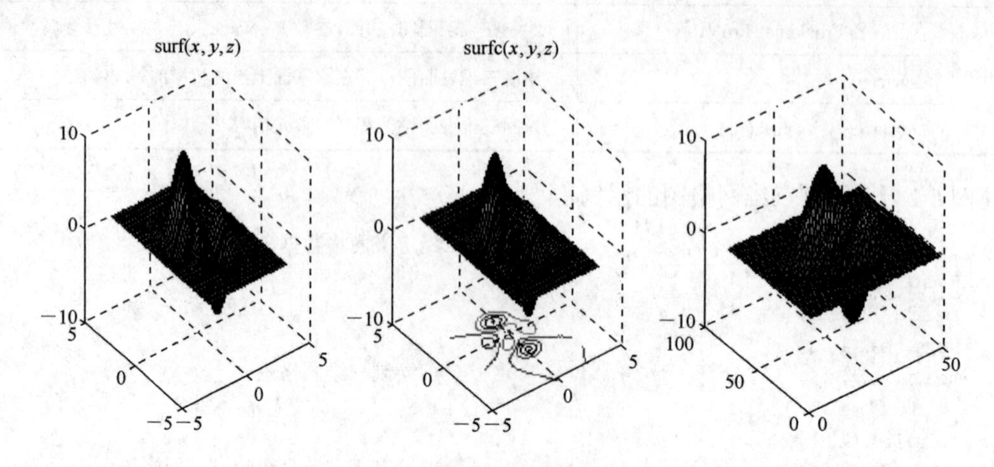

图 6-25　三维表面图的绘制示例

三、视图可视效果、色彩控制、透视效果和光照控制

在 MATLAB 中，为了表现图形的显示效果，提供了一些控制函数，有视角的控制、色彩的控制、光照的控制和透明度控制等。

1. 视角

为了获得三维图形的最佳显示效果，MATLAB 提供了观察图形的角度（视角）函数 view，其调用格式为：

- view(az，el)　az 是方位角，el 是俯视角；
- view(2)　设置默认的二维视图，其中 az＝0°，el＝90°；
- view(3)　设置默认的三维视图，其中 az＝−37.5°，el＝30°。

【例 6-26】 MATLAB 中从不同的角度查看三维函数 $\begin{cases} z=\dfrac{\sin(5t)}{5t} \\ y=0 \end{cases}$ 的图形。

```
>>t=0.01:0.01:3*pi;
>>z=sin(5*t)./(5*t);
>>y=zeros(size(t));
>>subplot(2,2,1);plot3(t,y,z,'m','LineWidth',2);grid on;
>>title('Default view')
>>subplot(2,2,2);plot3(t,y,z,'m','LineWidth',2);grid on;
>>title('az Rotated to 32.5');view(57.5,30)
>>subplot(2,2,3);plot3(t,y,z,'m','LineWidth',2);grid on;
>>title('el Rotated to 10');view(-37.5,10)
>>subplot(2,2,4);plot3(t,y,z,'m','LineWidth',2);grid on;
>>title('az=90,el=0');view(90,0)
```

查看的图形效果如图 6-26 所示。

2. 色彩控制

图形的色彩是图形的主要表现形式，丰富的颜色变化可以让图形更具表现力。MATLAB 提供了多种色彩控制指令，来对整个图形进行颜色设置。

在 MATLAB 中，设置图形背景颜色的命令是 colordef，该命令的调用格式如表 6-8 所示。

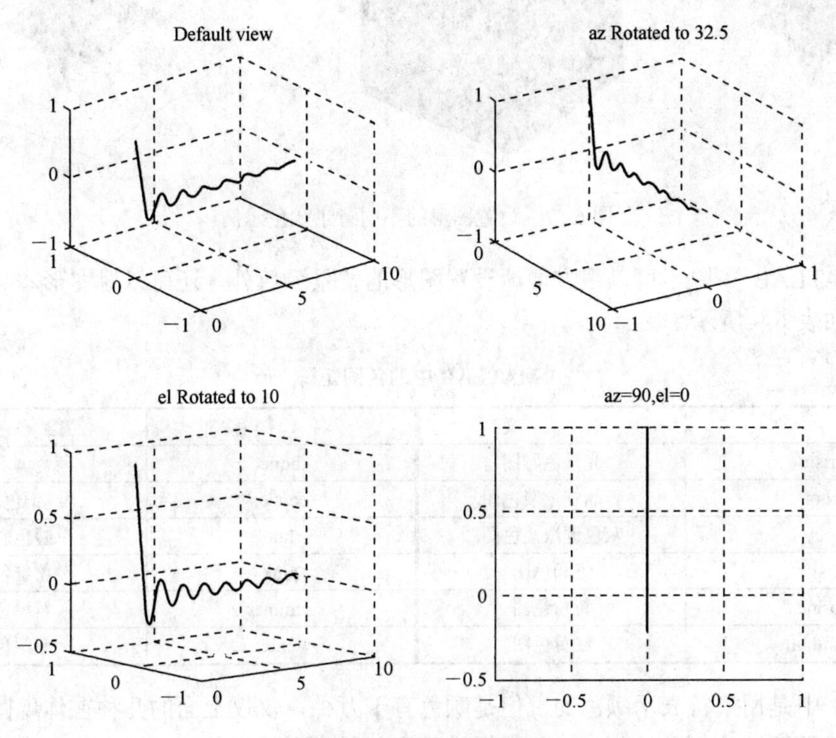

图 6-26 三维图形设置视角

表 6-8 **colordef 命令的调用格式**

调 用 格 式	说 明
colordef white	将坐标轴的背景颜色设置为黑色
colordef black	将坐标轴的背景颜色设置为白色
colordef none	将坐标轴的背景颜色设置为默认的颜色
colordef(fig.color_option)	将图形句柄 fig 图形的背景设置为由 color_option 指定的颜色

【例 6-27】 设置图形的不同背景颜色示例。

```
>>subplot(1,3,1);colordef none;surf(peaks(25));
>>title('设置前的图形');
>>subplot(1,3,2);colordef black;surf(peaks(25));
>>title('黑色背景的图形');
>>subplot(1,3,3);colordef white;surf(peaks(25));
>>title('白色背景的图形');
```

设置图形背景色的结果如图 6-27 所示。

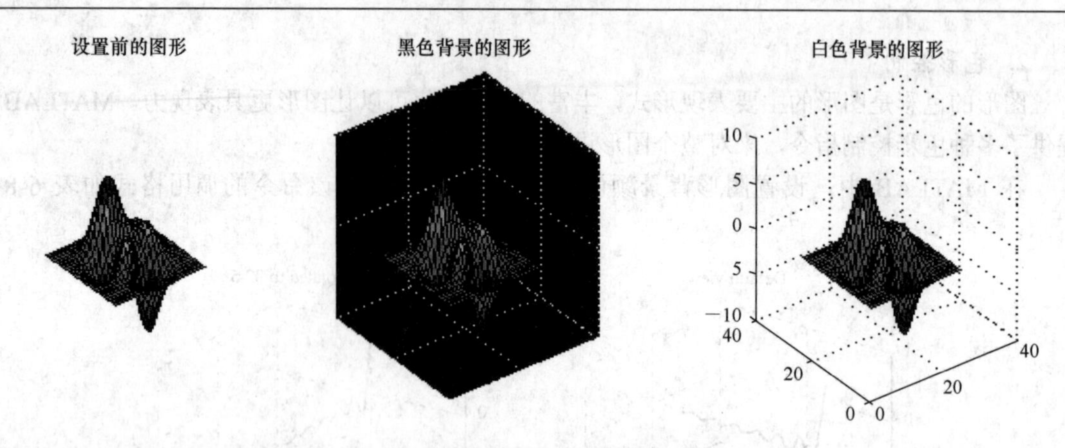

图 6-27　设置图形的不同背景颜色示例

在 MATLAB 中除了可以很方便地设置图形的背景颜色外，还可以对图形本身的色彩进行修饰，如表 6-9 所示。

表 6-9　　MATLAB 中的色图矩阵

名　称	含　义	名　称	含　义
prism	光谱色彩图	bone	蓝色调灰度图
cool	青品红浓淡色图	copper	纯铜色彩图
gray	灰色调浓淡色图	hot	暖色彩图
hsv	饱和色图	pink	粉红色图
spring	黄粉色图	summer	黄绿色图
autumn	红黄色图	winter	蓝绿色图

表 6-9 中是用字符表示颜色的，但是颜色有千万种，仅仅上面的几种在体现图形色彩表现力的时候是不够的，所以 MATLAB 中提供了用矢量来表示颜色的方法。表 6-10 列出了 RGB 颜色矢量表。

表 6-10　　RGB 三原色颜色表

颜　色	色彩矢量	颜　色	色彩矢量
白色	1　1　1	黑色	0　0　0
红色	1　0　0	黄色	1　1　0
绿色	0　1　0	蓝色	0　0　1
淡蓝色	0　1　1	梅红色	1　0　1
淡绿色	0.49　1　0.6	黄绿色	0.55　1　0
灰色	0.5　0.5　0.5	浅灰色	0.8　0.8　0.8
灰蓝色	0　0.78　1	蓝绿色	0　0.88　0.88
灰白色	1　0.88　0.88	翠绿色	0.5　1　0

注　表中颜色矢量的元素值为 0～1，读者可以根据自己的需要，选择 0～1 中的任意值，设置任何颜色矢量。

【例 6-28】 画一个 patch 图形，并将其默认的黑色改为自己所设的颜色。

```
>>h=patch;
>>set(h,'facecolor',[0.5 0.8 0.6])
```

所得的图形如图 6-28 所示。

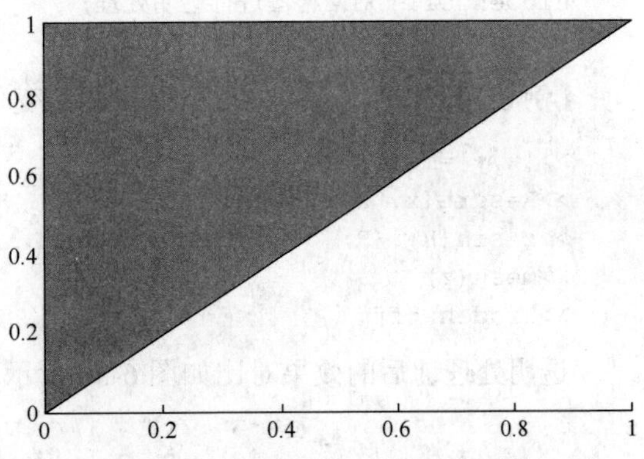

图 6-28 设 patch 的表面颜色为豆绿色

在 MATLAB 中除了可以为图形设置不同的颜色之外，还可以设置颜色的着色方式。对于绘图命令 surf 创建的图形的着色，由 shading 命令决定。shading 命令有三种参数选项：

- shading flat 网格线的每个线段和表面都有相同的颜色；
- shading faceted 在 shading flat 的基础上，再在贴片的四周勾画黑色网线；
- shading interp 在 shading flat 的基础上，对线段或表面颜色进行插值，使得整个表面上的颜色看上去是连续变化的。

【例 6-29】 图形着色处理示例。

```
>>subplot(1,3,1)
>>sphere(12)
>>axis square
>>shading flat
>>title('Flat Shading')
>>subplot(1,3,2)
>>sphere(12)
>>axis square
>>shading faceted
>>title('Faceted Shading')
>>subplot(1,3,3)
>>sphere(12)
>>axis square
>>shading interp
>>title('Interpolated Shading')
```

图形着色效果如图 6-29 所示。

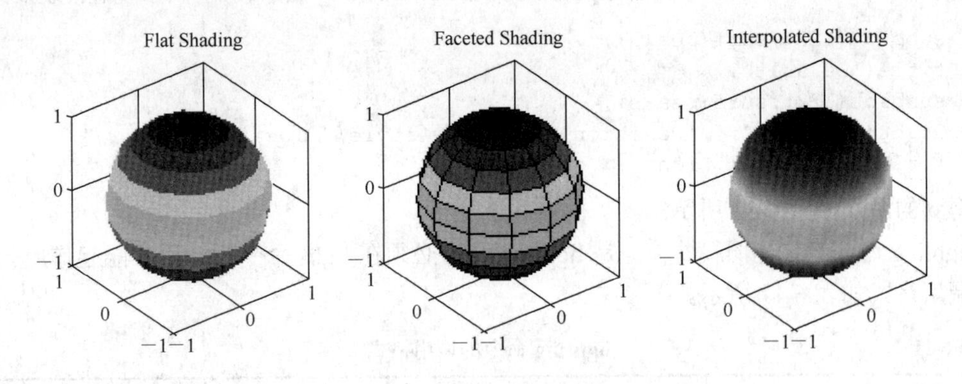

图 6-29 图形着色处理示例

3. 透视控制

在 MATLAB 中，如果使用 mesh、surf 等命令绘制三维图形，在默认的情况下，MATLAB 会隐藏重叠在后面的网格线，所以网格线看起来是不透明的，利用下面的命令可以使图形透明：

```
hidden off  对网格图进行透明处理；
hidden on   取消透明处理。
```

【例 6-30】 比较透明处理后网格图的变化。

```
>>[x,y]=meshgrid(-4:0.6:4);                    % 生成网格数据阵
>>R=sqrt(x.^2+y.^2);
>>z=sin(R)./R;
>>mesh(z)
>>hidden off                                   % 对网格图进行透明处理
```

透明处理前后的效果对比如图 6-30 所示。

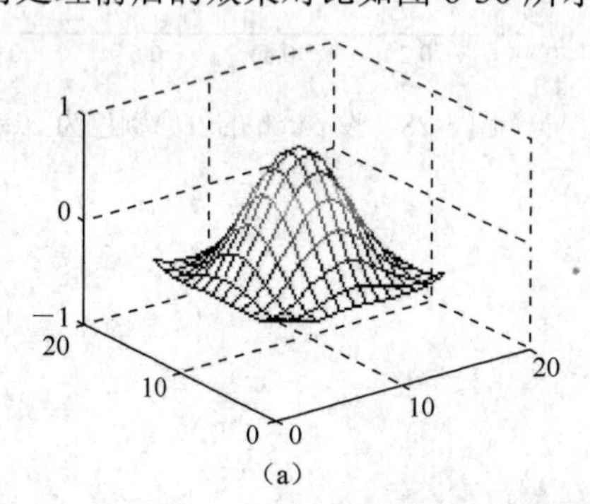

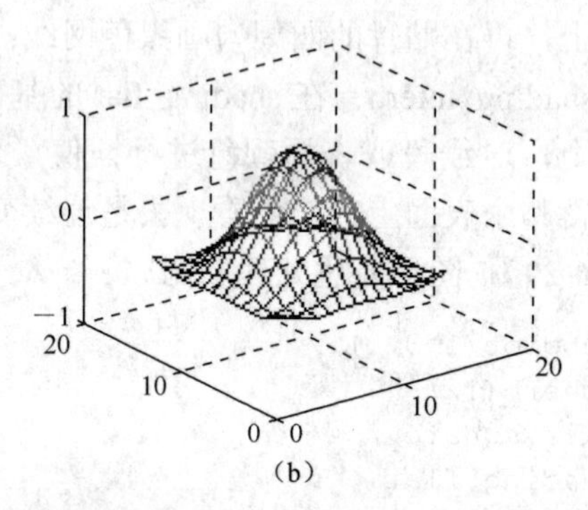

图 6-30 透明处理前后的效果对比

（a）不进行透明处理；（b）进行透明处理

4. 光照效果

在 MATLAB 中，光照效果主要用下面一些函数或命令实现。

Light 函数表示在当前坐标轴上建立光源，其调用格式如下：

```
light('PropertyName',PropertyValue,…)
```

其中 PropertyName 是一些光源的颜色、位置和类别等的变量名。

【例 6-31】 在 MATLAB 中绘制 peaks 函数的三维图形，然后使用不同的光照效果处理。

```
>>subplot(121);surf(peaks);
>>title('Default')
>>subplot(122);surf(peaks);
>>light('color','r','Position',[0 1 0],'style','local');
>>title('Red-Local Light')
```

得到的图形如图 6-31 所示。

lighting 命令设定光照模式，但是 lighting 命令必须在 light 命令执行后才能起作用。该命令的调用格式如表 6-11 所示。

表 6-11 lighting 命令的调用格式

调 用 格 式	说 明
lighting flat	平面模式，这是系统默认的模式，指入射光均匀射入表面图上
lighting gouraud	点模式，先对顶点颜色插值，再对由顶点勾画的面进行插值
lighting phong	对顶点处法线插值，再计算各像素点的反光
lighting none	关闭光照

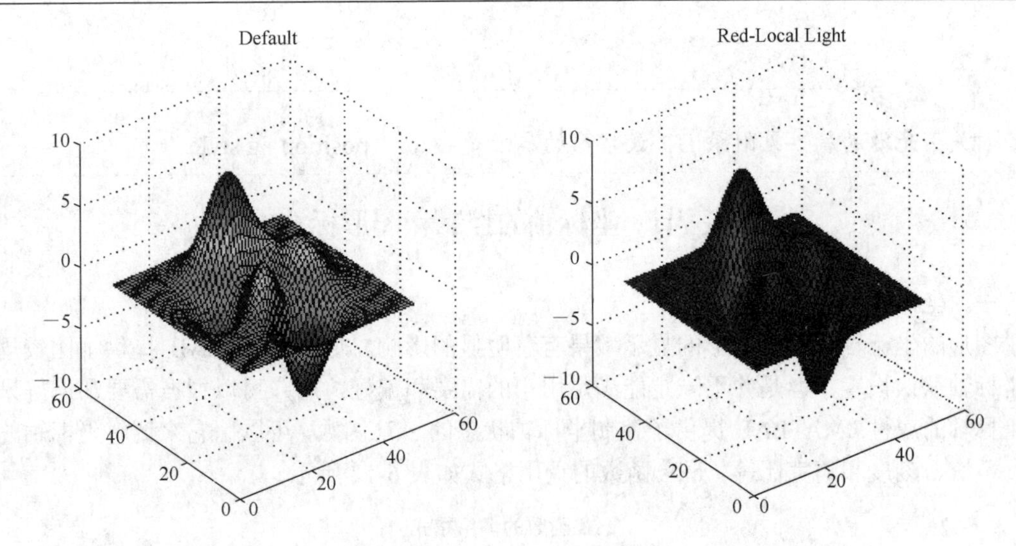

图 6-31　不同的光照控制效果

【例 6-32】 在 MATLAB 中绘制三维图形，然后使用不同的光照效果。

```
>>t=0:pi/20:2*pi;
>>[x,y,z]=cylinder(4+cos(t));
>>subplot(2,2,1);mesh(x,y,z);light;lighting phong;title('phong')
>>subplot(2,2,2);surf(x,y,z);light;lighting flat;title('flat')
>>subplot(2,2,3);surf(x,y,z);light;shading interp;
>>lighting gouraud;title('gouraud')
>>subplot(2,2,4);surf(x,y,z);light;lighting none;title('none')
```

得到的图形如图 6-32 所示。

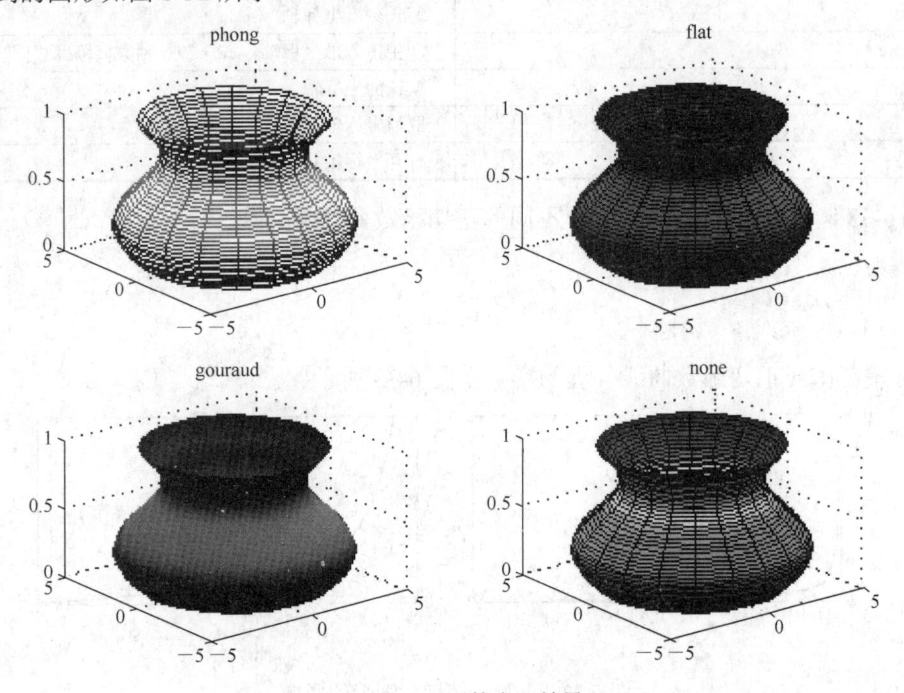

图 6-32　不同的光照效果

关于光源的属性见附录 B。最常用的属性是 color、position 和 style。

第三节 坐标轴的控制和图形标注

一、坐标轴控制函数 axis

图形的坐标轴设置对图形的显示效果有着明显的影响。尽管 MATLAB 提供了比较周全的坐标轴默认设置，但是并不一定能满足用户的需要和偏好，用户可以根据需要和偏好来设置坐标轴的属性。MATLAB 提供了控制坐标轴状态的 axis 函数，可以用它来调整坐标轴的取向、范围、刻度和高宽比等。axis 函数的调用格式如表 6-12 所示。

表 6-12 **axis 函数的调用格式**

调 用 格 式	说 明
axis([xmin xmax ymin ymax])	设置 *X*、*Y* 轴数值的范围
axis([xmin xmax ymin ymax zmin zmax])	设置 *X*、*Y*、*Z* 轴数值的范围
v=axis	获取当前坐标轴的数值范围向量
axis auto	设置坐标轴为默认刻度
axis manual	设置当前数值范围不变
axis tight	以数据的大小为坐标轴的范围
axis fill	使得坐标充满整个绘图区
axis ij	矩阵式坐标系，原点在左上方
axis xy	直角坐标系，原点在左下方
axis equal	等长刻度坐标轴
axis square	产生正方形坐标轴，*x*，*y* 或 *z* 轴数值范围相同
axis normal	默认的坐标轴
axis off	取消坐标轴背景框
axis on	打开坐标轴背景框

【例 6-33】 比较坐标轴范围设置不同的正切函数曲线的外观。

```
>>x=0:0.01:pi/2;
>>plot(x,cot(x),'r')
>>axis([0 pi/2 0 10])
```

坐标轴范围对正切函数曲线外观的影响如图 6-33 所示。

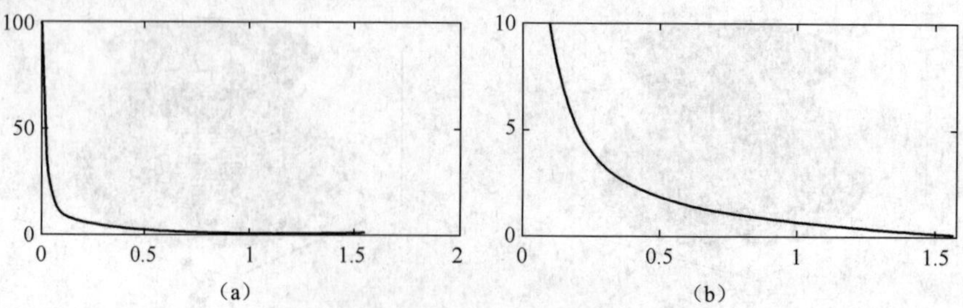

图 6-33 坐标轴范围对图形的影响

（a）绘制默认余切曲线；（b）调整坐标轴后的余切曲线

【例 6-34】 使用不同的坐标轴显示方式，在 MATLAB 中绘制椭圆图形。

```
>>t=[0:pi/40:2*pi];
>>x=2*cos(t);
>>y=3*sin(t);
>>subplot(2,2,1);plot(x,y);axis normal;grid on;title('normal')
>>subplot(2,2,2);plot(x,y);axis equal;grid on;title('equal')
>>subplot(2,2,3);plot(x,y);axis squar;,grid on;title('square')
>>subplot(2,2,4);plot(x,y);axis tight;grid on;title('tight')
```

绘制的椭圆图形如图 6-34 所示。

二、图形标注

图形标注命令是 MATLAB 中继上面的图形处理函数之后的又一使图形表现更丰富、直观的处理方法。前面用到的 title 就是图形标注命令之一，这些图形标注命令如下。

（1）title 指令用于在图形上标注标题。xlabel 指令、ylabel 指令、zlabel 指令分别用于在 x 轴、y 轴、z 轴上加标注。这 4 个指令用法相同，具体调用格式如下（function 表示指令名）：

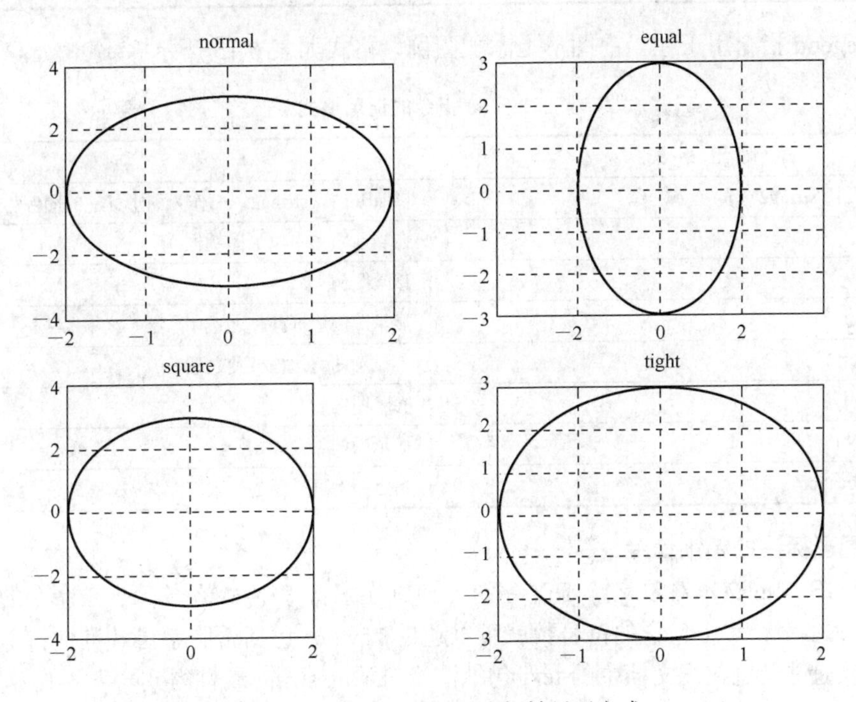

图 6-34 椭圆的 4 种不同坐标轴显示方式

- function('string') string 是标注文本；
- function(…，'PropertyName'，'PropertyValue'，…) 对标注的文本对象设置属性及属性值；
- h=function(…) 返回图形标注的句柄。

（2）text 指令用于在任意位置加注文本。格式如表 6-13 所示。

表 6-13 **text 指令的调用格式**

调 用 格 式	说 明
text(x, y, 'string')	在指定坐标（x，y）上进行文本的标注
text(x, y, z, 'string')	在指定坐标（x，y，z）上进行文本的标注
text(…,'PropertyName', 'PropertyValue', …)	对标注的文本对象设置属性值
h=text(…)	返回文本标注的句柄

（3）gtext 指令用鼠标将文本放置在图形中。格式如表 6-14 所示。

表 6-14 **gtext 指令的调用格式**

调 用 格 式	说 明
gtext('string')	把字符串标注在鼠标单击的位置处
gtext({'string1', 'string2', 'string3', …})	把字符串数组顺序显示在鼠标单击（一次）的位置处
gtext({'string1'; 'string2'; 'string3'; …})	把字符串数组顺序显示在鼠标（多次）单击的位置处
h=gtext(…)	返回文本标注的句柄

（4）legend 指令用于在当前图形上添加图例。格式如表 6-15 所示。

表 6-15 **legend 指令的调用格式**

调 用 格 式	说 明
legend('string1', 'string2'…)	以 string1，string2，…作为图形标注的图例
legend('on')	在当前图形中添加图例框
legend('off')	移除图例
legend('boxon')	显示图例边框并使之透明
legend('boxoff')	不显示图例边框并使之透明
legend('hide')	隐藏图例
legend('show')	显示图例
legend(…, location)	指定图例框显示的位置

三、图形标注的精细命令

MATLAB 中的文本对象支持 TeX 字符。通过在字符串中内嵌一个 TeX 命令的子集，在 MATLAB 文本字符串中包含的符号数就可以超过 75 个，包括希腊字母和其他特殊字符。这些信息可以通过浏览在线文档中的 text 句柄图形对象的 string 属性得到，表 6-16 列出了常用的符号和用来定义这些符号的字符串。在任何一个字符串中都可以使用多行文本，包括标题和坐标轴标签，以及 text 和 gtext 函数中的输入参数。

表 6-16 **常用符号及用来定义这些符号的字符串**

字 符 串	符 号	字 符 串	符 号	字 符 串	符 号
\alpha	α	\xi	ξ	\omega	ω
\beta	β	\pi	π	\Omega	Ω
\gamma	γ	\rho	ρ	\chi	χ

续表

字符串	符号	字符串	符号	字符串	符号
\delta	δ	\tau	τ	\Sigma	Σ
\epsilon	ε	\int	∫	\Pi	∏
\zeta	ζ	\pm	±	\neq	≠
\eta	η	\geq	⩾	\langle	<
\leq	⩽	\div	÷	\vee	∨
\kappa	κ	\bullet	·	\wedge	∧
\lambda	λ	\psi	ψ	\cap	∩
\mu	μ	\phi	Φ	\infty	∞
\theta	θ	\rightarrow	→	\leftarrow	←

MATLAB 还提供了一个 TeX 格式命令的有限子集。上标和下标分别用^和_来声明。标注的文本字体和字体的大小可以用\fontname 和\fontsize 命令进行选择，字体风格可以用\bf、\it、\sl 或者\rm 命令进行声明，分别选择粗体、斜体、透明体或者普通正体。

【例 6-35】 在图形中添加标注示例。

```
>>x=-pi:pi/20:pi;
>>plot(x,sin(x),'-o',x,cos(x),'-*')
>>legend('sin(x)','cos(x)')
>>gtext({'\leftarrowcos(x)';'sin(x)\rightarrow'},…
'fontweight','bold','fontsize',12);
>>title('sin 函数和 cos 函数','fontweight','bold','fontsize',12);
>>xlabel('x 轴','fontweight','bold');ylabel('y 轴',…
'fontweight','bold');
```

添加标注后的图形如图 6-35 所示。

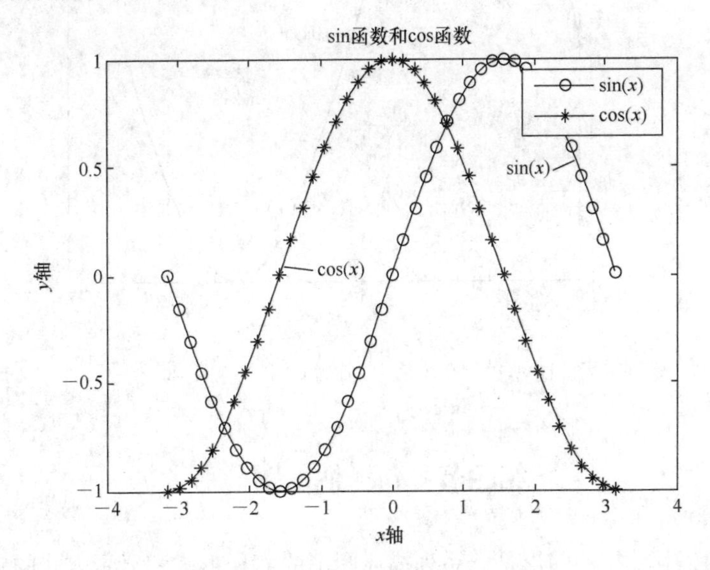

图 6-35 在图形中添加标注示例

【例 6-36】 在图形中使用 TeX 字符。

```
>>t=0:pi/40:2*pi;
>>alpha=0.5;beta=10;
>>y=sin(beta*t).*exp(alpha*t);
>>plot(t,y)
>>title('{\itAe}^{-\alpha\itt}sin\beta{\itt}')
>>xlabel('时间'),ylabel('幅度')
```

得到的图形如图 6-36 所示。

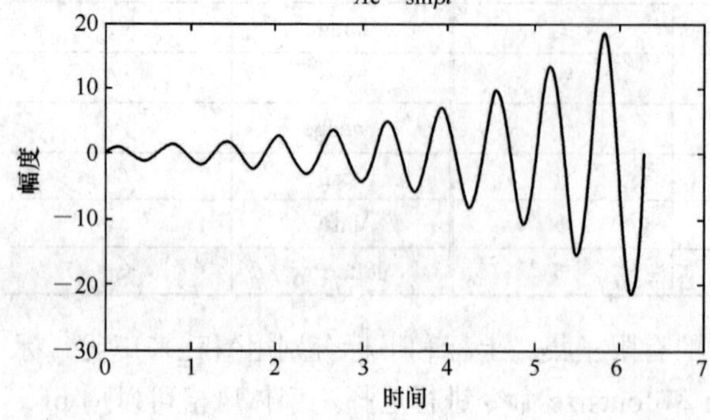

图 6-36 TeX 字符使用示例

【例 6-37】 在图形中添加标题、标注和文本示例。

```
>>x=0:pi/50:2*pi;
>>y=sin(x);
>>plot(x,y)
>>xlabel('0 \leq \itt \rm \leq\pi','FontSize',10)
>>ylabel('sin(x)','FontSize',12)
>>text(pi,sin(pi),'\leftarrow-sin(x)=0','FontSize',10)
>>title('正弦函数图形','FontName','黑体','FontSize',12)
```

添加标题、标注和文本的图形如图 6-37 所示。

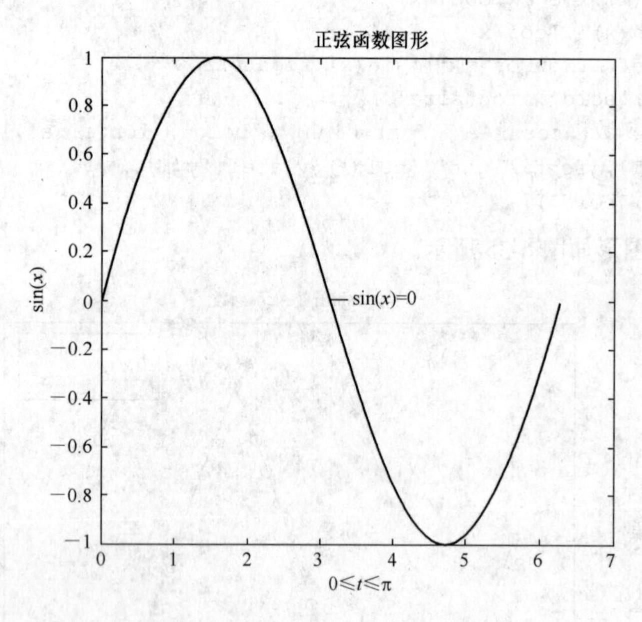

图 6-37 在图形中加标题、标注和文本

第四节 句 柄 图 形

在 MATLAB 中，句柄图形是一系列描述图形的表现形式和显示方式的底层图形特性函数的总称。通过交互式使用句柄图形对象及其属性，用户可以对 MATLAB 提供的图形特性进行控制。许多句柄图形特性都可以通过 MATLAB 图形窗口中提供的各种菜单、工具、浏

览器以及编辑器进行操作。借助这些交互式的工具，用户可以轻松定制自己的图形特性。

限于篇幅，本章旨在引导读者对句柄图形的特性进行整体了解，为读者日后更加熟练使用复杂的句柄图形奠定基础。本节将从句柄对象、对象属性、get 和 set 函数 3 个方面对句柄图形进行介绍。

一、句柄对象

1. 对象

在 MATLAB 中，每个图形的每一组成部分都是一个对象（例如线、文本、坐标轴等），其中每个对象都有一个唯一的标识符（也称为句柄）与之对应，并且每个对象都包含用户可以修饰的一组属性。

MATLAB 中所用的图形对象以父对象和子对象的结构层次划分。计算机屏幕是根对象，并且是所有其他对象的父对象。图形窗口是根对象的子对象；坐标轴和用户界面对象是图形窗口的子对象；线条、文本、曲面、补片和图像对象又是坐标轴对象的子对象，这种层次关系如图 6-38 所示。

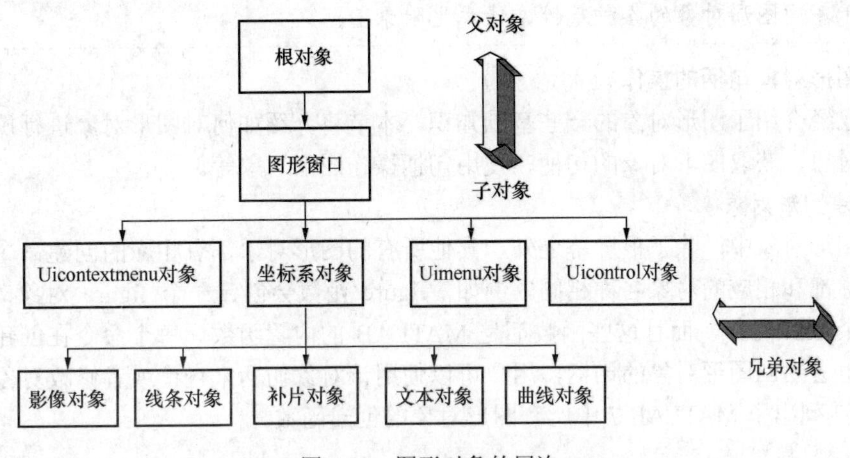

图 6-38 图形对象的层次

根对象可包含一个或多个图形窗口，每一个图形窗口可以包含一组或多组坐标轴。所有其他对象（除 uimenu 和 uicontrol 外）都是坐标轴的子对象。

2. 对象句柄

在 MATLAB 中，每个对象都有一个与之对应的标识符，称为句柄，它是个双精度数。每当创建一个对象时，MATLAB 就为该对象建立一个唯一的句柄。计算机屏幕作为根对象，它的句柄值为 0。对图形窗口而言，如果建立第一个图形，则其句柄值为 1；如果建立第二个图形，则其句柄值为 2，再建立图形，句柄值依次递增。图形窗口的句柄值都是整数，通常显示在图形窗口标题栏中，其他对象的句柄值都是双精度浮点数。

在 MATLAB 中，虽然句柄变量也是 MATLAB 变量中的一种，可以任意取名，但为了使程序可读性增强，在给一个句柄变量命名时，建议首先以 H（或 h）开头，然后是描述对象类型的字母，这样在 M 文件中很容易就能找到句柄变量。例如，可以用 hfig 表示一个图形的句柄变量，用 Haxes 表示一个坐标轴对象的句柄变量，用 Htitle 表示一个文本对象的句柄变量。

二、对象属性

所有对象都有一组定义其特征的属性，通过设置这些属性，用户可以调整图形显示的方式。属性可以描述对象的诸多特性，包括对象的位置、颜色、类型、父对象句柄、子对象句柄及其他内容。每个不同的对象都有其自身独立的属性，可以改变该对象的属性而不会影响其他的相同类型的对象的属性。

对象属性由属性名和相应的属性值构成。属性名是字符串，为了使用户使用起来方便，通常按大小写的混合格式显示，并且字符串的第一个字母大写，例如 LineStyle 代表一个线条对象的属性风格，而写成 linestyle 也是可以的。

当对象被创建时，其初始化属性值就是其默认值。这些默认属性值可以用两种方法改变：在创建对象时，在函数调用中包含属性的设定；在对象创建之后，利用相应的函数可以改变属性的值，也就是后面即将介绍的 set 和 get 函数。

提示

关于不同图形对象的各种属性，请参见附录 B。

三、图形对象句柄的操作

前面已经介绍了图形对象的一些基础知识。本节将介绍如何对图形对象进行操作，包括创建图形对象、获取图形对象的句柄、使用句柄操作图形对象等。

1. 创建图形对象

所有图形对象中，除了根屏幕之外，其他所有的图形对象都有相应的创建命令，这些创建命令名称都和相应的对象名称相同。例如，figure 函数会创建一个 figure 对象，函数 text 会创建一个 text 对象，而且这些函数都是 MATLAB 的内置函数。每个命令在创建图形对象的同时，也会返回图形对象的句柄，用户可以使用该对象句柄来查询或者修改对象的属性。

表 6-17 列出了 MATLAB 7 中所有图形对象的创建函数。

表 6-17　　MATLAB 7 中的图形对象创建函数

函　　数	功　　能
Axes	创建图形的坐标轴对象
Figure	创建或显示图形窗口
Image	显示索引图像
Light	位于坐标轴中，能够影响曲面或曲片的有方向的光源
Line	建立一个线条对象
Patch	将矩阵的每列数据构成多边形的小面，创建一个块或补片对象
Rectangle	创建一个矩形或长方形对象
Surface	由矩阵数据定义的矩阵创建而成的平面对象
Text	创建位于坐标轴内的文本对象
Uimenu	创建用户界面的菜单
Uicontrol	创建用户界面的控件

注　表中的显示图像函数 image、建立菜单函数 Uimenu 和建立控件函数 Uicontrol 将在第七章中介绍。

前面，所画图形的坐标轴都是 MATLAB 默认给的坐标轴，下面通过示例看一下用户如何自己创建坐标轴。

【例 6-38】 在一个图形窗口中建立两个坐标轴，在第一个坐标轴内画一个默认球体，在第二个坐标轴内画一个具有光照效果的球体。

```
>>axes('position',[0.1 0.55 0.45 0.45]);  % 建立第一个坐标轴
>>sphere(40)
>>axes('position',[0.1 0.05 0.45 0.45]);  % 建立第二个坐标轴
>>sphere(40)
>>light('color','w','Position',[-10 -10 2],'style','local');
```

得到的图形如图 6-39 所示。

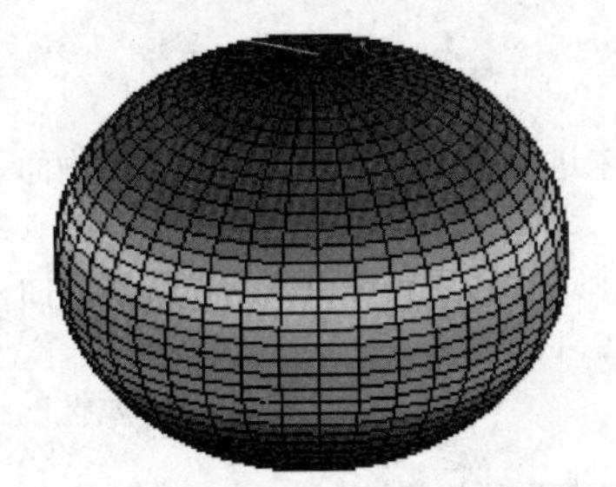

图 6-39　默认的球体和带有光照效果的球体

提 示

使用 axes 函数时，应注意其位置属性值的选取。括号内的 4 个数据[left，bottom，width，height]中的前两个分别代表坐标轴到图形窗口左边、下边的距离，后两个代表坐标轴自身的宽度和高度，且这 4 个数据值为归一化值，取值范围为 0～1。

【例 6-39】 建立一个矩形对象，并设置其相应的属性。

```
>>rectangle                                        % 默认的矩形
```

默认的矩形如图 6-40 所示。

```
>>rectangle('position',[0.1 0.8 .5 .4],'edgecolor','b',…
           'facecolor',[0 1 0])          % 设置了属性的矩形
>>gtext('This is a rectangle.','fontsize',14,'fontweight','bold')
```

设置属性的矩形如图 6-41 所示。

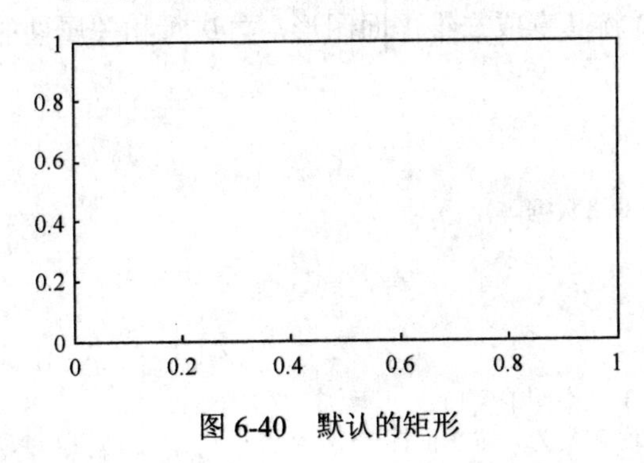

图 6-40　默认的矩形

This is a rectangle

图 6-41　设置属性的矩形

提 示

矩形函数 rectangle 的位置属性的 4 元素向量的意义：[矩形区域左下角横坐标的起点，矩形区域左下角纵坐标的起点，矩形的宽度，矩形的高度]。

【例 6-40】 创建一个抛物曲面图形对象，并对其进行相应属性的设置。

```
>>x=-4:0.5:4;
>>y=x;
>>[X,Y]=meshgrid(x,y);
>>Z=X.^2+Y.^2;
>>subplot(211)
>>mesh(Z)                          % 未进行任何属性设置的默认抛物面
>>subplot(212)
>>h=mesh(Z)                        % 未进行任何属性设置的默认抛物面,并返回其句柄
>>set(h,'facecolor','m','edgecolor',[1 1 1],…
'marker','o','markeredgecolor','b')          % 设置了 4 种属性的抛物面
```

图 6-41 给抛物面设置了 4 种属性，facecolor 设置抛物面颜色，m 将抛物面的表面设为梅红色；edgecolor 设置抛物面的网格线颜色，[1 1 1]将网格线设为白色；marker 设置抛物面的网格线的交点处的标记，将标记设为 o；markerfacecolor 设置标记的颜色，将标记的颜色设为蓝色。另外，在例 6-40 中，命令 h=mesh（Z）不仅画出了抛物面，而且返回其句柄，在 MATLAB 的命令窗口中可以看到该句柄值 *h*=154.0023。返回句柄的目的就是通过该句柄重新设置该抛物面的某些属性。Set 函数将在后面给予介绍。

默认抛物面和设置属性后的抛物面如图 6-42 所示。

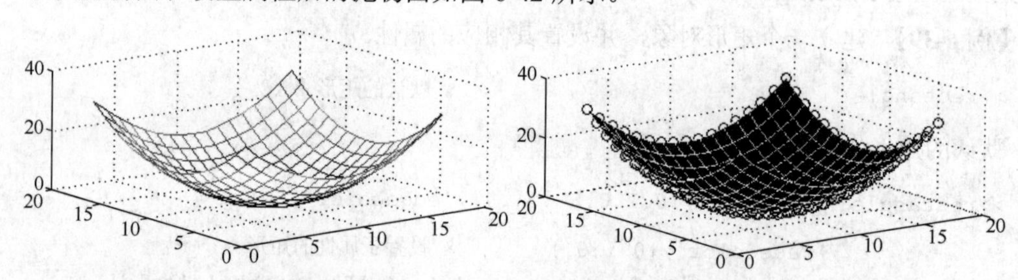

图 6-42 默认抛物面和设置属性后的抛物面

【例 6-41】 创建一个空间锥面图形对象，并将其变成二维平面图形，再进行相关属性的设置。

```
>>x=-4:0.5:4;
>>y=x;
>>[X,Y]=meshgrid(x,y);             % 生成网格数据阵
>>Z=sqrt(X.^2+Y.^2);
>>mesh(Z)
```

所得的默认的空间锥面图形如图 6-43 所示。

```
figure                             % 建立第二个图形窗口
surface(Z)                         % 将锥面转变为二维平面图
```

空间锥面的二维平面图形如图 6-44 所示。

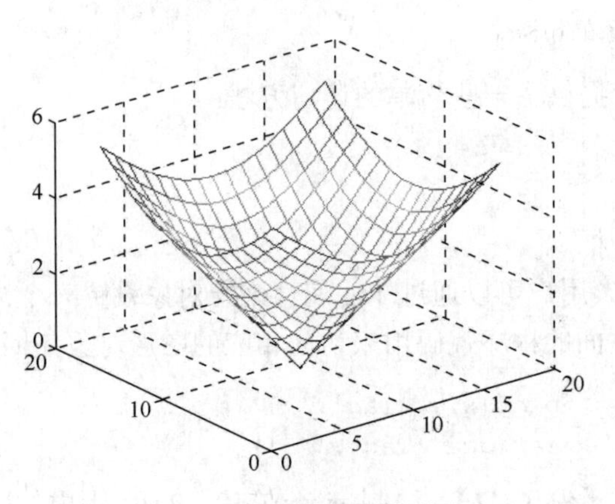

图 6-43　默认的空间锥面图形

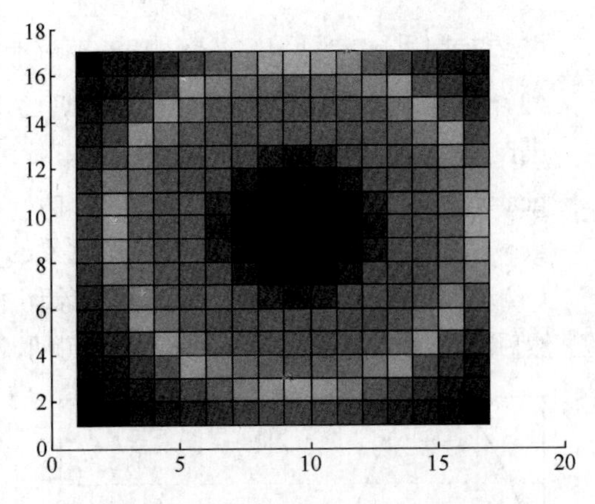

图 6-44　空间锥面的二维平面图形

```
figure                          % 建立第三个图形窗口
% 设置平面图形的一些属性
surface('xdata',X,'ydata',Y,'zdata',Z,'facecolor','y','edgecolor',…
            [0.48 1 0.66],'marker','o','markeredgecolor',[0 1 0])
 % 将坐标轴的字号设为 8 号,颜色加深
set(gca,'fontsize',8,'fontweight','bold')
```

重新设置属性的二维平面图如图 6-45 所示。

提示

若代码不是很长，代码的注释行可以放在代码的右侧；若代码很长，导致代码和注释行不能在同一行时，则可以将注释行放在该段代码的上方。

2. 访问图形对象的句柄

MATLAB 会给用户创建的每个图形对象都指定一个句柄，所有对象创建函数都能返回对象的句柄。如果需要访问对象的属性，最好在创建对象时赋予一个句柄变量，这是因为若要设置图形对象的属性，首先需要知道该对象对应的句柄。在 MATLAB 中，获取图形对象句柄有下面几种方法。

（1）通过图形创建命令获取对象的句柄。例如：

```
Hline=plot(x,y)
Htext1=text(-36.6,-45.59,186.6,'Fig-
ure1')
```

在上面的程序代码中，Hline、Htext1 都是相应图形对象的句柄。

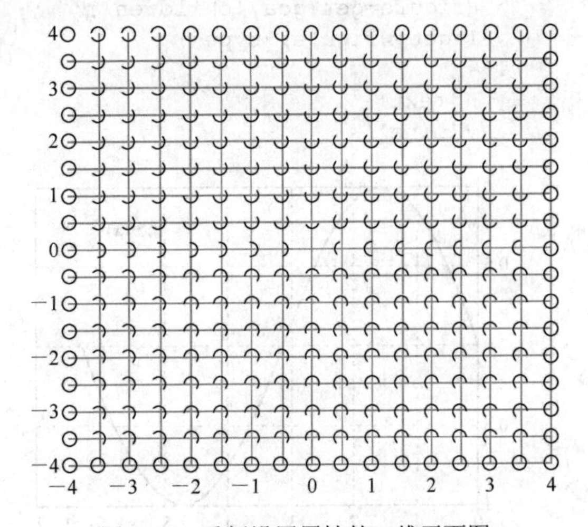

图 6-45　重新设置属性的二维平面图

（2）通过 get 函数访问图形对象的句柄。如果图形对象的句柄已知，可以在程序代码中使用 get 函数来访问图形对象的句柄。其通用

调用格式如下：

```
Hpa=get(Hknown,PV)   获取 Hknown 句柄对象的句柄值
```

（3）对于用户当前操作的对象，MATLAB 提供了一些简单的访问方法：

gcf　获取当前图形窗口的句柄；

gca　获取当前窗口中的坐标轴的句柄；

gco　获取最近被鼠标单击的图形对象的句柄。

（4）使用对象的“标签”来访问对象句柄。用户可以通过 Tag 属性来给对象设置一个标签，然后通过图形对象标签来访问对象句柄，下面的程序代码用来访问相应的图形对象句柄。

```
>>plot(x,y,'Tag','Al')
>>set(gca,'Tag','Al')
```

【例 6-42】 绘制 sin(*x*)在[0，2π]范围内的图形，然后添加文本注释，最后访问图形对象句柄，修改文字注释的位置。

```
>>x=0:0.01:2*pi;
>>y=sin(x);
>>plot(x,y)
>>grid on
```

绘制的基础图形如图 6-46 所示。

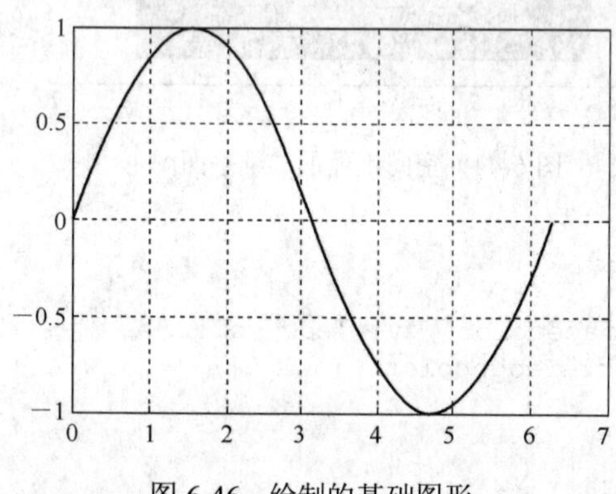

图 6-46　绘制的基础图形

```
% 添加文本注释和设置标签
>>text(5,0.8,'\fontsize{16}cos(x)','Tag','Al');
```

添加文字注释的图形如图 6-47 所示。

```
>>H=findobj(gca,'Tag','Al');                    % 获取文本对象的句柄
>>set(H,'position',[3 0.8])                      % 重新设置文本注释的位置
```

修改文本位置属性的结果如图 6-48 所示。

```
>>Hfigure=get(gca,'children');                   % 查看图形对象的子类型
>>T=get(Hfigure,'type')
T =
    'text'
    'line'
```

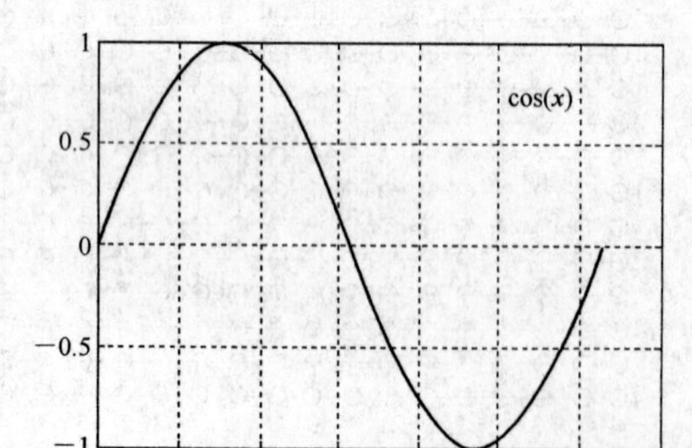

图 6-47　添加文字注释

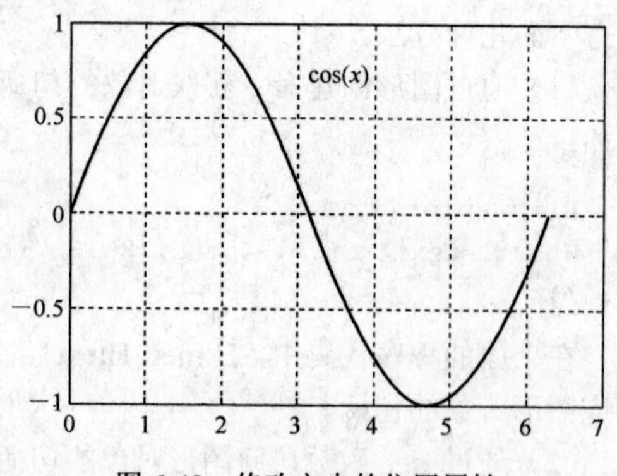

图 6-48　修改文本的位置属性

[例 6-42]第 5、第 6、第 7 行的代码也可以用下面的代码替换：

```
>>htext=text(5,0.8,'\fontsize{16}cos(x)');
>>set(htext,'position',[3 0.8])
```

这里，在建立文本对象时，返回其句柄 htext，然后，通过访问其句柄来修改其位置属性值，即将文本 cos 沿水平方向向左移动两个位置。另外，通过第 8 条语句可以获得坐标轴的子对象，显然，子对象包括添加的文本和所画的余弦曲线，即 text 和 line。

3. 使用句柄操作查找图形对象

使用函数 findobj 可以快速遍历对象层并获取指定了属性值的对象句柄。该函数有如表 6-18 所示几种调用方式。

表 6-18　　函数 findobj 的几种调用格式

格式类型	功能说明
H=findobj	返回根对象和所有子对象的句柄
H=findobj(objhandle,'propertyname','propertyvalue',…)	将查找范围限制在句柄为 objhandle 指定的对象和子对象中
H=findobj(objhandle,'flat','propertyname','propertyvalue',…)	将查找范围限制在句柄为 objhandle 指定的对象中，但不包括其子对象
H=findobj(objhandle)	返回句柄为 objhandle 指定的对象和其所有子对象的句柄
H=findobj('propertyname','propertyvalue',…)	在所有的对象层中查找符合指定属性值的对象，并返回其句柄

下面仍以[例 6-42]来看一下 findobj 的用法。继续上面的代码，在命令窗口中输入：

```
>>h=findobj(gcf)
h =
     1.0000
   151.0070
   153.0071
   152.0081
```

这里，h(1)=1.0000 为图形对象的句柄；h(2)=151.0070 为图形的下一级子对象——坐标轴的句柄；h(3)=153.0071 是坐标轴的下一级子对象——文本的句柄；h(4)=152.0081 是坐标轴的下一级子对象——线条的句柄。可见句柄中的元素排列顺序是由各个对象在整个对象层次中的位置决定的。如果使用命令：

```
>>h=findobj(htext)
h=
   153.0071
```

就是文本对象的句柄。

四、get 和 set 函数

所有的图形对象都有属性，本节主要介绍如何获取、设置和修改这些属性，这就要用到对对象进行操作时常用的 get 和 set 两个函数。图形对象属性值的获取由 get 函数实现图形对象属性值的设置由 set 函数实现。

1. get 函数

该函数的常用调用格式如下。

- get(h)　获取图形对象 h 的所有属性及其属性值。
- get(h，'PropertyName')　获取图形对象 h 指定的属性 PropertyName 的属性值。
- get(h，'Default')　获取当前对象 h 的所用默认值。

2. set 函数

该函数的主要调用格式如下：

set(h，'PropertyName1'，'PropertyValue1'，'PropertyName2'，'PropertyValue2'…)　设置图形对象句柄 h 指定的属性 PropertyName 的属性值。

下面通过实例来看一下这两个函数的用法。

【例 6-43】 建立一个补片函数，并获取和设置其常用属性的属性值。

```
>>h=patch                          % 建立一个补片函数，并返回其句柄
```

默认的 patch 图形如图 6-49 所示。

```
>>get(h,'facecolor')
ans =
      0     0     0
```

即 patch 的表面颜色为黑色。

```
% 对 patch 重新设置表面颜色、边界颜色、标记和标记面颜色属性
  >>set(h,'marker','o','markerfacecolor',…
        [1 1 0],'edgecolor',[0 1 1],…
        'facecolor',[0 0 1])
```

重新设置属性后的 patch 图形如图 6-50 所示。

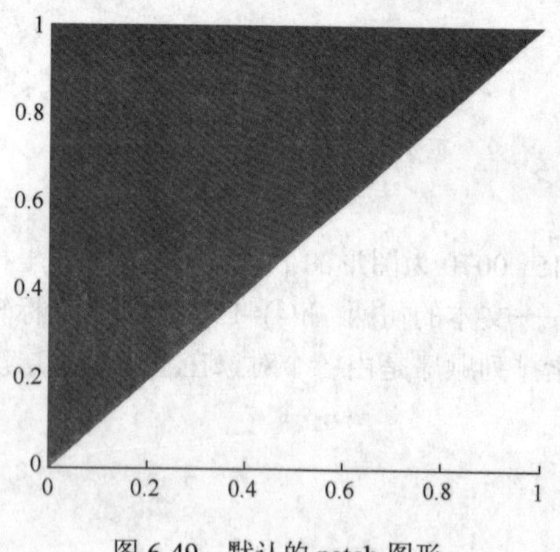

图 6-49　默认的 patch 图形

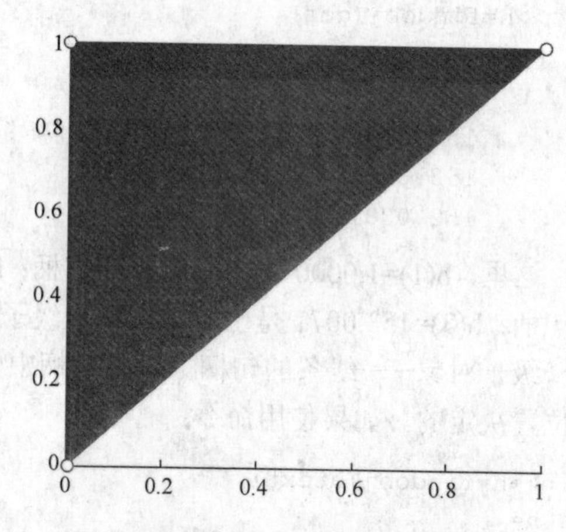

图 6-50　重新设置属性后的 patch 图形

【例 6-44】 画余弦和正弦曲线，并练习使用 set 和 get 函数。

```
>>t=0:pi/20:2*pi;
>>y1=sin(t);
>>hline1=plot(t,y1)
>>hold on
>>y2=cos(t);
>>hline2=plot(t,y2)
```

默认的正弦和余弦曲线如图 6-51 所示。

```
% 重新设置正弦曲线的线型、线宽和颜色
>>set(hline1,'linestyle',':','linewidth',2.5,'color','r')
```

重新设置属性的正弦曲线如图 6-52 所示。

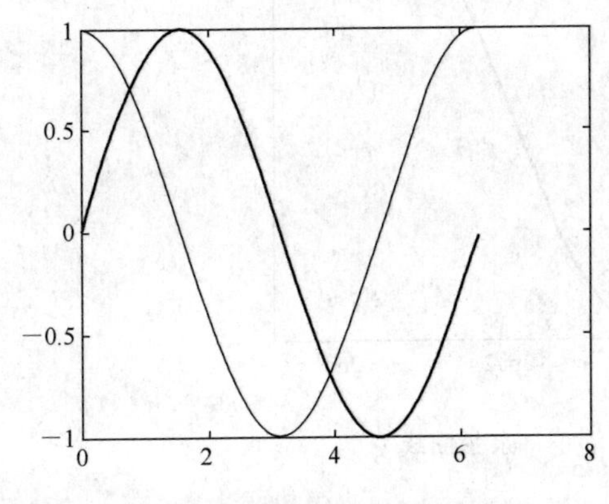

图 6-51 默认的正、余弦曲线

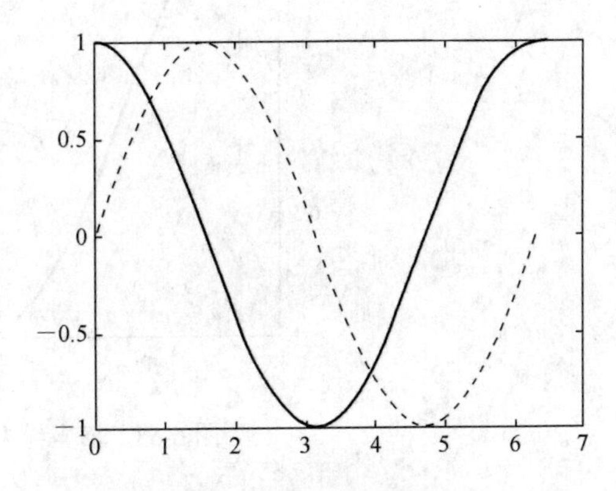

图 6-52 正弦曲线的某些属性被重新设置

利用 get 函数看一下正弦曲线的属性是不是 set 函数所设置的属性，命令如下：

```
>>get(hline1,{'linestyle','linewidth','color'})
ans =
      ':'    [2.5000]    [1x3 double]
```

上面的命令运行的结果正是 set 函数所设置的属性值。这里颜色属性值为[1 0 0]，即红色，所以用[1×3 double]来显示结果。同时在命令窗口还可以得到正、余弦曲线的句柄值分别为：

```
>>hline1 =
           168.0304
>>hline2 =
           169.0304
```

如果想改变余弦曲线一些属性，也可以进行类似的设置。

对于三角函数图形，用户通常习惯将其横坐标的刻度以弧度来表示，利用 MATLAB 中的函数 xtick 和 xticklabel 将非弧度刻度表示为弧度刻度。下面将[例 6-44]中的横坐标刻度利用这两个函数重新设置。

【例 6-45】 画余弦和正弦曲线，并将其横坐标以弧度形式表示。

```
>>t=0:pi/20:2*pi;
>>y1=sin(t);
>>hline1=plot(t,y1)
>>hold on
>>y2=cos(t);
>>hline2=plot(t,y2)
>>set(gca,'xtick',[0:pi/2:2*pi],…
    'xticklabel',{'0' 'pi/2' 'pi' '3pi/2' '2pi'},…
    'fontsize',8,'fontweight','bold')
```

横坐标为弧度的正、余弦曲线如图 6-53 所示。

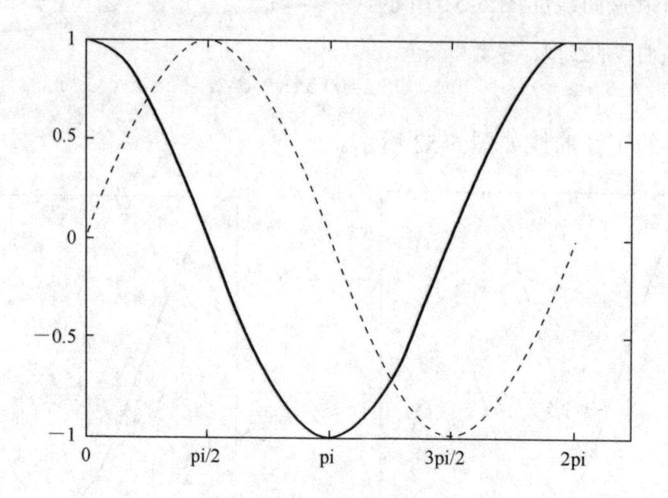

图 6-53 横坐标为弧度的正、余弦曲线

6.1 画一个如图 6-54 所示的警示牌，要求背景为红色，字“stop”为白色。

图 6-54 习题 6.1 结果

参考代码如下：

```
t=(1:2:15)*pi/8;          % 生成 8 个数据点
x=sin(t);
y=cos(t);
fill(x,y,'r')             % 连同上面两条语句生成圆的内
                            接 8 边形，并将 8 边形构成
                            的面涂成红色
text(0,0,'STOP','color',[1 1 1],'fontsize',80,…
 'fontweight','bold','horizontalalignment',
 'center')
```

6.2 利用二维绘图命令 plot、stem、stairs、bar、pie 绘制抛物线 $y=x^2$，并将这 5 个图形利用子图命令 subplot 画在同一个图形窗口中。

参考结果如图 6-55 所示。

6.3 绘制一置于坐标轴中心的矩形，并利用句柄图形将其属性 facecolor、edgecolor 和 linewidth 重新设置。

参考结果如图 6-56 所示。

6.4 利用标识“^”绘制一对数曲线 ln（x），并将标识的 markeredgecolor、markerfacecolor 和 markersize 属性重新设置。

参考结果如图 6-57 所示。

6.5 绘制一墨西哥草帽图，并对其做色彩控制、视觉效果和光照效果处理。

参考结果如图 6-58 所示。

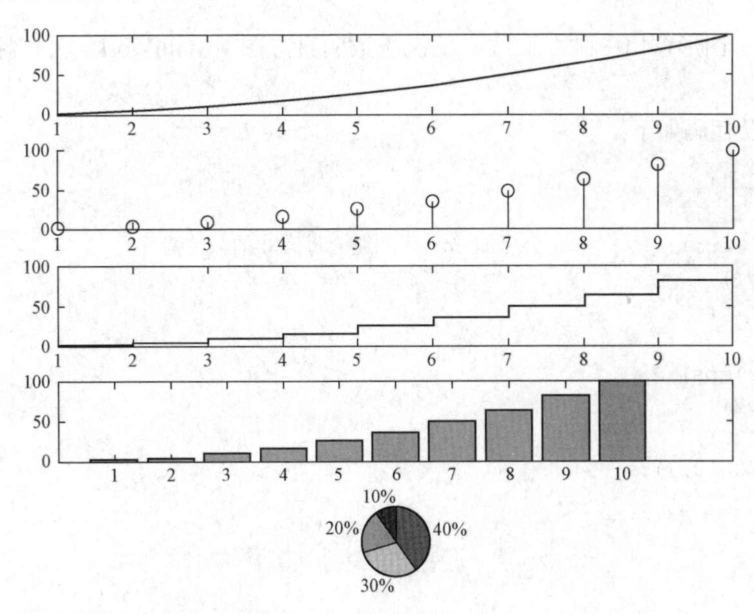

图 6-55 习题 6.2 结果

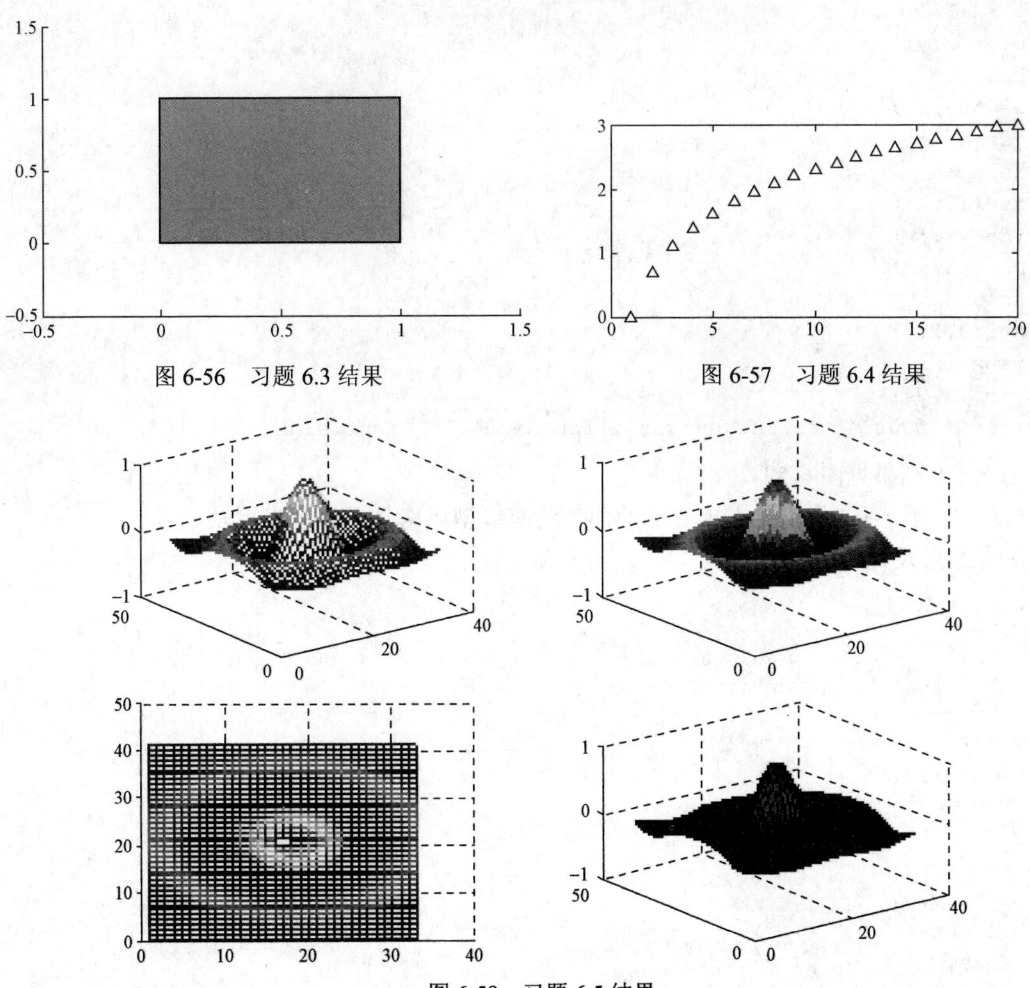

图 6-56 习题 6.3 结果

图 6-57 习题 6.4 结果

图 6-58 习题 6.5 结果

6.6　在同一图形窗口中画双曲线、随机函数的直方图、MathWorks 公司标志 membrane 和正菱形。

参考结果及代码如下：

```
subplot(221)
x1=-10:0.1:-1;
y1=1./(x1+eps);          % 分母加 eps 可回避分母为 0 的非法情况
plot(x1,y1)
x2=1:0.1:10;
hold on
y2=1./(x2+eps);
plot(x2,y2)
subplot(222)
y=randn(10000,1);
hist(y,20)
subplot(223)
membrane
subplot(224)
x=-1:0.1:0;
y1=x+1;
plot(x,y1)
hold on
x=0:0.1:1;
y2=-x+1;
hold on
x=-1:0.1:0;
y3=-x-1;
plot(x,y3)
hold on
x=0:0.1:1;
y4=x-1;
plot(x,y4)
gtext('four different curves','fontsize',14,'fontweight','bold')
```

习题 6.6 结果见图 6-59。

6.7　绘制一正方形，要求正方形的四个边有线型风格且不显示坐标轴。

参考结果及代码如下：

```
t=-1:0.05:1;
y1=-1;
plot(t,y1,'*')
hold on
y2=1;
plot(t,y2,'*')
hold on
y=-1:0.05:1;
t1=-1;
plot(t1,y,'*')
hold on
t2=1;
plot(t2,y,'*')
```

```
axis off
```

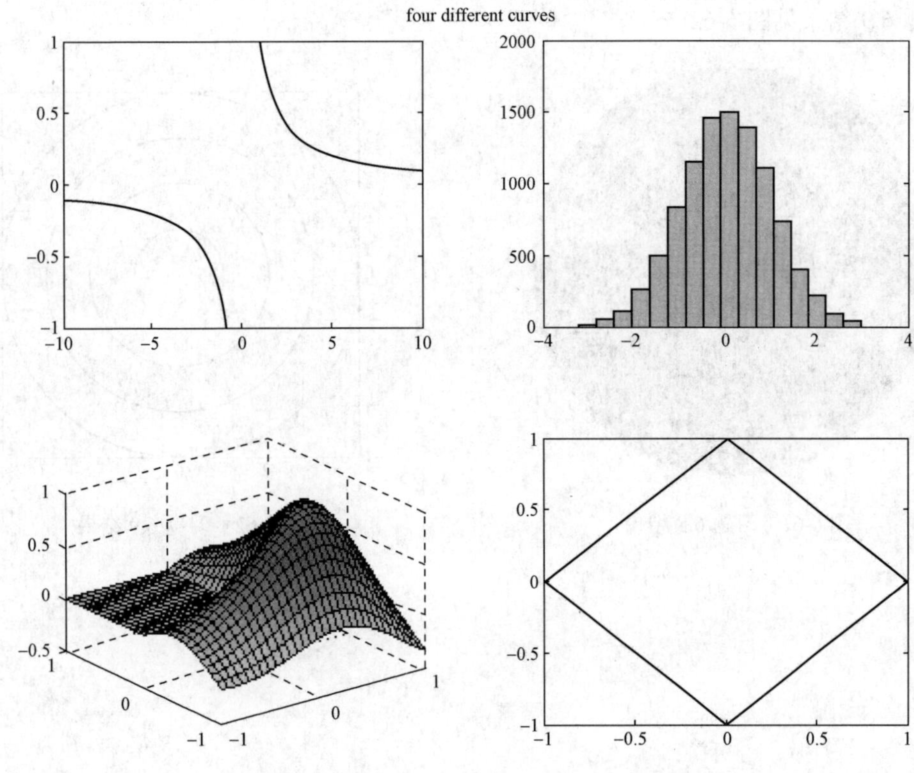

图 6-59 习题 6.6 结果

习题 6.7 结果见图 6-60。

图 6-60 习题 6.7 结果

6.8 绘制一个笑脸，要求将圆的内部涂成红色，并将其边界颜色改成白色。

参考结果及代码如下：

```
t=0:pi/128:2*pi;
x=sin(t);
y=cos(t);
fill(x,y,'r','edgecolor',[1 1 1])
axis square
axis off
gtext('~','fontsize',40,'fontweight','bold')
gtext('~','fontsize',40,'fontweight','bold')
gtext('>','fontsize',35,'fontweight','bold')
```

习题 6.8 结果见图 6-61。

6.9 绘制一个等间距的同心圆。

参考结果及代码如下：

```
t=0:pi/40:2*pi;            % 为了使圆尽可能的圆，步长要设置得小些
x=exp(i*t)';               % 生成圆的函数
y=[x  2*x  3*x  4*x];      % 通过增加 y 中元素的个数，可以增加同心圆的个数
plot(y)
```

```
axis('square')
```

习题 6.9 结果见图 6-62。

图 6-61 习题 6.8 结果

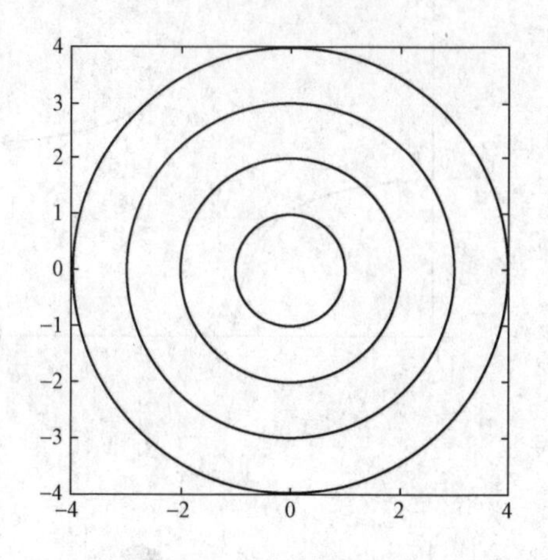

图 6-62 习题 6.9 结果

第七章　MATLAB 的图形用户界面 GUI

简单地讲，图形用户界面（Graphic User Interface，GUI）是一个人机交互界面，具有操作方便、控制灵活的特点，已成为现代应用程序的主要交互方式。一个应用程序通常都需要具备一个友好的图形界面，它包含两类基本的图形对象：一类是用户界面控制对象（Uicontrol），即控件对象；另一类是用户界面菜单对象（Uimenu）。本章介绍创建图形用户界面（GUI）的具体方法，首先对 GUI 的基本情况作简单的介绍，然后说明 GUI 开发环境及其组成部分的用途和使用方法，最后在 GUI 的向导设计和程序设计中熟悉和掌握其使用方法。

第一节　GUI 设计工具简介

在开发一个应用程序时通常都会尽量做到界面友好、直观，最常用的方法就是使用图形用户界面。在 MATLAB 中，图形用户界面是一个包含多种对象的图形窗口。用户必须对功能对象进行界面布局和编程，从而使用户在激活 GUI 的功能对象时能够执行相应的行为。

MATLAB 为用户开发图形界面提供了一个方便、高效的集成开发环境 GUIDE（Graphic User Interface Development Environment）。GUIDE 主要是一个界面设计工具集，MATLAB 将所有 GUI 的控件都集成在这个环境中并提供界面外观、属性和行为响应方式的设置方法。GUIDE 将用户设计好的 GUI 保存在一个 FIG 文件中，同时还自动生成一个包含 GUI 初始化和组件界面布局控制代码的 M 文件。这个 M 文件为实现回调函数（当用户激活 GUI 某一个组件时执行的函数）提供了一个参考框架，这样既简化了 GUI 应用程序的创建工作，又可以使用户直接使用这个框架来编写自己的函数代码。

GUIDE 根据用户 GUI 的版面设计过程自动生成的 M 文件框架具有以下优点：

- 应用程序 M 文件已经包含一些有用的函数代码，无须用户自行编写；
- 可以使用该 M 文件来管理图形对象句柄并执行回调函数子程序；
- 提供管理全局数据的途径；
- 文件支持自动插入回调函数原型，确保当前 GUI 与未来发布版本的兼容性；
- 实现一个 GUI 主要包括 GUI 界面设计和 GUI 组件编程两项工作。

整个 GUI 的实现过程可以分为以下几步：

- 使用界面设计编辑器进行 GUI 界面布局设计；
- 理解应用程序 M 文件中所使用的编程技术；
- 编写 GUI 组件行为响应控制（即回调函数）代码。

一、启动 GUIDE

在 MATLAB 中，GUIDE 提供了多种设计模板以方便用户使用 GUI。这些模板均包含相关的回调函数，用户可以打开它所对应的 M 文件，查看其工作方式，或修改相应的函数，从而实现自己需要的功能。

在 MATLAB 中，可以通过如下两种方法来访问模板：

- 直接输入 guide 命令，打开如图 7-1 所示的对话框；
- 通过 File→New 命令也可以打开 GUI 模板界面。

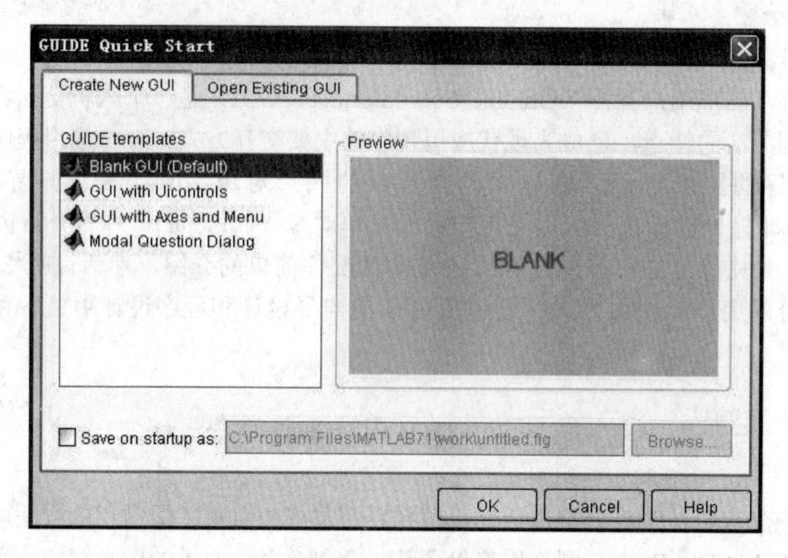

图 7-1 进入 GUI 的初始界面

在模板设计界面中，用户可以选择创建新的 GUI 或者打开原有的 GUI。在创建新的 GUI 时，MATLAB 提供了空白模板、带有控制按钮的模板、带有坐标轴和菜单的模板以及问答式对话框 4 种模板。其中空白模板如图 7-2 所示。

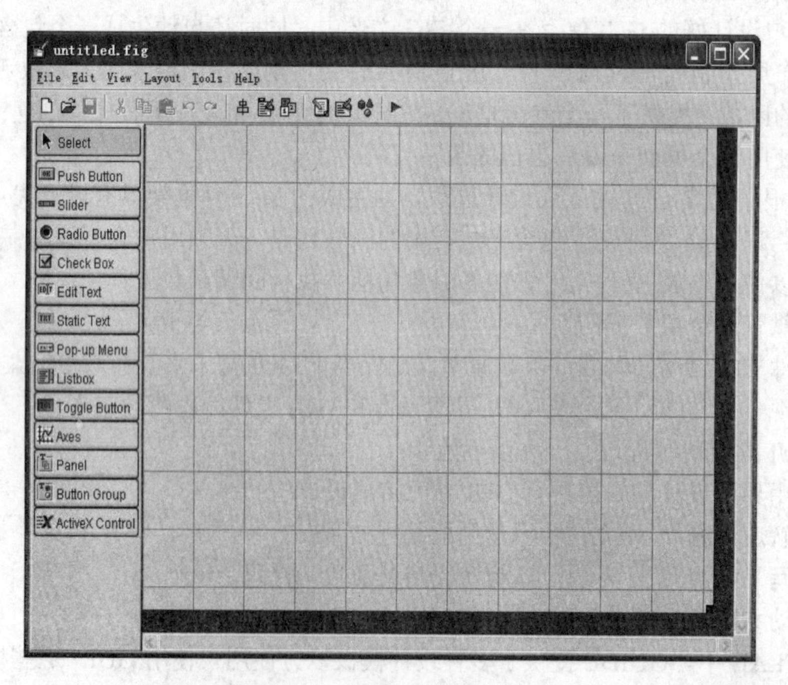

图 7-2 空白界面编辑器外观图

二、用户界面控件对象介绍

在空白模板中，GUIDE 提供了用户界面控件以及界面设计工具集来完成用户界面的创建工作，用户界面控件分布在界面编辑器的左侧，下面对各控件加以介绍。

（1）Push Button：按钮（Push Button），是小的矩形面，其上标有说明该按钮功能的文本。将鼠标指针移至按钮并单击按钮被按下随即自动弹起，并执行回调程序。

按钮的 Style 属性的默认值是 pushbotton。

（2）Toggle Button：开关按钮（Toggle Button），和一般按钮形状相同，区别在于它有两种状态——“开”（按钮弹起）和“关”（按钮按下），单击按钮，它会从一种状态变成另一种状态，并执行相应的回调程序（两种状态各对应不同的回调程序）。

按钮“开”时，Value 属性的值为在 Max 属性中指定的值；按钮“关”时，Value 属性的值为在 Min 属性中指定的值。

按钮的 Style 属性的默认值是 togglebutton。

（3）Edit Text：编辑框（Edit Text），允许用户动态地编辑文本字符串或数字，就像使用文本编辑器或文字处理器一样。编辑框一般用于让用户输入或修改文本字符串和数字。

编辑框的 String 属性的默认值是 edit。

（4）Pop-up Menu：弹出式菜单（Pop-up Menu），向用户提出互斥的一系列选项清单，用户可以选择其中的某一项。弹出式菜单不同于前面讲过的菜单（下拉式菜单），它不受菜单栏的限制，可以位于图形窗口内的任何位置。

通常状态下，弹出式菜单以矩形的形式显示，矩形中含有当前选择的选项，在选项右侧有一个向下的箭头来表明该对象是一个弹出式菜单。当指针处在弹出式菜单的箭头之上并单击鼠标时，显示所有选项。移动指针到不同的选项，单击就选中了该选项，同时关闭弹出式菜单，显示新的选项。

选择一个选项后，弹出式菜单的 Value 属性值为该选项的序号。

弹出式菜单的 Style 属性的默认值是 popupmenu，在 String 属性中设置弹出式菜单的选项字符串，在不同的选项之间用 | 分隔，类似于换行。

（5）Radio Button：单选按钮（Radio Button），又称无线按钮，它由一个标注字符串（在 String 属性中设置）和字符串左侧的一个小圆圈组成。当它被单击时，圆圈被填充一个黑点，且属性 Value 的值为 1；若未被单击，圆圈为空，属性的 Value 值为 0。

单选按钮一般用于在一组互斥的选项中选择一项。为了确保互斥性，各单选按钮的回调程序需要将其他各项的 Value 值设为 0。

单选按钮 Style 的属性的默认值是 radiobutton。

（6）Panel：图文框（Panel），图文框是填充的矩形区域。一般用来把其他控件放入图文框中，组成一组。图文框本身没有回调程序。注意只有用户界面控件可以在图文框中显示。由于图文框是不透明的，因而图文框的定义顺序就很重要，必须先定义图文框，然后定义放到图文框中的控件。因为先定义的对象先画，后定义的对象后画，后画的对象覆盖到先画的对象上。

（7）Static Text：静态文本框（text），静态文本框用来显示文本字符串，该字符串内容由属性 String 确定。静态文本框之所以称为“静态”，是因为文本不能被动态地修改，而只能通过重新设置 String 属性来更改。静态文本框一般用于显示标记、提示信息及当前值。静态文本框的 Style 属性的默认值是 text。

（8）Listbox：列表框（listbox），列表框中列出一些选项的清单，并允许用户选择其中的一个或多个选项，一个或多个的模式由 Min 和 Max 属性控制。

Value 属性的值为被选中选项的序号，同时也指示选中选项的个数。

当单击鼠标左键选中该项后，Value 属性的值被改变，释放鼠标左键的时候 MATLAB 执行列表框的回调程序。

列表框的 Style 属性的默认值是 listbox。

（9）Check Box：复选框（checkbox），又称检查框，它由一个标注字符串（在 String 属性中设置）和字符串左侧的一个小方框所组成。选中时在方框内添加√符号，Value 属性值设为 1；未选中时方框变空，Value 属性值设为 0。复选框一般用于表明选项的状态或属性。

（10）Slider：滑动条（slider），又称滚动条，包括 3 个部分，分别是滑动槽，表示取值范围；滑动槽内的滑块，代表滑动条的当前值；以及在滑动条两端的箭头，用于改变滑动条的值。

滑动条一般用于从一定的范围中取值。改变滑动条的值有 3 种方式，一种是用鼠标指针拖动滑块，在滑块位于期望位置后释放鼠标；另一种是当指针处于滑块槽中但不在滑块上时，单击鼠标左键，滑块沿该方向移动一定距离，距离的大小在属性 SliderStep 中设置，默认情况下等于整个范围的 0%；第三种是在滑块条的某一端单击箭头，滑块沿着箭头的方向移动一定的距离，距离的大小在属性 SliderStep 中设置，默认情况下为整个范围的 1%。

滑动条的 Style 属性的默认值是 slider。

（11）Button Group：按钮组（Button Group），放到按钮组中的多个单选按钮具有排他性，但与按钮组外的单选按钮无关。制作界面时常常会遇到有几组参数具有排他性的情况，即每一组中只能选择一种情况。此时，可以用几组按钮组表示这几组参数，每一组单选按钮放到一个按钮组控件中。

（12）ActiveX Control：ActiveX 控件（ActiveX Control），MATLAB 7 增加了 ActiveX 控件，它可以很方便地使用外部控件，例如 VB，VC 中常常用到的一些控件。这个特性使得用 MATLAB 进行界面制作变得更有价值。

上面介绍了 GUI 的相关控件，那么如何将所需的控件放到界面编辑器右侧的空白区呢？例如，在空白区添加坐标轴和 3 个按钮控件，具体操作如下：单击所需控件并按住左键不放，将控件拖到适当的位置，然后释放左键。控件的大小还可以调整，选择所需控件，当鼠标由十字花箭头变为斜向的双向箭头时，按住鼠标左键不放，移动鼠标直到控件的大小使自己满意为止，然后释放左键。图 7-3 是带有坐标轴和 3 个按钮的界面编辑器外观图。

三、几何位置排列工具

利用对象对齐工具，可以很方便地对对象设计编辑器中设计区内多个对象的位置进行调整。从对象设计编辑器界面的工具栏上单击按钮，或者选择 Layout→Align Objects 命令，可以打开对象位置调整器，如图 7-4 所示。

利用对象对齐工具，可以设置对象在垂直方向和水平方向上的对齐方式和间距。选中多个对象后，可以通过对象对齐工具方便地进行调整。

上半部分为垂直方向调整控制区，下半部分为水平方向调整控制区。将在下节 GUI 向导设计中进一步介绍排列工具的使用。

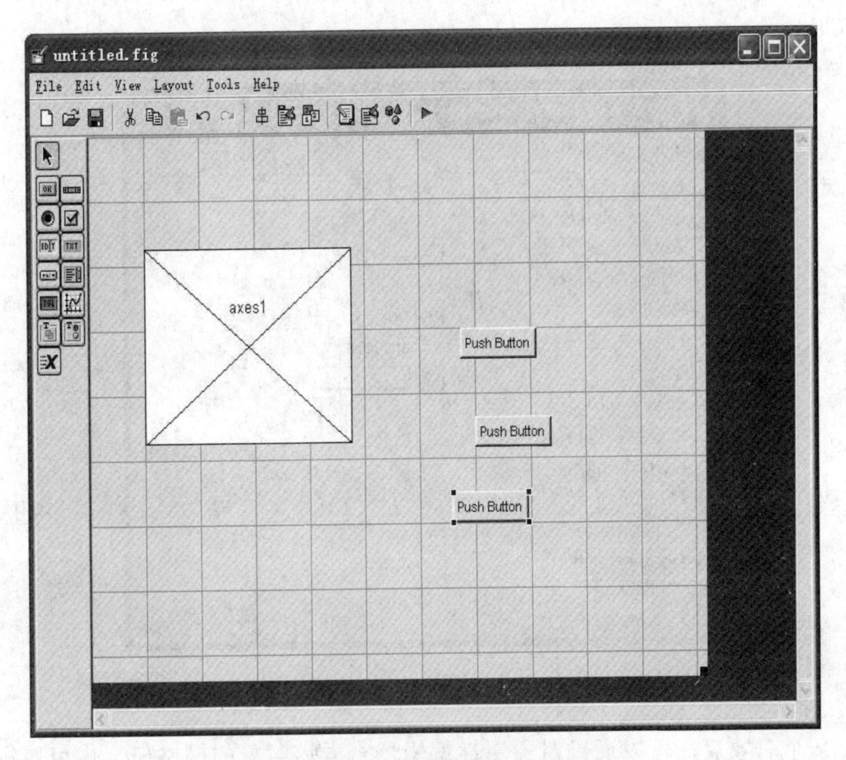

图 7-3　带有控件的图形界面编辑器外观图

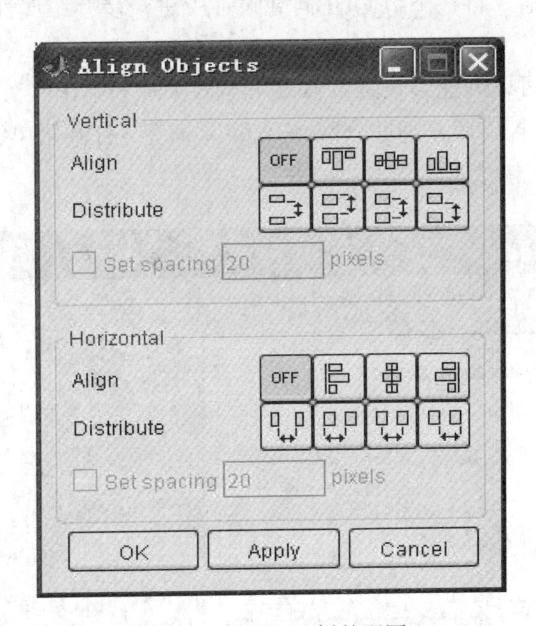

图 7-4　排列工具栏外观图

四、用属性编辑器设置控件属性

利用对象属性编辑器，可以查看、修改和设置每个对象的属性值，在对象设计编辑器界面菜单栏上选择 Edit 或 Tools 下的 Inspect Properties 命令，可以打开对象属性编辑器。另外，在 MATLAB 命令窗口的命令行输入 inspect，也可以打开对象属性编辑器。对象属性编辑器如图 7-5 所示。

图 7-5 属性编辑器外观图

在选中某个对象后，可以通过对象属性编辑器查看该对象的属性值，也可以根据实际需要修改对象属性的属性值。将在下节 GUI 向导设计中进一步介绍属性编辑器的使用。

五、菜单编辑器

利用菜单编辑器，可以创建、设置、修改下拉式菜单和弹出式菜单。在 GUIDE 中单击工具栏上的按钮，或者选择 Layout→Menu Editor 命令，打开菜单编辑器的界面，如图 7-6 所示。

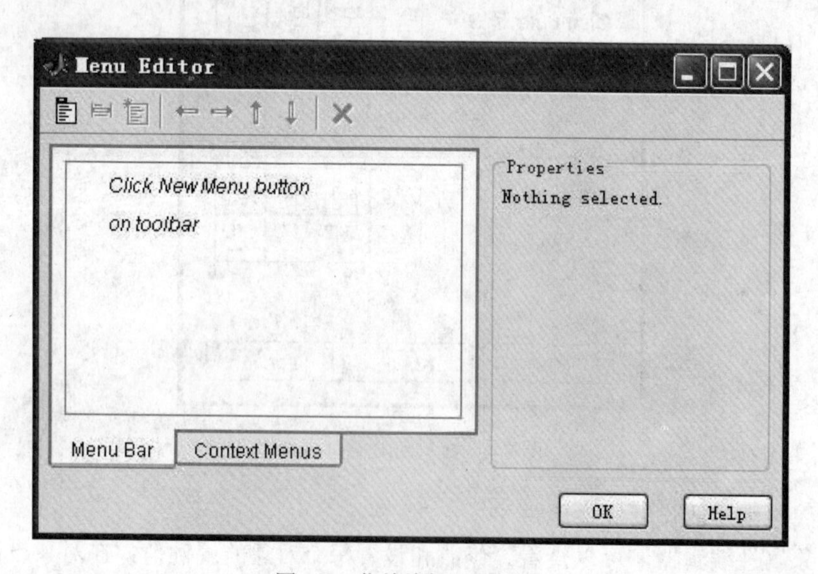

图 7-6 菜单编辑器界面图

GUIDE 能够创建两种类型的菜单。一种是在图形窗口菜单栏中显示的菜单栏菜单；另一种是当用户在图形对象上单击鼠标右键时弹出的上下文菜单。可以使用菜单编辑器来创建这两种类型的菜单。

1. 创建菜单栏菜单

图 7-6 中左上角第一个按钮用于创建下拉式菜单。用户可以通过单击它来创建下拉式主菜单；第二个按钮用于创建下拉式菜单的子菜单，在选中已经创建的下拉式菜单后，可以单击这个按钮来创建选中的下拉式主菜单的子菜单。选中创建的某个下拉式菜单后，菜单编辑器的右边就会显示该菜单的有关属性，用户可以在这里设置、修改菜单的属性。

其中，Label 文本框中为菜单显示的文字内容；Tag 文本框中为回调函数的函数名的前半部分。单击 Callback 后面的 View 可以跳转到 M 文件中的相应的回调函数所在位置，方便用户对该菜单的回调函数进行编辑、修改。

图 7-7 为定义了 3 个主菜单及其下拉式菜单的菜单编辑器外观。

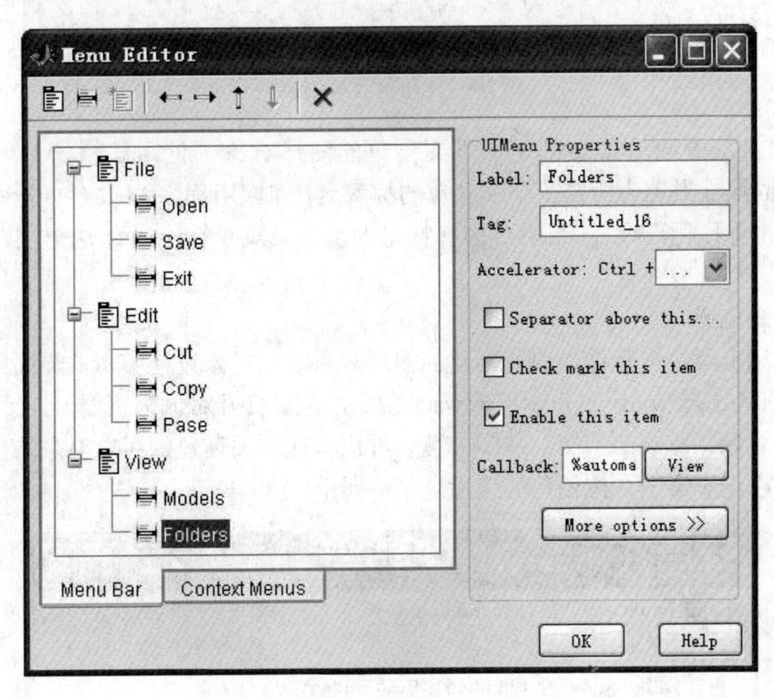

图 7-7 下拉式菜单创建图

2. 创建上下文菜单

利用菜单编辑器创建上下文菜单对象后，当用户在图形对象上单击鼠标右键时，上下文菜单会随之弹出，这样可以根据上下文的具体内容修改图形对象的相应属性，故菜单编辑器能够创建上下文菜单并将其与图形对象联系起来。

上下文菜单的所有菜单命令并不显示在窗口菜单栏中。单击菜单编辑器工具栏中的 New Context Menu 按钮来创建菜单并为之定义一个标签名称，如图 7-8 所示。

注意在创建菜单之前要选择菜单编辑器的 Context Menu 标签界面。使用菜单编辑器工具栏中的 New Menu Item 按钮来创建上下文菜单命令的具体内容，然后给该菜单命令添加一个标签并定义回调字符串。

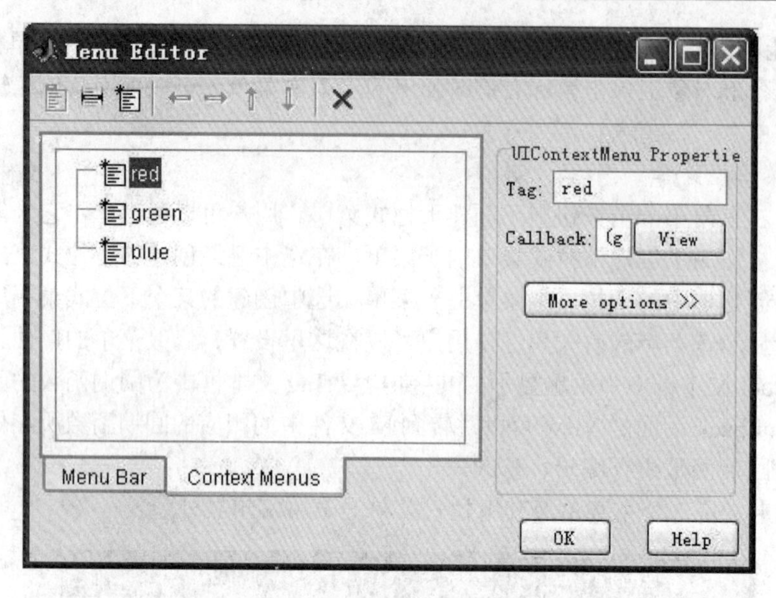

图 7-8 上下文菜单创建图

在界面编辑器中选择需要创建上下文菜单的图形对象，使用属性检查器将该对象的 UIContextMenu 属性设置为所需上下文菜单的标签名。在应用程序 M 文件中给每个上下文菜单命令添加一个回调子函数，当用户选择特定的上下文菜单命令时，这个回调子函数将被调用。

六、对象浏览器

利用对象浏览器，可查看当前所创建的图形对象。从对象设计编辑器界面的工具栏上单击按钮，或者选择 Tools→Object Browser 命令，可以打开对象浏览器。

图 7-9 为对象浏览器的示例，从图中可以看出，在前面创建的所有对象均显示在对象浏览器中，对象在浏览器中是按创建的先后顺序显示的。

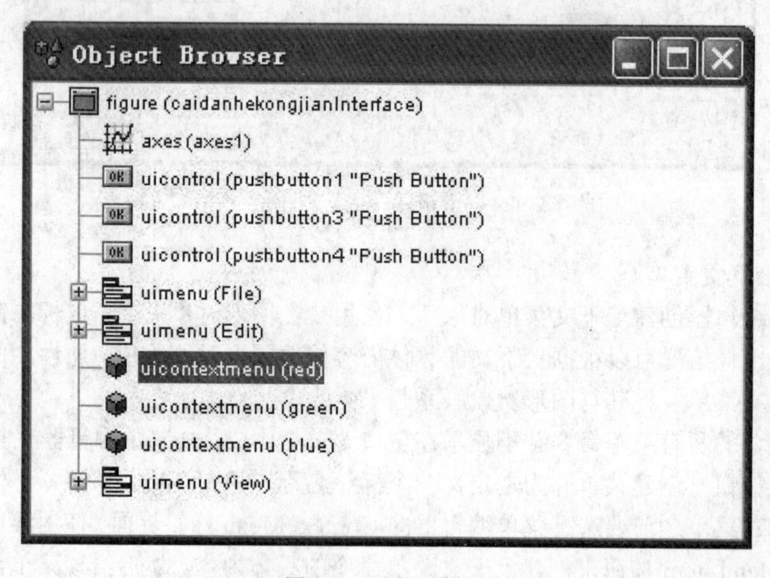

图 7-9 对象浏览器

第二节 GUI 向导设计

GUI 的向导设计，简单地说，就是利用 GUI 设计工具集实现多种控制对象的设计。本节将通过实例实践其具体操作过程。

【例 7-1】 设计一个带有 3 个按钮和一个坐标轴的图形用户界面，当用鼠标单击 3 个按钮时，分别在坐标轴内画 sphere，peaks 和 membrane 三个图形。

1. 创建控件

前面已经建立了带有一个坐标轴和 3 个按钮控件的图形界面，这里就不赘述了，如图 7-3 所示。

2. 设置控件对齐方式

若控件排列不够整齐，当控件个数较少时，逐个调整尚可；但当控件个数较多时，逐个调整将变得麻烦、费时，这时可以应用几何位置排列工具对控件的位置进行调整。

首先要将待调整的控件同时选中。选中方法有两种：一是按住 Ctrl 键，逐一单击要调整的控件；二是按住鼠标左键进行拖拽框选，然后单击工具栏上的按钮打开几何位置排列工具窗口，再单击下面的按钮，使得所选的控件左对齐，单击“确定”按钮后，界面设计编辑器效果如图 7-10 所示。

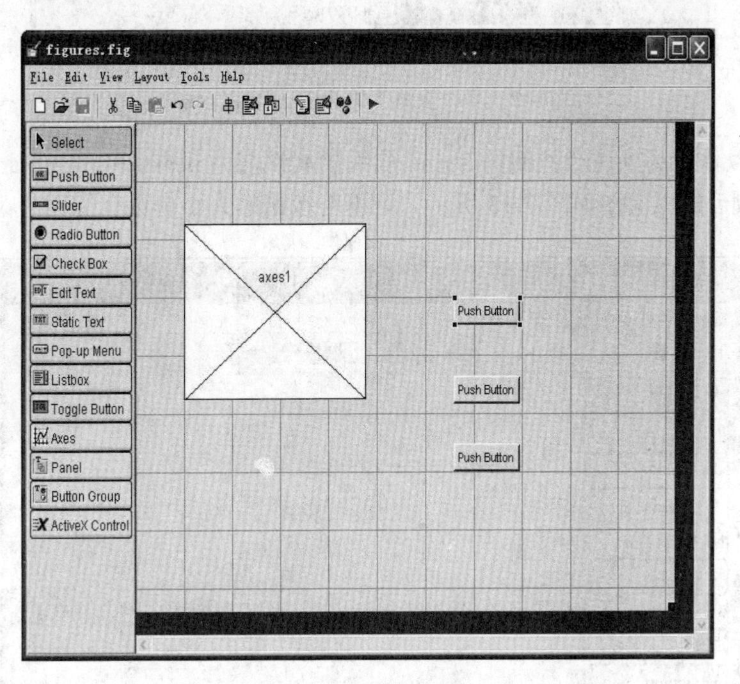

图 7-10 调整空间位置后的界面设计编辑器外观图

3. 设置控件属性

图 7-10 中共有 3 个按钮，每个按钮行使相应的功能，在按钮上双击可以打开按钮属性编辑器，如图 7-11 所示，该图的左侧是按钮的所有属性，右侧是其属性值。

下面将按钮 1 的属性 String 的默认值 pushbutton 修改为 sphere，如图 7-12 所示。

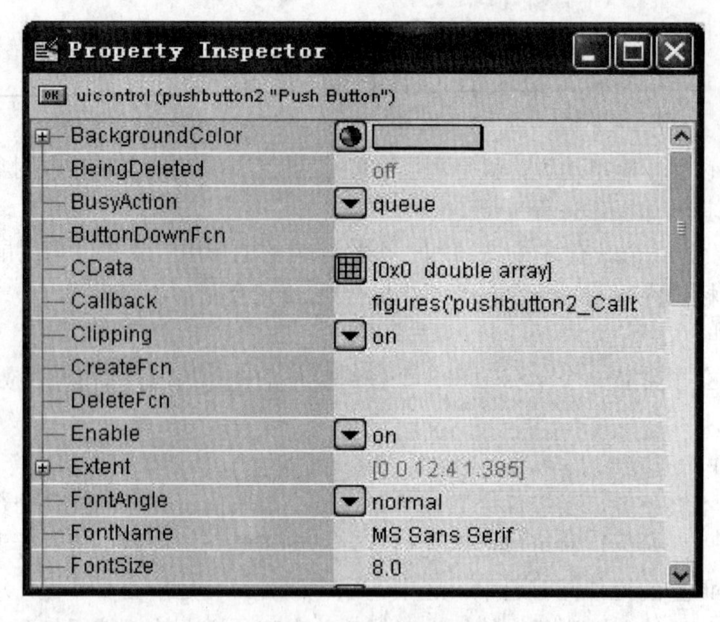

图 7-11　按钮属性编辑器外观图

图 7-12　修改按钮 1 的 String 属性值截图

同理，可以修改另外两个按钮的 String 属性的属性值为 peaks 和 membrane。3 个按钮的 String 属性修改后的界面图如图 7-13 所示，这里对按钮的大小也进行了调整。

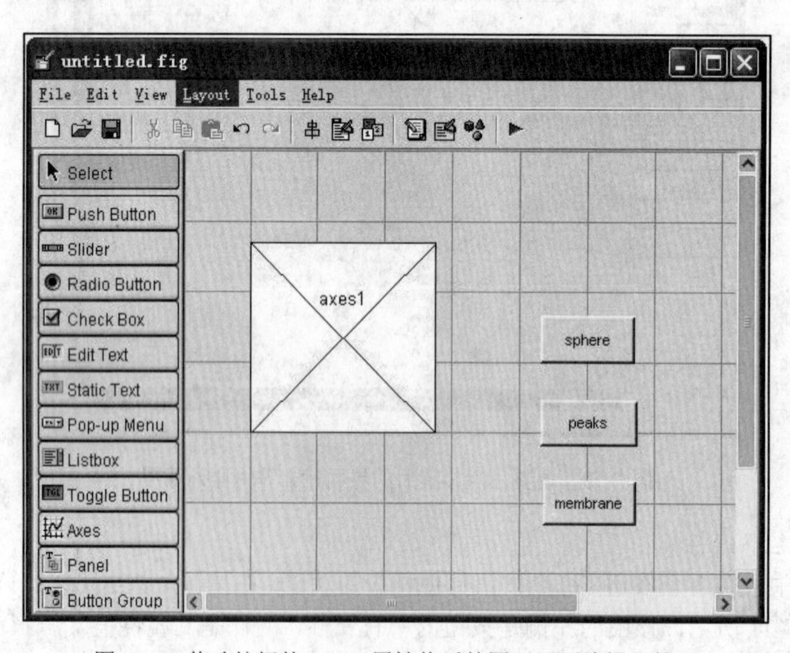

图 7-13　修改按钮的 String 属性值后的图形界面编辑器外观

除了修改按钮的 String 属性外，也可以对按钮的 fontsize，fontweight，backgroundcolor 等属性进行修改，这样可以增加图形界面的感官效果。这里就不一一演示了，读者可以按照上面的方法实践一下。

4．编写回调程序

前 3 个步骤的工作结束后，界面上的 3 个按钮就要行使其功能了。首先，单击工具栏上的保存按钮进行文件的保存，此时，会弹出 Savefile as 对话框，如图 7-14 所示，进行 FIG 文件保存，文件命名为 myGUI。

图 7-14　保存图形界面的对话框

同时，MATLAB 会自动创建一个同名的 M 文件，并且自动打开，如图 7-15 所示。

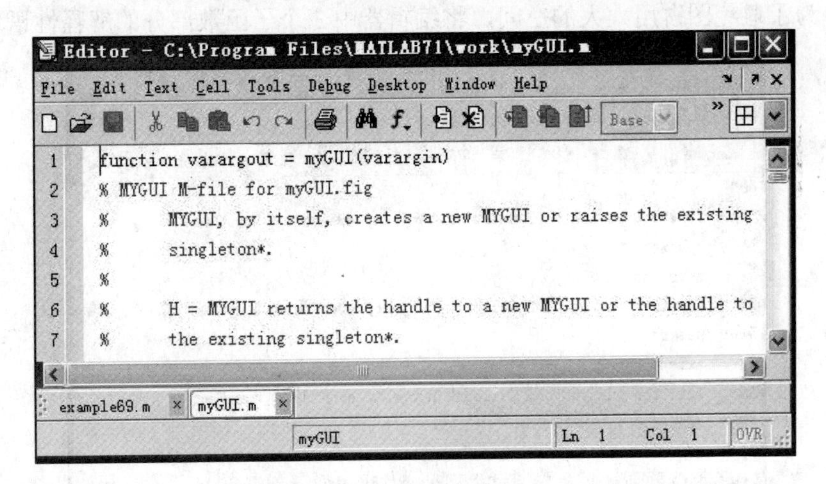

图 7-15　自动生成的 M 文件

其次，在自动生成的 M 文件中，找到与 3 个按钮有关的回调子函数，本例中的回调子函数在如图 7-16 所示的光标定位处（这里仅截取了按钮 1 的回调子函数）。

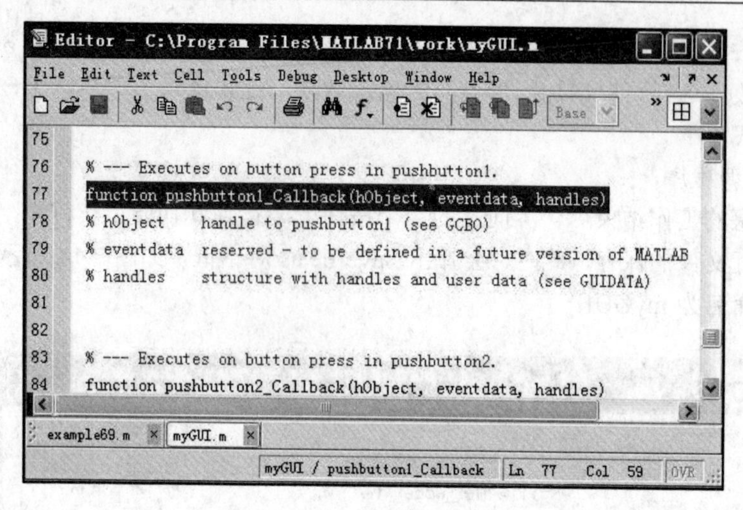

图 7-16　按钮 1 的回调子函数定位图

下面就可以在该子函数的空白处填写回调程序了。

例如，按钮 sphere 的回调程序为：

```
sphere;
axis tight;
```

按钮 peaks 的回调程序为：

```
peaks;
axis tight;
```

按钮 membrane 的回调程序为：

```
membrane;
axis tight;
```

上面的 3 个回调程序在自动生成的命名为 myGUI 的 M 文件编辑器中输入的情况如图 7-17 所示，为了避免图占用太大的空间，将编辑器中 3 个子函数部分的解释性语句删去。

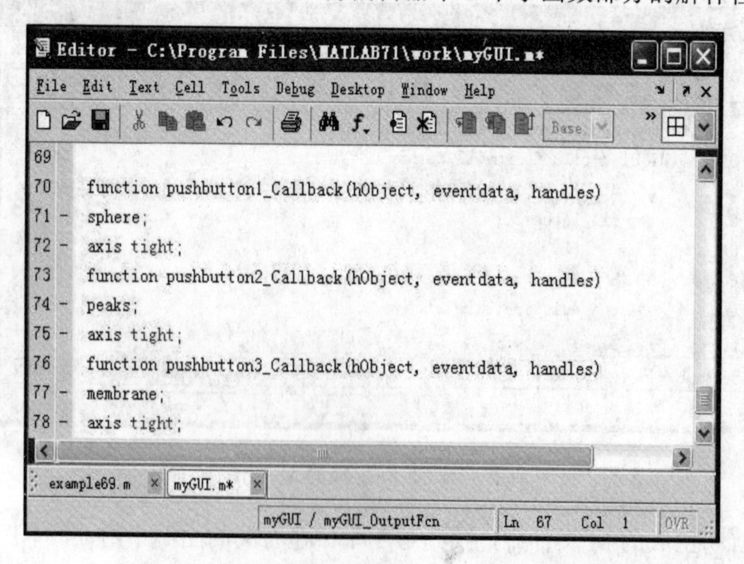

图 7-17　M 文件编辑器中的 3 个按钮的回调子函数

输入程序后，单击保存按钮，将 M 文件重新保存，然后单击 M 文件编辑器上的运行快捷按钮 或返回到图 7-13 未被激活的图形界面，单击工具栏上的运行按钮 ▶，此时生成如图 7-18（a）所示的被激活的图形界面。当单击 sphere 按钮时，在空白的坐标轴处显示球体，如图 7-18（b）所示；单击 peaks 按钮时，在空白的坐标轴处显示尖峰图，如图 7-18（c）所示；单击 membrane 按钮时，在空白的坐标轴处显示 membrane 图，如图 7-18（d）所示。

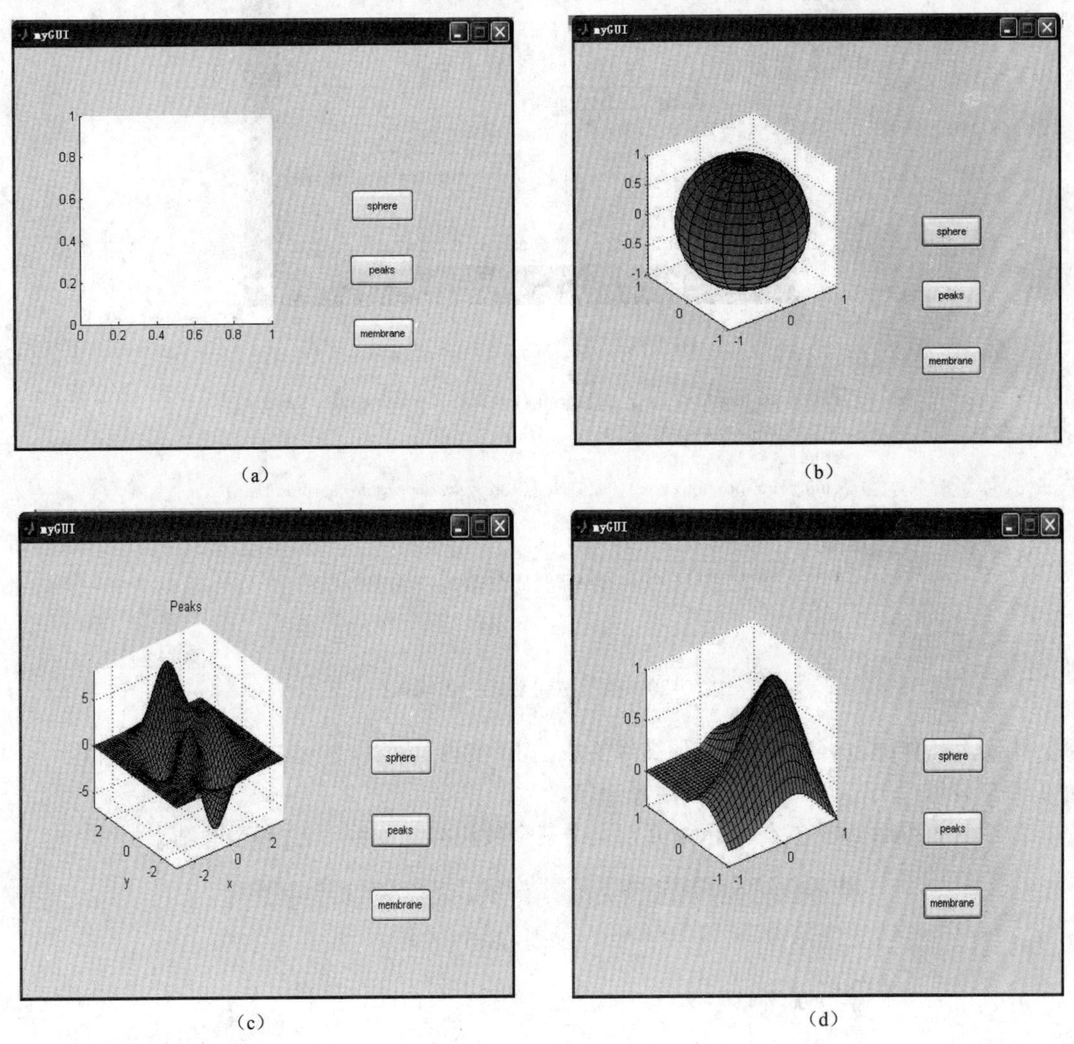

（a）　（b）　（c）　（d）

图 7-18　运行结果

（a）被激活后的界面；（b）sphere 图；（c）peaks 图；（d）membrane 图

至此，图形界面的 GUI 向导设计就完成了。还有一点需要说明的是，在编写回调程序时，也可以在属性编辑器的 Callback 属性中输入代码。事实上，两种方法得到的结果是相同的。但是，第二种方法（直接修改 Callback 属性值）适用于代码语句少的情况，如果函数体由多条语句组成，最好采用本例所使用的方法。

【例 7-2】 重新完成［例 7-1］，将三个图形分别画在三个坐标轴内。

操作过程如［例 7-1］，生成的 GUI 界面如图 7-19 所示，文件名为 myGUI2。执行三个按钮功能的代码截图如图 7-20。

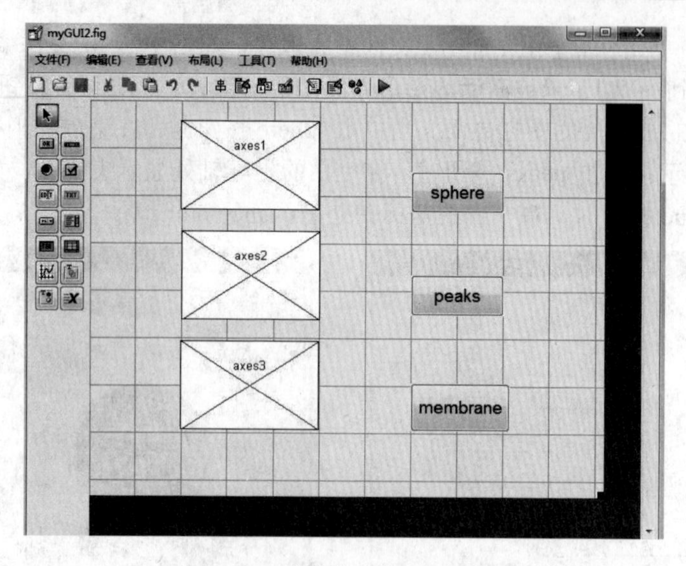

图 7-19　未被激活的 GUI 界面

```
function pushbutton1_Callback(hObject, eventdata, handles)
axes(handles.axes1)
sphere
function pushbutton2_Callback(hObject, eventdata, handles)
axes(handles.axes2)
peaks
function pushbutton3_Callback(hObject, eventdata, handles)
axes(handles.axes3)
membrane
```

图 7-20　执行按钮功能的代码截图

事实上，伴随 myGUI2.fig 图形文件生成的 M 文件 myGUI2.m 中还有一些注释语，这里为了清楚显示代码，截图时删去了注释语句。

激活后的界面如图 7-21 所示，分别点击三个按钮得到如图 7-22 所示的结果。

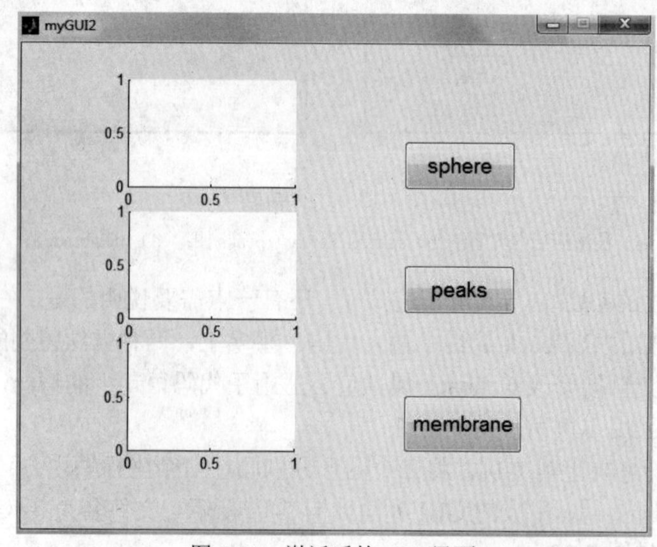

图 7-21　激活后的 GUI 界面

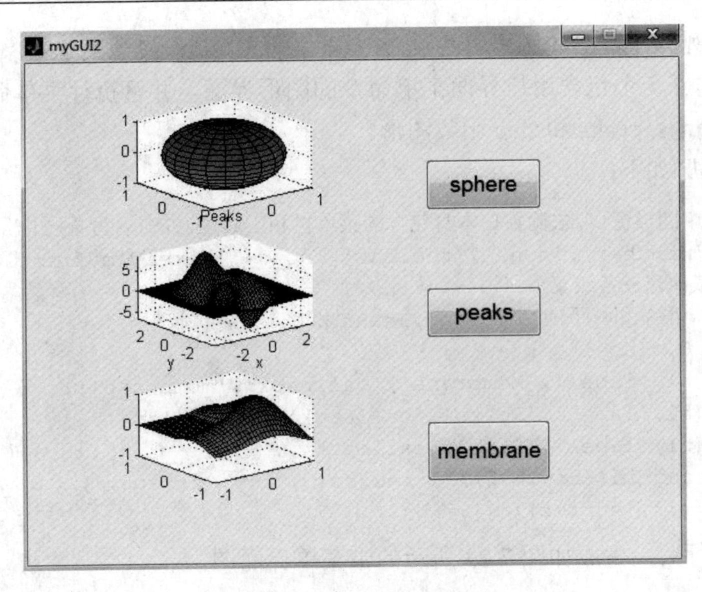

图 7-22　运行结果

第三节　GUI 程 序 设 计

上一节利用 GUI 向导设计创建了一个图形用户界面，MATLAB 把这个用户界面以图形文件 FIG 的形式保存起来，并自动生成一个 M 文件。实际上，GUI 设计向导的作用是根据用户的设计产生相应功能的 M 文件，然后运行 M 文件生成用户界面。本节将介绍如何应用函数编写用户界面，用函数编写用户界面，主要涉及 3 个函数：uimenu（菜单），uicontextmenu（上下文菜单）和 uicontrol（控件）。

一、用户界面菜单对象和上下文菜单对象的建立

1. 用户界面菜单对象的建立

自制用户菜单对象，通过函数 uimenu 创建，调用格式为：

h=uimenu('PropertyName1'，value1，'PropertyName2'，value2，…)，即在当前图形窗口上部的菜单栏创建一个菜单对象，并返回一个句柄值。函数变量 PropertyName 是所建菜单的属性，value 是属性值。菜单对象的属性分为公共属性、基本控制属性和 callback 管理属性三部分，关于属性及其详细内容见 MATLAB 帮助文件，这里介绍一些常用的重要属性的设置方法。

（1）label 和 callback。这是菜单对象的基本属性，编写一个具有基本功能的菜单必须要设置 label 和 callback 属性。Label 是在菜单命令上显示的菜单内容；callback 是用来设置菜单命令的回调程序。

（2）checked 和 separator。checked 属性用于设置是否在菜单命令前添加选中标记。记为 on 表示添加，off 表示不添加。因为有些菜单的选中标记相斥，这就要求给一个菜单命令添加选中标记的同时去掉另一个菜单命令的标记；

separator 用于在菜单命令之前添加分隔符，以便使菜单更加清晰。

（3）Background Color 和 Foreground Color。Background Color（背景色）是菜单本身的颜色；Foreground Color（前景色）是菜单内容的颜色。

下面通过实例具体说明如何运用函数命令编写程序以制作包含菜单对象的用户界面。

【例 7-3】 建立一个包含用户界面菜单命令的图形界面，并可执行菜单命令的相应功能，分别绘制 membrane，peaks 和 sinc 函数图形。

MATLAB 程序如下：

```
% 首先建立一个图形窗口,去除窗口本身包含的菜单栏和工具栏,并命名为 myfirstGUI
h0=figure('menubar','none','toolbar','none','name','myfirstGUI');
% 从左至右,依次建立各级菜单
% 先建立 Draw 菜单和其下的 Membrane,Peaks 和 Sinc 菜单命令
h1=uimenu(h0,'label','Draw');
h11=uimenu(h1,'label','Membrane','callback','membrane');
h12=uimenu(h1,'label','Peaks','callback','peaks');
h13=uimenu(h1,'label','Sinc','callback',…
 ['[x,y]=meshgrid(-5:0.5:5);','r=sqrt(x.^2+y.^2)+eps;',…
'z=sin(r)./r;','surf(z);']);
```

该段代码运行后，生成如图 7-23 所示的带菜单界面图。

```
% 建立第二个菜单 Colormap 及其下的 Cool,Hot,Spring 菜单命令,
% 当某个命令被选中时,添加选中标记,同时去掉其他命令的选中标记
h2=uimenu(h0,'label','ColorMap');
h22(1)=uimenu(h2,'label','Hot',…
    'callback',…
    ['set(h22,''checked'',''off'');',…
    'set(h22(1),''checked'',''on'');','colormap(hot);']);
h22(2)=uimenu(h2,'label','Cool',…
    'callback',…
    ['set(h22,''checked'',''off'');',…
    'set(h22(2),''checked'',''on'');','colormap(cool);']);
h22(3)=uimenu(h2,'label','Spring',…
    'callback',…
    ['set(h22,''checked'',''off'');',…
'set(h22(3),''checked'',''on'');','colormap(spring);']);
```

该段代码运行后，生成如图 7-24 所示的界面图。

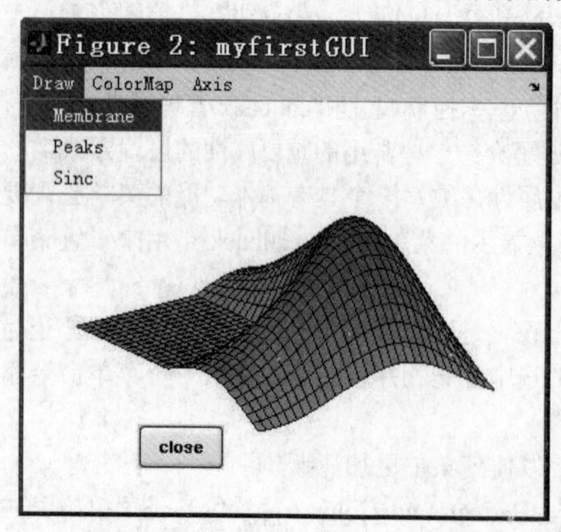

图 7-23　生成 membrane 的图形界面

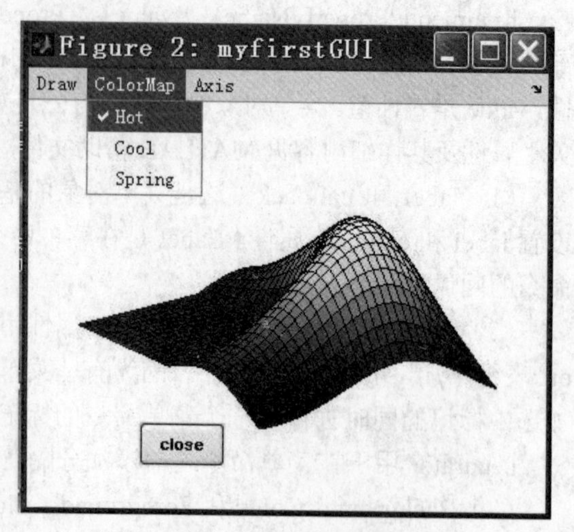

图 7-24　生成 hot 效果的图形界面

```
% 建立控制坐标轴的显示菜单 Axis,用于是否显示坐标轴
    h3=uimenu(h0,'label','Axis');
    h31=uimenu(h3,'label','Axis on',
        'callback','axis on');
   h32=uimenu(h3,'label','Axis off',
        'callback','axis off');
```

该段代码运行后，生成如图 7-25 所示的界面图。

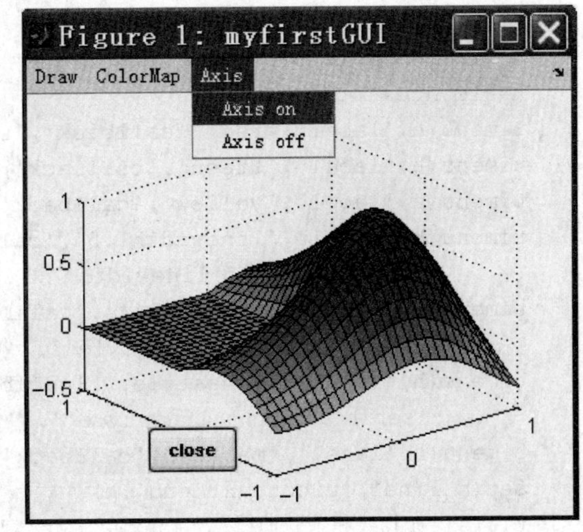

图 7-25　生成带坐标轴的图形界面

```
% 建立关闭图形用户界面按钮 close
    hbutton=uicontrol('position',[80  30
60 30],'string','close','fontsize',…
    8,'fontweight','bold','callback','
close');
```

至此，就形成了一个用户菜单界面，执行结果如图 7-23～图 7-25 所示的三个图形。实际上，运行上面的代码后，仅产生一个图形界面，为了让读者看清界面内的主菜单下的子菜单所对应的功能，在相应的位置给出了该子菜单的 callback 属性的回调程序结果。

提 示

在单引号内的字符串必须用两单引号（不等于双引号）表示所需的单引号；在设置选中标记时，先用命令 set(h22，"check"，"off")，将 h22 中 3 个句柄对应的菜单命令都设为未选中状态，然后，把选择的菜单命令设为选中状态，以保证多个命令之间的互斥性。

2. 用户界面上下文菜单的建立

与固定位置的菜单对象相比，上下文菜单对象的位置不固定，总是与某个（些）图形对象相联系，并通过鼠标右键激活，制作上下文菜单的步骤如下。

（1）利用函数 uicontextmenu 创建上下文菜单对象；

（2）利用函数 uimenu 为该上下文菜单对象制作具体的菜单项；

（3）利用函数 set 将该上下文菜单对象和某些图形对象联系在一起。

下面通过示例看一下 uicontextmenu 函数的使用。

【例 7-4】 在一个图形窗口绘制抛物线和余弦曲线，并创建一个与之相联系的上下文菜单，用于控制线条的颜色、线宽、线型及标记点风格。

MATLAB 程序如下：

```
%首先建立一个图形窗口,除去窗口本身包含的菜单条和工具条,并命名为 mycontextmenu
ho=figure('menubar','none','toolbar','none','name','mycontextmenu,…
        'position',[232  258  560  420]);
axes('position',[0.1  0.65  0.8  0.25]);
t=-1:0.1:1;
subplot(2,1,1)
```

```
y1=t.^2;
h_line1=plot(t,y1)                    % 画曲线 y1,并设置其句柄
h=uicontextmenu;                      % 建立上下文菜单
uimenu(h,'label','red','callback','set(h_line1,''color'',''r'')');
uimenu(h,'label','green','callback','set(h_line1,''color'',''g'')');
uimenu(h,'label','yellow','callback','set(h_line1,''color'',''y'')');
uimenu(h,'label','linewidth1.5','callback',…
      'set(h_line1,''linewidth'',1.5)');
uimenu(h,'label','linestyle*','callback',…
      'set(h_line1,''linestyle'',''*'')');
uimenu(h,'label','linestyle:','callback',…
      'set(h_line1,''linestyle'','':'')');
uimenu(h,'label','marker','callback','set(h_line1,''marker'',''s'')');
set(h_line1,'uicontextmenu',h)        % 使上下文菜单与正弦曲线 h_line1 相联系
title('抛物线和余弦曲线','fontweight','bold','fontsize',14)
set(gca,'xtick',[-1:0.5:1])           % 设置坐标轴的标度范围
set(gca,'xticklabel',{'-1','0.5','0','0.5','1'})   % 设置坐标轴的标度值
subplot(2,1,2)
t=0:.1:2*pi;
y2=cos(t);
h_line2=plot(t,y2)                    % 画曲线 y2,并设置其句柄
h=uicontextmenu;
uimenu(h,'label','red','callback','set(h_line2,''color'',''r'')');
uimenu(h,'label','crimson','callback','set(h_line2,''color'',''m'')');
uimenu(h,'label','black','callback','set(h_line2,''color'',''k'')');
uimenu(h,'label','linewidth1.5','callback',…
      'set(h_line2,''linewidth'',1.5)');
uimenu(h,'label','linestyle*','callback',…
      'set(h_line2,''linestyle'',''*'')');
uimenu(h,'label','linestyle:','callback',…
      'set(h_line2,''linestyle'',''s'')');
uimenu(h,'label','marker','callback',…
      'set(h_line2,''marker'',''s'')');
set(h_line2,'uicontextmenu',h)
set(gca,'xtick',[0:pi/2:2*pi])
set(gca,'xticklabel',{'0','pi/2','pi','3pi/2','2pi'})
xlabel('time 0-2\pi','fontsize',10)
% 建立关闭图形用户界面按钮 close
hbutton=uicontrol('position',[80 10 70 35],'fontsize',8,'fontweight',…
'bold','string','close','callback','close');
```

在 MATLAB 中运行该程序段，得到如图 7-26 所示图形。将鼠标指向线条，单击鼠标右键，弹出上下文菜单，在选中某菜单命令后，将执行该菜单命令的操作。

二、用户界面控件对象的建立

除了菜单以外，控件对象是另一种实现用户与计算机交互的重要手段。用户界面控件对象是这样一类图形界面的对象：用鼠标在控件对象上进行操作，单击控件时，将激活该控件所对应的后台应用程序，并执行该程序。利用函数命令创建控件对象的格式为：

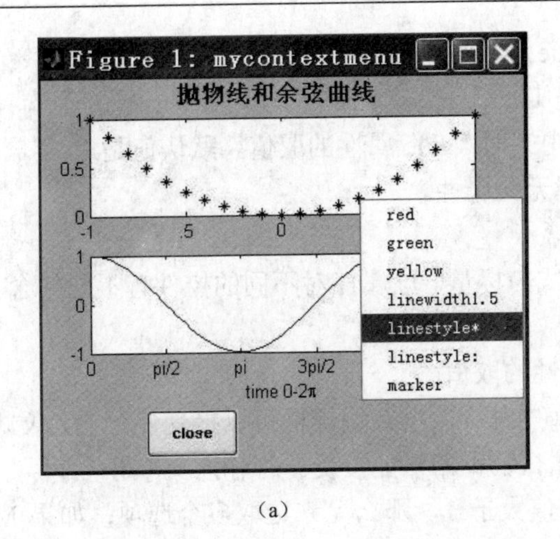

（a）

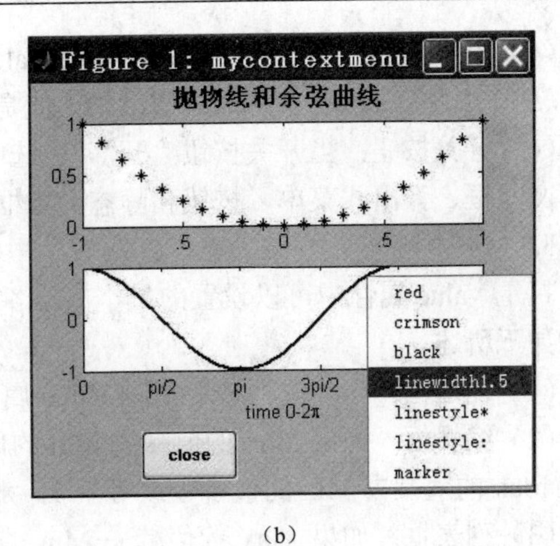

（b）

图 7-26　带有上下文菜单的图形界面

（a）将抛物线的线型设为*时的图形界面；（b）将余弦曲线的线宽设为 1.5 时的图形界面

```
H=uicontrol ('PropertyName1',value1,'PropertyName2',value2,…)
```

下面对控件的几个重要属性给予介绍。

1. Value 属性

控件的当前值，格式为标量或变量。该属性对不同的控件有不同的取值方式，具体介绍如下。

（1）复选框：当此控件被选中时，Value 的值为属性 Max 中设置的值；未被选中时 Value 的值为属性 Min 中设置的值。

（2）列表框：被选中选项的序号，当有多个选项被选中时，Value 的属性值为向量。序号指的是选项的排列次序，最上面的选项序号为 1，第二个选项序号为 2。

（3）弹出式菜单：和列表框类似，也是被选中选项的序号，只是弹出式菜单只能有一个选项被选中，因而 Value 属性值是标量。

（4）单选按钮：被选中时 Value 的值为属性 Max 中设置的值：未被选中时，Value 的值为属性 Min 中设置的值。

（5）滑动条：Value 的值等于滑块指定的值。

（6）开关按钮：“开”时 Value 的值为属性 Max 中设置的值：“关”时 Value 的值为属性 Min 中设置的值。

按钮、编辑框、图文框、静态文本无此属性。

2. Max 属性

指定 Value 属性中可以设置的最大值，格式为标量。该属性对不同的控件有不同的含义，分别如下所述。

（1）复选框：当复选框被选中时 Value 属性的取值。

（2）编辑框：如果 Max 的值减去 Min 的值大于 1，那么编辑框可以接受多行输入文本；如果 Max 的值减去 Min 的值小于或等于 1，那么编辑器只能接受一行输入文本。

（3）列表框：如果 Max 的值减去 Min 的值大于 1，那么允许选取多个选项；如果 Max 的值减去 Min 的值小于或等于 1，那么只能选取一个选项。

（4）单选按钮：当单选按钮被单击时 Value 属性的取值。

（5）滑动条：滑动条的最大值，默认值是 1。

（6）开关按钮：当开关按钮“开”（被选中）时 Value 属性的取值。默认值是 1。

文本框、弹出式菜单、按钮和静态文本框无此属性。

3. Min 属性

指定 Value 属性中可以设置的最小值，格式为标量。该属性对不同的控件有不同的含义，分别如下所述。

（1）复选框：当复选框被取消时 Value 属性的取值。

（2）编辑框：如果 Max 的值减去 Min 的值大于 1，那么编辑框可以接受多行输入文本；如果 Max 的值减去 Min 的值小于或等于 1，那么编辑器只能接受一行输入文本。

（3）列表框：如果 Max 的值减去 Min 的值大于 1，那么允许选取多个选项；如果 Max 的值减去 Min 的值小于或等于 1，那么只能选取一个选项。

（4）单选按钮：当单选按钮未被单击时 Value 属性的取值。

（5）滑动条：滑动条的最小值，默认值是 0。

（6）开关按钮：当开关按钮“开”（被选中）时属性的取值。默认值是 1。

文本框、弹出式菜单、按钮和静态文本框无此属性。

第七章第一节介绍了控件的功能和用法，接下来通过一个示例看一下如何使用函数 uicontrol 编写程序来建立一个带有控件的图形用户界面 GUI。

【例 7-5】 建立一个包含控件的图形用户界面，单击控件时执行该控件的相应功能，要求绘制 membrane，peaks 和 sphere 函数图形，并有光照控制效果。

```
% 建立图形窗口和坐标轴,去除窗口本身的菜单条和工具条,并命名为 mysecondGUI
h0=figure('menubar','none','toolbar','none','position',…
    [198 56 408 468],'name','mysecondGUI');
h1=axes('parent',h0,'position',[0.15 0.45 0.7 0.5],'visible','off');
% 建立静态文本框和动态文本框
htext1=uicontrol('parent',h0,'units','points','position',…
    [54 110 45 15],'string','input title','style','text');
hedit=uicontrol('parent',h0,'units','points','position',…
[100 110 45 16],'callback','title(get(hedit,''string''))','style','edit');
% 创建 3 个按钮
hbutton1=uicontrol('parent',h0,'units','points','string','Sphere',…
    'position',[20 65 50 18],'callback','mesh(sphere);axis tight');
hbutton2=uicontrol('parent',h0,'units','points','string','Membrane',…
    'position',[75 65 50 18],'callback','mesh(membrane);axis tight');
hbutton3=uicontrol('parent',h0,'units','points','string','Sinc',…
'position',[135 65 50 18],'callback',…['[x,y]=meshgrid(-5:0.5:5);',…
        'r=sqrt(x.^2+y.^2)+eps;','z=sin(r)./r;','mesh(x,y,z)']);
% 创建静态文本框和滚动条,鼠标拖动滚动条控制图形的颜色变化
htext2=uicontrol('parent',h0,'units','points','position',…
[20 30 45 15],'string','brightness','style','text');
hslider=uicontrol('parent',h0,'units','points','position',…
[65 30 120 15],'min',-1,'max',1,'style','slider','callback',…
'brighten(get(hslider,''value''))');
% 建立静态文本框和 5 个单选按钮
htext3=uicontrol('parent',h0,'units','points','position',…
[200 130 80 15],'string','select color:','style','text');
```

```
hradio(1)=uicontrol('parent',h0,'units','points','position',…
[200 115 80 15],'string','default','style',…
'radiobutton','value',1,'callback',…
['set(hradio,''value'',0);','set(hradio(1),''value'',1);',…
'colormap(''default'')']);
hradio(2)=uicontrol('parent',h0,'units','points','position',…
[200 100 80 15],'string','spring','style',…
'radiobutton','value',1,'callback',…
['set(hradio,''value'',0);','set(hradio(2),''value'',1);',…
'colormap(spring)']);
hradio(3)=uicontrol('parent',h0,'units','points','position',…
[200 85 80 15],'string','summer','style',…
'radiobutton','value',1,'callback',…
['set(hradio,''value'',0);','set(hradio(3),''value'',1);',…
'colormap(summer)']);
hradio(4)=uicontrol('parent',h0,'units','points','position',…
[200 70 80 15],'string','autumn','style',…
'radiobutton','value',1,'callback',…
['set(hradio,''value'',0);','set(hradio(4),''value'',1);',…
'colormap(autumn)']);
hradio(5)=uicontrol('parent',h0,'units','points','position',…
[200 55 80 15],'string','winter','style',…
'radiobutton','value',1,'callback',…
['set(hradio,''value'',0);','set(hradio(5),''value'',1);',…
'colormap(winter)']);
% 建立关闭图形用户界面按钮 close
hbutton4=uicontrol('parent',h0,'units','points','string','Close',…
    'position',[200 30 50 18],'callback','close');
```

至此，一个带有控件的图形用户界面就建好了，保存上面的程序，生成一个 M 文件，命名为 mysecondGUI，然后在 MATLAB 的命令窗口运行此文件，会生成一个下半部分仅带控件，上半部分为空的图形界面。在静态文本框中输入 sinc，单击 Sinc 按钮，则打开如图 7-27 所示的图形界面。

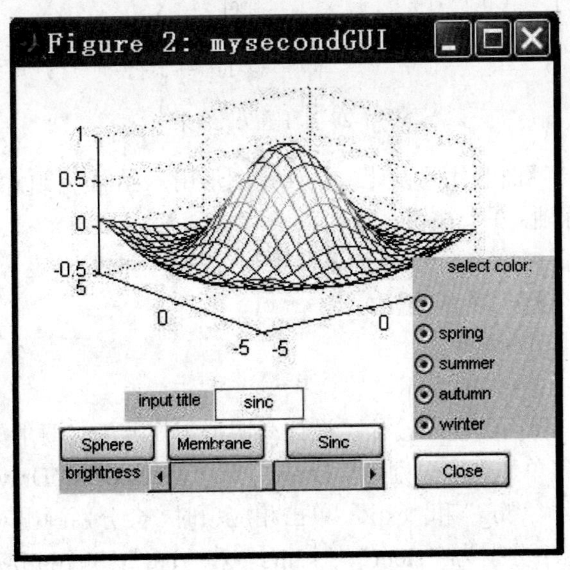

图 7-27 生成 Sinc 图形的 GUI 界面

同理，单击另外两个按钮 Sphere 和 Membrane，会生成相应的三维图形；在滚动条上按住鼠标左键不动，拖动鼠标会产生不同的明亮度效果；单击单选按钮，会产生不同的色彩效果。这里就不一一给出界面图了。

在[例 7-2]中的代码 r=sqrt(x.^2+y.^2)+eps 中的 eps 是误差容限，或者说是一个极其微小的趋近于 0 的非零小数，这里之所以要把它加进来，是因为变量 r 是 z=sin(r)./r 的分母，而根据对 x 和 y 的赋值，存在 r=0 这种情况，加上 eps 后，可以避开分母为零的非法情况，若不加 eps，尽管也会得到运行结果，但在命令窗口会弹出 Warning: Divide by zero. 这样的警告提示。

在这个窗口中，去掉菜单栏和工具栏是由代码第一行中的 menubar，none，toolbar，none 完成的，若无此代码，则界面图上会显示菜单栏和工具栏。

习题

7.1 利用图形用户界面的向导设计，设计一图形用户界面，要求如下：

（1）点击按钮 1 时，在坐标轴内绘制正弦曲线；

（2）点击按钮 2 时，在坐标轴内绘制抛物线。

习题 7.1 结果见图 7-28。

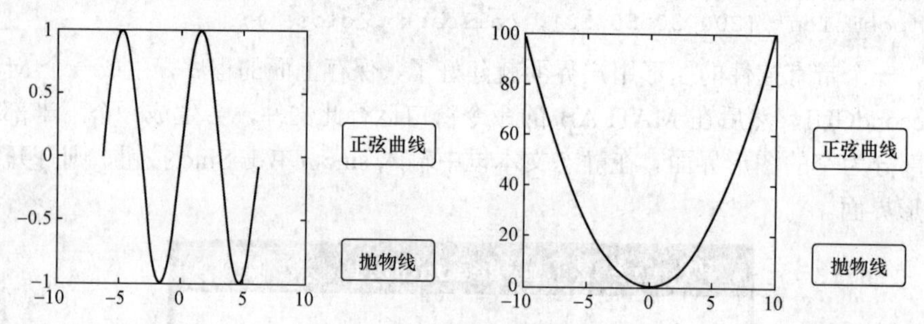

图 7-28 习题 7.1 结果

7.2 利用图形用户界面的代码设计，设计一图形用户界面，要求如下：

（1）建立 2 个坐标轴，3 个按钮；

（2）单击按钮 1 时，在第 1 个坐标轴里，绘制一曲线（曲线自定），单击按钮 2 时，在第 2 个坐标轴里绘制另一曲线（曲线自定）；

（3）单击按钮 3 时，关闭界面。

习题 7.2 参考结果如图 7-29 所示。

7.3 利用图形用户界面的程序设计，设计一图形用户界面，要求如下：

（1）建立 2 个主菜单，名字分别为“Draw”和“Method”。“Draw”主菜单下子菜单的名字分别为“sin”、“cos”、“log”和“exp”，单击相应项时，会分别画出对应的图形。“Method”主菜单下的子菜单的名字分别为“stem”、“stairs”和“bar”，单击相应项时，以此项功能绘制的四种函数的结果将同时显示在图形界面内。

（2）1 个按钮，单击此按钮时，关闭界面。

该习题参考结果如图 7-30～图 7-33 所示。

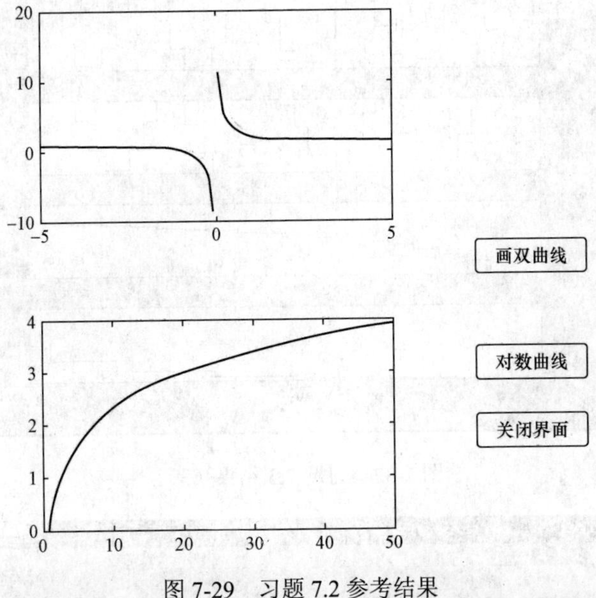

图 7-29　习题 7.2 参考结果

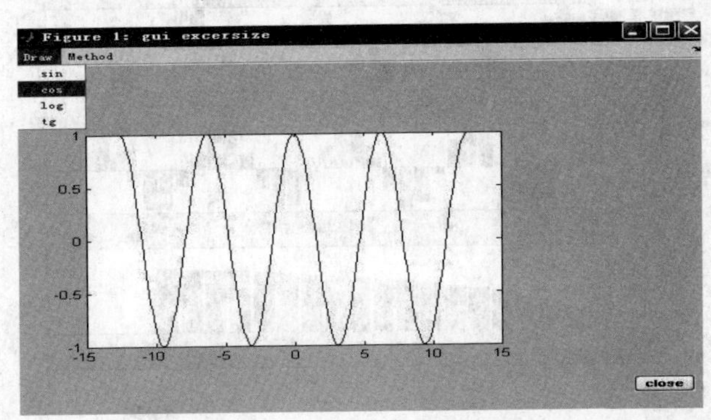

图 7-30　习题 7.3 结果（1）

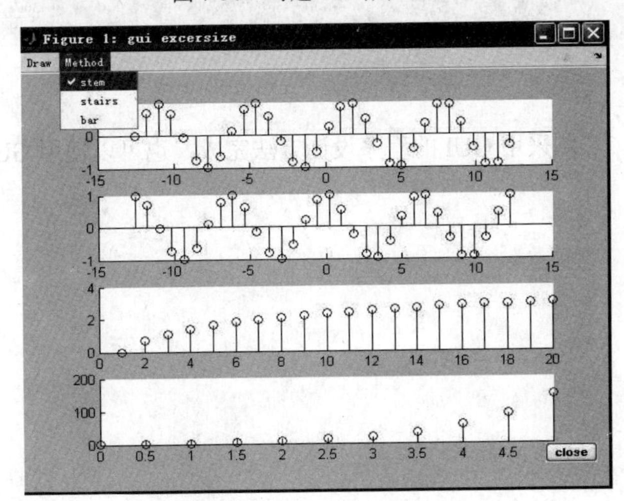

图 7-31　习题 7.3 结果（2）

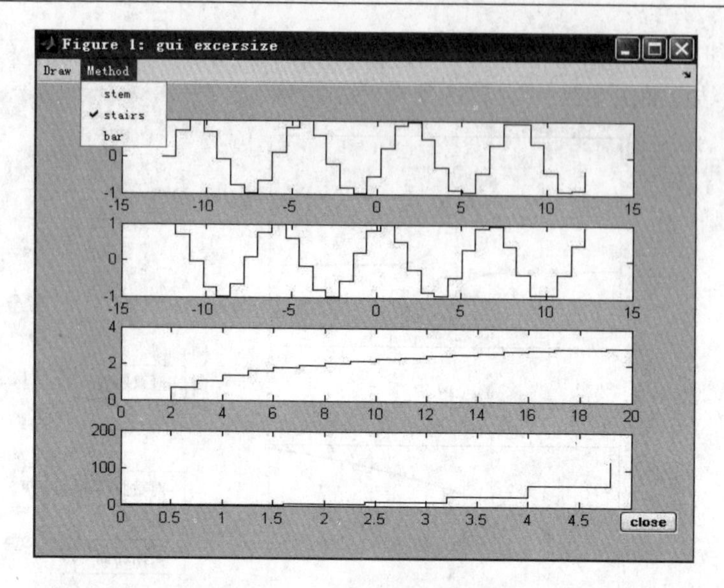

图 7-32　习题 7.3 结果（3）

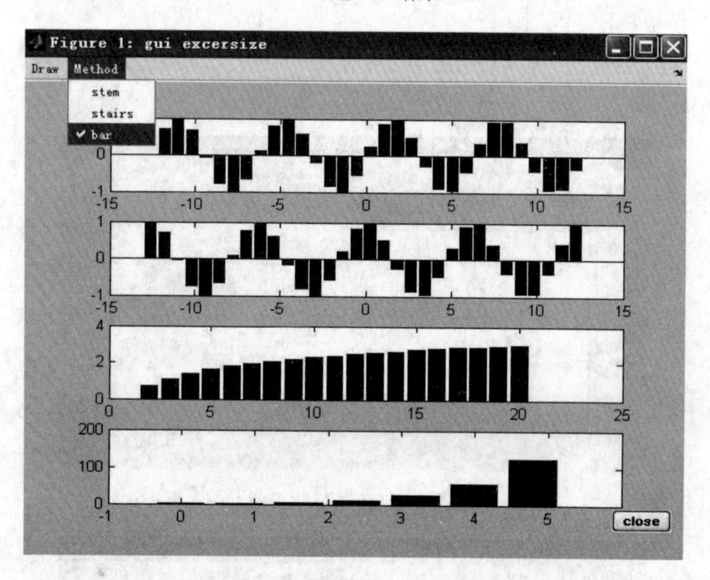

图 7-33　习题 7.3 结果（4）

习题 7.2 和习题 7.3 均采用 GUI 的程序设计方法完成，也可以使用 GUI 的向导设计完成，这里不再赘述。

第八章　图像、视频和声音

在多媒体数据的处理上，MATLAB 的能力也是很强大的。MATLAB 提供了一系列函数和命令用于显示和处理图像。在 MATLAB 中，图像数据通常被创建或保存为标准的双精度浮点数，有时也可以创建或保存为 8 位或者 16 位无符号整数。MATLAB 能够读写多种格式的图像文件，也可以用 load 和 save 命令来将图像数据保存在 MAT 文件中。另外，MATLAB 还提供了创建和播放视频动画的命令。在用户系统支持声音的情况下，MATLAB 还提供了一些声音函数用于对声音文件的处理。

第一节　图　　像

一、图像格式

MATLAB 为用户提供了多种不同的文件格式来将图像数据储存在文件中和重新载入到 MATLAB 中。MATLAB 支持的图像文件格式有*.cur，*.bmp，*.hdf，*.ico，*.jpg，*.pcx，*.png，*.tif 和*.xwd，利用函数 imread 和 imwrite 可以支持这些格式文件的读写。还可以利用函数 imfinfo 获得关于图形文件内容的信息。

Imfinfo 能够获取图像处理工具箱支持的任何格式图像文件的信息。

函数调用格式为：

```
info=imfinfo('文件名',文件格式)
info=imfinfo('文件名')
```

由该函数获取的信息依赖于文件类型的不同而不同，但至少应包含以下内容：

Filename	文件名
FileMdeDate	文件最后一次修改的时间
FileSize	文件的大小，单位：字节
Format	文件格式
FormatVersion	文件格式的版本号
Width	图像的宽度，单位：像素
Height	图像的高度，单位：像素
BitDepth	每个像素的位数
ColorType	图像类型：RGB 图像、亮度图像、索引图像

【例 8-1】 利用 imfinfo 函数显示图像文件的信息。

```
>>info=imfinfo('C:\MATLAB 71\toolbox\images\imdemos\penoy.jpg')
info =
Filename: [1x44 char]
FileModDate: [1x20 char]
FileSize: 558806
Format: 'jpg'
```

```
FormatVersion: ''
Width: 1280
Height: 960
BitDepth: 24
ColorType: 'truecolor'
FormatSignature: ''
NumberOfSamples: 3
CodingMethod: 'Huffman'
CodingProcess: 'Sequential'
Comment: {}
```

这里的图像可以是 MATLAB 自带的，也可以是用户自己拍摄的。

二、图像的类型

在 MATLAB 中，一幅图像通常由一个图像数据矩阵构成，有时候还可能需要一个与之相对应的色图阵。MATLAB 的图像数据矩阵大致有 3 种类型，即：索引图像、灰度图像和真色彩图像（也称 RGB 图像），下面简单介绍一下这 3 种图像类型。

索引图像包括一个数据矩阵 $\boldsymbol{X}$ 和一个颜色映射矩阵 Map。Map 是一个包含 3 列和若干行的数据矩阵。Map 的每一行分别表示红色、绿色和蓝色的颜色值。在 MATLAB 中，索引图像是从像素值到颜色映射表值的“直接映射”。像素颜色由数据矩阵 $\boldsymbol{X}$ 作为索引指向矩阵 Map。

灰度图像是一个矩阵 $\boldsymbol{I}$，其中 $\boldsymbol{I}$ 的数据代表了在一定范围内的颜色灰度值。MATLAB 把灰度图像存储为一个数据矩阵，该数据矩阵中的元素分别代表了图像中的像素。矩阵中的元素可以是双精度的浮点类型、8 位或 16 位无符号整数类型。

RGB 图像，即真彩色图像，在 MATLAB 中存储为 $m \times n \times 3$ 数据矩阵。数组中的元素定义了图像中每一个像素的红、绿和蓝颜色值。图像文件格式把 RGB 图像存储为 24 位的图像，红、绿、蓝各占 8 位，这样可以有将近 1000 万种颜色（即 $2^{24}=16777216$）。

MATLAB 的 RGB 数组可以是双精度的浮点类型、8 位或 16 位无符号整数类型。在 RGB 的双精度数组中，每一种颜色用 0～1 数值表示。例如，（0，0，0）显示的是黑色；（1，1，1）显示的是白色。每一像素的 3 个颜色值保存在数组的第三维中。

三、图像的读取和显示

1. 图像的读取

在 MATLAB 中，利用函数 imread 来实现图像文件的读取。其函数调用格式主要包括以下几种类型。

（1）a=imread(filename，fmt)。上述语句可以读取字符串 filename 指定的灰度或彩色图像，并且 fmt 指出了该图像文件的格式。在 imread 函数返回数组 a 表达的图像数据时，如果读取的是灰度图像，那么 a 是 $m \times n$ 的二维数组；如果读取的是彩色图像，那么 A 就是一个 $m \times n \times 3$ 的三维数组。

（2）[X，map]=imread(filename，fmt)。该语句是用于读取索引色图像，X 用来存储索引色图像数据，map 用来存储与该索引色图像相关的颜色映射表。

（3）[…]=imread(filename)。该语句在读取图像时必须从图像文件 filename 的内容中推断该图像的类型。[…]表示根据准备读取的图像数据的相应颜色映射表的序号值来确定采用不同语句形式。

2. 图像的显示

（1）imshow 函数。函数 imshow 可以自动创建句柄图形图像对象，并自动设置各种句柄图形属性和图像特征，以优化显示效果。当用户使用函数 imshow 显示一幅图像时，该函数将自动设置图像窗口、坐标轴和图像属性。这些自动设置的属性包括图像对象的 CData 属性、CDataMapping 属性、坐标轴对象的 CLim 属性和图像窗口对象的 Colormap 属性。

函数 imshow 的调用格式主要有以下几种：

- imshow(a)；
- imshow(a，n)；
- imshow(X，map)；
- imshow(RGB)；
- h= imshow(…)。

这里，*a* 代表所显示的图像的数据矩阵；*n* 为整数，代表所要显示的图像的灰度等级数；*X* 为索引图像的数据矩阵，map 为色图；RGB 是 $m \times n \times 3$ 的矩阵。

（2）imview 函数。函数 imview 用来实现打开图像的浏览器，当然被打开的图像文件必须位于 MATLAB 的当前路径下。该函数有以下几种调用格式：

- imview(I)；
- imview(RGB)；
- imview(X，map)；
- h=imview(…)。

【例 8-2】 读入一幅图像，并在图形窗口显示之，如图 8-1 所示。

penoy

图 8-1 显示牡丹花图像

```
>>a=imread('C:\MATLAB 71\toolbox\images\imdemos\penoy.jpg');
>>imshow(a);
>>axis off;
>>size(a)                          % 取消坐标轴
ans =
1944       2592          3
```

可见，所读的图像是一个真彩色图像。[例 8-1]所提供的图像信息是本例的图像信息。若所读的图像不在 MATLAB 的搜索路径内，将会显示错误提示信息，如，

```
>>a=imread('lily.jpg');
??? Error using ==> imread
File "lily.jpg" does not exist.
```

这表明，lily.jpg 这个图片不在当前路径下。

四、图像的写操作

在 MATLAB 中，用函数 imwrite 来实现图像文件的写入操作，函数调用格式为以下几种。

（1）imwrite(A，filename，fmt)。该语句把图像数据 *A* 写到 filename 指定的输出文件中，存储的格式由 fmt 来指定，如指定的输出文件 filename 不在 MATLAB 的目录下，必须得指明其完整路径。

（2）imwrite(X，map，ilename，fmt)。该语句写入索引色图像，*X* 表示图像数据数组，map 表示其关联的颜色映射表。

（3）imwrite(…，filename)。该语句在写图像到文件中时，根据 filename 的扩展名推断图像的文件格式，但必须注意此扩展名是 MATLAB 支持的类型。

（4）imwrite(…，Param1，Val1，Param2，Val2…)。该语句可以指定 HDF，JPEG，PBM，PGM，PPM 和 TIFF 等不同类型图像文件的不同参数。

第二节 影 片

在 MATLAB 中，函数 getframe 和 movie 提供了捕获和演示影片所需要的工具。函数 getframe 对当前的图像进行一次快照，得到影片的一个帧。影片是由若干帧构成的，所以 getframe 通常用在 for 循环内，它组织影片的帧序列，movie 播放由 getframe 所记录的影片的帧。Movie(M)播放影片一次，movie(M，N)播放影片 N 次，若 N 是负数，除了顺时针播放影片外，还逆时针播放该影片。

【例 8-3】 影片播放示例。

```
>>x=1:.1:4;y=1:.1:4;                    % 平面矢量数据
>>[X,Y]=meshgrid(x,y);                  % 产生网格图
>>R=(X+Y).^2;                           % 生成平面上的数据点
>>Z=sin(R)./R;                          % 生成三维数据
>>meshc(Z);                             % 画三维图形
>>axis vis3d off;                       % 关闭坐标轴
>>colormap(spring);                     % 渲染表面效果
>>for i=1:20                            % 旋转和捕捉每一帧
view(-37.5+15*(i-1),30)                 % 改变每一帧的视角
m(i)=getframe;                          % 旋转和捕获每一帧
>>end
>>movie(m)                              % 播放影片一次
```

影片播放中某时刻的画面如图 8-2 所示。

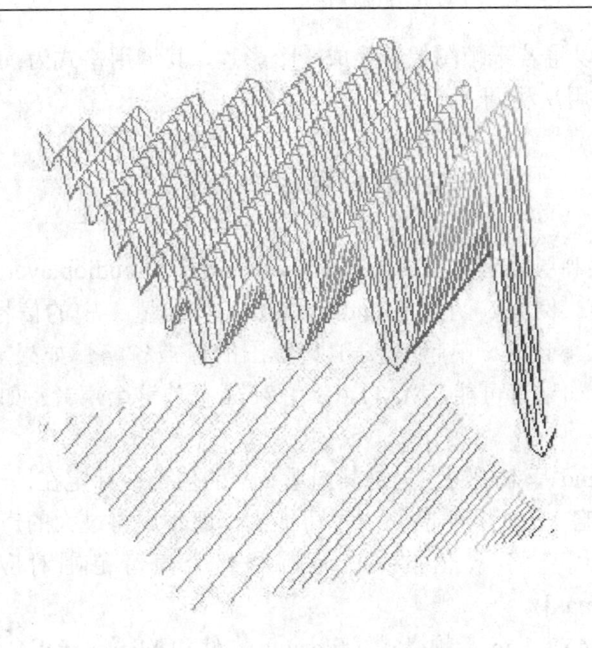

图 8-2　影片播放中某时刻的画面

第三节　图像和影片的相互转换

函数 im2frame 和 fram2im 可以实现被索引图像和影片之间的转换，将影片中的某帧动态图像转换成一个静态图像的调用格式为：x=frame2im(M(n))。这条命令将影片矩阵 ***M*** 的第 ***n*** 帧画面转换成一个被索引图像 x。

【例 8-4】　将[例 8-3]中的某帧动态图像转换成静态图像。

```
>>figure                          % 新建一个图形窗口
>>a=frame2im(m(5));               % m(5)帧的画面
>>image(a)                        % 显示该帧图像
```

得到的图形如图 8-3 所示。

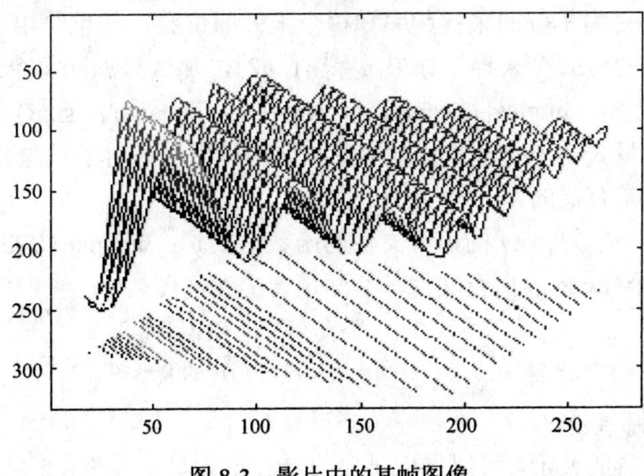

图 8-3　影片中的某帧图像

另外，im2frame 可以将若干帧图像转换成一个影片，其调用格式为：M(n)=im2frame(x)。Im2frame 和 getframe 的用法相同。

第四节　声　　音

MATLAB 除了提供高层处理声音的函数 audiorecorder 和 audioplayer 以外，还提供了许多底层函数来处理声音。例如，函数 sound(x，fs，b)将向量 *x* 中的信号以采样频率 fs 发送给计算机的扬声器中。向量 *x* 中超出[－1 1]范围的值被省略。如果 fs 被省略就采用默认的采样频率 8192Hz。如果有可能，MATLAB 用 *b*bps 播放这个声音。如果 *b* 被省略，就使用 *b*＝16。

函数 soundsc 和 sound 基本相同，只是其向量 *x* 中的值都被标定在[－1 1]之内，而不是把超出这个范围的值省略。这使得声音可以尽可能大，而不用将过大的声音省略。还可以用一个额外的参数来使用户将 *x* 值的某个范围和整个声音范围对应起来。其格式为 soundsc(x，…，[smin smax])。

MATLAB 可以对 NeXT/Sun 音频格式（file.au）文件和 MicrosoftWAVE 格式（file.wav）文件进行读写操作。

NeXT/Sun 音频声音存储格式支持 8 位 μ 律压缩、8 位线性和 16 位线性格式的多通道数据。Auwrite 的调用格式为 auwrite（x，fs，n，'method'，'filename'），其中 *x* 为采样数据，fs 是采样频率，*n* 表示在编码器中的位数，method 是一个表示编码方法的字符串，filename 是输出文件名。另外，μ 律压缩和线性格式之间的转换可以利用函数 mu2lin 和 lin2mu 来进行。

8 位多通道或者 16 位多通道 WAVE 声音存储格式文件可以用函数 wavwrite 来生成。其常用的调用格式为 wavewrite(x，fs，n，'filename')。*x* 的每一列都代表了一个单独的通道。*x* 中任何超出了范围[－1 1]的值在写入文件之前都被忽略了。

Auread 和 wavread 都有相同的调用语法和选项。常用的调用格式为[x，fs，b]=auread('filename'，n)，这条语句载入由字符串 filename 声明的声音文件，并将采样数据返回 *x*。*x* 中的数值都在范围[－1 1]之内。如果要输出如上所示的 3 个输出参数，那么就在 fs 和 *b* 中分别返回以赫兹为单位的采样频率和每个采样的位数。如果给出了参数 *n*，那么就只返回文件中每个通道的前 *n* 个采样。如果 *n*＝[*n*1 *n*2]，那么只返回每个通道从第 *n*1 个到第 *n*2 个之间的采样。形如[samples，channels]＝wavread('filename'，'size')的调用格式将返回文件中的音频数据的数量大小，而不是数据本身。这种调用格式对于预先分配存储空间或估计资源使用量来说是非常有益的。

在 MATLAB 中，播放*.wav 的声音文件的函数格式是：wavplay('filename')。

【例 8-5】 读一个*.wav 的声音文件，并画声音的波形图。

```
>>a=wavread('bird');                    % 鸟鸣声的声音文件
>>plot(a)                               % 画鸟鸣声的波形图
```

绘制的图形如图 8-4 所示。

为了清晰显示声音的波形，可以选取某段声音波形来显示，图 8-5 是前 2000 点的声音波形图。

```
>>plot(a(1:2000))
```

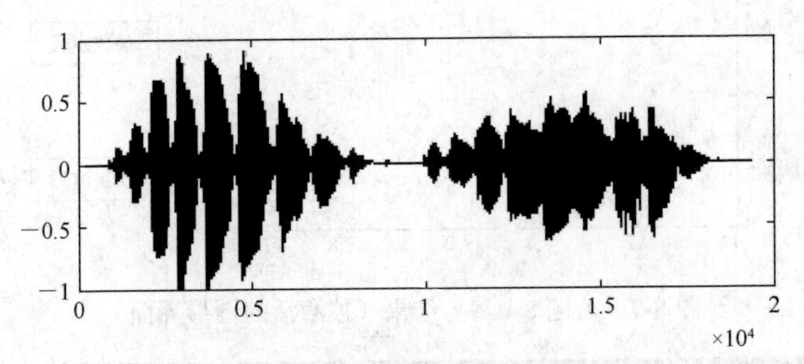

图 8-4　鸟鸣声的波形图

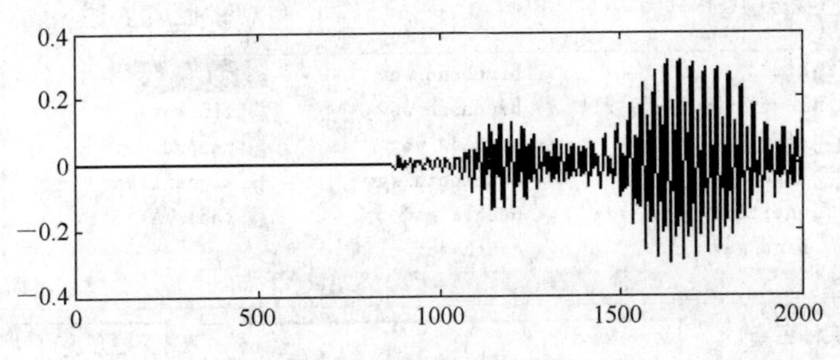

图 8-5　部分鸟鸣声的波形图

图 8-5 虽然较图 8-4 较清晰显示了部分声音波形，但还是无法分辨其波形形状，可以进一步缩短波形的显示长度，如图 8-6 所示。

```
>>plot(a(2000:2500))
```

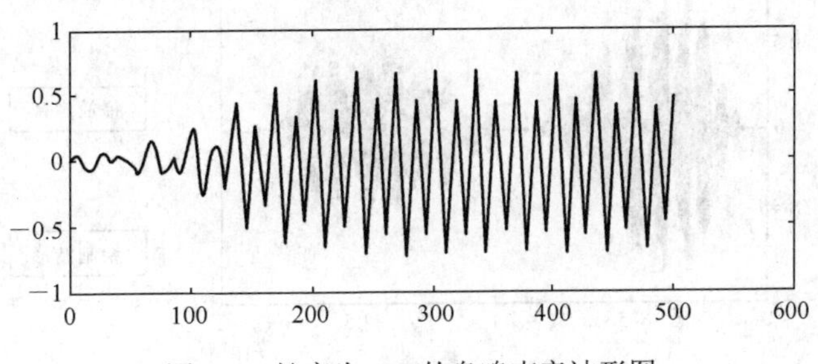

图 8-6　长度为 500 的鸟鸣声音波形图

aurread 所读的文件是*.au 的声音文件。

习　题

8.1　设计一个绘制声音波形与声音播放的图形用户界面，单击“播放声音”按钮时，播放所选的声音；单击“绘制波形”按钮时，绘制声音波形。

参考结果如图 8-7～图 8-9 所示。

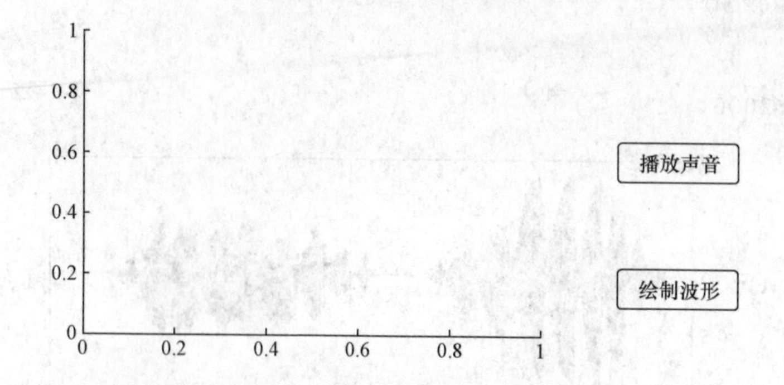

图 8-7　习题 8.1 参考结果（被激活的图形界面）

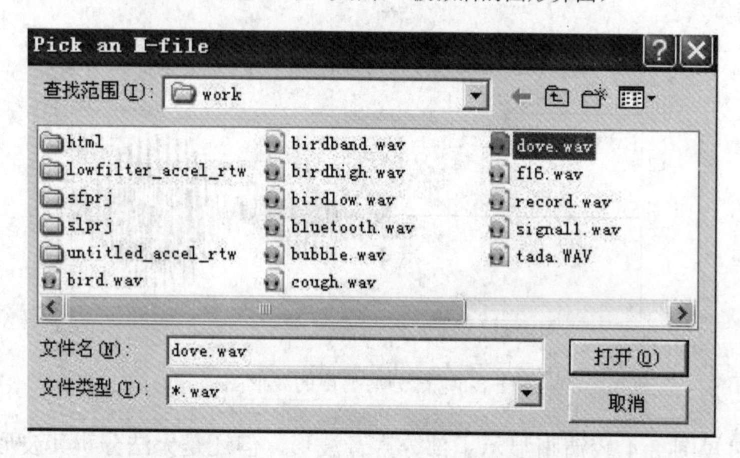

图 8-8　习题 8.1 参考结果（选择声音文件的对话框）

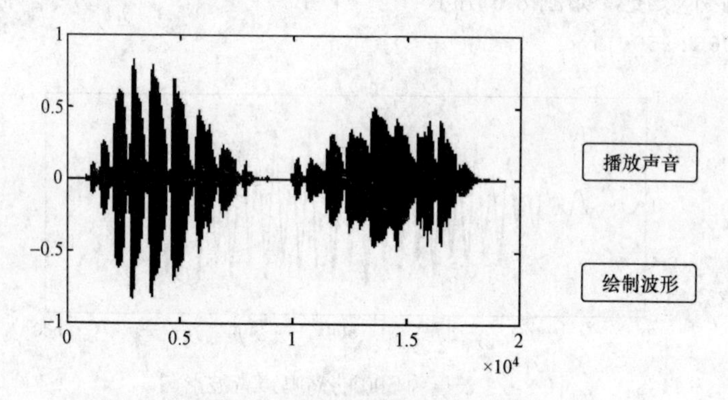

图 8-9　习题 8.1 参考结果（绘制声音波形的界面）

单击两个按钮时，均会出现图 8-8，在此选择要播放的“*. wav”声音文件。“播放声音”按钮的“callback”属性的回调代码如下：

```
[filename,pathname]=uigetfile('*.wav','Pick an M-file');   % 选择待播放的声音
speech = wavread(filename);                                % 读声音文件
sound(speech);                                             % 播放声音
```

“绘制波形”按钮的“callback”属性的回调代码如下：

```
[filename,pathname]=uigetfile('*.wav','Pick an M-file');
speech = wavread(filename);
plot(speech)                                               % 画声音波形
```

该习题采用的是GUI的向导设计方法，也可以采用GUI的程序设计。

8.2　读取一幅图像，练习对图像做简单处理。

参考代码如下：

```
a=imread('penoy.jpg');
image(a)                              % 显示原图像
i=1:1944; j=1:2592;                   % 原图像的大小
a(i,j)=255;                           % 将真彩色图像处理成单一颜色的图像
b=a;
figure
image(b);                             % 显示处理后的图像
axis off                              % 不显示坐标轴
```

针对习题8.2，有三点需要提示：

（1）a（i，j）数据范围在0～255时，会呈现不同的处理效果，a（i，j）超过255时，与a（i，j）＝255时的效果一样。

（2）对于第一条语句，图像文件只有在当前目录下时，才可写成a＝imread('penoy.jpg')，否则应提供图像文件所在位置的完整路径。比如，

```
a=imread('c:\programfile\matlab7\work\penoy.jpg')。
```

（3）图像可以选择MATLAB自带的图像，也可选择自己拍摄的图像。

习题参考结果见图8-10和图8-11。

图8-10　习题8.2原图像

图8-11　习题8.2处理后的图像

8.3　生成一个播放sphere或membrane或peaks的影片。

参考代码如下：

```
Z=sphere;
surf(Z)
axis tight
for j = 1:20                          % 设置20帧图像
   surf(sin(2*pi*j/20)*Z,Z)
   F(j) = getframe;                   % 获取图像的帧
end
movie(F)                              % 播放影片
axis off                              % 不显示坐标轴
```

本习题参考结果如图 8-12 所示。

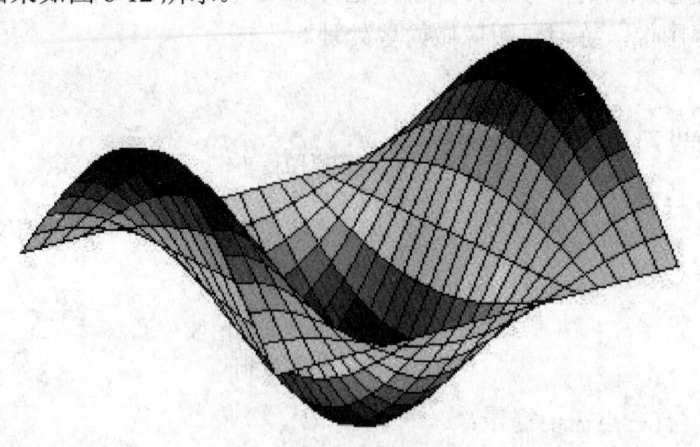

图 8-12　习题 8.3 结果

第九章　MATLAB 程序设计基础

MATLAB 作为一种高级计算机语言，有两种常用的工作方式，一种是交互式命令行操作方式，另一种是 M 文件的编程工作方式。在交互式命令行操作方式下，MATLAB 被当作一种高级“数学演算纸和图形显示器”来使用；在 M 文件的编程工作方式下，MATLAB 可以像其他高级语言一样具有数据结构、控制流、输入输出和面向对象编程的能力，即编制一种扩展名为.m 的 MATLAB 程序（简称 M 文件）。而且，由于 MATLAB 本身的一些特点，同其他高级语言相比具有语法相对简单、使用方便、调试容易等优点，被人们称为第四代编程语言。

第一节　M 文 件 介 绍

M 文件是由 MATLAB 命令或函数构成的文本文件，以.m 为扩展名，故称为 M 文件。M 文件有两种形式，即命令文件（Script）和函数文件（Function）。命令文件是命令和函数的结合，命令文件运行时不需要输入任何参数，也没有输出参数，MATLAB 自动按顺序执行命令文件中的命令。函数文件是用 function 声明的 M 文件，可以在文件中输入参数和返回输出参数，在一般情况下，用户不能靠单独输入其文件名来运行函数文件，而必须先给出输入参数，然后再调用该函数。关于命令文件和函数文件的使用情况，读者会在后面的例题中看到二者的区别。

一、局部变量和全局变量

在通常情况下，每一个 M 文件都会定义一些变量。函数文件所定义的变量是局部变量，这些变量独立于其他函数的局部变量和工作空间的变量，只能在该函数的工作空间引用，而不能在其他函数工作空间和命令工作空间引用。但是如果某些变量被特别地定义为全局变量，就可以在整个 MATLAB 工作空间进行操作，实现共享。因此，定义全局变量是函数间信息传递的一种方法。

使用命令 global 可以把一个变量定义为全局变量，其格式为：

```
global  A  B  C
```

其含义为将 A，B，C 这 3 个变量定义为全局变量。

需要强调一点，MATLAB 管理、维护全局变量和局部变量使用了不同的工作空间，所以使用 global 关键字创建全局变量的时候有 3 种情况：

（1）若声明为全局变量的变量在当前的工作空间和全局工作空间都不存在，则创建一个新的变量，然后为这个变量赋值为空数组，该变量同时存在于局部工作空间和全局工作空间。

（2）若声明为全局变量的变量已经存在于全局工作空间中，则不会在全局工作空间创建新的变量，其数值同时赋给局部工作空间的变量。

（3）若声明为全局变量的变量存在于局部工作空间中，却不存在于全局工作空间，则系统会提示一个警告信息，同时将局部的变量“挪”到全局工作空间去。

MATLAB 中变量名的书写是区分大小写的，因此为了在程序中表达清楚而不至于误声明，习惯上将全局变量定义为大写字母。

二、命令文件

命令文件因没有输入输出参数，是最简单的 M 文件。命令文件适应于自动执行系列 MATLAB 命令和函数，避免在命令窗口中重复输入。命令文件可以调用工作空间中已用的变量或创建新的变量，在运行过程中，产生的所有变量均是命令工作空间变量，这些变量一旦生成，就一直保存在命令内存空间中，直到用 clear 命令将其消除或退出 MATLAB 为止。

【例 9-1】 绘制花瓣图形。

在程序编辑窗口中编写以下语句，并以 example91.m 为名存入相应的子目录。

```
theta=-pi:0.01:pi;
rho(1,:)=2*sin(5*theta).^2;
polar(theta,rho(1,:))
```

在命令窗口提示符后输入命令文件名，并按 Enter 键，或单击编辑器 Editor 工具栏内的运行图标。

```
>> example91
```

运行结果如图 9-1 所示。

【例 9-2】 绘制衰减的正弦阶梯图。

在程序编辑窗口中编写以下语句，并以 example92.m 为名存入相应的子目录。

```
t=0:40;
y=sin(0.5*t).*exp(-.08*t);
stairs(t,y)
```

在命令窗口提示符后输入如下命令，并按 Enter 键：

```
>>example92
```

运行结果如图 9-2 所示。

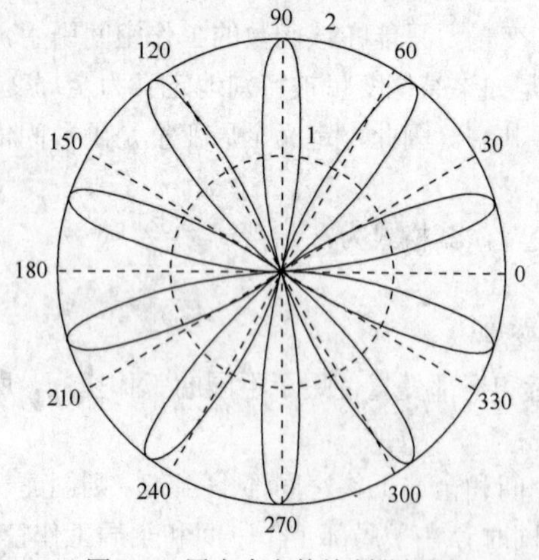

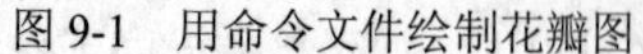

图 9-1 用命令文件绘制花瓣图

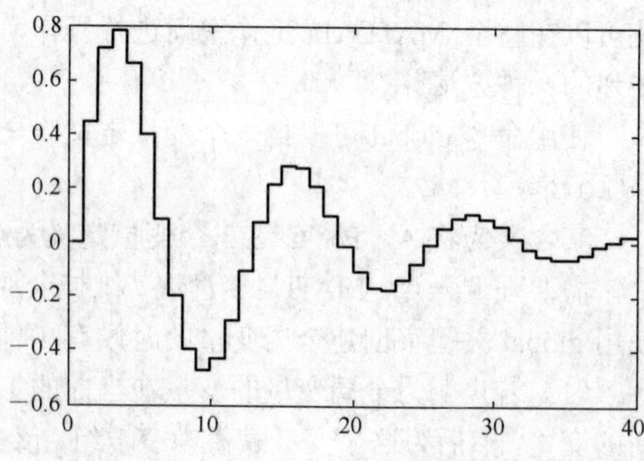

图 9-2 衰减的正弦曲线阶梯图

【例 9-3】 已知 x=[0.1 0.14 0.2 0.23 0.34 0.45 0.55 0.6 0.67 0.7 0.8 1]，y=[2.2 2.5 3.4 4.4 5.6 6.5 7.0 7.5 8 9 10 11]，编写一命令文件实现曲线拟合。

在程序编辑窗口中编写以下语句，并以 example93.m 为名存入相应的子目录。

```
x=[0.1 0.14 0.2 0.23 0.34 0.45 0.55 0.6 0.67 0.7 0.8 1];
y=[2.2 2.5 3.4 4.4 5.6 6.5 7.0 7.5 8 9 10 11];
curvefit=polyfit(x,y,6);
yfit=polyval(curvefit,x);
plot(x,y,'o'x,yfit,'m:')
```

在命令窗口提示符后输入如下命令，并按 Enter 键：

```
>>example93
```

运行结果如图 9-3 所示。

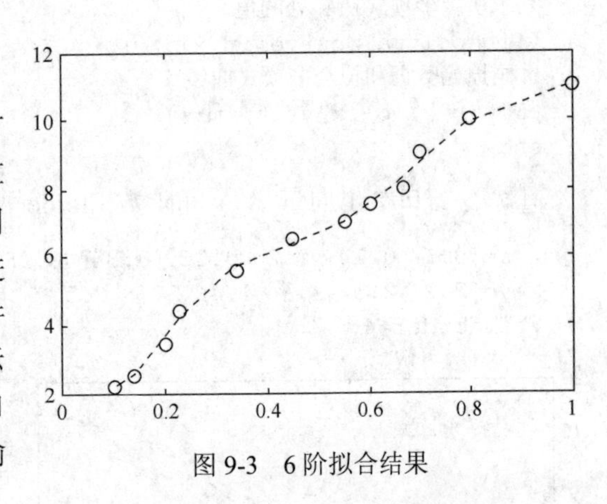

图 9-3　6 阶拟合结果

三、函数文件

函数文件是 M 文件最重要的组成部分，可以接受用户的输入参数，进行计算，并将计算结果作为函数的返回值返回给调用者。从使用的角度，函数是一个“暗箱”，把一些数据送进去，经加工处理，把结果送出来。在函数文件运行时，其内部产生的中间变量都不会显示出来，也不会存储到 MATLAB 工作空间窗口中，因此，用户看见的只是输入的参数和输出的结果。

函数能够把大量有用的数学函数或命令集中在一个模块中。因此，它们对某些复杂问题具有很强的解决能力。MATLAB 提供了 3 种结构允许用户创建自己的函数，即 M 文件函数、匿名函数和内联函数。其中，M 文件函数最常用。

下例给出了一个典型的 M 文件函数。

```
function y=average(x)
% AVERAGE 求向量元素的均值
% 其中,X 是向量,Y 为计算得到向量元素的均值
% 若输入参数为非向量则出错
% 代码行
[m,n]=size(x);
% 判断输入参数是否为向量
if (~((m==1)|(n==1))|(m==1)&(n==1))
% 若输入参数不是向量,则出错
error('Input must be a vector');
end
% 计算向量元素的均值
y=sum(x)/length(x);
```

将文件存盘，默认状态下函数名为 average.m（文件名与函数名相同），函数 average 接收一个输入参数并返回一个输出参数，该函数的用法与其他 MATLAB 函数一样；在 MATLAB 命令窗口中运行上面的求均值函数，便可求得 1～199 的平均值。

```
>> z=1:199
>> y=average(z)
y =
     100
```

【例 9-4】 任意给出两个向量 x 和 y，编写函数文件实现多项式的曲线拟合。

在程序编辑窗口中编写以下语句，并以 fitdone.m 为名存入相应的子目录。

```
% 任意给出向量 x,y 及拟合阶数,求 x
% 和 y 的元素个数相同
function curvefit=fitdone(x,y,fitorder)
% 利用拟合函数 polyfit 开始拟合
curvefit=polyfit(x,y,fitorder);
% 求所得多项式在 x 处的值
yfit=polyval(curvefit,x);
% 画原始数据和拟合多项式曲线
plot(x,y,'o',x,yfit,'m:')
end
```

在命令窗口给出向量 x，y 和阶数 fitorder，如下所示：

```
>>x=[0.1  0.14  0.2  0.23  0.34  0.45  0.55  0.6  0.67  0.7  0.8 1];
>>y=[2.2  2.5  3.4  4.4  5.6  6.5  7.0  7.5  8  9  10  11];
>>fitorder=4;
```

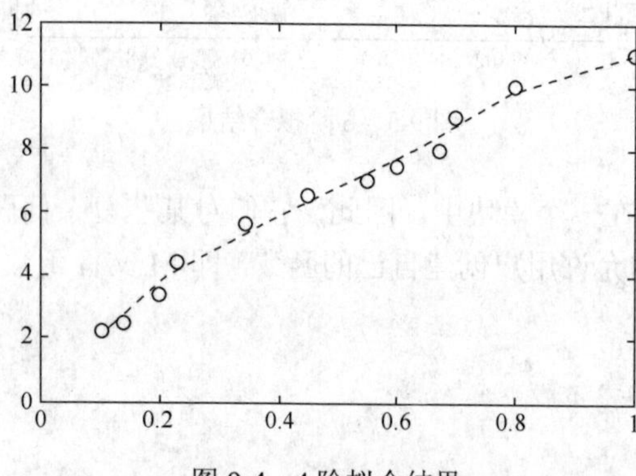

图 9-4 4 阶拟合结果

然后调用函数 fitdone，即：

>>fitdone(x，y，fitorder)，按 Enter 键后，运行结果如图 9-4 所示。

事实上，［例 9-4］是将［例 9-2］的命令文件重新编写成函数文件，这样在命令窗口输入任意两个向量和拟合阶数，就可以得到拟合结果，而不像［例 9-2］的命令文件那样具有局限性。

【例 9-5】 编写一个对序列做傅里叶变换（FT）和离散傅里叶变换（DFT）的函数文件。

在程序编辑窗口中编写以下语句，并以 ftanddft.m 为名存入相应的子目录。

```
% 对任意一个序列做傅里叶变换(FT)和离散傅里叶变换(DFT)
function [X,Xk]=ftanddft(x,N)
w=2*pi*(0:127)/128;
X=x*exp(-j*[1:length(x)]'*w);                    % x 的傅里叶变换 FT
subplot(211)
plot(w,abs(X))
k=0:N-1;
XK=x*exp(-j*[1:length(x)]'*(2*pi*k)/N);           % x 的离散傅里叶变换 DFT
subplot(212)
stem(k,abs(XK))
end
```

首先在命令窗口输入序列 x 和变换点数 N，如下所示：

```
>> x=[0 1 0 1 0 1 0 1];
>> N=16;
>> ftanddft(x,N)
```

按 Enter 键后，会在命令窗口得到傅里叶变换结果 X 和离散傅里叶变换结果 XK，读者运行此函数后结果即可见。同时在图形窗口会画出序列的 FT 和 DFT 幅频特性图，如图 9-5 所示。

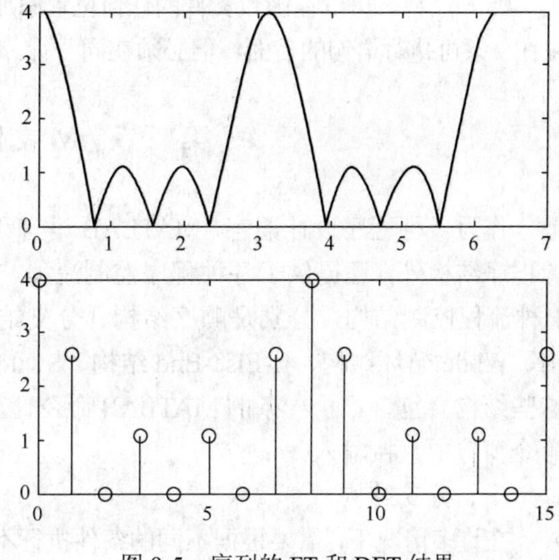

图 9-5　序列的 FT 和 DFT 结果

从图 9-5 可见，序列的离散傅里叶变换 DFT 的确是其傅里叶变换 FT 在[0～2π]的 N 点等间隔采样。这里做的是 16 点变换，读者也可尝试对其他的序列做任意点的傅里叶变换。

通常，MATLAB 的函数文件由以下几个基本部分组成：

（1）函数定义行。函数定义行由关键字 function 声明，指明这是一个函数文件，并指定函数名、输入参数和输出参数。函数定义行必须为文件的第一个可执行语句，函数名与 M 文件同名，可以是 MATLAB 中任何合法的字符。

函数文件可以带有多个输入和输出参数，如

```
function[x,y,z]=sphere(theta,phi,rho)
```

也可以没有输出参数，如

```
function  sphere(x)
```

（2）H1 行。H1 行就是帮助文本的第一行，它紧跟在定义行之后，以%开始，该行用于从总体上对函数名和函数功能进行说明，是供 lookfor 查询时使用。当在 MATLAB 命令窗口使用 lookfor 命令查找相关的函数时，将只显示 H1 行。

例如，在 MATLAB 命令行中输入下面的命令：

```
>> lookfor average
```

在 MATLAB 的命令窗口中就会显示：

```
average.m: % AVERAGE 求向量元素的均值
MEAN   Average or mean value.
⋮
```

（3）帮助文本。帮助文本是 H1 行与函数体之间的帮助内容，也是以%开始，用于详细介绍函数的功能和用法以及其他说明。更重要的是为用户自己的函数文件建立在线查询信息，以供 help 命令在线查询时使用。

例如：

```
>> help average
```

在 MATLAB 的命令窗口中就会显示：

AVERAGE 求向量元素的均值；

其中，X 是向量，Y 为计算得到向量元素的均值；

若输入参数为非向量则出错。

（4）函数体。函数体是函数的主体部分，函数体中包含该函数的全部程序代码，在函数体中可以包括流程控制、输入输出、计算、赋值、注释、图形功能以及其他函数和命令文件的调用。

（5）注释，可以在函数文件的任何位置添加注释语句，注释语句可以在一行的开始，也可以跟在一条可执行语句的后面，但必须在同一行。不管在什么地方加注释，注释语句必须以%开始。

第二节 M 文件程序流程控制

作为一种程序设计语言，MATLAB 语言和其他程序设计语言一样，除了按正常顺序执行的程序结构外，还提供了各种程序控制流程，从而达到用户的运算目的。MATLAB 共提供了 3 种流程控制结构，分别是顺序结构、分支结构和循环结构。具体的结构语句有 For 循环结构、While 循环结构、If-Else-End 结构、Switch-Case 结构和 Try-Catch 结构。在多数情况下，这些结构会包含不止一条的 MATLAB 命令，因此它们通常出现在 M 文件中，很少在 MATLAB 命令窗口中直接输入。

一、分支结构

在许多情况下，需要根据不同的条件执行不同的语句，在编程语言里，是通过分支结构实现的。MATLAB 语言提供的分支结构有 If-Else-End 结构、Switch-Case 结构、Try-Catch 结构。

1. if-else-end 分支结构

If 语句的基本语法结构有 3 种，分别如下：

（1）
```
if 表达式
MATLAB 语句体
end
```

关键词 if 后的表达式确定了判断条件，必须首先计算表达式，只有当表达式结果为 true 时，语句体才被执行，否则跳过 if-end 结构，执行 end 后面的语句。

（2）有时在分支结构中，用户希望在表达式为 true 和 false 两种条件下执行不同的操作，这时可以使用如下格式的 if 结构：

```
if  表达式
        MATLAB 语句 A
    else
        MATLAB 语句 B
 end
```

这种选择结构表示，当表达式的计算结果为逻辑真的时候，执行 MATLAB 语句 A，否则执行 MATLAB 语句 B，在语句 B 的结尾必须具有关键词 end。

（3）当用户需要根据多个条件执行多个不同的操作时，可以采用下面的 if 结构：

```
if 表达式 1
  MATLAB 语句体 1
elseif 表达式 2
  MATLAB 语句体 2
⋮
elseif  表达式 n
MATLAB 语句体 n
         else
MATLAB 语句体 n+1
end
```

在上面的结构中，首先计算表达式 1，如果条件满足，执行语句体 1，然后跳出 if 结构，如果不满足表达式 1 的条件，再计算表达式 2，如果表达式 2 的条件满足，则执行语句体 2，然后跳出 if 结构，以此类推，如果前面的条件都不满足，就执行语句体 $n+1$。根据程序设计的需要可以使用多个 else if 语句，也可以省略 else 语句。

【例 9-6】 在 MATLAB 中，使用 if-else-end 结构编写求解一元二次方程 $ax^2+bx+c=0$ 的程序代码，并且运行检测该代码结果。

在 M 编辑器中编写如下命令，完成方程的求解，并以 example96.m 为名存入相应的子目录。

```
disp('This program solves for the roots of a quadratic equation');
disp('of the form a*x^2+b*x+c=0');
a=input('Enter the coefficient A=');
b=input('Enter the coefficient B=');
c=input('Enter the coefficient C=');
discriminant=b^2-4*a*c;
% 如果判别式大于 0
% 则根据二元方程的公式得出两个不同的实数解
if discriminant>0
x1=(-b+sqrt(discriminant))/(2*a);
x2=(-b-sqrt(discriminant))/(2*a);
% 在命令窗口显示求解结果
disp('This equation has two real roots');
fprintf('x1=% f\n',x1);
fprintf('x2=% f\n',x2);
% 当判别式等于 0,则返回两个相同的实数根
elseif discriminant==0;
x1=-b/(2*a);
disp('This equation has two identical roots');
fprintf('x1=x2=% f\n',x1);
% 当判别式小于 0,则返回两个虚根
else
real_part=-b/(2*a);
image_part=sqrt(abs(discriminant))/(2*a);
disp('This equation has two complex roots');
fprintf('x1=% f+i% f\n',real_part,image_part);
fprintf('x2=% f-i% f\n',real_part,image_part);
end
```

在 MATLAB 命令窗口输入如下命令：

```
>> example96
```

运行结果如下：

```
This program solves for the roots of a quadratic equation
of the form a*x^2+b*x+c=0
>>Enter the coefficient A=1
>>Enter the coefficient B=4
>>Enter the coefficient C=3
This equation has two real roots
x1=-1.000000
x2=-3.000000
```

2. Switch-case-end 分支结构

Switch-case 结构通过对某个表达式的值进行比较，根据比较的结果做不同的选择，以实现程序的分支功能，其一般调用格式如下：

```
switch 表达式（数值或字符串）
case 数值或字符串 1
语句体 1;
case 数值或字符串 2
   语句体 2;
   ⋮
otherwise
  语句体 n;
end
```

在上面语法定义中，switch 后面表达式的值必须是一个标量或者是一个字符串。Case 语句实际上执行的是一个比较操作，switch 后面的表达式的值与 case 后面的值进行比较，与哪一个 case 的值相同就执行哪一个 case 下面的语句体，如果与所有 case 的值都不相同，则执行 otherwise 下面的语句体。

【例 9-7】 使用 switch-case 结构，完成卷面成绩 score 的转换。

（1）score≥90 分，优；（2）90＞score≥80 分，良；（3）80＞score≥70 分，中；（4）70＞score≥60 分，及格；（5）60＜score，不及格。

在程序编辑窗口中编写以下程序，并以 example97.m 为名存入相应的子目录。

```
score=input('请输入卷面成绩:score=');
switch fix(score/10)
case  9
   grade='优'
case  8
   grade='良'
case  7
   grade='中'
case  6
   grade='及格'
otherwise
   grade='不及格'
end
```

该程序运行结果如下：

```
请输入卷面成绩: score=67
命令窗口显示:
grade =
      及格
```

在命令窗口输入如下命令：

```
>> example97
```

命令窗口显示结果如下：

```
请输入卷面成绩:score=85
grade =
     良
```

值得一提的是，MATLAB 的 switch 和 C 语言的 switch 语句结构不同，C 语言中每个 case 都要比较，即使前面一个已经执行过，因此通常在 case 的语句体后面加一个 break 语句，使程序只执行第一个满足条件的 case。而 MATLAB 中只完成第一个满足条件的 case，不再继续比较，因此不需要 break 语句。

由于 MATLAB 的 switch 结构没有 C 语言的 fall-through 特性，所以，如果需要对多个条件使用同一个 case 分支的时候，需要使用元胞数组与之配合，参见［例 9-8］。

【例 9-8】 在程序编辑窗口中编写以下程序，并以 example98.m 为名存入相应的子目录。

```
clear all
num=input('Input a Number=');
switch num
   case 1
      disp('1')
   case 4
      disp('4')
   case 5
      disp('5')
   otherwise
      disp('something else')
end
```

程序运行结果如下：

```
Input a Number=1
1
```

再运行程序结果如下：

```
Input a Number   7
something else
```

3. try-catch 结构

try-catch 结构的功能和 error 类似，主要用来捕获程序执行过程中 MATLAB 发现的错误，以便决定如何对错误进行响应。其相应的语法结构如下：

```
try
    语句体 1
catch
    语句体 2
end
```

这里，程序先试探地执行语句体 1，如果出现了错误，则将错误信息存入系统保留变量 laster 中，然后执行语句体 2；如果无误，程序控制就直接跳到 end 语句。在语句体 2 中，通常会利用 lasterr 和 lasterror 函数获取错误信息，然后来采取相应的措施。此语句可以提高程序的容错能力，增加编程的灵活性。

【例 9-9】 使用 try-catch 语句，检测错误。

在程序编辑窗口中编写以下程序，并以 example99.m 为名存入相应的子目录。

```
n=5;
a=pascal(4)                          % 设置 4x4 矩阵 a
```

```
try
    a_n=a(n,:)                    % 取 a 的第 n 行元素
catch
    a_end=a(end,:)                % 如果取 a 的第 n 行出错,则改取 a 的最后一行
end
```

在命令窗口输入

```
>>example99
```

结果如下：

```
a =
     1     1     1     1
     1     2     3     4
     1     3     6    10
     1     4    10    20
a_end =
     1     4    10    20
```

【例 9-10】 已知某图像文件名为 kids，但不知其存储格式为.bmp 还是.tif，试编程，正确读取该图像文件并显示图像。

图 9-6 小孩图像

在程序编辑窗口中编写以下程序，并以 example910.m 为名存入相应的子目录。

```
try
picture=imread('kids.bmp');
catch
picture=imread('kids.tif');
end
imshow(picture)
Lasterr
```

在命令窗口输入如下命令：

```
>> example910
```

按 Enter 键后，显示正确格式的图像如图 9-6 所示。同时在命令窗口显示如下信息：

```
ans =
Error using ==> imread
File "kids.bmp" does not exist.
```

这说明，kids 文件的格式是.tif 而不是.bmp。

提 示

［例 9-10］代码中的 lasterr 函数是用来在命令窗口显示错误信息的，若无此函数，则不会显示上面的错误提示信息。

二、循环结构

在实际应用中，会用到许多有规律的重复计算，因此在程序设计中需要将某些语句重复执行。MATLAB 提供了两种循环结构：for 循环结构和 while 循环结构。

1. for 循环结构

For 循环为计数循环结构，在许多情况下，循环条件是有规律的，通常把循环条件的初值、判别和变化放在循环的开头，这种形式构成 for 循环结构。

For 循环结构的调用格式如下：

```
for 循环控制变量= <循环次数设定>
        语句体
end
```

在上面的语法结构中，命令 for 和 end 中的字母必须小写，设定循环次数的数组可以是已定义数组，也可以在循环语句 for 中定义，定义格式为：

<初始值>:<步长>:<终值>

初始值是循环变量初始设定值，每执行循环体一次，循环控制变量就会增加，当循环控制变量值大于终值时循环结束，步长可以为负，循环体内不能对循环变量重新设置。此外，for 循环也允许嵌套使用。

【例 9-11】 简单的 for 循环结构示例。

在编辑器中编辑下列命令，并以 example911.m 存入相应的目录：

```
for(i=1:3)
    for(j=1:4)
       A(i,j)=1.5;
    end
end
A
```

在命令窗口显示：

```
>> example911
A =
    1.5000    1.5000    1.5000    1.5000
    1.5000    1.5000    1.5000    1.5000
    1.5000    1.5000    1.5000    1.5000
```

For 循环结构可以嵌套，但必须注意的是，在嵌套中每一个 for 都必须与 end 相匹配，否则循环将出错。

【例 9-12】 编写一个函数文件，使用输入的 4 个数 m，n，p，r 创建一个主对角线元素全为 m，主对角线以上第一对角线元素全为 p，主对角线以下第一对角线元素全为 n 点 r 阶带形稀疏矩阵。

在程序编写窗口编写下列程序，并以 example912.m 存入相应子目录。

```
function A=example912(m,n,p,r)
A=[];
for i=1:r
 for j=1:r
  if i==j
    A(i,j)=m;
   elseif i-j==1
   A(i,j)=n;
   elseif i-j==-1
   A(i,j)=p;
```

```
  else
   A(i,j)=0;
  end
 end
end
```

在命令窗口调用这个函数，求 5 阶带形矩阵如下：

```
>> A=example912(9,4,6,5)
A =
      9     6     0     0     0
      4     9     6     0     0
      0     4     9     6     0
      0     0     4     9     6
      0     0     0     4     9
```

2. while 循环结构

上节讲到，利用 for 循环，用户可以对一组命令执行固定次数的循环运算，但有时用户希望执行无穷次数的循环运算，直到循环条件不成立为止，这时可以使用 while 循环。

While 循环的一般格式如下：

```
while <循环判断语句>
语句体
end
```

提示

循环判断语句为逻辑判断表达式。当该表达式值为真时执行循环体内的语句；当表达式逻辑值为假时退出当前的循环体。

【例 9-13】 一皮球从 200m 高度自由落下，每次落地后反弹回原高度的一半开始再次下落，试编写一段程序：①给出皮球弹起的次数及最后一次的反弹高度；②皮球经过的总路程。

在程序窗口编写以下程序，并以 example913.m 文件名存入相应的目录。

```
% s 为总路程,h 为弹起高度,n 为弹起次数
s=0;h=200;n=0;
while h>eps
s=s+h;
h=h/2;
    s=s+h;
    n=n+1;
end
disp('经过的总路程:')
disp(s)
disp('弹起的次数:')
disp(n)
disp('最后一次弹起的高度:')
disp(h)
```

在命令窗口输入如下命令：

```
>> example913
```

程序运行结果为：

经过的总路程：
```
  600.0000
```
弹起的次数：
```
  60
```
最后一次弹起的高度：
```
  1.7347e-016
```

三、程序流程控制语句

有些语句可以影响程序的流程，例如 break，return 等，称这类语句为程序流控制语句。

1. break 语句

终止本层 for 或 while 循环，跳到本层循环结束语句 end 的下一条语句。

例如：

```
while 1
n=input('Enter n.It is quit when n<=0.n= ')
                 if n<=0,break,end
 r=rank(magic(n))
end
```

以上代码运行后，命令窗口出现交互语句 Enter n.It is quit when n<=0.n=

若在其后输入 3，然后按 Enter 键，结果为：

```
n =
      3
r =
      3
Enter n.It is quit when n<=0.n=
```

若在其后输入 0，然后按 Enter 键，结果为：

```
Enter n.It is quit when n<=0.n= 0
n =
      0
```

从上面的运行结果可见，当 $n>0$ 时，生成 magice(n)阵，并得到其秩。这里生成的是三阶魔方阵 magice(3)，从结果可见，其秩 $r=3$，所以这是一个满秩方阵；当 $n\leqslant 0$ 时，程序结束。

2. return 语句

终止被调用函数的运行，正常地返回到引用函数，它也可以终止键盘控制模式。例如，在某 M 函数中，有一个函数：

```
function d=det(A)
if  isempty(A)
    d=1;
    return
else
      …
end
```

执行 return 时表示终止 M 函数的执行，返回到调用语句之后。

3. pause 语句

暂停指令。程序运行时，遇到 pause 指令后，将暂停，等待用户按任意键后继续执行。Pause 指令在程序的调试过程中或者用户需要查看中间结果时是十分有用的。

该指令调用格式如下：

pause：暂停程序运行，按任意键继续。

pause（n）：程序暂停运行 *n*s 后继续。

Pause on/off：允许/禁止其后的程序暂停。

4. continue 语句

该指令用于循环结构中，结束当前循环，执行下一次循环。例如：名为 check.M 的文件中有如下代码，其功能为检查文件 magic.m 中的代码的行数，但不包含空行数。

```
fid = fopen('magic.m','r');
count = 0;
while ~feof(fid)
    line = fgetl(fid);
    if isempty(line) | strncmp(line,'%',1)
        continue
    end
    count = count + 1;
end
disp(sprintf('%d lines',count));
```

在命令窗口提示符后输入该文件名并按 Enter 键，即：

```
>> check
```

运行该段程序后结果如下：

```
25 lines
```

在 for 循环或 while 循环中遇到该语句，将跳过其后的循环语句，进行下一次循环。

四、人机交互语句

在程序设计中，经常进行数据的输入与输出，以及与其他外部程序进行数据交换。下面对 MATLAB 常用的数据输入与输出方法进行介绍。

1. 用户输入提示命令 input

其调用格式如下。

（1）x=input('prompt')：在命令窗口上显示提示信息 prompt，等待用户键盘输入数据、字符串或表达式，并将输入的信息赋值给变量 x。

（2）x=input('prompt'，'s')：显示提示信息 prompt，等待用户输入文本变量值，并将输入变量值单位赋给文本变量 x。

以下为 input 的演示示例：

```
m=input('How much does this pencil cost?')
>> m=input('How much does this pencil cost?')
How much does this pencil cost?8
m =
     8
>> m=input('How much does this pencil cost?','s')
How much does this pencil cost?80fen
m =
    80fen
```

【例 9-14】 输入线性方程组的系数矩阵和常数向量，求解方程组。

在程序编辑窗口编写以下程序，并以 example914.m 为名存入相应的子目录。

```
% 输入线性方程组的系数矩阵和常数向量求解方程组
R1=input('请输入方程组的系数矩阵A:');
R2=input('请输入方程组的常数向量B:');
x=R1/R2
```

在命令窗口输入如下命令：

```
>> example914
```

在命令窗口显示如下信息。

```
请输入方程组的系数矩阵A:[1 2 -2;3 2 1;2 4 3]
请输入方程组的常数向量B:[3 2 6]
x =
    -0.1020
    0.3878
    0.6531
```

2. 请求键盘输入命令 keyboard

当 keyboard 显示在一个 M 文件中时，程序执行过程中遇到该命令则暂停，控制权交给用户。此时用户通过操作键盘可以输入各种合法的 MATLAB 指令。当用户键入 return 并按 Enter 键后，控制权交还给 M 文件。在 M 文件中使用该命令，对程序的调试及在程序运行中修改变量都是很方便的。

Keyboard 的使用演示示例如下。

【例 9-15】 打开一个带有 keyboard 命令的 M 文件，然后运行之，熟悉此命令的使用。

打开的 M 文件编辑器界面如图 9-7 所示。

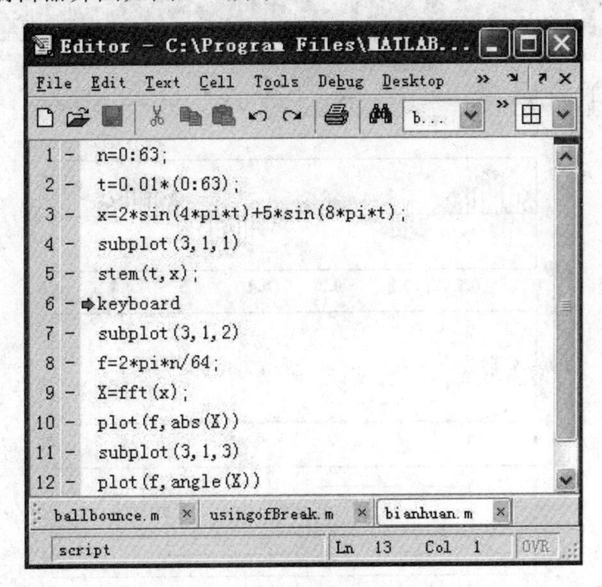

图 9-7　M 文件编辑器界面图

从图 9-7 可见，第六条语句前有一个绿色的箭头，即程序运行至第五条语句时暂停，这时，命令窗口会显示一条暂停提示信息如下：

```
K>>
```

同时会有一个图形窗口显示，该图形窗口所画的图形即是程序运行至第五条语句时所画的杆状图，也就是第一个子图 subplot(3，1，1)，如图 9-8 所示。

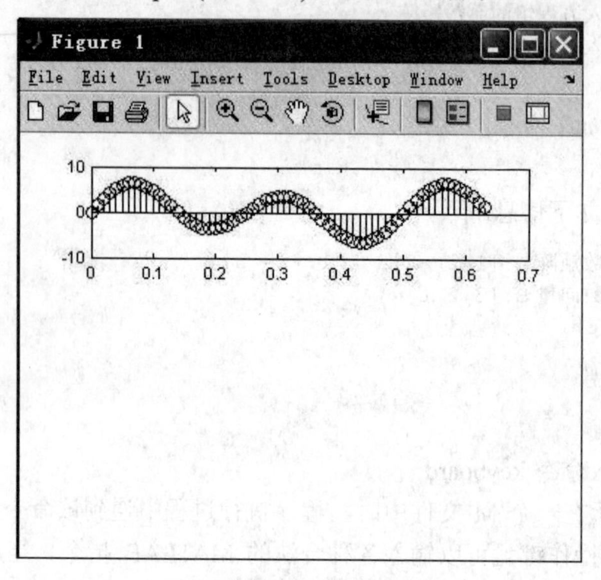

图 9-8　第一个子图的界面

然后单击继续运行按钮，命令窗口恢复到提示符状态，即：

```
>>
```

同时会将其余两个图形一同画在此图形界面上，如图 9-9 所示。

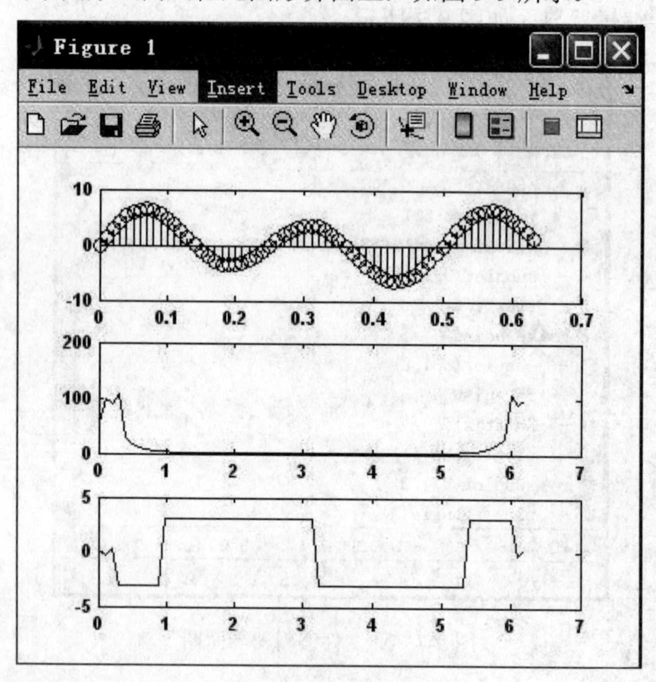

图 9-9　运行结果图

3. 屏幕输出语句 disp

调用格式：disp(x)。

屏幕输出最简单的方法是直接写出欲输出的变量或数组名，后面不加分号。例如：

```
>> disp('输入正确吗?')
输入正确吗?
```

前面的示例中关于此命令的使用已经介绍了，在此不再赘述。

4. echo 命令

M 文件在执行时，文件中的命令不会显示在命令窗口中。Echo 命令可使文件在执行时可见。这对程序的调试和演示很有用。其基本格式如下：

- echo on　　打开含此命令的 M 文件中此命令之后的 MATLAB 语句；
- echo off　关闭含此命令的 M 文件中此命令之后的 MATLAB 语句。

【例 9-16】 打开一个带有 echo 命令的 M 文件，然后运行之，熟悉此命令的使用。

打开的 M 文件编辑器界面如图 9-10 所示。

运行此文件后，命令窗口的情况如图 9-11 所示。

由图 9-11 可见，echo on 仅打开此命令之后的 MATLAB 语句，若将 echo on 换成 echo off，则会关闭 echo off 之后的 MATLAB 语句而将前半部分没有打开的 MATLAB 语句呈现在命令窗口，如图 9-12 所示，这样便于用户在命令窗口分段对程序进行调试。

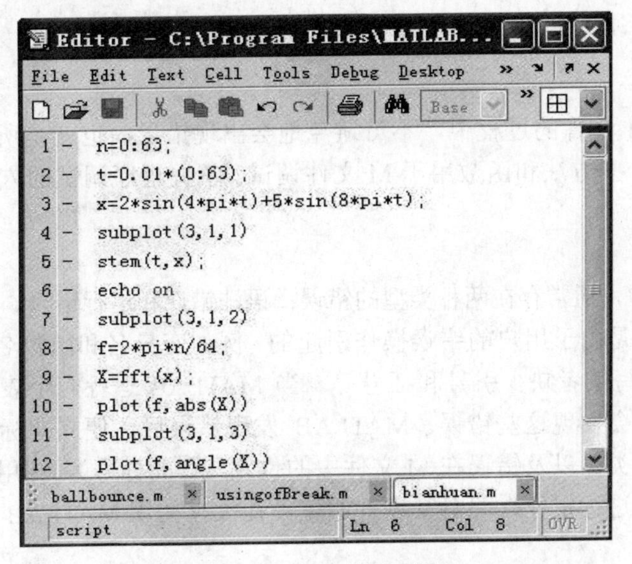

图 9-10　M 文件界面图

```
Command Window
File Edit Debug Desktop Window Help
subplot(3,1,2)
f=2*pi*n/64;
X=fft(x);
plot(f,abs(X))
subplot(3,1,3)
plot(f,angle(X))
>> |
```

图 9-11　命令窗口内的 M 文件部分内容

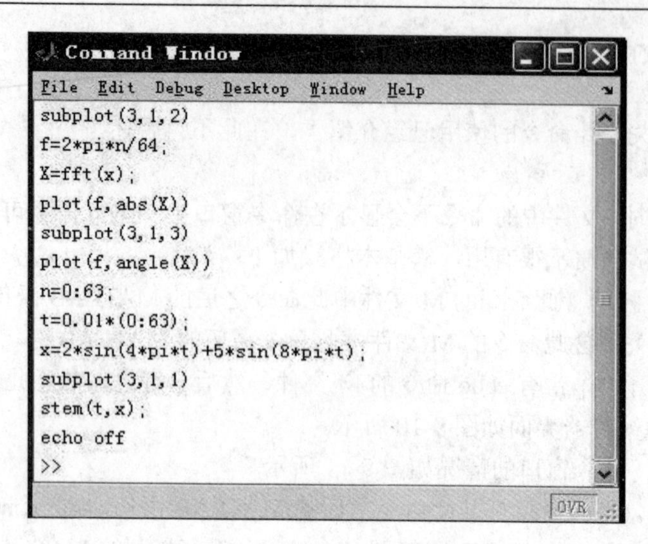

图 9-12 命令窗口内的 M 文件

第三节 M 文件调试

用户在开发 M 文件的过程中，不可避免地会出现错误，也就是所谓的 bug。为此，MATLAB 提供了一些方法和函数用于 M 文件调试。掌握程序调试的方法和技巧对提高工作效率很重要。

一、调试工具

在 MATLAB 中，通常存在两种类型的错误：语法错误和运行错误。

语法错误一般是由于用户的错误操作引起的，例如变量名和函数名的误写、标点符号的缺漏、end 的漏写或者缺少引号和括号等。当 MATLAB 运行一个表达式或一个函数被编译进内存时，就会发现这些错误。MATLAB 发现错误后，便立即标识出这些错误，并向用户提供错误的类型以及错误在 M 文件中的位置（行的标号）。利用这些信息，用户可以很方便地对错误进行定位，并对其进行纠正。在大家初识 MATLAB 时会经常遇到这类错误。

与语法错误相比，运行错误通常发生在算法错误和程序设计错误上，例如修改了错误的变量或计算不正确等。运行错误一般不易找出位置，因此要利用调试器工具来诊断。

当程序运行中发生错误时，尽管不会中止程序的执行，也不显示出错位置，但无法得到正确的运行结果。为了查找出错原因，可以直接使用下述的几种方法来调试。

（1）将函数中要调试的语句行后面的分号去掉，这样运算的中间结果就会在命令窗口中显示。

（2）另外在函数中添加语句，用于显示要查看的变量。

（3）利用 echo 命令，可以在运行时将文件的内容显示在屏幕上。Echo on 用于显示命令文件执行的工程，但不显示被调用函数文件的内容，如果希望检查函数文件的内容，用 echo Funname on 显示文件名为 Funname 的函数文件的执行过程。Echo off 用于关闭命令文件的执行过程显示，echo Funname off 用于关闭函数文件的执行过程显示。

(4) 在 M 函数文件选定的位置添加 keyboard 命令，当函数执行到 keyboard 命令时，便停止执行，并将临时控制权交给键盘。这时，用户就可以查看函数工作区中的变量，并可以根据需要改变变量的值。要恢复函数的执行，只需要在键盘提示符 K>>后输入 return 即可。

(5) 在 M 函数文件的函数声明语句之前插入%，可以将声明语句变为注释，同时也将 M 函数文件变为 M 脚本文件。这样，在文件执行时，其工作区就是 MATLAB 工作区，用户在出现错误时就可以查看工作区中的变量了。

当一个函数文件容量很大、递归调用或者高度嵌套时，用户可以使用 MATLAB 提供的图形化调试函数，这些调试函数存在于 Editor/Debugger 窗口中的 Debug 菜单上。

用户可以通过函数图形化工具设置函数的运行和静止，例如，用户可以使函数在设定的断点处停止运行，或者使函数在出现警告和错误的地方停止运行等。如果用户在程序中设置了断点，则当程序运行到断点时，MATLAB 在执行完断点所在的行之后立即停止执行，并在 MATLAB 工作区显示当前各内部变量的值。程序停止运行后，命令窗口会显示键盘提示符 K>>，这时用户可以查询函数工作区，改变工作区中变量的值，还可以根据需要进行跟踪调试。此外，Editor/Debugger 窗口还将显示目前函数执行到哪一行，并提供用户访问被当前调试的 M 文件函数调用的其他函数的工作区的方法。当用户在函数中设置好了断点，Editor/Debugger 窗口提供了一系列菜单让用户利用该断点进行调试，这些菜单包括：单步执行菜单、执行到下一个断点菜单、执行到光标位置菜单、结束调试菜单。

MATLAB 所提供的这些工具是非常直观且简单易用的，用户很容易掌握其应用的要领，充分享受 MATLAB 图形化调试工具在创建高质量代码过程中所带来的便捷和高效。

二、语法检查

在用户创建和调试 M 文件时，适时地检查代码中的语法错误和运行错误是非常必要的。在 MATLAB 7 中，用户可以使用新增加的 mlint 函数来分析 M 文件中的语法错误以及其他可能存在的问题或不完善的地方。例如，mlint 函数可以检查出文件中是否有变量虽然被定义但却从未调用，是否有输入参数没有使用，是否有输出参数没有赋值，是否存在已不再使用的函数和命令，是否存在 MATLAB 根本执行不到的语句等等。该函数通常都是以命令的形式调用的，其调用格式为：

```
>>mlint myfunction
```

其中，myfunction 是要检查的 M 文件的名称。同时，该函数也可以以函数的形式进行调用，用户可以通过多种方式获得其输出结果。例如，下面的代码将 mlint 的输出结果赋给一个结构体变量 out：

```
>>out = mlint('my function', '-struct');
```

除了可以利用 mlint 检查一个文件外，用户还可以使用 mlintrpt 函数检查某一目录下的所有文件，并生成一个新的 HML 类型的窗口以显示每个文件的检查结构。另外，在 MATLAB 桌面中的当前路径窗口中，用户也可以使用这一特性。

当一个 M 文件在执行时，有时会因找不到一个或多个被调用的 M 文件函数而导致这个 M 文件运行失败。为了发现这一问题，MATLAB 提供了函数 depfun 用于解析 M 文件的相关性。该函数递归地搜索所用的文件关联性，包括被 M 文件调用的函数的关联性，以及该文件通过图形句柄对象被别的文件调用的关联性。

第四节 函 数 句 柄

函数句柄是 MATLAB 提供给用户的一个强有力的工具。它主要有以下特点：

（1）通过使用函数句柄可以方便地实现函数间的相互调用；

（2）通过函数句柄可以获得函数加载的所有方式；

（3）通过函数句柄可以拓展子函数以及局部函数的使用范围；

（4）使用函数句柄可以提高函数调用过程中的可靠性；

（5）通过函数句柄可以减少程序设计中的冗余；

（6）通过函数句柄可以提高重复执行的效率；

（7）函数句柄也可以与数组、结构数组及单元数组结合定义数据。

一、函数句柄的创建

要创建一个函数句柄很容易，只要在等号右边使用@符号，并在该符号后紧跟函数名即可。

【例 9-17】 创建 plot 函数的函数句柄。

在命令窗口输入命令，创建函数句柄：

```
>> a=@plot
a =
    @plot
```

函数句柄的内容可以通过函数 fuctions 来显示，使用该函数将返回函数句柄所对应的函数名、类型、文件类型以及加载方式等。函数的文件类型是指该函数句柄的对应函数是否为 MATLAB 内部函数，而函数的加载方式属性只有当函数类型为 overloaded 时才存在。

【例 9-18】 显示函数句柄的内容。

在命令窗口使用函数 functions 显示函数句柄的信息：

```
>> functions(a)
ans =
       function: 'plot'
           type: 'simple'
           file: ''
```

二、函数句柄的调用与操作

使用函数 feval 可以实现函数句柄的调用，其调用格式为：

[y1，y2，…]=feval(fhandle，x1，…，xn) 执行函数句柄 fhandle，使用的参数为 x1，…，xn。这种调用相当于执行以参数列表为输入变量的函数句柄所对应的函数。

【例 9-19】 创建 meshbrane 函数的函数句柄，并运行该函数。

```
>>handle=@membrane;
>>feval(a,2,7,2,2)
>>feval(a,2,17,2,2)                    % 加密绘图网格
```

图 9-13 为使用不同参数调用函数句柄的示意图。

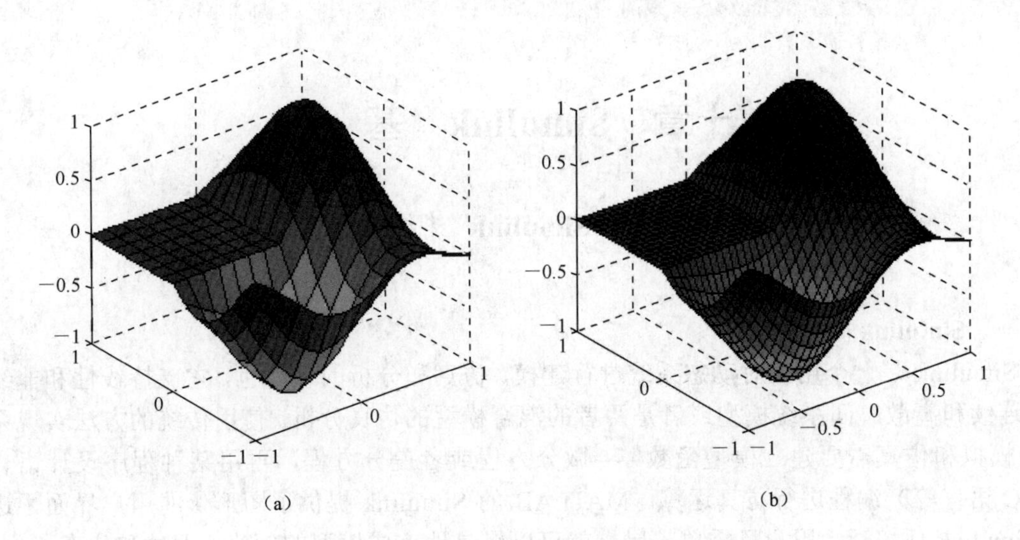

图 9-13　使用不同参数调用函数句柄

（a）feval(a，1，12，9，2)；（b）feval(a，1，30，9，2)

函数句柄与函数名字符串之间可以进行转换，转换函数为 func2str 和 str2func。

【例 9-20】 函数句柄与函数名之间转换。

在命令窗口使用 str2func 和 func2str 函数进行转换：

```
>> a=str2func('plot')
a =
   @plot
>> func2str(a)
ans =
     plot
```

通过函数 isa 可以判断变量是否为函数句柄：

```
>> isa(a,'function_handle')
ans =
      1
```

通过函数 isequal 可以判断两函数句柄是否相同：

```
>> isequal(a,@plot)
ans =
      1
```

通过函数 save 也可以将函数句柄保存为 MATLAB 数据文件，而使用函数 load 则可以调用函数句柄。

第十章　Simulink　基　础

第一节　Simulink　概　述

一、Simulink 简介

Simulink 是一个用来对动态系统进行建模、仿真和分析的软件包，它支持线性和非线性、连续和离散时间系统模型或者是两者的混合模型的仿真分析。使用传统的方法实现系统的模拟和仿真需要建立模型函数——微分方程或者差分方程，再用某种程序设计语言（如 C 语言等）编程进行仿真运算。MATLAB 的 Simulink 提供了图形化的用户界面，进入 Simulink 环境后，用户只需单击鼠标就可以轻易地完成模型的创建、调试和仿真工作，这样就大大降低了仿真的难度，使用户不用为了完成仿真工作而专门去学习某种程序设计语言。

Simulink 提供了大量的系统功能模块，包括信号发生、控制运算、显示等通用模块和很多专业性极强的专业模块，应用这些模块可以轻松实现各个学科的工程仿真和研发工作。Simulink 提供的系统功能模块的另一个大的特点是开放性强，可以将几个相关的模块组合成一个具体的子系统，也可以自己创建模块并将其加入到系统模块库中供建模使用。

二、计算机仿真

计算机仿真是在研究系统过程中根据相似性原理，利用计算机来模拟研究系统，研究对象可以是现实系统，也可以是设想中的系统。在没有计算机以前，仿真都是利用实物或者它的物理模型来进行研究的，即物理仿真。物理仿真的优点是直接、形象、可信；缺点是模型受限、易破坏、难以重复利用。计算机仿真可以用于研制产品或设计系统的全过程，包括方案论证、技术指标的确定、设计分析、故障处理等各个阶段。

计算机仿真的三个基本要素是：系统、模型和计算机。与计算机仿真的三个要素相联系的是模型的建立、系统的组装和仿真实验，对应的工作过程是：

（1）建立系统的数学模型；

（2）仿真系统的组装，包括设计仿真算法，编制计算机程序使仿真系统的数学模型能为计算机所接受并在计算机上运行；

（3）运行仿真模型，进行仿真试验，再根据仿真试验的结果进一步修正系统的数学模型和仿真系统。

上述过程如图 10-1 所示。

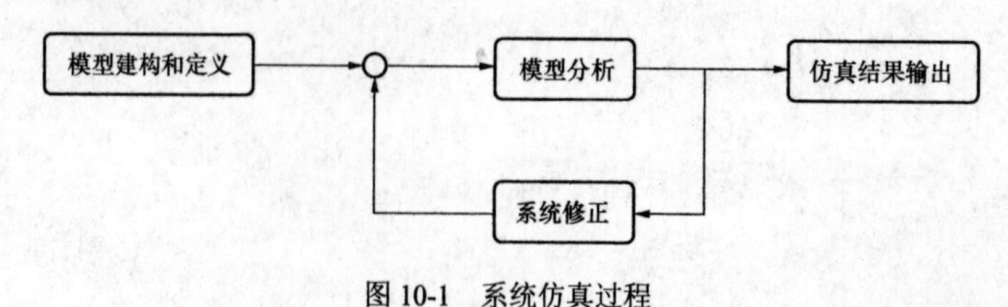

图 10-1　系统仿真过程

三、Simulink 的工作环境

Simulink 的工作环境由各种功能的图形化界面组成，包括模块库浏览器、模型窗口、调试窗口、可视化结果及对结果的可视化分析等。有了这些，Simulink 就变得更易学易用了。Simulink 工作环境具有如下特性：

（1）自动代码生成，以处理连续时间、离散时间以及混合系统；

（2）优化代码，以保证快速执行；

（3）可移植的代码使其应用范围更加广泛；

（4）从 Simulink 下载到外部硬件上的交互参数使系统在工作状态下很容易调试；

（5）一个菜单驱动的图形用户界面使得软件的使用非常容易。

为了便于读者对 Simulink 的初步认识，下面给出如图 10-2 所示的简单仿真环境，该仿真环境显示的是变频余弦曲线。

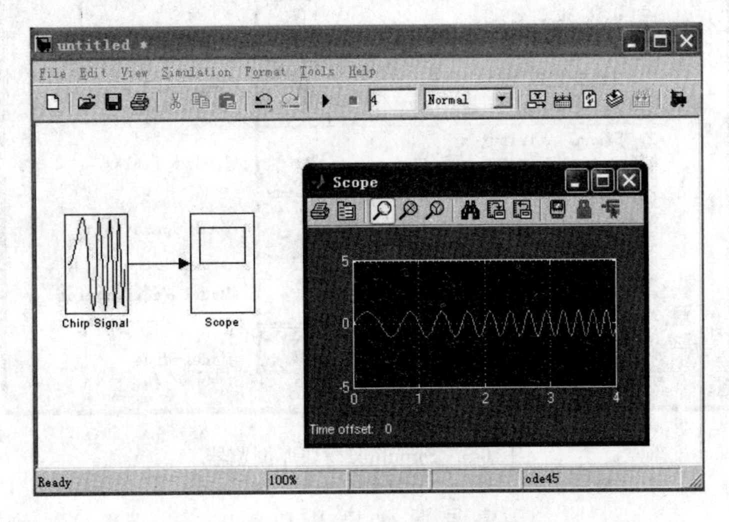

图 10-2　Simulink 的仿真环境

使用 Simulink 可以简化数学抽象模型，建立更真实的系统模型，例如建立区域电网模型模拟奥运会场供电及突发故障的分析、模拟瘟疫病毒的生长规律、载人航天飞船的舱体设计等。

第二节　Simulink 基本模块简介

Simulink 模块库为用户提供了大量的系统模块，它们的通用性好，专业性强，使用方便。要启动 Simulink，可以在 MATLAB 的命令窗口输入 Simulink 命令，也可以单击主界面上的按钮，启动后便可直接进入到 Simulink 模块库浏览器窗口，如图 10-3 所示。

打开的浏览器左下窗格里的树形图即为 Simulink 模块组，用户根据自己专业需要均能在左侧的树形图内找到所需的 Simulink 模块组。

下面介绍一下 Simulink 通用基础模块库中主要模块及功能。

一、信号源模块库（Sources）

信号源模块库为仿真系统提供了连续时间和离散时间的信号源如表 10-1 所示。

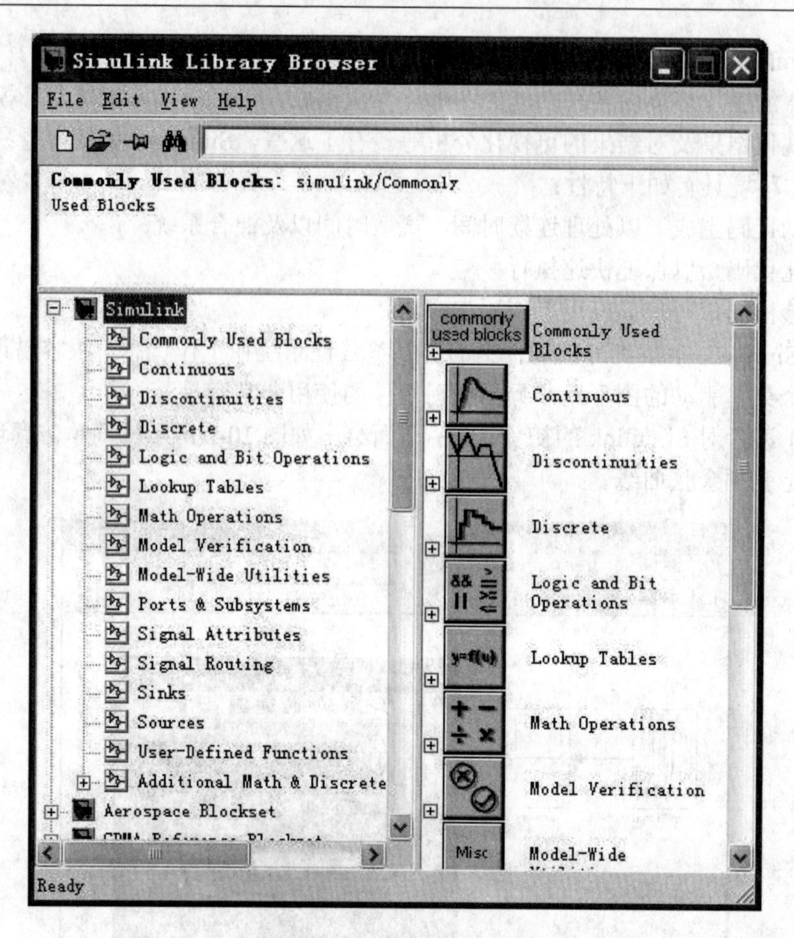

图 10-3 Simulink 模块库浏览器

表 10-1 信号源模块及功能

模块名	功能	模块名	功能
In1	输入端子	Ground	共地端
From File	从文件获取数据	From Workspace	从工件空间获取数据
Constant	常数	Signal Generator	信号发生器，可以产生正弦、方波、锯齿波及任意波形
Pulse Generator	脉冲信号发生器	Signal Builder	组建任意分段线性波形信号
Ramp	斜坡信号源	Sine Wave	正弦波形信号源

续表

模　块　名	功　　能	模　块　名	功　　能
Step	阶跃信号源	Repeating Sequence	锯齿波形信号源
Chirp Signal	变频信号源	Random Number	高斯随机信号源
Uniform Random Number	均匀随机信号源	Band-Limited White Noise	带限白噪声
Repeating Sequence Stair	重复离散脉冲序列	Repeating Sequence Interpolated	可终止重复离散脉冲序列
Counter Free-Running	循环计数器信号	Counter Limited	限值计数器信号
Clock	时钟信号	12:34 Digital Clock	数字时钟信号

二、输出模块库（Sinks）

输出模块库中提供了各种功能的输出模块，包括图形显示和数据存储等，如表 10-2 所示。

表 10-2　　输出模块及功能

模　块　名	功　　能	模　块　名	功　　能
1 Out1	输出端子	Terminator	通用终端
untitled.mat To File	将输出写入数据文件	simout To Workspace	将输出写入 MATLAB 的工作空间
Scope	示波器	Floating Scope	浮动示波器
XY Graph	显示二维图形	0 Display	实时数值显示器
STOP Stop Simulation	当输入不为零时结束仿真	—	—

三、连续系统模块库（Continuous）

连续系统模块库提供了连续系统运算功能的多种模块，如表 10-3 所示。

表 10-3 连续系统主要模块及功能

模块名	功能	模块名	功能
$\frac{1}{s+1}$ Transfer Fcn	线性传递函数模型	d*u*/d*t* Derivative	微分器
x=Ax+Bu y=Cx+Du State-Space	线性状态空间系统模型	Transport Delay	固定时间延时器
$\frac{(s-1)}{s(s+1)}$ Zero-Pole	以零极点表示的传递函数模型	Variable Transport Delay	可变时间延时器

四、离散系统模块库（Discrete）

离散系统模块库中提供了滤波器、脉冲传递函数等离散系统模块，如表 10-4 所示。

表 10-4 离散系统主要模块及功能

模块名	功能	模块名	功能
$\frac{1}{z}$ Unit Delay	延迟一个采样周期	$\frac{1}{z+0.5}$ Discrete Transfer Fcn	离散传递函数模型
$\frac{(z-1)}{z(z-0.5)}$ Discrete Zero-Pole	以零极点表示的离散传递函数模型	$\frac{1}{1+0.5z^{-1}}$ Discrete Filter	离散滤波器
$\frac{z-1}{z}$ Difference	差分器	$\frac{0.05z}{z-0.95}$ Transfer Fcn First Order	离散时间传递函数
$\frac{z-0.75}{z-0.95}$ Transfer Fcn Lead or Lag	单零、极点传递函数	$y(n)=Cx(n)+Du(n)$ $x(n+1)=Ax(n)+Bu(n)$ Discrete State-Space	离散状态空间系统模型
Zero-Order Hold	零阶采样和保持器	First-Order Hold	一阶采样和保持器

五、数学运算模块库（Math operations）

数学运算模块库中提供了包括数学运算、关系运算、复数运算等多种用于数学运算的模块，如表 10-5 所示。

表 10-5　　数学运算主要模块及功能

模　块　名	功　　能	模　块　名	功　　能
Sum	加、减运算	Add	信号求合运算
Subtract	信号的加、减法混合运算	Sum of Elements	多信号求和运算
Gain	比例运算	Slider Gain	滑动增益
Product	乘法器	Divide	乘除运算
Sign	符号函数	Abs	取绝对值
Unary Minus	对输入取反	Math Function	包括指数函数、对数函数、求平方、开根号等常用数学函数
Rounding Function	取整函数	Polynomial	计算多项式的值
MinMax	求最大、最小值	Sine Wave Function	正弦运算

六、通用模块库（Commonly Used Blocks）

通用模块库中提供了一般建模常用的模块，这些模块在各自的分类模块库中均能找到，但为了使用方便，特将一些常用的模块集中起来组成该库如表 10-6 所示。

表 10-6　　通用模块及功能

模　块　名	功　　能	模　块　名	功　　能
In1	提供一个输入端口	Out1	提供一个输出端口
Ground	地线，提供零电平	Terminator	终止没有连接的输出端口
Constant	生成一个常量值	Scope	示波器
Switch	选择开关	Product	乘运算

续表

模 块 名	功 能	模 块 名	功 能
1 Gain	比例运算	AND Logical Operator	逻辑运算
<= Relational Operator	关系运算	1/s Integrator	积分器
Saturation	饱和输出，让输出超过某一值时能够饱和	Convert Data Type Conversion	数据类型转换

七、信号路径模块库（signal routing）

信号路径模块库提供了信号在模型中流动的各种路径通道的选择，包括信号的分离、汇合以及通道选择等模块，如表 10-7 所示。

表 10-7　　信号路径模块及功能

模 块 名	功 能	模 块 名	功 能
Bus Creator	信号的汇合	Bus Selector	有选择的输出信号
Demux	将复合输入转化为多个单一输出	Mux	将多个单一输入转化为一个复合输出
Multiport Switch	多端口的切换（开关）器	Selector	输入信号选择器
[A] From	从一个 Goto 模块接收信号	Manual Switch	手动选择开关
[A] Goto	传递信号到 From 模块	Switch	选择开关
A Data Store Read	从共享数据空间读数据并输出	A Data Store Write	写数据到共享数据存储空间

Simulink 模块库中的内置模块均提供了简单的描述与详细的帮助文档，这可以大大方便用户的使用与理解。要查询某个模块的帮助文档只需将该模块移到一个模型文件中，再右击它，在弹出的快捷菜单中选择 Help 命令就能打开对应的帮助页面了，如图 10-4 所示。

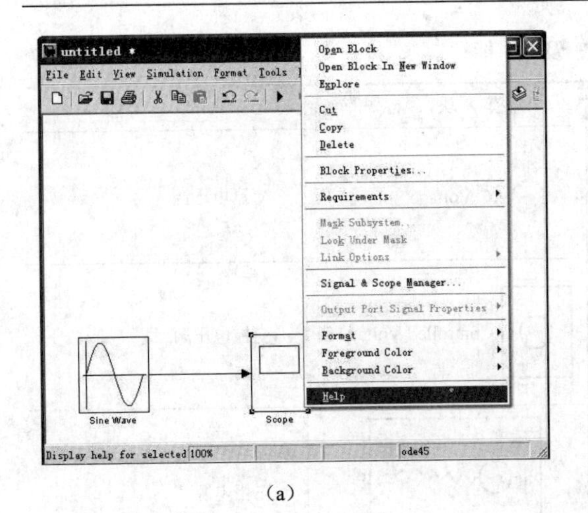

（a）

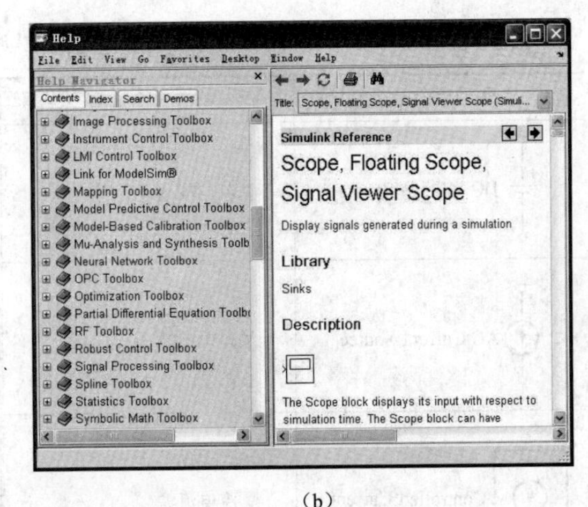

（b）

图 10-4　打开模块的帮助文档

（a）打开帮助文档的命令；（b）打开的帮助文档

第三节　Simulink 电力系统模块简介

在 Simulink 中专门设置了电力系统模块库（SimPowerSystems），它为电力系统的建模提供了丰富而专业的模块，熟练掌握电力系统模块库中的模块功能会在建模中节省大量的时间，电力系统模块库如图 10-5 所示。

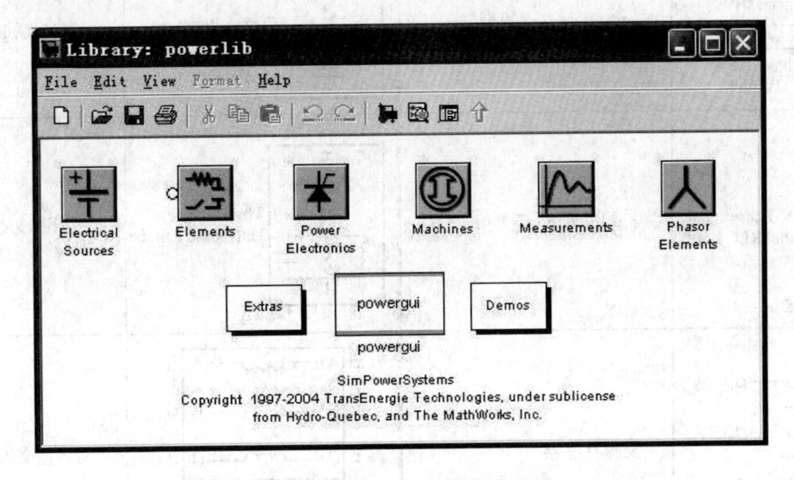

图 10-5　电力系统模块库

一、电源模块库（Electrical Source）

电源模块库提供了电路、电力系统中常用的各种理想电源及可编程电源等，如表 10-8 所示。

二、电器元件库（Elements）

电器元件库中提供了各种线性网络电路元件和非线性网络电路元件，包括支路元件（Elements）、输配电线路元件（Lines）、断路器元件（Circuit Breakers）、变压器元件（Transformers）等，如表 10-9 所示。

表 10-8 电源模块及功能

模块名	功能	模块名	功能
DC Voltage Source	直流电压源	AC Voltage Source	交流电压源
AC Current Source	交流电流源	Controlled Voltage S	受控电压源
Controlled Current S	受控电流源	Three-Phase Source	三相电源

表 10-9 电器元件模块及功能

模块名	功能	模块名	功能
Series RLC Load	串联 RLC 负荷	Parallel RLC Load	并联 RLC 负荷
Three-Phase Parallel RLC Branch	三相并联 RLC 支路	Three-Phase Series RLC Load	三相串联 RLC 负荷
Three-Phase Parallel RLC Load	三相并联 RLC 负荷	Three-Phase Harmonic Filter	三相谐波滤波器
Mutual Inductance	交流互感器	Three-Phase Mutual Inductance Z1-Z0	阻抗型交流互感器
Surge Arrester	电涌放电器	Three-Phase Dynamic Load	三相动力负荷

续表

模 块 名	功 能	模 块 名	功 能
Ground	接地线	Neutral node 10	中性点接地线
1 Connection Port	端口连接线	π Pi Section Line	π 型参数线路
Distributed Parameters Line	分部参数线路	A B π C A B C Three-Phase PI Section Line	三相 π 型参数线路
c 1 2 Breaker	单相断路器	A B C a b c Three-Phase Breaker	三相断路器
A B C Three-Phase Fault	三相线路故障发生器	1 2 3 Linear Transformer	线性变压器
1 2 3 Saturable Transformer	磁路可饱和变压器	1+ 1 +2 2 +3 3 +4 4 Multi-Winding Transformer	多绕组变压器
A B C Y Y a b c Three-Phase Transformer (Two Windings)	三相变压器	A B C Y Y Y a2 b2 c2 a3 b3 c3 Three-Phase Transformer (Three Windings)	三相三绕组变压器
A+ B+ C+ A– B– C– a3 b3 c3 Zigzag Phase-Shifting Transformer	移相变压器	A1+ A1 A2+ A2 B1+ B1 B2+ B2 C1+ C1 C2+ C2 Three-Phase Transformer 12 Terminals	12 抽头三相变压器

三、电机模块库（Machines）

电机模块库提供了各种形式的电机，并且为了建模方便还将个别电机模块分成了标幺值单位和有名值单位两种，如表 10-10 所示。

表 10-10　　电机模块及功能

模块名	功能	模块名	功能
Simplified Synchronous Machine pu Units	同步电机简化模型(标幺值单位)	Simplified Synchronous Machine SI Units	同步电机简化模型(有名值单位)
Permanent Magnet Synchronous Machine	永磁式同步电机	Synchronous Machine pu Fundamental	同步电机基本模型(标幺值单位)
Synchronous Machine pu Standard	同步电机标准模型(标幺值单位)	Synchronous Machine SI Fundamental	同步电机基本模型(有名值单位)
Asynchronous Machine pu Units	异步电机（标幺值单位）	Asynchronous Machine SI Units	异步电机（有名值单位）
DC Machine	直流电机	Discrete DC Machine	离散直流电机
Excitation System	同步电机励磁系统	Hydraulic Turbine and Governor	水轮机和调节器
Steam Turbine and Governor	汽轮机和调节器	Generic Power System Stabilizer	普通电力系统稳定器
Multi-Band Power System Stabilizer	多频带电力系统稳定器	Machines Measurement Demux	电机测量单元

四、电力电子模块库（Power Electronics）

电力电子模块库提供了各种电力电子器件及其附属电路（如脉冲触发电路）等实用的功能模块，如表 10-11 所示。

表 10-11 电力电子模块及功能

模块名	功能	模块名	功能
Diode	电力二极管	Thyristor	晶闸管
Gto	门极可关断晶闸管	IGBT	绝缘栅双极型晶体管
Ideal Switch	理想开关	Detailed Thyristor	详细参数晶闸管
Mosfet	电力场效应管	Universal Bridge	多功能桥式整流电路
Three-Level Bridge	三极整流桥	—	—

五、测量模块库（Measurements）

测量模块库提供了对系统中各种信号进行测量输出的功能模块，但一般情况下这些模块要与显示模块配合使用，如表 10-12 所示。

表 10-12 测量模块及功能

模块名	功能	模块名	功能
Current Measurement	电流测量模块	Voltage Measurement	电压测量模块
Impedance Measurement	阻抗测量模块	Multimeter	万用表
Three-Phase V-I Measurement	三相电流电压测量模块	—	—

第四节 Simulink 建模方法和步骤

Simulink 模型通常包括信号源（Source）、功能系统（System）和显示（Sinks）3 大部分，如图 10-6 所示，这 3 部分又分别由相应的功能模块组成，从模块库中找到合适的模块并将其移到模型文件编辑区中，按要求连接后还要将各模块元件的参数设置成实际的大小才可完成建模。

图 10-6 Simulink 模块的典型结构

一、模块的选取

打开库浏览器界面，单击按钮或在 MATLAB 菜单中选择 File→New→Model 命令即可创建一个空白模型文件，在右侧的空白区域可以编辑一个系统的模型，在库浏览器列表中找到所需的模块，按住鼠标左键将其拖至模型编辑窗口即可完成模块的选取，当窗口移动不方便时可以在库浏览器列表中将相应模块复制到模型编辑窗口也能完成模块的选取。每个模块的下方都有一个名称，双击名称还可以对模块重命名，如图 10-7 所示。

观察已建立的模块，在模块左右两侧分别有数量不同的箭头状的输入输出端口，箭头向内的为输入端口，用于连接前一级模块；箭头向外的为输出端口，用于连接下一级模块，不同的模块有不同数量的输入输出端口。

提示

在为模块重命名时要注意不能包含中文及希腊字母否则该模型文件将不能保存，在任何标注或名称中也不能使用中文和希腊字母等 Simulink 不支持的字符。

二、模块的编辑

1. 模块的选择

单击要选择的模块，该模块四周就会显示标记点，这表明该模块被选中，若要选择多个模块，可用鼠标按下左键拖出一个框，包含所选模块，或按住 Shift 键不放连续单击要选的模块，被选的模块周围都会显示控制点标记，图 10-8 为选择一个模块的示意图。

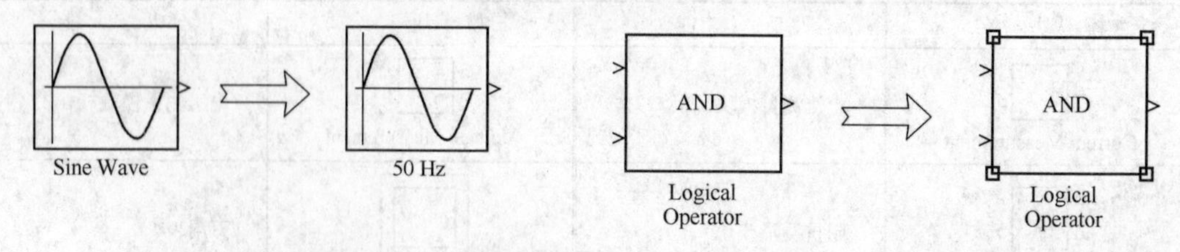

图 10-7 模块的重命名　　图 10-8 模块的选中

2. 模块的移动

Simulink 的模型编辑区为没有边界的平面，当模型工程较大时默认的区域往往显得不够大，这时可以将已建好的模块全部选中，按住鼠标左键拖动，即可将已建好的模块移动到任意位置，但并不改变它们间的相对位置。

3. 模块的缩放

有时为了使所建的模型美观，需要对建成模块的大小进行缩放。这时选中该模块，将鼠标放到四周的控制点处，鼠标指针变成双箭头时按下左键拖动到适当大小即可，如图 10-9 所示。

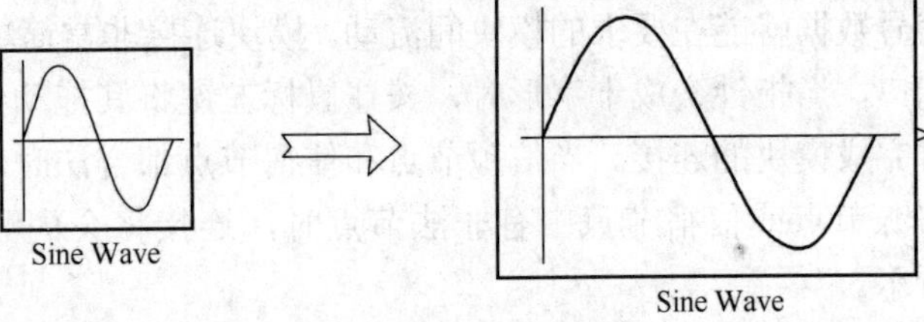

图 10-9 模块的放大

4. 模块的复制、删除

有时一个模型需要多个相同的模块，这时的复制方法如下。

先选定要复制的模块，选择 Edit→Copy→Paste 命令。也可以用鼠标左键单击选中要复制的模块，按住左键移动鼠标，同时按下 Ctrl 键，到适当位置释放鼠标，该模块就被复制到当前位置。更简单的方法是按住鼠标右键（不按 Ctrl 键）拖动鼠标至适合位置。

在复制结果中会发现复制出的模块名称在原名称的基础上又加了编号，这是 Simulink 的约定：每个模型中的模块和名称是一一对应的，相同的模块或不同的模块都不能用同一个名字，如图 10-10 所示。

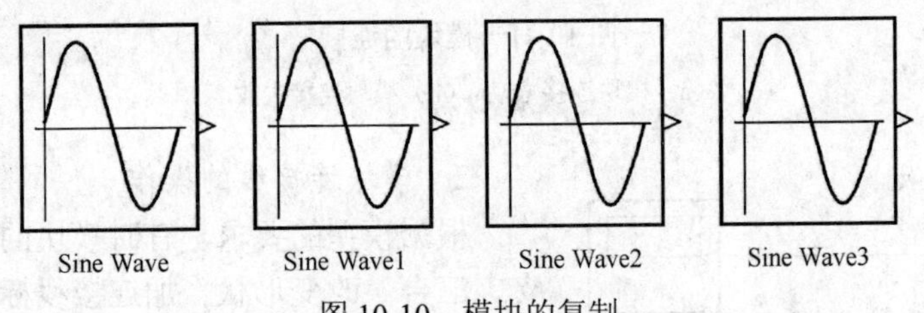

图 10-10 模块的复制

若要删除模块，先选定模块，再按键盘上的 Delete 键或选择 Edit 菜单下的 Cut 或 Delete 命令，或者在模块上单击鼠标右键，在弹出菜单上选择 Cut 或 Delete 命令即可。

5. 模块的显示属性设置

对选中的模块还可以设置其显示属性以区分主次，从而提高整个模型的表现效果。右击选中的模块会弹出一个快捷菜单，属性设置命令如表 10-13 所示。

表 10-13 模块属性设置命令

命令	功能
Format→Font	显示字体设置
Format→Flip Name	翻转模块名称
Format→Hide Name	隐藏模块名称（当名称显示时）
Format→Show Name	显示模块名称（当名称隐藏时）
Format→Flip Block	翻转模块，将模块旋转 180°
Format→Rotate Block	旋转模块，将模块顺时针旋转 90°
Format→Show Drop Shadow	显示模块阴影（当阴影隐藏时）
Format→Hide Drop Shadow	隐藏模块阴影（当阴影显示时）
Foreground Color	设置前景色
Background Color	设置背景色

三、模块的连接及参数设置

1. 模块的连接

根据信号数据的传递关系可以将模块间的输出端口和输入端口连接起来，在运行仿真时信号数据就能在要求的模块间流动。模块连接非常简单，将鼠标移动到模块的输出（或输入）端口，当指针变成十字形时，按住鼠标左键将其拖动到另一个模块的输入（或输出）端口即可完成模块的连接。当信源节点和信宿节点都合法时，所有模块连接成功生成一条实线，当信源节点或信宿节点中有非法节点时，连接将会失败而生成一条红色的虚线，如图 10-11 所示。

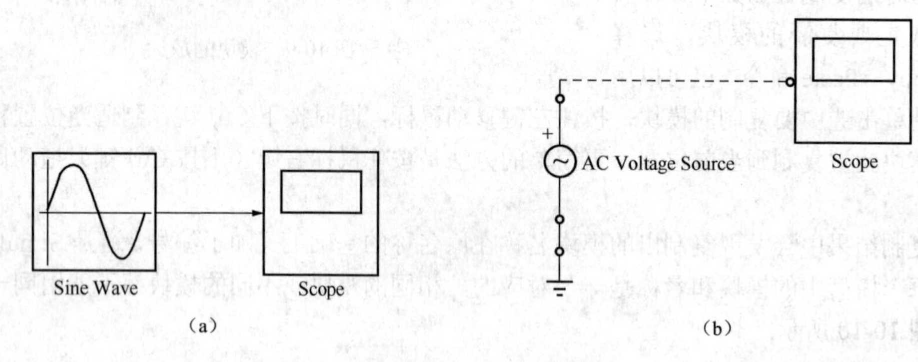

图 10-11 模块的连接

（a）模块连接成功；（b）模块连接失败

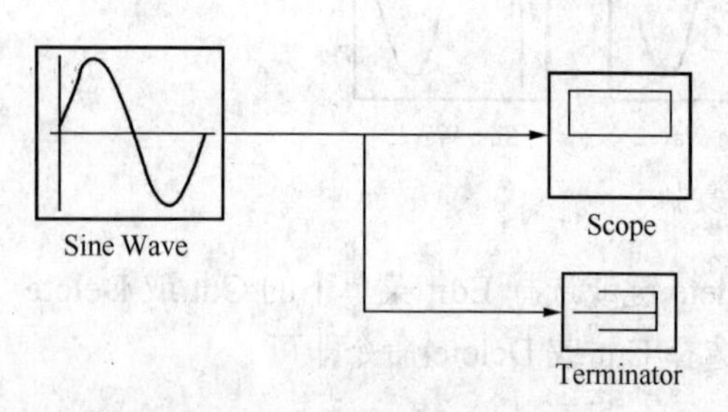

图 10-12 分支连接线示例

2. 模块连接线的操作

根据模型的要求，有时模块的连接线需要有分支、汇合、改变形状、加连接线标识等。分支（或汇合）模块连线时，可将鼠标放在要分支（或汇合）处，按住鼠标右键不放便可拖出一条分支线（或汇合线），如图 10-12 所示。

模块较多情况下，为了绕开某模块而将两个模块连接起来，有时需要改变连线的走向。选定一条连接线后，在每个弯曲处均有一个控制点，拖动中间的控制点能改变与它相连的横线或竖线的位置，拖动两边的控制点能增加或减少连接线弯曲的次数，当拖动控制点时，按住 Shift 键，便可拉出斜线，如图 10-13 所示。

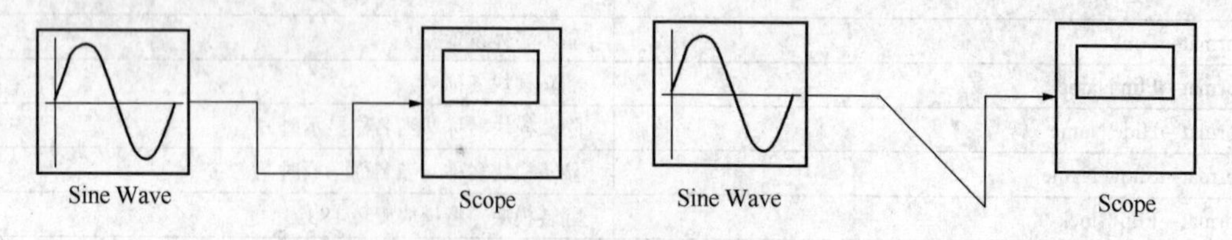

图 10-13 改变连接线的走线形状

3. 为信号线加文字标识

当模块之间的连接线条数过多时，为了便于区别，可在每条连接线上加上说明标识。方法是选定要加标识的连接线并双击，或在线的应加标识处双击，在该线的上方就会显示一个文本输入框并有光标提示输入文字信息，如图 10-14 所示。文字信息可以随信号的传输在一些模块间进行传递，支持这种传递的模块有 Mux，Demux，Inport，From，Selector 和 Subsystem。

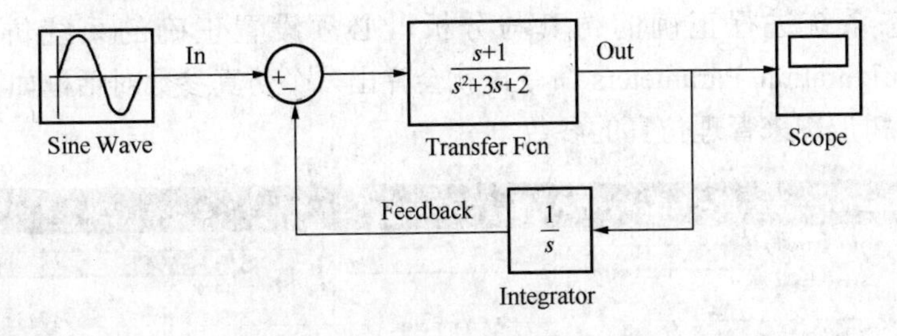

图 10-14　在连接线上加文字标识

提示

不仅可在模块的连接线处添加文字说明，也可以在模型编辑窗口的任意位置添加文字说明，如添加模型标题和系统描述等说明信息。

4. 参数的设置

双击创建的模块即可弹出如图 10-15 所示的对话框，这是一个设置系统交流电压源参数的对话框，不同模块的对话框有不同的界面，根据需要对模块的参数进行设置。

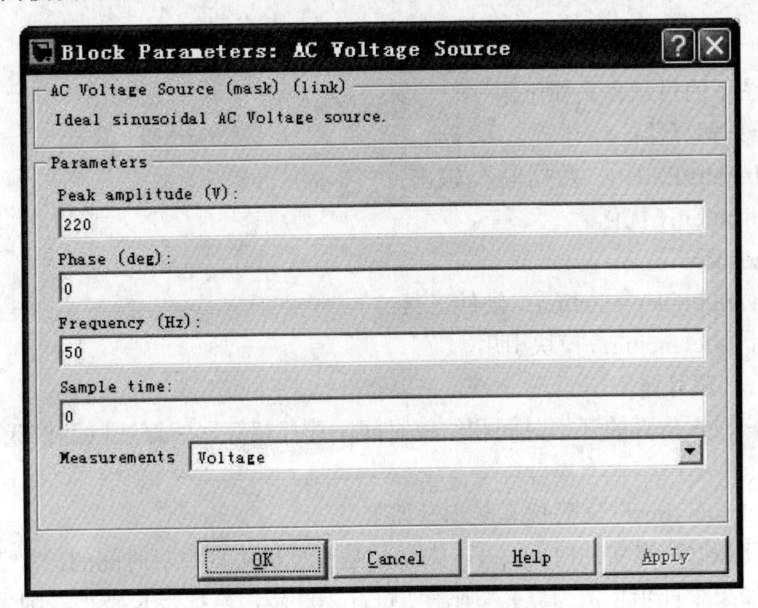

图 10-15　模块的参数设置

第五节　Simulink 仿真运行及结果分析

建立好需要研究的系统模型以后，要想运行查看结果，还需要正确地设置仿真参数。Simulink 仿真涉及微分方程组的数值求解，由于控制系统的多样性，没有哪一种仿真算法是万能的。为此用户需针对不同类型的仿真模型，按照各种算法的不同特点、仿真性能与适应范围，正确选择算法，并确定适当的仿真参数，以得到最佳仿真结果。

运行一个仿真的完整过程分成三个步骤：设置仿真参数，启动仿真和分析仿真结果。

为了对动态系统进行正确的仿真与分析，必须设置正确的系统仿真参数。选择 Simulation→Configuration Parameters 命令，就会弹出一个仿真参数对话框如图 10-16 所示，它主要用左侧的树形图来管理仿真的参数。

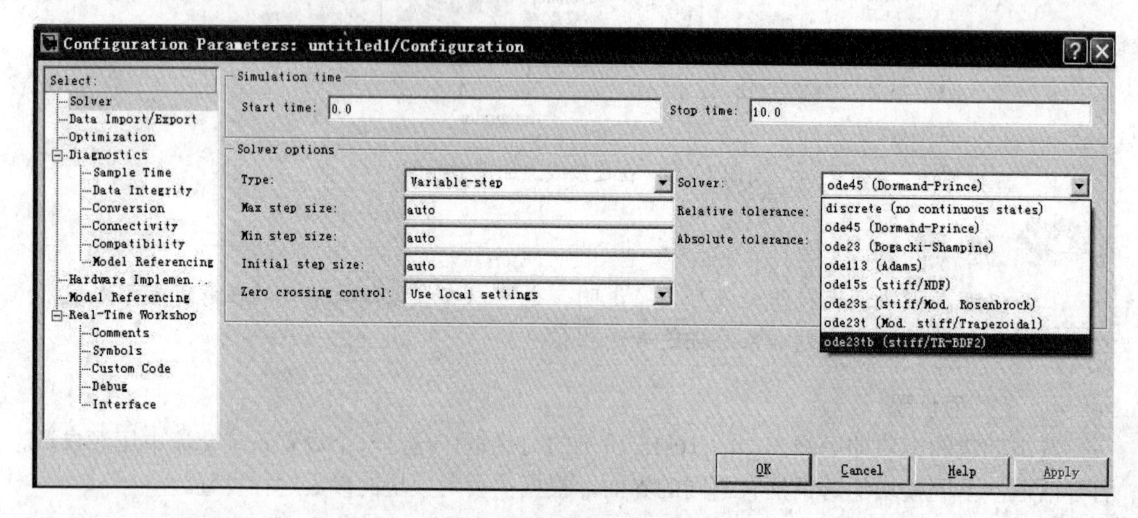

图 10-16 设置仿真参数

左侧树形图中的目录含义如下。

- Solver：解算器；
- Data Import/Export：数据输入/输出；
- Optimization：优化；
- Diagnostics：诊断；
- Hardware Implementation：硬件工具；
- Model Referencing：模块引用。

一、Solver（解算器）

它允许用户设置仿真的开始时间和结束时间，选择解算器的算法以及设置采样步长和仿真精度。

（一）Simulation time：设置仿真起止时间

这里的时间概念与真实的时间并不一样，只是计算机仿真中对时间的一种表示，比如 10s 的仿真时间，如果采样步长定为 0.1，则需要执行 100 步，若把步长减小，则采样点数增加，那么实际的执行时间就会增加。一般仿真开始时间设为 0，而结束时间视不同的因素而选择。总的来说，执行一次仿真要耗费的时间依赖于很多因素，包括模型的复杂程度、解算器及其步长的选择、计算机时钟的速度等。

（二）Solve options：选择解算器，并为其指定参数

1. 仿真步长模式

用户在 Type 后面的第一个下拉列表框中指定仿真的步长选取方式，可供选择的有 Variable-step（可变步长）和 Fixed-step（固定步长）方式。变步长模式可以在仿真的过程中

改变步长，提供误差控制和过零检测；固定步长模式在仿真过程中提供固定的步长，不提供误差控制和过零检测。用户还可以在第二个下拉列表框中选择对应模式下仿真所采用的算法。

（1）可变步长算法（Variable-step）：可变步长模式解算器有 ode45，ode23，ode113，ode15s，ode23s，ode23t，ode23tb 和 discrete。

1）ode45 默认值，四/五阶龙格—库塔法，适用于大多数连续或离散系统，但不适用于刚性（Stiff）系统，一般来说，面对一个仿真问题最好是先试试 ode45。

2）ode15s 适用于刚性系统，当用户不能使用 ode45，或者即使使用效果也不好时，就可以用该算法。

3）ode23tb 适用于刚性系统解算器，一般电路建模时首选该算法。

（2）固定步长算法（Fixed-step）：固定步长模式解算器有 ode5，ode4，ode3，ode2，ode1 和 discrete。

1）ode5 默认值，是 ode45 的固定步长版本，适用于大多数连续或离散系统，不适用于刚性系统。

2）ode4 一定的计算精度。

3）discrete 一个实现积分的固定步长解算器，它适合于离散无连续状态的系统。

2. 步长参数

对于可变步长模式，用户可以设置最大的和推荐的初始步长参数，默认情况下，步长自动地确定，它由值 auto 表示。

（1）Maximum step size 最大步长参数，它决定了解算器能够使用的最大时间步长，它的默认值为“仿真时间/50”，即整个仿真过程中至少取 50 个取样点，但这样的取法对于仿真时间较长的系统则可能因取样点过于稀疏，而使仿真结果失真。同时在仿真开始时系统也会给出警告 Warning: Using a default value of 0.002 for maximum step size. The simulation step size will be limited to be less than this value。一般建议仿真时间不超过 15s 的系统采用默认值即可，超过 15s 的系统每秒至少保证 5 个采样点，超过 100s 的系统，每秒至少保证 3 个采样点。

（2）Minimum step size 最小步长参数，一般建议使用 auto 默认值即可。

（3）Initial step size 初始步长参数，一般建议使用 auto 默认值即可。

（4）Zero crossing control 零控制参数，一般使用 Use local setting 默认值。

3. 仿真精度（对于可变步长模式）

（1）Relative tolerance（相对误差） 指误差相对于状态的值，是一个百分比，默认值为 1e-3，表示状态的计算值要精确到 0.1%。

（2）Absolute tolerance（绝对误差） 差值的容限，或者是说在状态值为零的情况下，可以接受的误差。如果它被设成了 auto，那么 simulink 为每一个状态设置初始绝对误差为 1e-6。

二、Data Import/Export（数据输入输出）

主要用来设置 Simulink 与 MATLAB 工作空间交换数值的有关选项，如图 10-17 所示。

1. Load from workspace

选中前面的复选框即可从 MATLAB 工作空间获取时间和输入变量。

（1）Input 指定输入变量名称，一般时间变量定义为 t，输入变量定义为 u。

（2）Initial state 用来定义从 MATLAB 工作空间获得的状态初始值的变量名。

2. Save to workspace

用来设置存往 MATLAB 工作空间的变量类型和变量名，选中变量类型前的复选框使相应的变量有效。

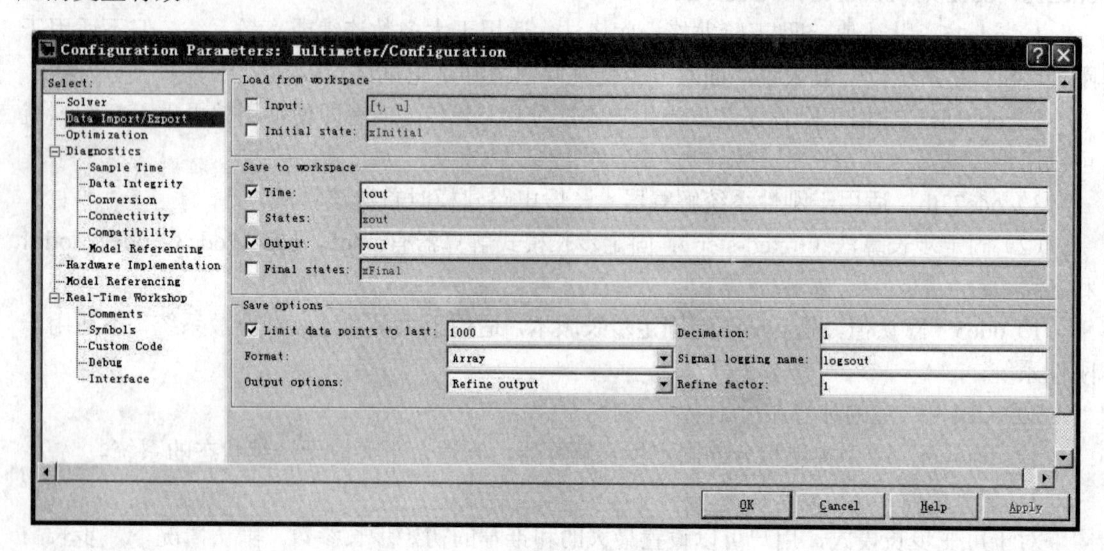

图 10-17 数据输入输出参数的设置

（1）Time 时间向量名称，一般为 tout。

（2）States 状态向量名称，一般为 xout。

（3）Output 输出向量名称，一般为 yout。

（4）Final state 定义将系统稳态值存往工作空间所使用的变量名。

3. Save options

设置存往工作空间的有关选项。

（1）Limit rows to last 用来设定 Simulink 仿真结果，最终可存在 MATLAB 工作空间的变量，对于向量而言，即其维数；对于矩阵而言，即其秩。

（2）Decimation 设定了一个亚采样因子，它的默认值为 1，也就是对每一个仿真时间点产生值都保存，而若为 2，则是每隔一个仿真时刻才保存一个值。

（3）Format 用来说明返回数据的格式，包括数组 Array、结构 Struct 及带时间的结构 Struct with time。

（4）Output options 输出选项。

（5）Refine output 这个选项可以理解成精细输出，其意义是在仿真输出太稀松时，Simulink 会产生额外的精细输出，这一点就像插值处理一样。用户可以在 Refine factor 文本框中设置仿真时间步间插入的输出点数。产生更光滑的输出曲线，改变精细因子比减小仿真步长更有效。精细输出只能在变步长模式中才能使用，并且在 ode45 效果最好。

（6）Produce additional output 它允许用户直接指定产生输出的时间点。一旦选中了该项，则在它的右边显示一个 output times 编辑框，在这里用户可以指定额外的仿真输出点，它既可以是一个时间向量，也可以是表达式。与精细因子相比，这个选项会改变仿真的步长。

（7）Produce specified output only　让 Simulink 只在指定的时间点上产生输出。为此解算器要调整仿真步长以使之和指定的时间点重合。这个选项在比较不同的仿真时可以确保它们在相同的时间输出。

三、Diagnostics（诊断）

用于系统仿真过程中，对可能会出现的一些非正常事件做出反应，如图 10-18 所示。

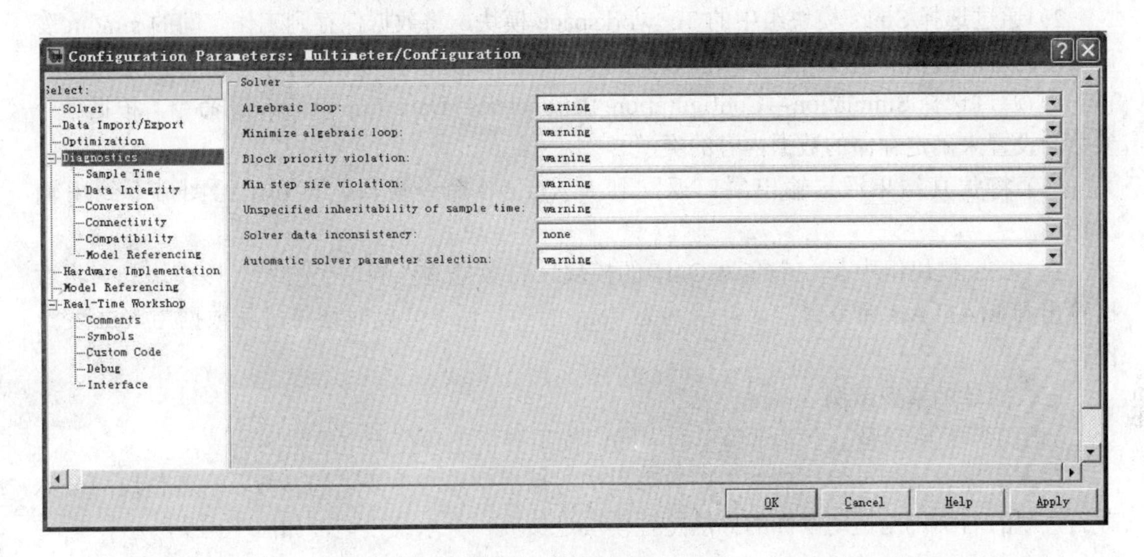

图 10-18　仿真异常诊断设置

Simulink 7 能自动诊断的 22 种仿真异常情况，常用的几组选项如下：

（1）Algebraic loop　“代数环”异常的存在将大大减慢仿真速度，进而可能导致仿真失败。

（2）Min step size violation　“最小步长欠小”异常的发生，表明微分方程解算器为达到指定精度需要更小的步长，这是解算器所不允许的。

（3）Uneconnected block input　是指构成模型的模块中有未被使用的输入端。

（4）Uneconnected block output　是指构成模型的模块中有未被使用的输出端。

（5）Unconnected line　构成模型中有一端未被使用的信号线。

（6）Consistency checking　一致性检验，专门用来调试用户自制模块的编程正确性。

当 Simulink 检查到这些事件时给予的处理有 3 种：None（不做任何反应），Warning（提出警告，但警告信息不影响程序的运行），Error（提示错误，停止运行的程序）。

四、观察 Simulink 的仿真结果

设置仿真参数和选择解算器之后，就可以启动仿真运行了。

单击主工具栏中的 ▶ 按钮来启动仿真，如果模型中有些参数设置有误，则会弹出错误信息提示框。如果一切设置无误，则开始仿真运行，结束时系统会发出一鸣叫声。仿真结束后即可查看仿真结果，观察仿真输出的信号通常可以有以下几种方式：

（1）将信号输出到显示模块。

1）Scope（示波器） 信号显示在示波器的独立窗口中，通过双击模块即可打开示波器模块观察信号波形。

2）XY Graph 显示器模块 MATLAB 图形窗口绘制自定义横纵坐标参数组的二维图形。

3）Display 模块 结果以数字形式显示出来，在模块中直接滚动显示。

（2）将仿真结果存储到工作空间，存储在工作空间的结果可以进行进一步的分析，也可以再用绘图命令在命令窗口绘制图形，有 3 种方法可供选择。

1）通过示波器模块向工作空间存储数据；

2）通过选择 Sinks 模块组中的 To workspace 模块，将数据保存到工作空间的 simout 变量中，同时还可以产生一个存放时间数据的变量（默认变量名为 tout）；

3）通过选择 Simulation→Configuration Parameters→Data Import/Export 命令，根据各个参数的设置来确定存储的数据内容的类型。

（3）将仿真结果通过输出端口返回到 MATLAB 命令窗口，再利用绘图命令绘出输出图形。

在 Sinks 模块组中有一个名为 Out1 的模块，将数据输入到这个模块，该模块就会将数据输出到 MATLAB 命令窗口，并用名为 yout 的变量保存，同时还将时间数据用 tout 变量保存。

五、简单的模型示例

如图 10-19 所示是一个非常简单的电路，模拟分析工频交流电的阻感响应。

从库中提取出各个模块后双击，在弹出的对话框中修改至要求的参数，将各模块的名称改为直观的名称，用拖动鼠标的方法将各模块连接成一个系统模型，如图 10-19 所示。

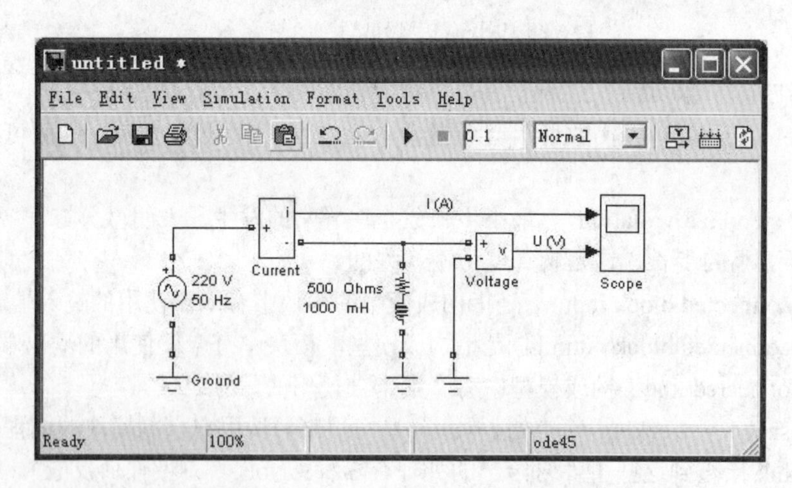

图 10-19 一个简单的 Simulink 模型

在仿真选项中设置好仿真参数即可运行仿真。首先选择主菜单 simulation→simulation Parameters 命令，在弹出的对话框中将仿真起始时间（Start time）设为 0，终止时间（Stop time）设为 0.1，解算器算法（Solver）选择 ode23tb（stiff/TR-BDF2），其他参数均采用默认值，确定后即可单击仿真开始按钮 ▶ 运行仿真。仿真将在瞬间完成，打开示波器（Scope）就能看到工频交流电源的阻感响应，在图 10-20 中能明显看出电流超前电压的现象，借助于可视化分析工具还能具体算出超前的角度，从而轻松完成电路的仿真过程。

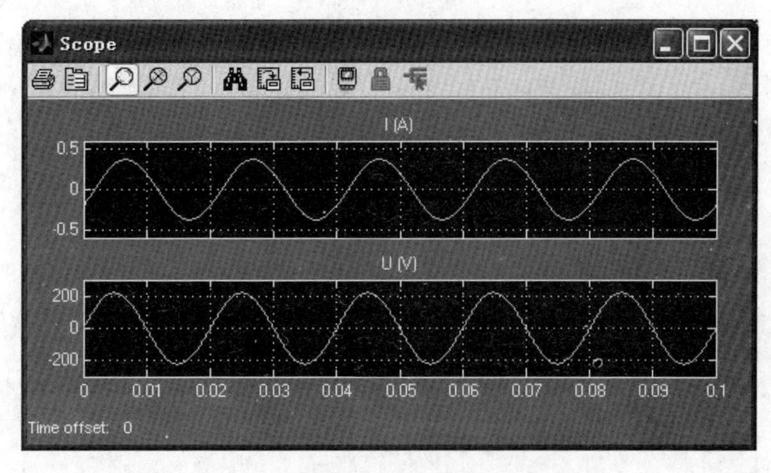

图 10-20　仿真的结果

第六节　Simulink 典型模块使用的简单示例

【例 10-1】 数组乘法运算的 Simulink 仿真。

在“Simulink”环境下，单击工具栏上的新建快捷按钮，则空白的尚未命名的模型文件编辑区如图 10-21 所示。

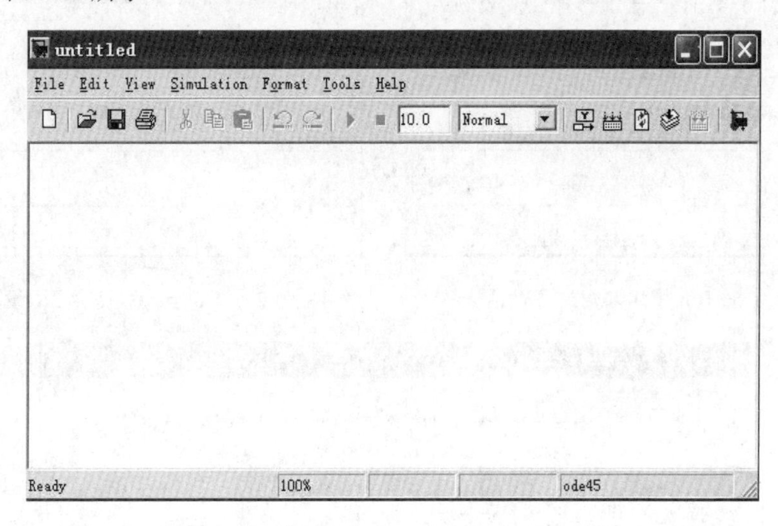

图 10-21　空白模型文件编辑器

从“Sources”模块组中取出两个“Constant”模块，从“Math Operations”模块组中取出“Product”模块，从“Sinks”模块组中取出“Display”模块，将三者连接起来，即数组的乘法运算模块连接如图 10-22 所示。

首先对“Constant”模块进行参数设置，双击“Constant”模块，参数设置对话框如图 10-23 所示，在标签“Constant value”处设置一个含有四个元素的数组为[2 2 2 2]，另一“Constant1”模块参数的设置见图 10-24，数组为[4 2 1 1]。

再对“Product”乘法模块进行设置，双击“Product”模块，参数设置对话框如图 10-25

所示，单击图中标签“Multiplication”处右侧的下拉箭头，选“Element-wise(.*)”项，设置完毕。保存文件，文件命名为“arrayproduct.mdl”。

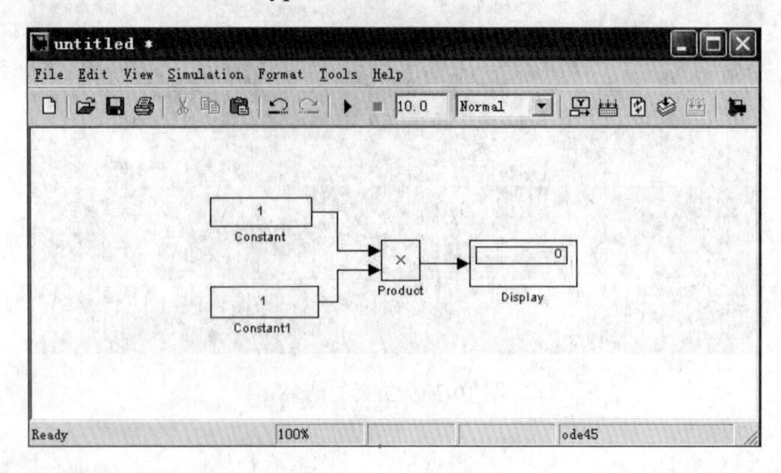

图 10-22 数组的乘法运算模块连接图

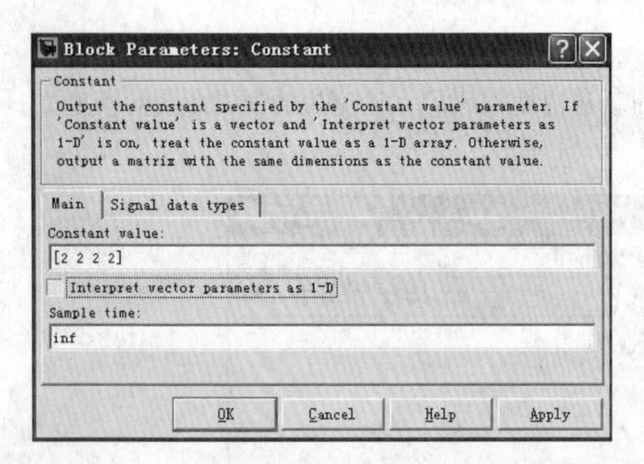

图 10-23 Constant 模块参数设置对话框

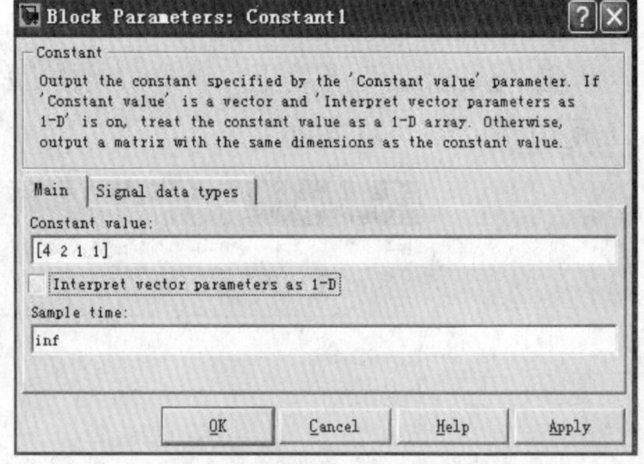

图 10-24 Constant1 模块参数设置对话框

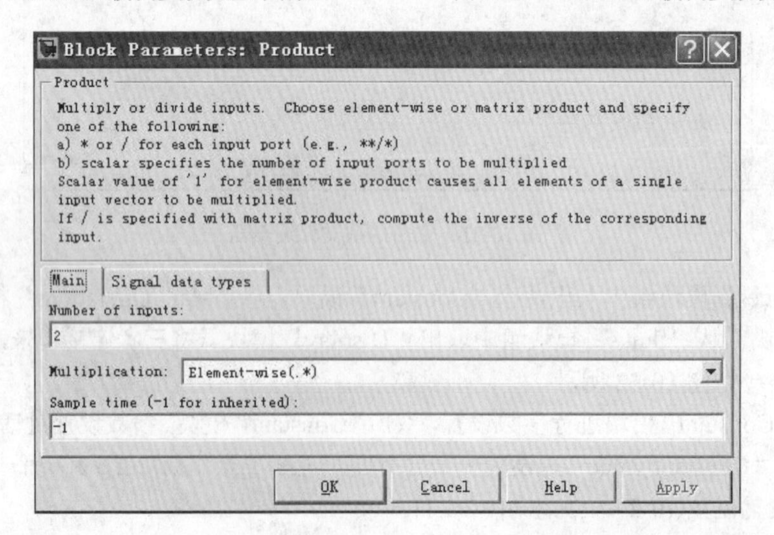

图 10-25 数组的乘法运算的“Product”模块设置对话框

参数设置后的模型文件编辑界面如图 10-26 所示。

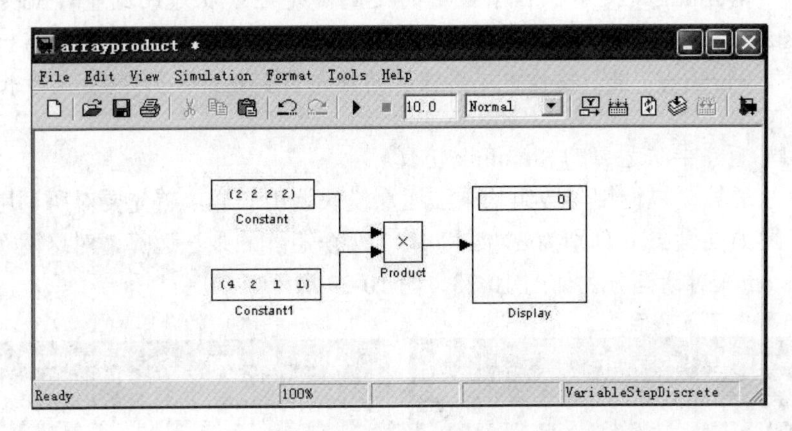

图 10-26　设置参数后的数组乘法运算模块连接图

仿真之前，单击菜单栏上的“Simulation”→“Configuration Parameters”，出现一对话框，单击此对话框中“Solver”处的下拉箭头，从弹出的选项中选取“discrete(no continuous states)”；将“Solver options”中的“Max step size”设置为 0.2。以下各例同此。

最后单击工具栏上的仿真按钮▶，则数组的乘法仿真运算结果如图 10-27 所示。

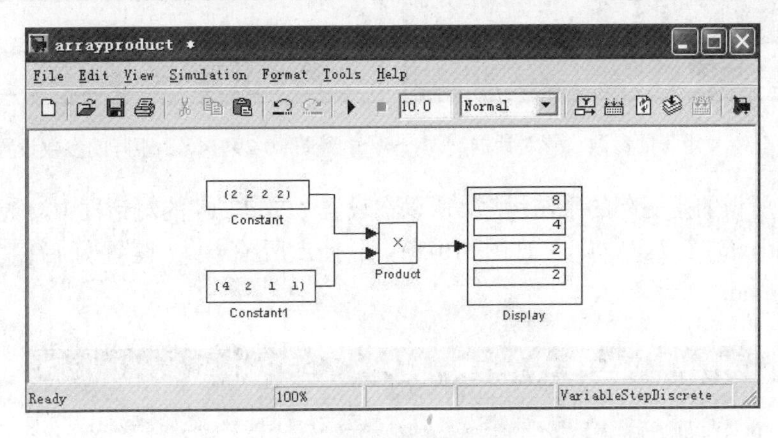

图 10-27　数组的乘法运算仿真结果

- 提示 1: 在 Constant 模块设置对话框中有一项 Interpret vector parameters as 1-D，若选此项，则仿真结果横向排列。
- 提示 2: 仿真之前，若不进行 Simulation→Configuration Parameters→Solver→discrete (no continuous states)的设置，并且将 Solver options 中的 Max step size 设置为 0.2 或小于 0.2，则在命令窗口会出现警告信息：

Warning: The model ‘arrayproduct’ does not have continuous states, hence using the solver ‘VariableStep Discrete’ instead of the solver ‘ode45’ specified in the Configuration Parameters dialog.

Warning: Using a default value of 0.2 for maximum step size. The simulation step size will be limited to be less than this value.

第一个“Warning”提示操作中使用的变量不是连续状态的变量（does not have continuous states），因此解算器 Slover 应选用离散状态的形式（Variable Step Discrete）;

第二个“Warning”提示操作中应用默认的最大步长 0.2 或小于 0.2 的步长值。

【例 10-2】 矩阵乘法运算的 Simulink 仿真。

矩阵的乘法运算模块调用与数组的乘法运算模块调用一样，首先要对所调用的模块进行参数的设置。比如要做 size 分别为 3×4 和 4×3 两个矩阵的乘法运算，对这两个矩阵的参数设置的“Constant”对话框分别如图 10-28、图 10-29 所示。

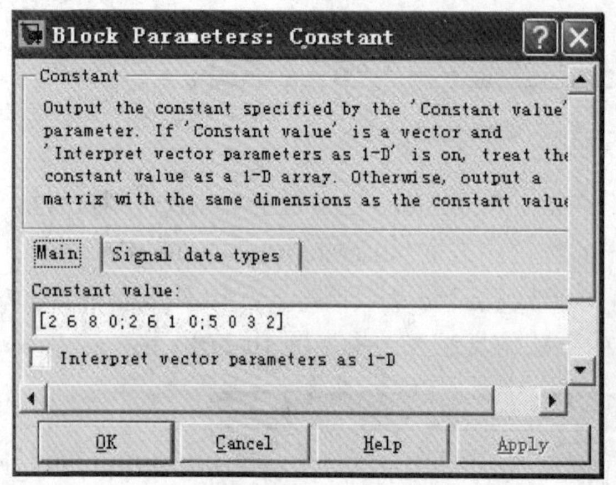

图 10-28 3×4 矩阵的参数设置对话框

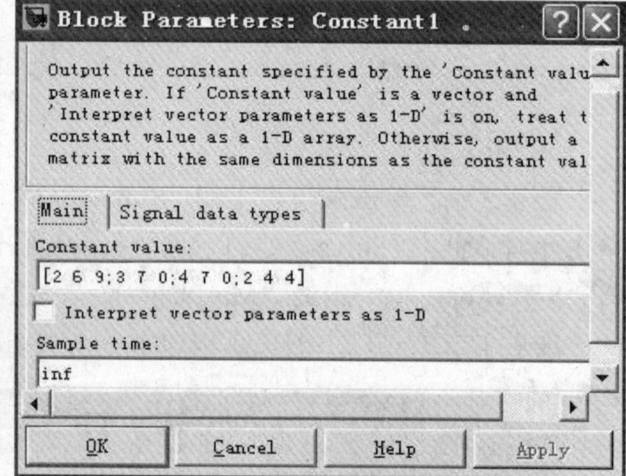

图 10-29 4×3 矩阵的参数设置对话框

因为这里所做的是矩阵的乘法运算，所以在设置“Product”的对话框中，“Multiplication”处应选“Matrix(*)”这一项，如图 10-30 所示。所有模块设置好后，文件命名为“matrixmutiply.mdl”。

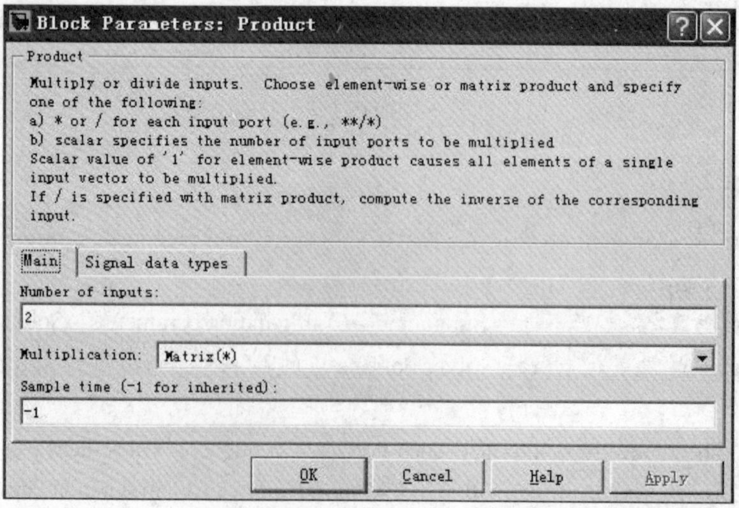

图 10-30 矩阵乘法运算的“Product”模块设置对话框

然后单击工具栏上的仿真按钮 ▶，矩阵的乘法运算仿真结果如图 10-31 所示。

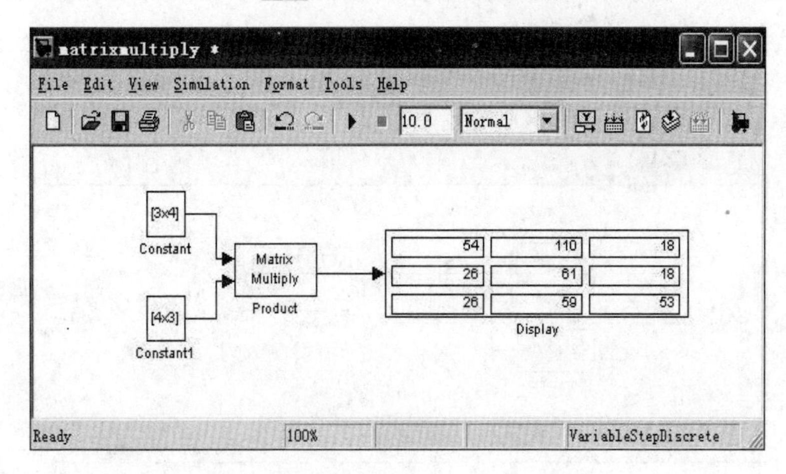

图 10-31 矩阵的乘法运算仿真结果

【例 10-3】 数组除法运算的 Simulink 仿真。

从“Sources”模块组中取出两个“Constant”模块，从“Math Operations”模块组中取出“Divide”模块，从“Sinks”模块组中取出“Display”模块，将三者连接起来，即数组的除法运算模块连接如图 10-32 所示。

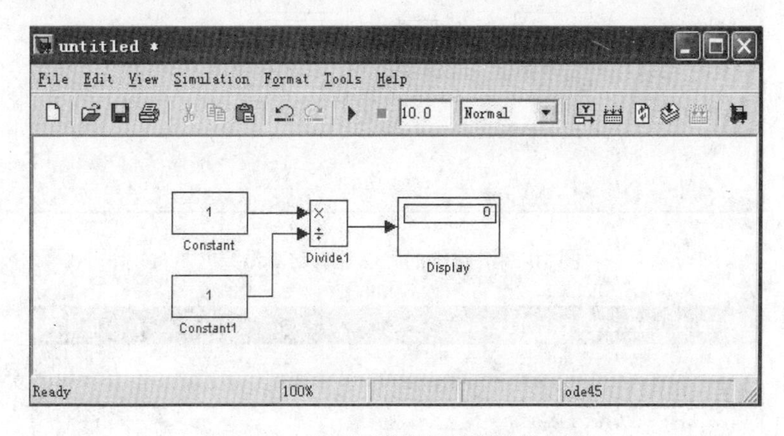

图 10-32 数组的除法运算模块连接图

对两个“Constant”的参数设置与［例 10-1］的方法完全相同，设它们的值分别为[1 2 4 8]和[2 2 2 2]，模块“Divide”的设置保留原默认设置即可，参数设置后如图 10-33 所示，文件命名为“arraydivide.mdl”。

最后单击工具栏上的仿真按钮 ▶，数组的除法运算仿真结果如图 10-34 所示。

【例 10-4】 矩阵除法运算的 Simulink 仿真。

矩阵 A\B 代表 inv(A)*B。求 A 的逆阵 inv(A)时，从“Math Operations”中调用“Divide”模块。双击该模块，对话框如图 10-35 所示。

在图 10-35 中，保留“Number of input”标签处的“/”，删去“*”，再选“Multiplication”标签处的“Matrix(*)”，设置后如图 10-36 所示，此时“Divide”模块的外观由原来的 ×÷ Divide 变

为 Inv Divide 。

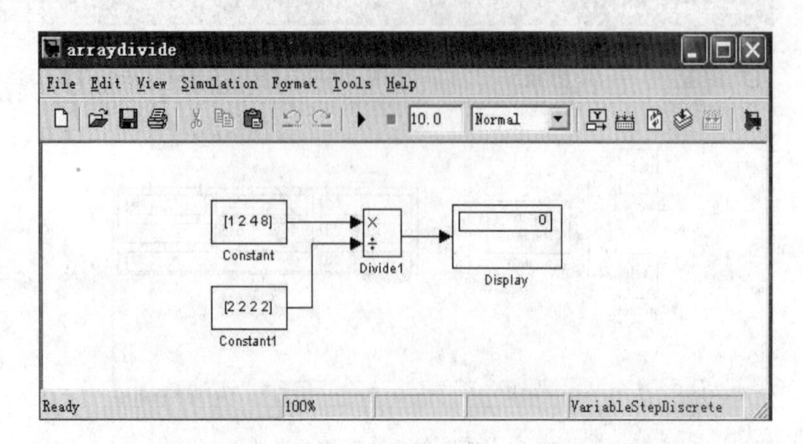

图 10-33　设置参数后的数组除法运算模块连接图

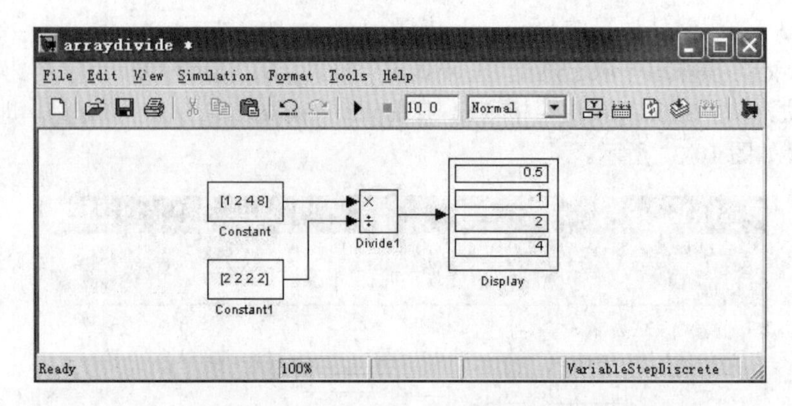

图 10-34　数组的除法运算仿真结果

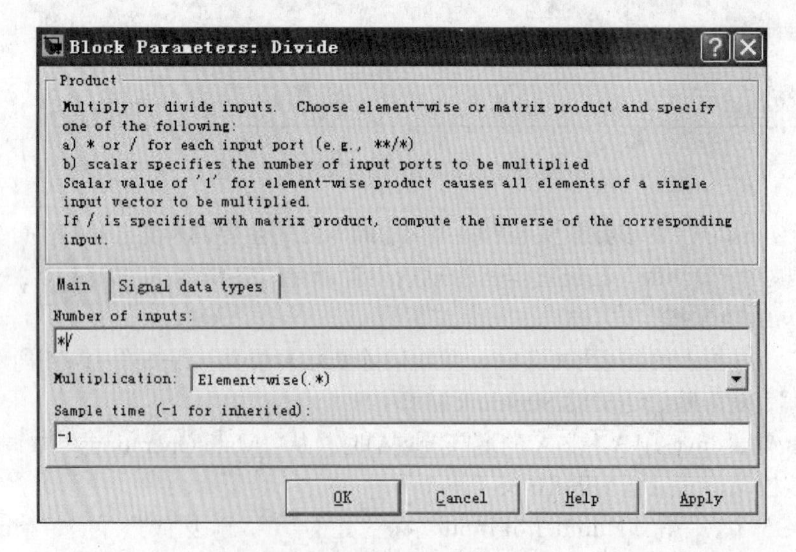

图 10-35　Divide 设置对话框

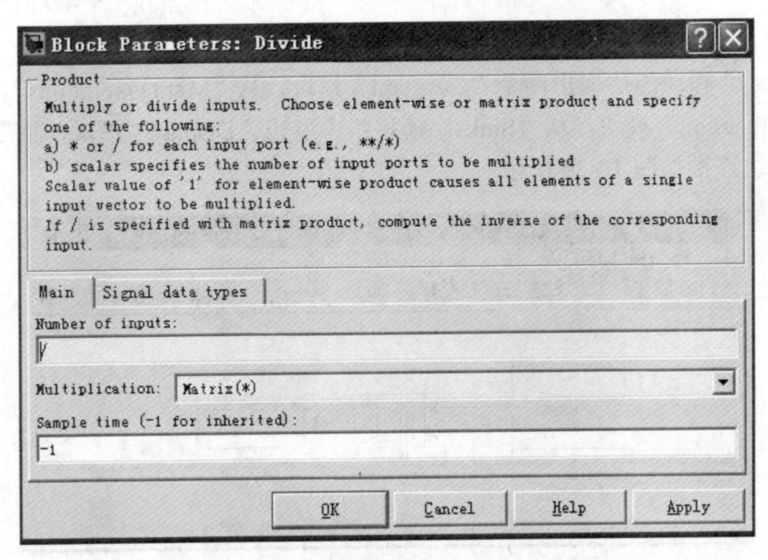

图 10-36 设置后的 Divide 对话框

A 和 B 的参数设置方法与矩阵乘法部分设置方法一样，但必须保证 inv(A)的列数一定要与 B 的行数相等。这里设 A=[1 0 1;3 2 3;5 2 8]，B=[2 2 1;3 0 2; 1 0 3]，最后矩阵除法运算模块连接图如图 10-37 所示。文件命名为 “matrixdivide.mdl”。

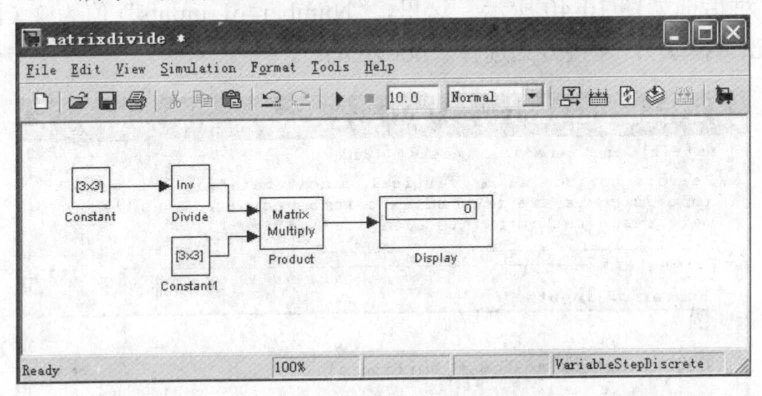

图 10-37 矩阵除法运算模块连接图

单击工具栏上的仿真按钮 ▶，矩阵除法运算仿真结果如图 10-38 所示。

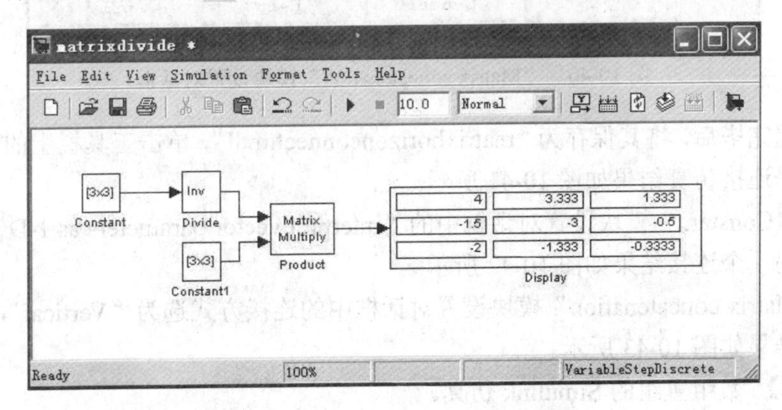

图 10-38 矩阵除法运算的仿真结果

【例 10-5】 数组连接的 Simulink 仿真。

从“Sourses”模块组中取出两个“Constant”模块，从“Math Operations”模块组中取出“Matrix Concatenation”模块，从“Sinks”模块组中取出“Display”模块，将三者连接起来，数组的连接模块连接如图 10-39 所示。

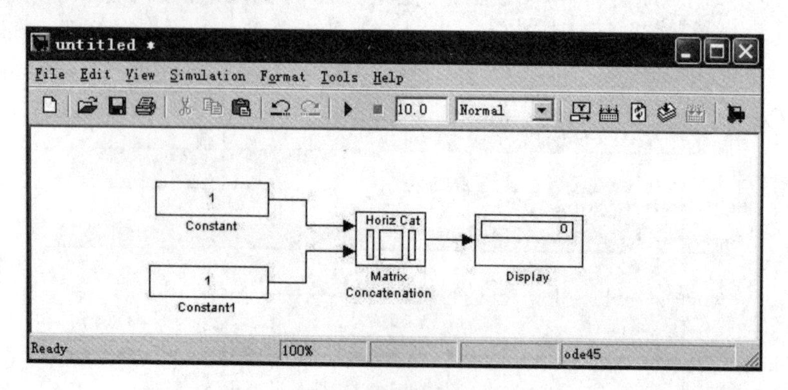

图 10-39 数组的连接模块连接图

首先对“Constant”模块进行参数设置，参数设置方法同上，这里设置相连的两个数组分别为[2 1 1]和[1 3 5]。然后设置“Matrix concatenation”模块，因为要对输入的数组水平连接，其设置对话框如图 10-40 所示。这里，“Number of inputs”值为 2（因为前面取了两个“Constant”模块），连接方式选择“horizontal”。

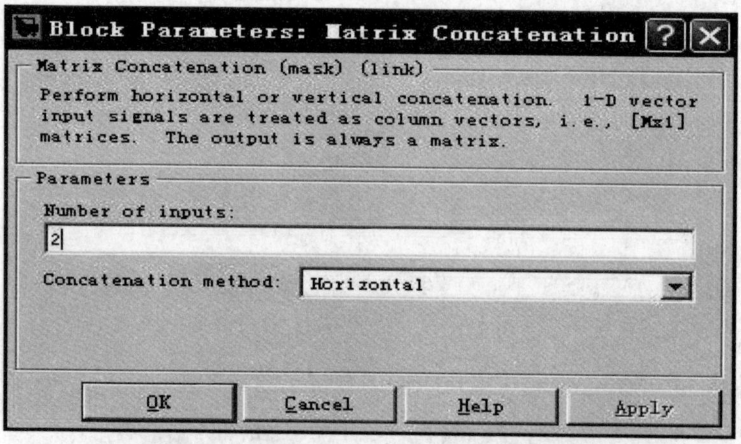

图 10-40 “Matrix concatenation”模块设置对话框

参数设置完毕后，将其保存为“matrixhorizonconnect.mdl”，单击工具栏上的仿真按钮▶，则数组的水平连接仿真结果如图 10-41 所示。

当选择“Constant”模块设置对话框中的“interpret vector parameters as 1-D”时，则数组的水平连接另一个连接结果如图 10-42 所示。

若将“Matrix concatenation”模块设置对话框中的连接方式选为“Vertical”，则数组的垂直连接仿真结果如图 10-43 所示。

【例 10-6】 数组重组的 Simulink 仿真。

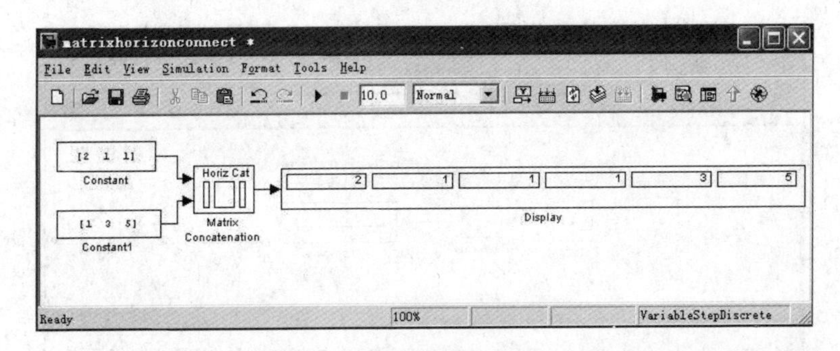

图 10-41　数组的水平连接仿真结果

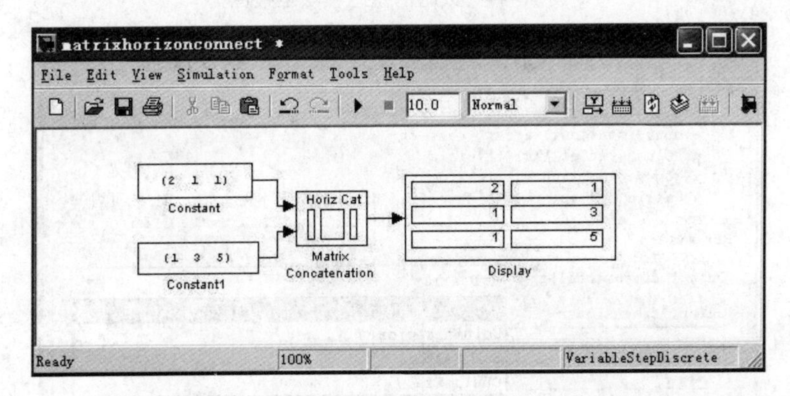

图 10-42　数组的水平连接另一个仿真结果

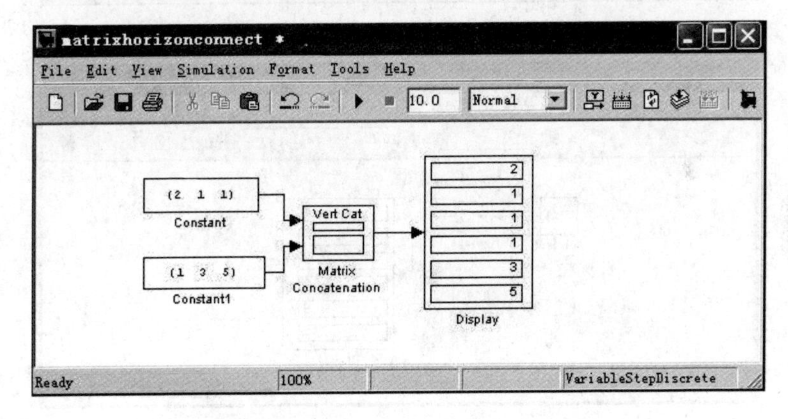

图 10-43　数组的垂直连接仿真结果

从“Sourses”模块组中取出一个“Constant”模块，从“Math Operations”模块组中取出“Reshape”模块，从“Sinks”模块组中取出“Display”模块，将三者连接起来，则数组的重组模块连接如图 10-44 所示。

在“Constant”模块设置对话框中可以设置任意 size 的二维数组，在此设置一个 3×2 的二维数组[1 2;3 4;5 6]。设置方法同上。将模型文件命名为“arrayreshape”。双击“Reshape”模块，其设置对话框如图 10-45 所示。

图 10-45 中的“Output dimensionality”中共有 4 个选项，选“Column vector”和“1-D array”选项，可将输入的数组重塑成列向量，则 3×2 的数组重塑成列向量如图 10-46 所示。

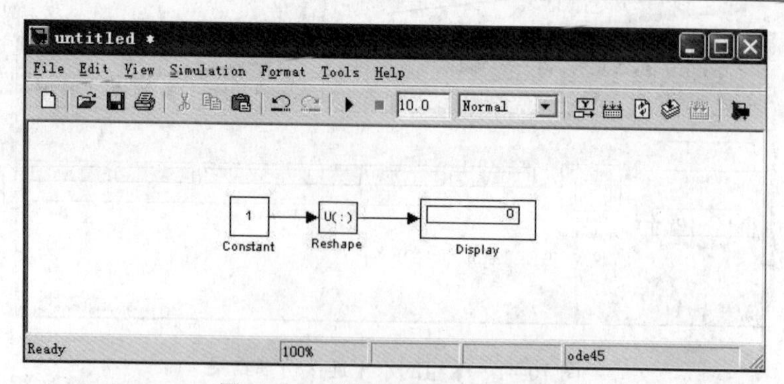

图 10-44　数组的重组模块连接图

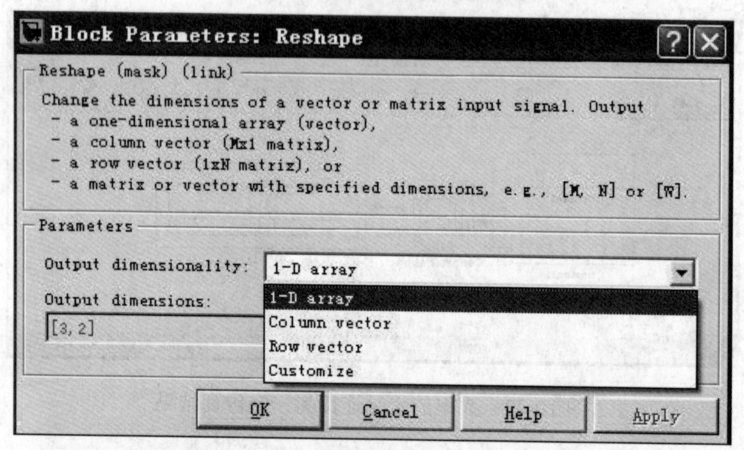

图 10-45　“Reshape”模块设置对话框

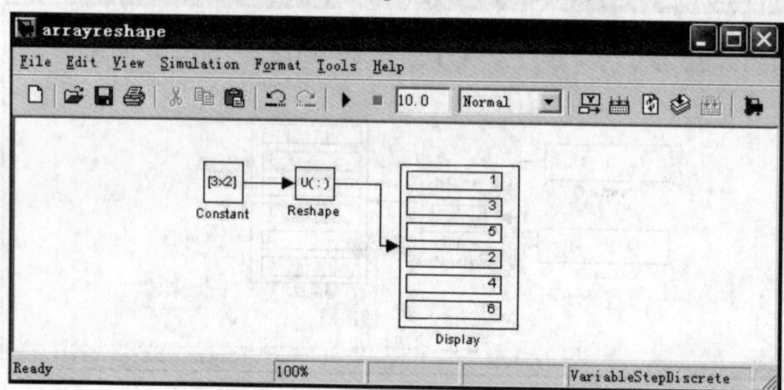

图 10-46　3×2 的数组重塑成列向量

选“Row vector”选项，可将输入的数组重塑成行向量。3×2 的数组重塑成行向量如图 10-47 所示。

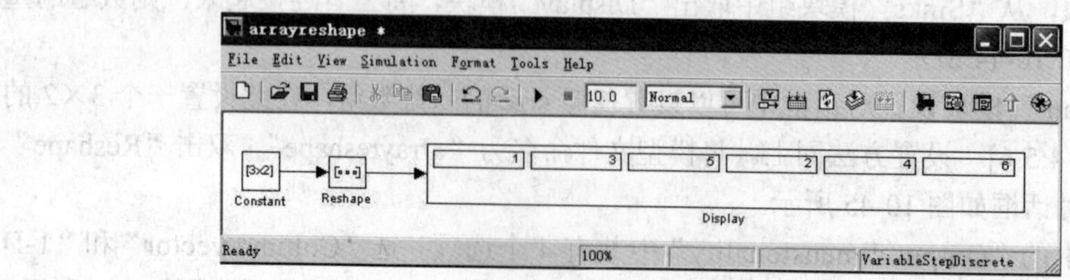

图 10-47　3×2 的数组重塑成行向量

选“Customize”时，“Output dimensions”功能启用，在其下的可编辑框内输入新的行数和列数，如图 10-48 所示。

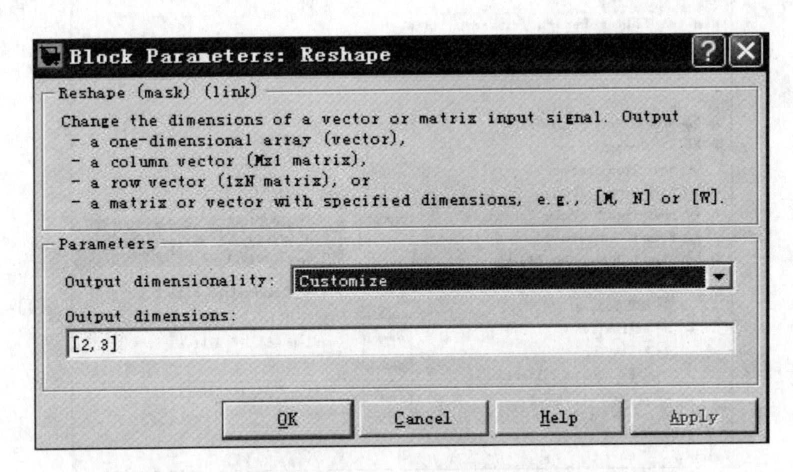

图 10-48　3×2 数组重塑成 2×3 数组的设置对话框

重塑后的数组仿真结果如图 10-49 所示。

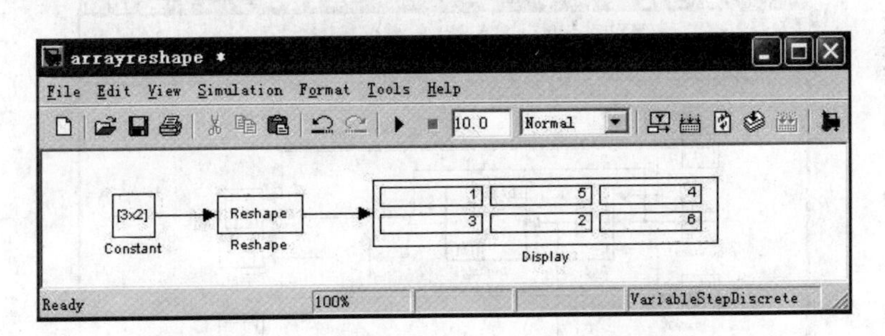

图 10-49　3×2 数组重塑成 2×3 数组的仿真结果

【例 10-7】 FIR 数字带通滤波器的 Simulink 仿真示例。

有一频率分别为 10、20Hz 和 30Hz 的混合信号，利用带通滤波器将 20Hz 的信号从混合信号中分离出来，仿真过程如下：

从“Sourses”模块组中取出三个“Sine Wave”模块，从“Math Operations”模块组中取出“Add”模块和“Gain”模块。滤波器模块取法如下：单击“Simulink Library Browser”→“Signal Processing Blockset”→“Filtering”→“Filter Designs”，则在右侧出现“Digital Filter Designs”滤波器模块，如图 10-50 所示，从中取出此模块。

从“Sinks”模块组中取出两个“Scope”模块，将各模块连接起来，则 FIR 带通数字滤波器模块连接如图 10-51 所示。模型文件命名为“firbandpass”。

图 10-51 中，“Add”模块左端默认输入数是 2，由于此例有三个输入，故需将其重新进行设置，设置方法为双击该模块，将出现的对话框中的“List of signs”标签下的“++”后再添一个“+”即可（图略）。同样，“Scope”模块默认的输入端是一个，图 10-51 中第一个“Scope”模块有四个输入端，设置方法为双击该模块，出现空的示波器（图略），单击工具栏上的参数设置按钮，出现示波器参数设置对话框如图 10-52 所示。

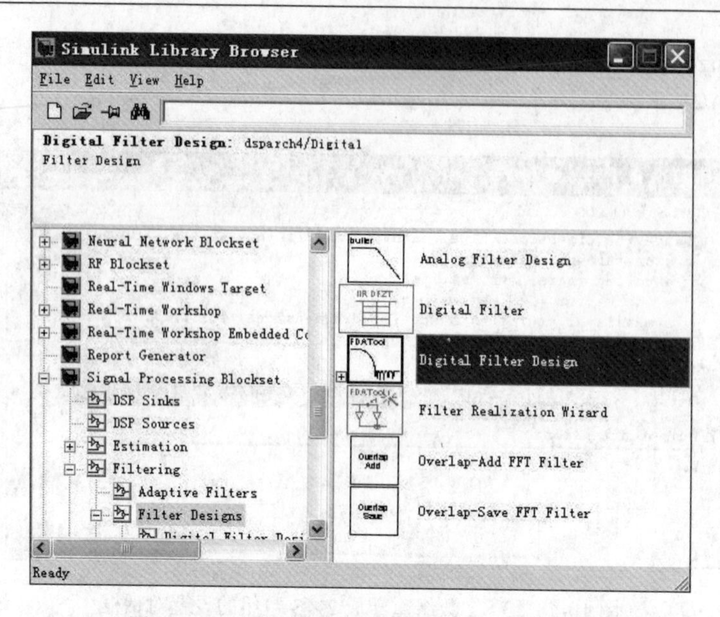

图 10-50 定位“Digital Filter Design”模块图

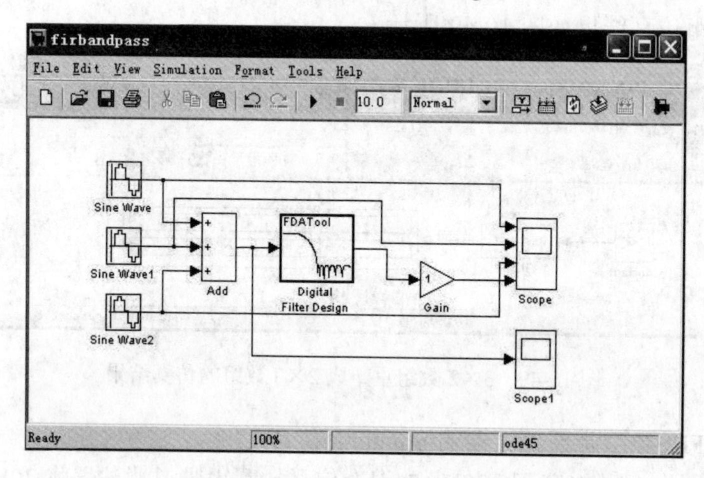

图 10-51 FIR 带通数字滤波器设计模块连接图（1）

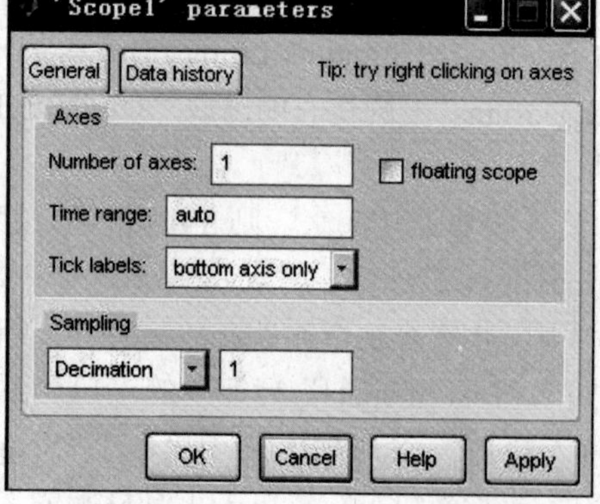

'Scope1' parameters
General Data history Tip: try right clicking on axes
Axes
Number of axes: 1 floating scope
Time range: auto
Tick labels: bottom axis only
Sampling
Decimation 1
OK Cancel Help Apply

图 10-52 示波器参数设置对话框

将对话框中的“Number of axes”中的默认值“1”改为“4”即可。四个输入端的“Scope”模块显示的分别是 10、20、30Hz 和滤出的 20Hz 的信号波形。一个输入端的“Scope1”模块显示的是混合信号的波形。下面对输入的三个正弦波进行参数设置。双击第一个正弦波，将出现的会话框中的幅值改为 2，频率改为 10Hz，根据奈奎斯特准则，采样时间选为 0.01s，参数设置后如图 10-53 所示。

另外两个正弦波设置方法同上（图略），幅值分别为“4”和“6”，频率分别为“20Hz”和“30Hz”，采样频率依然是 0.01s。

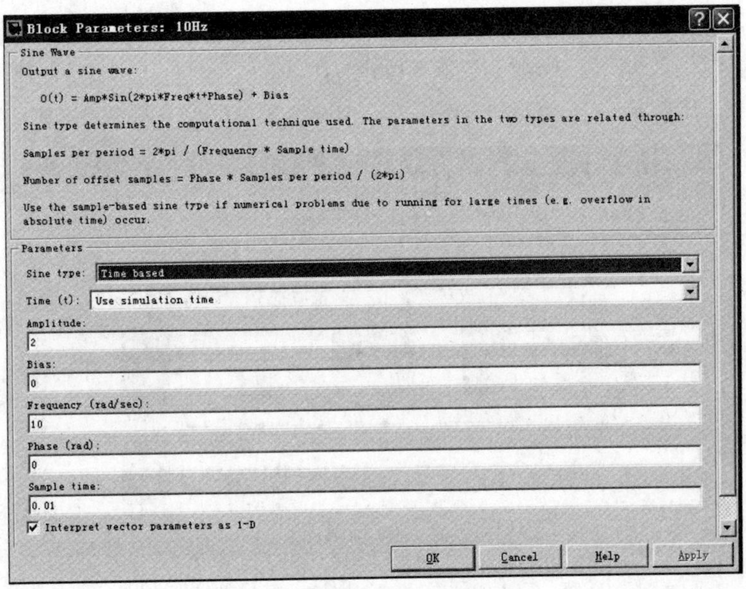

图 10-53　正弦波参数设置对话框

双击“Digital Filter Design”模块，对弹出的对话框中进行参数设置，在“Response Type”标签下选“Bandpass”；“Design Method”标签下选“FIR”，且选 FIR 的“Equiripple”方法；“Filter Order”中的“Specify order”填“100”；“Options”中的“Density Factor”填“30”；“Frequency Specifications”中的“Units”选“Hz”；“Fs”、“Fstop1”、“Fpass1”、“Fpass2”和“Fstop2”处分别填“100”、“15”、“19”、“22”和“26”，其他不变，然后单击最下行的“Design Filter”按钮，所设计的 FIR 带通滤波器如图 10-54 所示。

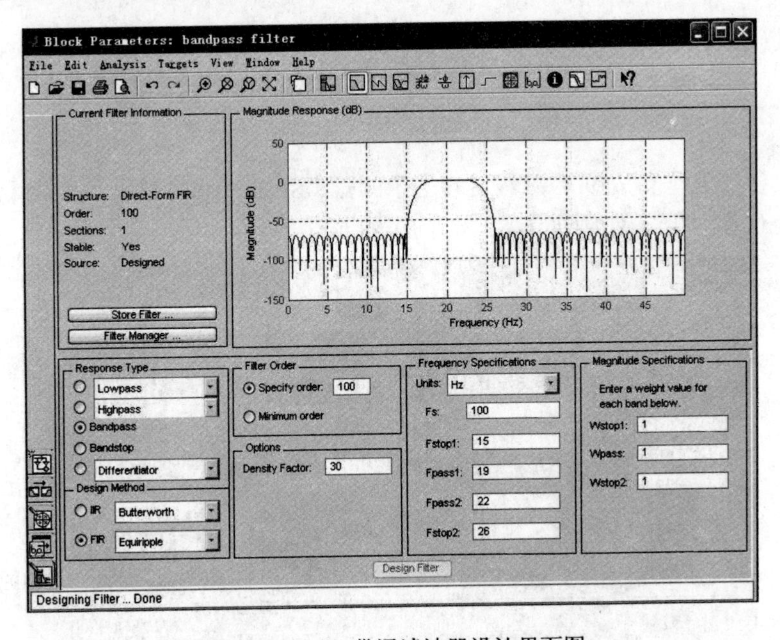

图 10-54　FIR 带通滤波器设计界面图

参数设置好后，模块连接如图 10-55 所示。为了直观显示输入的不同频率的正弦波，将

图 10-54 中输入端的三个正弦波的默认标识做了修改。方法很简单，只要单击原标识，在出现的动态文本框内修改即可，修改后新标识如图 10-55 所示。同时，图中对各模块做了外观修饰，做法如下：用鼠标右击要修饰的模块→弹出上下文菜单→选择自己喜欢的风格即可。

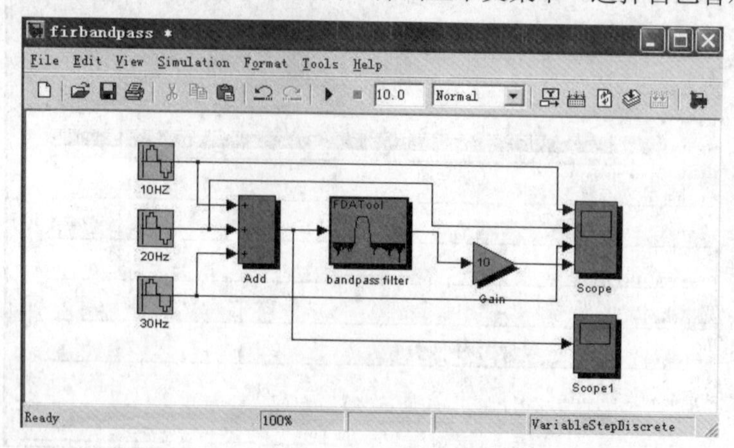

图 10-55 FIR 带通数字滤波器设计模块连接图（2）

仿真之前，单击菜单栏上的“Simulation”→“Configuration Parameters”，出现一对话框，单击此对话框中“Solver”处的下拉箭头，从弹出的选项中选取“discrete(no continuous states)”，如图 10-56 所示。

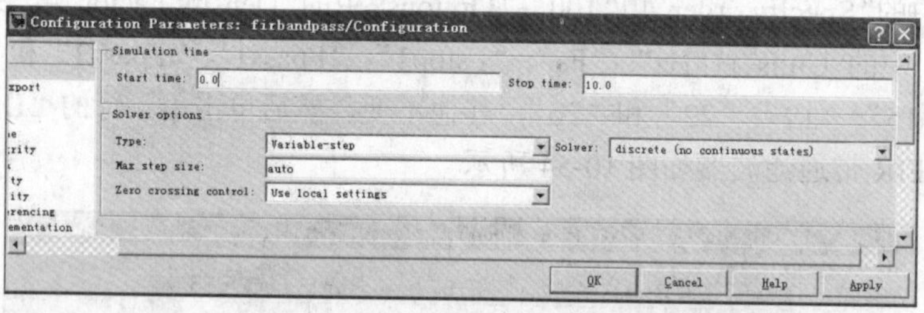

Configuration Parameters: firbandpass/Configuration
Simulation time
Start time: 0.0 Stop time: 10.0
Solver options
Type: Variable-step Solver: discrete (no continuous states)
Max step size: auto
Zero crossing control: Use local settings
OK Cancel Help Apply

图 10-56 “Configuration Parameters”对话框

单击工具栏上的仿真按钮▶，然后双击示波器“Scope”和“Scope1”，则 FIR 带通滤波器及混合信号仿真结果分别如图 10-57、图 10-58 所示。

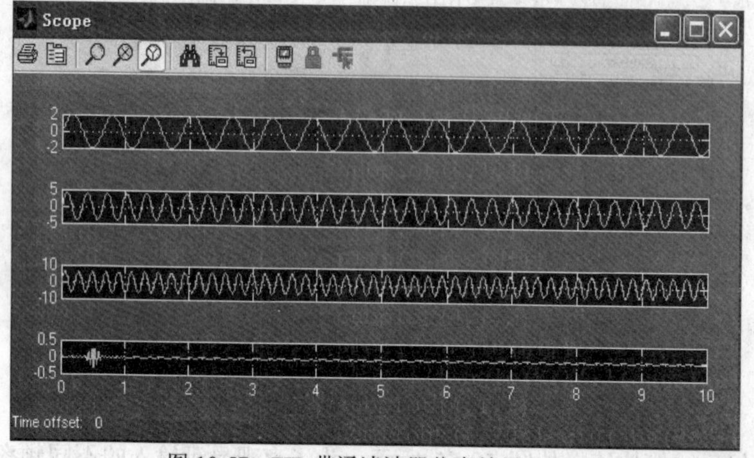

图 10-57 FIR 带通滤波器仿真结果（1）

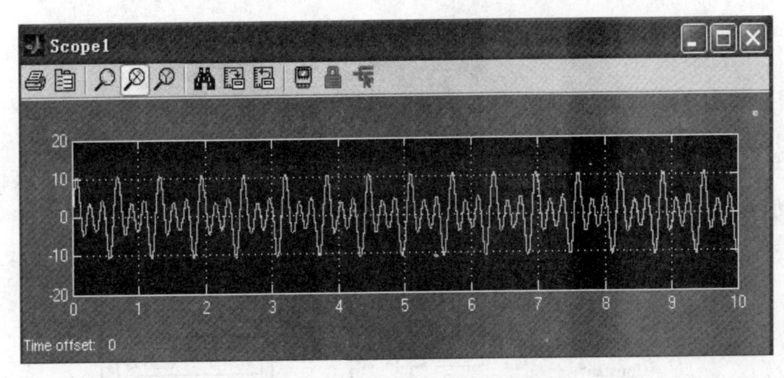

图 10-58　混合信号仿真波形图

图 10-57 中第四个波形显示的是被滤出的 20Hz 的信号，可见其被衰减得很严重，为了清楚显示，故在滤波器的输出端增加了放大器“Gain”，在此设置放大倍数为 10。重新仿真后，FIR 带通滤波器仿真结果如图 10-59 所示。

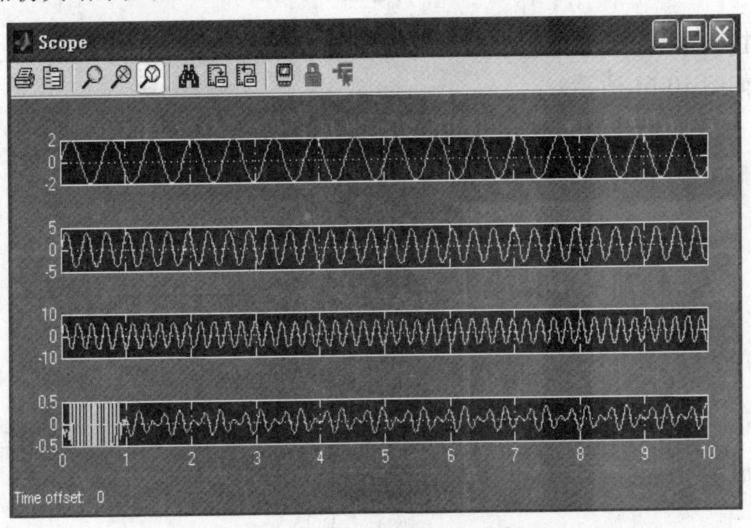

图 10-59　FIR 带通滤波器仿真结果（2）

图 10-59 的前三个波形分别是 10、20Hz 和 30Hz 的信号波形，第四个波形是滤除的 20Hz 的信号波形，从此波形可见，里面还含有部分 10Hz 和 30Hz 的信号。可以重新设置带通滤波器的通带和阻带截止频率以滤除更多的不需要的信号，确保滤出的信号尽可能接近真实信号。

提示

仿真之前，若不进行“Simulation”→“Configuration Parameters”→“Solver”→“discrete (no continuous states)”的设置，则在命令窗口会出现警告信息：

“Warning: The model ‘firbandpass’ does not have continuous states, hence using the solver ‘VariableStepDiscrete’ instead of the solver ‘ode45’ specified in the Configuration Parameters dialog.”；另外，在设置“Digital Filter Design”参数时，其采样频率“Fs”的值一定要与设置 3 个输入信号时的采样时间一致（如本题的 Sample time 设置为 0.01s，故 Fs 设置为 100Hz），否则会在命令窗口出现警告信息。

习 题

10.1 产生一做两个一维数组除法运算的模型文件，一维数组的元素个数自定。参考结果如图 10-60 所示。

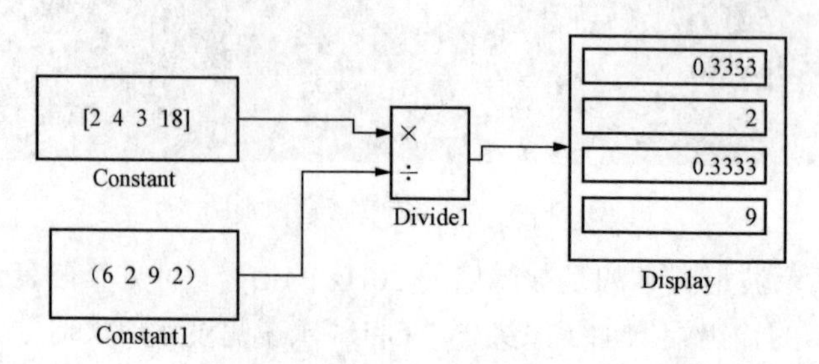

图 10-60 习题 10.1 参考结果

10.2 产生一做两个一维数组乘法运算的模型文件，一维数组的元素个数自定。参考结果如图 10-61 所示。

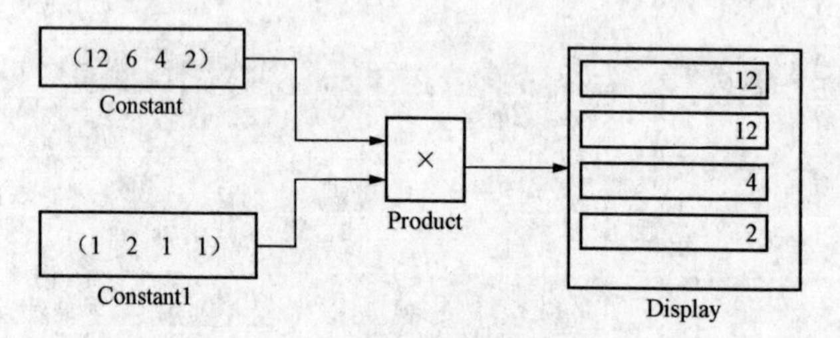

图 10-61 习题 10.2 参考结果

10.3 产生一做两个矩阵乘法运算的模型文件，矩阵维数自定。
参考结果如图 10-62 所示。

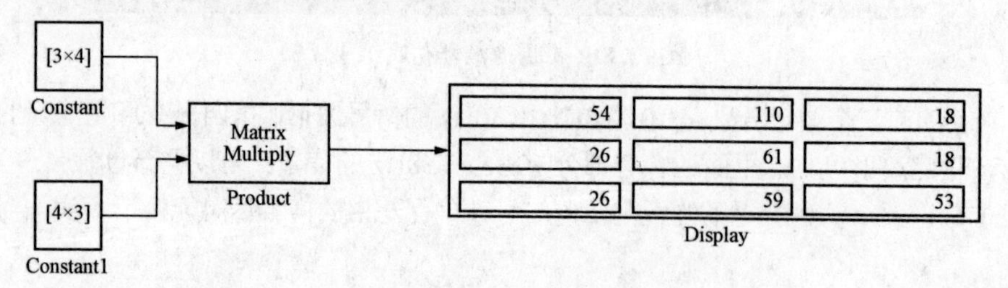

图 10-62 习题 10.3 参考结果

10.4 产生一做矩阵逆阵运算的模型文件，矩阵维数自定。
参考结果如图 10-63 所示。

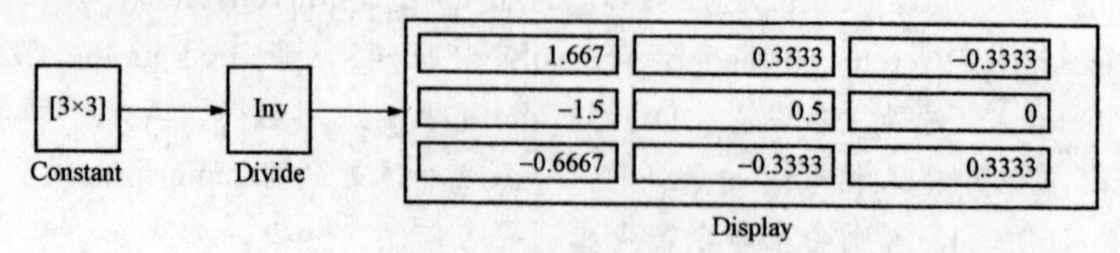

图 10-63 习题 10.4 参考结果

10.5　产生一做两个矩阵除法运算的模型文件，矩阵维数自定。

参考结果如图 10-64 所示。

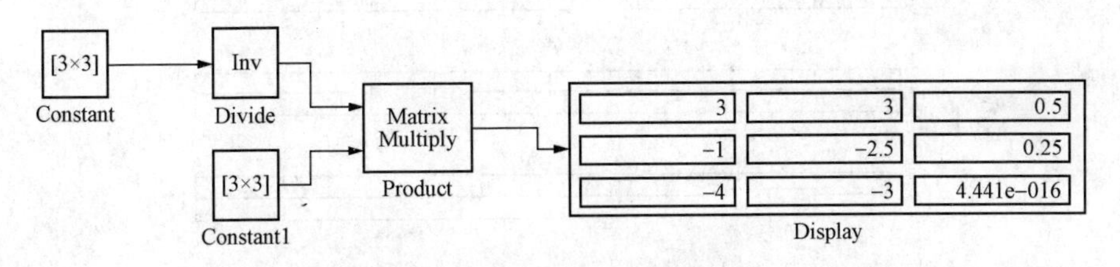

图 10-64　习题 10.5 参考结果

10.6　建立一个 3-8 译码器的仿真模型文件，并用示波器显示译码器的输入和输出。

参考结果如图 10-65～图 10-67 所示。

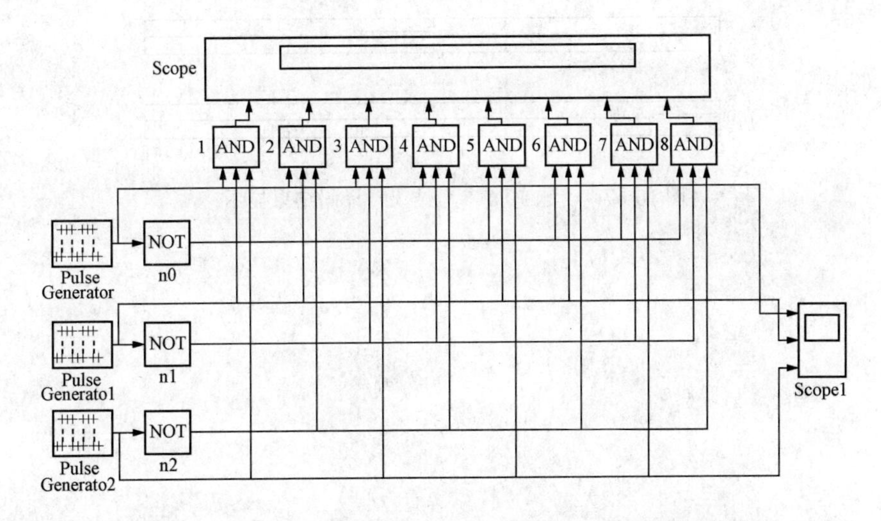

图 10-65　习题 10.6 参考结果（3-8 译码器的 Simulink 模块构造）

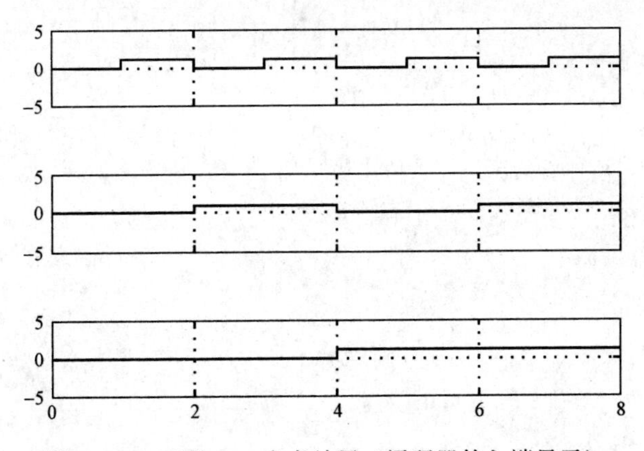

图 10-66　习题 10.6 参考结果（译码器的入端显示）

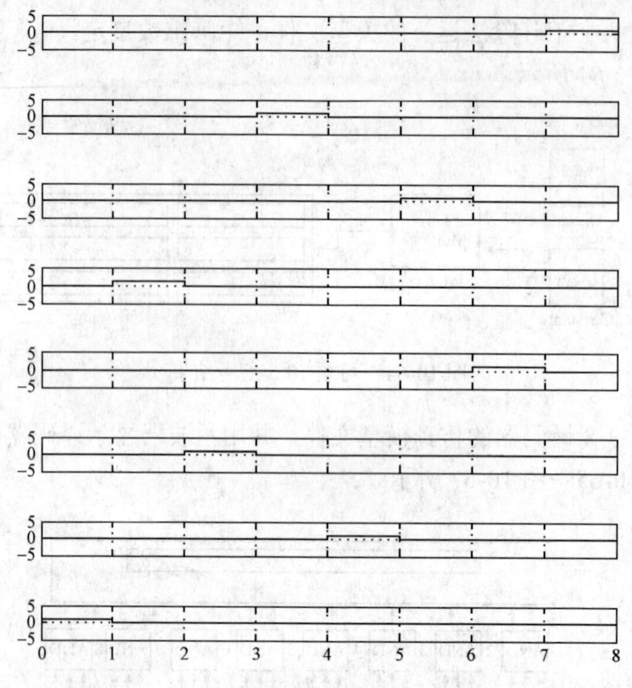

图 10-67　习题 10.6 参考结果（译码结果显示）

第十一章　MATLAB 的综合应用

本章将介绍 MATLAB 在电气与电子信息工程领域所涉及的主要课程中的应用。这些主要课程包括电路、信号与系统、数字信号处理、图像处理及电力系统分析。对应用中所涉及的理论内容部分，在此不再做理论推导，直接使用相关内容在该门课程中的结论，借助 MATLAB 来观察其可视化的数据结果，利用其可视化的数据结果，帮助读者消化、理解抽象的数学概念、数学推导和复杂工作原理，从而加深对这些课程的认识和理解。

第一节　MATLAB 在"电路"中的应用

MATLAB 中的变量与常量是以矩阵的形式表示的。矩阵中的元素，除了可以是实数外，又可以是复数和任意形式的表达式。利用 MATLAB 这些优于其他语言的特色，有利于分析计算各种问题，并且使编程更简便，运算效率更高，本节仅以电路课程中典型的一阶动态电路的时间响应和一阶低通滤波器频率的响应为例，介绍 MATLAB 语言在该课程中的应用。

【例 11-1】 如图 11-1（a）所示电路原来处于稳定状态，已知 $c=3\mu F$，$R_1=R_2=1k\Omega$，$R_3=R_4=2k\Omega$，$U_{s1}=12V$，$U_{s2}=6V$，当 $t=0$ 时，闭合开关，试求电容电压 $U_c(t)$和经过 R_1 的电流 $i(t)$，并画出 $U_c(t)$和 $i(t)$的波形。

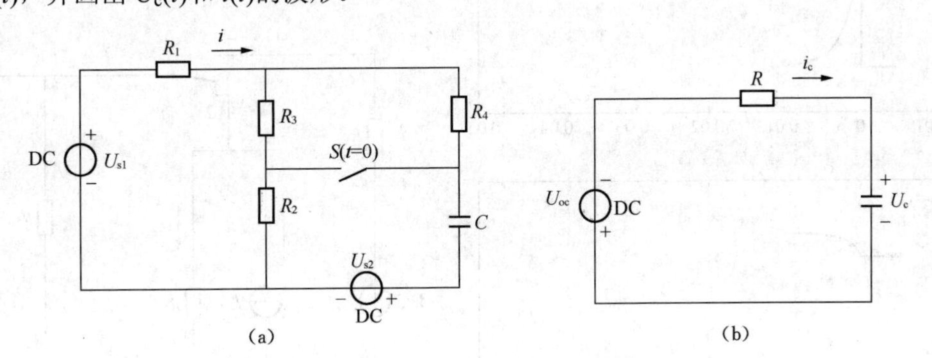

图 11-1 ［例 11-1］的图

（a）电路结构图；（b）戴维南等效电路图

解　当 $t=0_$时，$U_c(0_-)=\frac{3}{4}\times12-6=3V$，故有$U_c(0_+)=U_c(0_-)=3V$。

当 $t=0$ 时，开关合上后经过无限长时间电路达到新的稳定状态，将达到新的稳定状态的电路，用戴维南等效后，如图 11-1（b）所示。

其开路电压为$U_c(\infty)=U_{oc}=\left(\frac{12}{3\times10^3}\times10^3-6\right)=-2V$，等效电阻$R=\frac{2}{3}\times10^3\Omega$，时间常数$\tau=RC=2\times10^{-3}s$，利用三要素公式有

$$U_c(t)=U_c(\infty)+[U_c(0_+)-U_c(\infty)]e^{-\frac{t}{\tau}}=(-2+5e^{-500t})V$$

而要得到 i_2，i_c 和 i 的表达式，则要回到原电路中去求，故 $i_c(t)=\dfrac{dU_c(t)}{dt}=-7.5e^{-500t}$mA；$i_2(t)=\dfrac{U_{s2}+U_c(t)}{R_2}=(4+5e^{-500t})$mA，于是有 $i(t)=i_c(t)+i_2(t)=(4-2.5e^{-500t})$mA。

求解 $U_c(t)$ 和 $i(t)$ 的 MATLAB 代码如下：

```
t=0:.0001:.01;
subplot(2,1,1)
uc=-2+5*exp(-500*t);
plot(t,uc)
ylabel('uc(t)/v','fontsize',8)
axis([-.01 .05 -4 4])
subplot(2,1,2)
it=4-2.5*exp(-500*t);
plot(t,it,'k')
ylabel('i(t)/A','fontsize',8)
axis([-.01 .05 -10 10])
```

程序运行结果如图 11-2 所示。

【例 11-2】 如图 11-3 所示，已知 $R_1=3\Omega$，$R_2=12\Omega$，$R_3=6\Omega$，$C=1$F，$U_s=24$V，$i_s=3$A，在 $t<0$ 时，开关 S 位于“1”位置，电路已处于稳定状态。

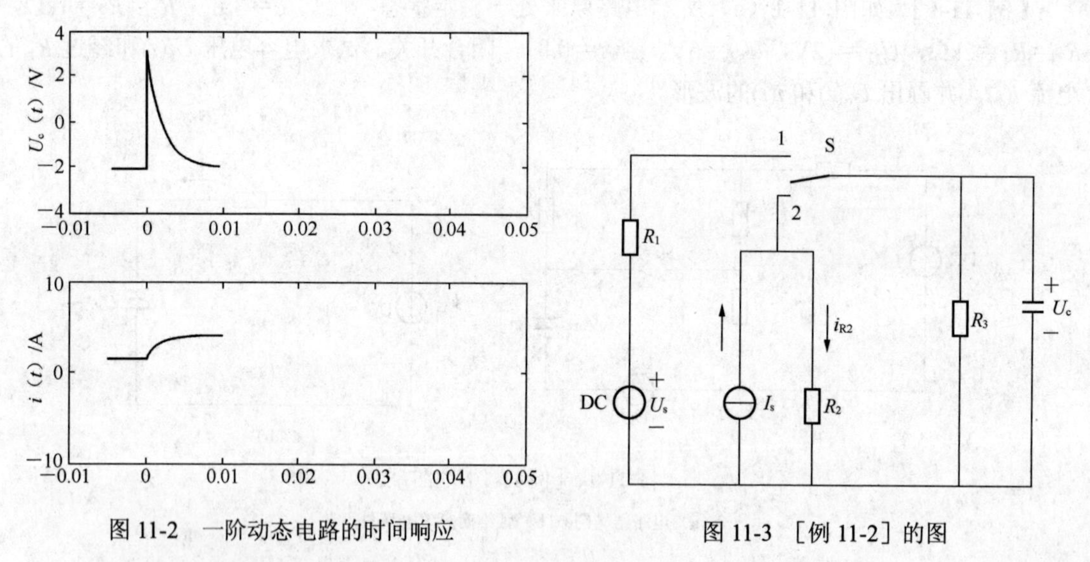

图 11-2 一阶动态电路的时间响应

图 11-3 ［例 11-2］的图

（1）$t=0$ 时，开关 S 闭合到“2”，求 $U_c(t)$，$i_{R2}(t)$，并画出它们的波形；

（2）若经 10s，开关 S 又复位到“1”，求 $U_c(t)$，$i_{R2}(t)$，并画出它们的波形。

解 （1）开关处在位置“1”时，$U_c(0_+)=\dfrac{R_3}{R_3+R_1}\times U_s=\dfrac{6}{6+3}\times 24=16$V；开关处在位置“2”时，$U_c(\infty)=\dfrac{R_2R_3}{R_2+R_3}\times i_s=\dfrac{12\times 6}{12+6}\times 3=12$V；时间常数 $\tau_1=\dfrac{R_2R_3}{R_2+R_3}C=\dfrac{12\times 6}{12+6}\times 1=4$s，故用三要素公式得

$$\begin{cases} U_c(t)=U_c(\infty)+[U_c(0_+)-U_c(\infty)]e^{-\frac{t}{\tau_1}}=12+4e^{-\frac{t}{4}} \\ i_{R2}(t)=U_c(t)/R_2=1+\frac{1}{3}e^{-\frac{t}{4}} \end{cases}$$

这里 $i_{R2}(t)$ 亦可以利用三要素方法求解，解法与 $U_c(t)$ 同。

（2）经 10s 后，由于开关又回到“1”位置，故 $i_{R2}(t)$ 的电流值恒为 3A，与时间无关。将 $t=10s$ 代入 $U_c(t)$ 表达式中，得 $U_c(10_+)=(12+4e^{-2.5})V$，此时，$U'_c(\infty)=\frac{R_3}{R_1+R_3}\times U_S=\frac{6}{3+6}\times 24=16V$，时间常数 $\tau_2=\frac{R_3R_1}{R_1+R_3}C=\frac{3\times 6}{3+6}\times 1=2s$，利用三要素公式得

$$\begin{cases} U_c(t)=U'_c(\infty)+[U_c(0_+)-U'_c(\infty)]e^{-\frac{t}{\tau_2}}=16+(4e^{-2.5}-4)e^{-\frac{t-10}{2}} \\ i_{R2}(t)=3 \end{cases}$$

MATLAB 代码为：

```
% 画问题(1)的波形
subplot(211)
t=0:.01:20;
uc=12+4*exp(-t/4);
plot(t,uc)
ylabel('uc(t)/v','fontsize',8)
iR2=1+(1/3)*exp(-t/4);
subplot(212)
plot(t,iR2)
ylabel('iR2(t)/mA','fontsize',8)
```

程序运行结果如图 11-4 所示。

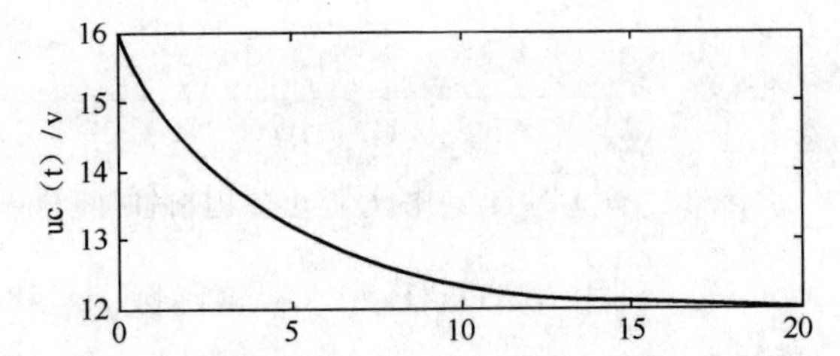

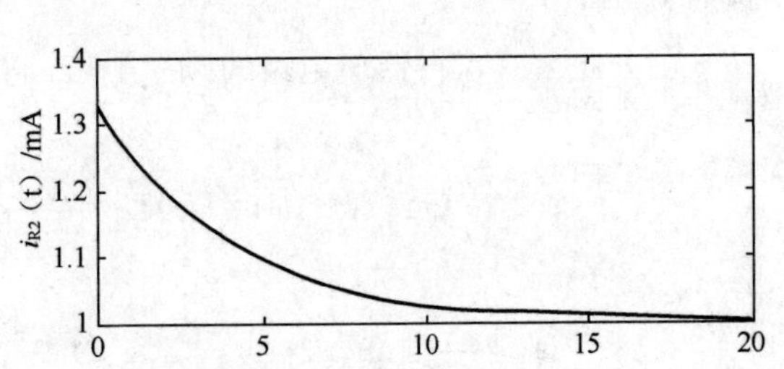

图 11-4 ［例 11-2］的一阶动态电路的时间响应（1）

```
% 画问题(2)的波形
figure
subplot(2,1,1)
t=0:.1:10;
uc=12+4*exp(-t/4);
plot(t,uc)
hold on
t=10:.1:20;
ucc=16+(4*(exp(-2.5))-4)*exp(-t/2+5);
plot(t,ucc)
ylabel('uc(t)/v','fontsize',8)
axis([0 20 10 20])
subplot(2,1,2)
t=0:.1:10;
iR2=1+(1/3)*exp(-t/4);
plot(t,iR2)
hold on
t=10:0.01:20;
iR2=3;
plot(t,iR2,'b')
ylabel('iR2(t)/mA','fontsize',8)
axis([0 20 0 4])
```

程序运行结果如图 11-5 所示。

在画问题（2）的波形时，时间的起点不是 10，而是从 0 开始，这样便于观察一阶动态电路的变化情况。

［例 11-2］是求解一阶动态电路的时间响应，下面再来看一阶电路的频率响应。

【例 11-3】 一阶低通电路如图 11-6 所示，求其幅频响应及相频响应特性并图示之。

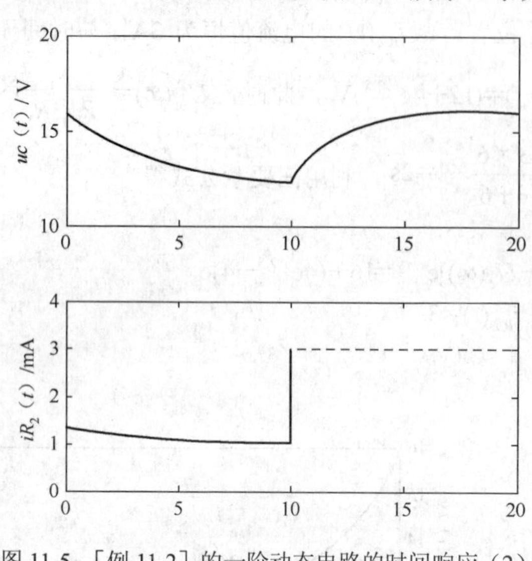

图 11-5 ［例 11-2］的一阶动态电路的时间响应（2）

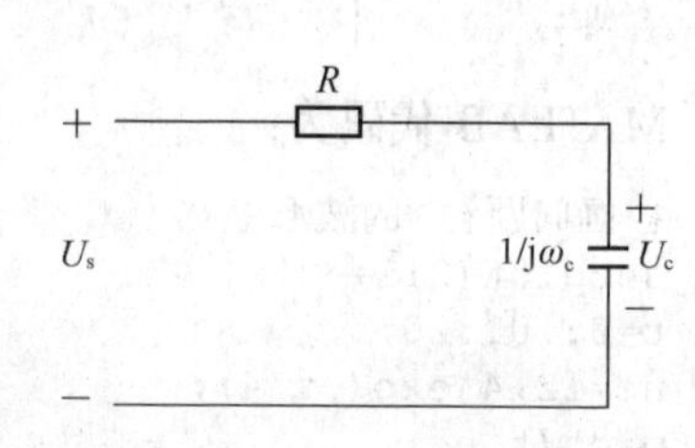

图 11-6 一阶低通电路

解 利用 MATLAB 中求幅值函数 abs 和求相角函数 angle 可直接计算幅频响应和相频响应。

由分压公式，得低通电路的频率响应函数

$$H(\mathrm{j}\omega)=U_\mathrm{c}/U_\mathrm{s}=\frac{-\mathrm{j}\frac{1}{\omega_\mathrm{c}}}{R-\mathrm{j}\frac{1}{\omega_\mathrm{c}}}=\frac{1}{1+\mathrm{j}\omega RC}=\frac{1}{1+\mathrm{j}\frac{\omega}{\omega_\mathrm{c}}}$$

式中，$\omega_\mathrm{c}=\frac{1}{RC}$ 为截止频率。

设 $f=\frac{\omega}{\omega_\mathrm{c}}$，画其幅频响应及相频响应。

MATLAB 代码如下：

```
subplot(4,1,1)
f=0:.2:4;
Hf=1./(1+j*f);
plot(f,abs(Hf))
ylabel('abs(Hf)','fontsize',8)
subplot(4,1,2)
plot(f,angle(Hf))
ylabel('angle(Hf)','fontsize',8)
subplot(4,1,3)
semilogx(f,20*log10(abs(Hf)))                    % 横轴为对数的半对数坐标函数
ylabel('abs(Hf)/DB','fontsize',8)
```

```
subplot(4,1,4)
semilogx(f,angle(Hf))
ylabel('angle(Hf)','fontsize',8)
```

程序运行结果如图 11-7 所示。

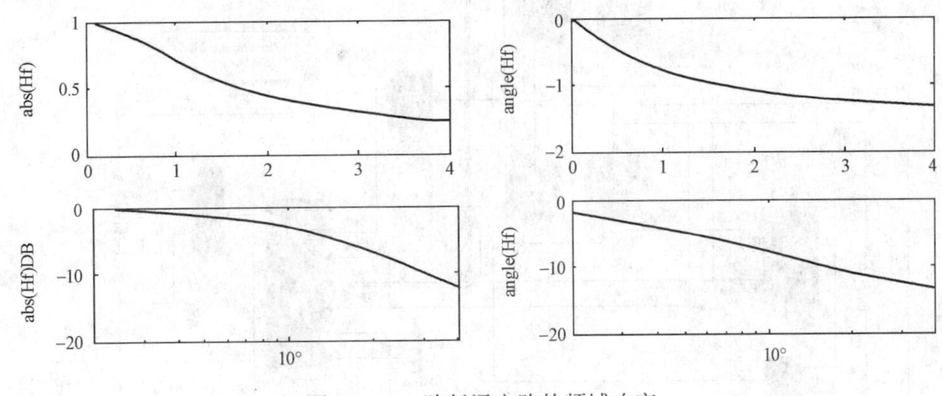

图 11-7　一阶低通电路的频域响应

由图 11-7 的上两幅频特性可见，$f>1$ 以后的幅值逐渐衰减，即 $f=1$ 是截止频率的转折点，而 $f=1$ 恰恰是截止频率 $\omega=\omega_c$ 处。

同时，图 11-7 中下面两个图选用的是横坐标为对数的半对数坐标函数 semilogx，这样在观察幅频和相频特性时更直观。

第二节　MATLAB 在“电力系统”中的应用

电力系统主要研究发电、变电、输电、配电、用电等一系列过程，在研究电力模型时，如果单靠物理模型会使建模的投资变得巨大，利用 Simulink 可以在工程研发的初级阶段建模，进行方案的论证和运动规律的分析，从而大大简化工程的工作量。从事电力电子产品设计、开发的工作人员，经常需要对所设计的电路进行计算机模拟与仿真计算，以优化参数与配置，其目的，一方面是验证所设计的电路是否达到设计要求的技术指标；另一方面是通过改变电路中元器件的参数，使整个电路性能达到最佳状态。本节主要应用 MATLAB 的 Simulink 对电力电子器件整流和电力系统输电线路自动重合闸的过程进行仿真。

【例 11-4】 单相桥式整流电路的 Simulink 仿真。

对于相位控制的整流电路来说，控制角的相位直接影响输出波形，现有一工频交流电源，利用 Simulink 仿真得到在不同的控制角 α 下单相桥式整流电路的输出波形及晶闸管两端的电压和电流的情况。

1．步骤一：建立仿真模型

如图 11-8 所示为一个在 Simulink 环境下创建的工频交流单相桥式整流电路模型，其中各个模块均取自 Simulink 模块组和 SimPowerSystems 模块组，将各个模块从库中提取出来放到模型编辑窗中的适当位置，并将相关模块用信号线连接起来构成仿真模型。

2．步骤二：设置模块参数

（1）脉冲发生器。本系统中的触发信号是通过设置两组脉冲发生器（Pulse Generator）来实现的，两个脉冲互差 180°，即 0.01s，Phase delay 文本框中的值为脉冲初相位滞后主系统时钟的时间，若设置控制角 α 为 30°，则该处的脉冲延时应滞后换相点 0.01/6s，其参数如图 11-9 所示。

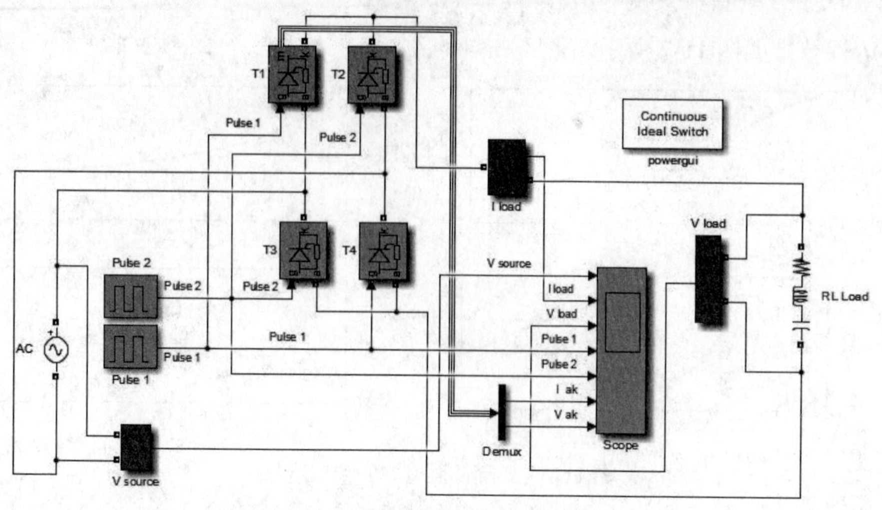

图 11-8　单相桥式整流电路模型

提 示

MATLAB 版本升级后，电力系统 SIMULINK 模型文件中需要添加 powergui 模块，否则，运行时会出现错误信息对话框，告知模型文件中需增添 powergui 模块。在 simulink library browser 的搜索框中输入 powergui，单击搜索图标可找到该模块，将其放到功能电路的空白处即可，无需对此模块做任何操作。后面的【例 11-5】和【例 11-6】如是。

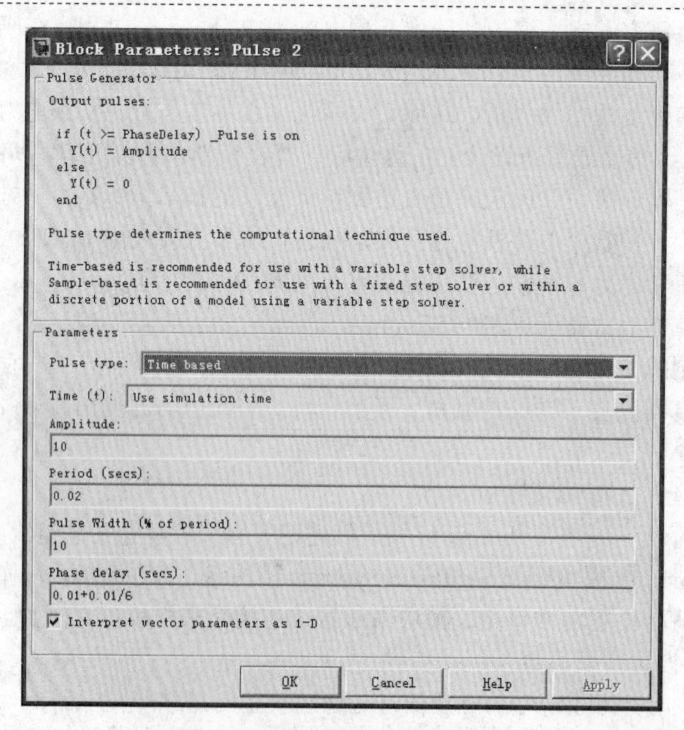

图 11-9　脉冲发生器的参数设置

（2）晶闸管模块。4 个晶闸管（Thyristor）模块在仿真中是由图 11-10 实现的。

它由一个电阻 R_{on}、一个电感 L_{on}、一个直流电压源 V_f 和一个开关串联组成。开关受逻辑信号控制，该逻辑信号由电压 U_{ak}、电流 I_{ak} 和门极触发信号 g 决定。

参数意义分别介绍如下。

R_{on}：晶闸管模块内电阻。

L_{on}：晶闸管模块内电感。

Forward voltage V_f（V）：晶闸管模块的正向管压降 V_f。

Initial current I_c（A）：初始电流 I_c。

Snubber resistance R_s（ohms）：缓冲电阻 R_s。

Snubber capacitance C_s（F）：缓冲电容 C_s。

晶闸管的参数设置界面如图 11-11 所示。

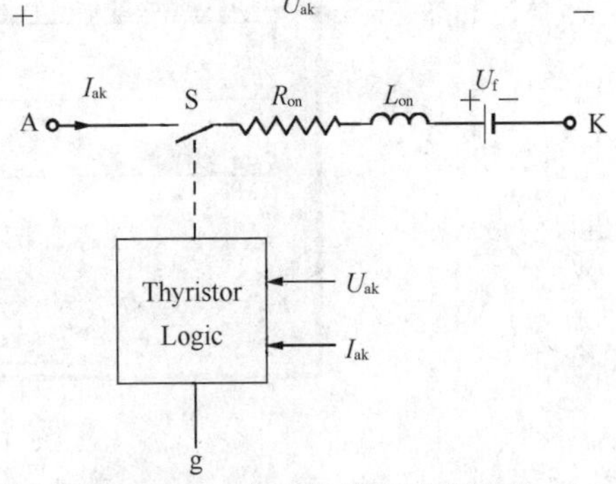

图 11-10　晶闸管仿真模型原理

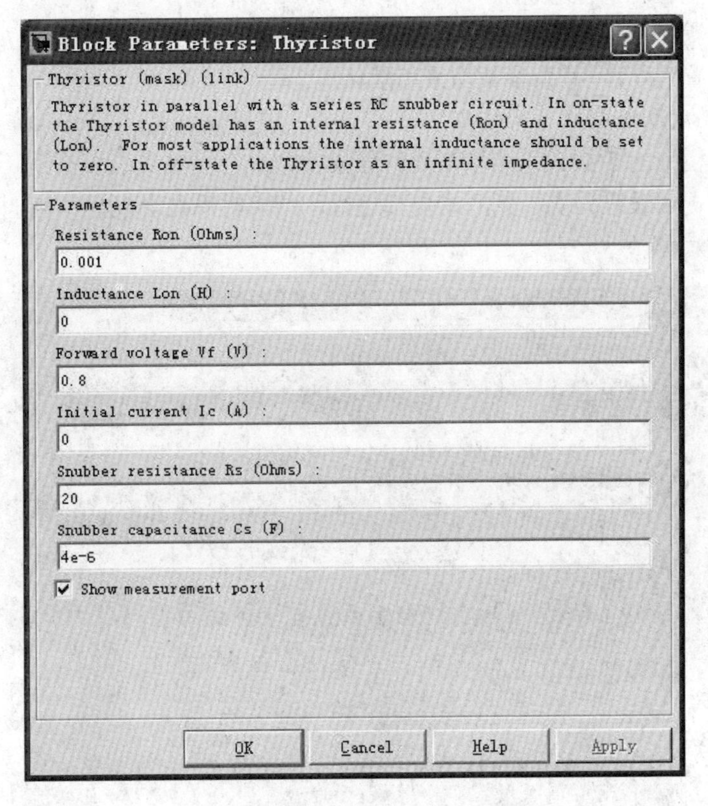

图 11-11　晶闸管模块的参数设置

（3）阻感负载。本模型中的负荷用的是阻感型的并且为大电感（$\omega L>10R$），串联 RLC 元件模块 $R=3\Omega$，$L=0.1H$，其中电容参数设置成 inf（无穷大），这样对于有波动的信号，电容就相当于一条导线。阻感负载模块参数设置界面如图 11-12 所示。

（4）示波器。示波器（Scope）的默认设置只有一路输入，单击功能按钮在弹出的对话框中将 Number of axes 的值设置成 7 就变成 7 路输入的示波器了，分别把各路输入量用信号线引入 7 路示波器中。

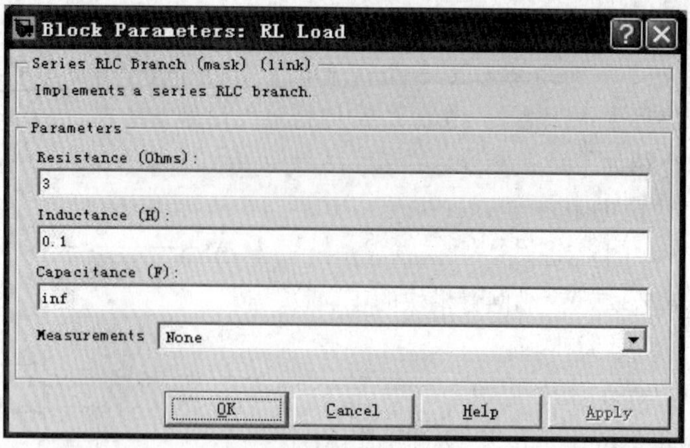

Block Parameters: RL Load
Series RLC Branch (mask) (link)
Implements a series RLC branch.
Parameters
Resistance (Ohms):
3
Inductance (H):
0.1
Capacitance (F):
inf
Measurements
None
OK
Cancel
Help
Apply

图 11-12　负载的参数设置

3．步骤三：设置仿真参数

仿真参数设置如下：选择 ode23tb 算法，将相对误差设置为 1e-3，开始仿真时间设置为 0，结束仿真时间设置为 0.1，其余参数均采用默认值。

4．步骤四：启动仿真并分析仿真结果

单击主工具栏中的▶按钮来启动仿真，如果模型中有些参数设置有误，则会弹出错误信息提示框。如果一切设置无误，则开始仿真运行，结束时系统会发出一鸣叫声。仿真得出的波形如图 11-13 所示。

Scope
V source
I load
V load
Pulse 1
Pulse 2
I ak
V ak
100
0
-100
10
0
-10
0
0.01
0.02
0.03
0.04
0.05
0.06
0.07
0.08
0.09
0.1
Time offset: 0

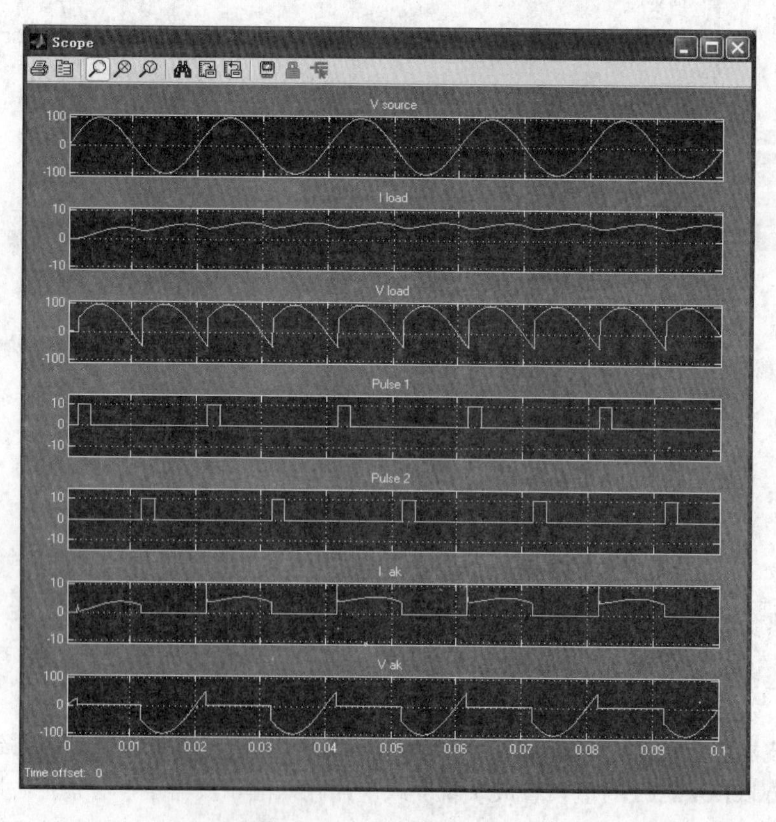

图 11-13　仿真输出波形

从图 11-13 中可以明显地看出控制角 α 为 30°时，负载及晶闸管两端的电压和电流的波形。图中，Vsource 是单相交流输入电压；*I* load 是负载电流；*V* load 是整流输出电压；Pulse1 是 T1 管和 T4 管的触发脉冲；Pulse2 是 T2 管和 T3 管的触发脉冲；*I* ak 是经过晶闸管的电流；*V* ak 是晶闸管两端的电压。如果修改脉冲发生器的延迟时间，重新仿真运行，就能轻松得到不同控制角下的波形。

【例 11-5】 三相桥式整流电路的 Simulink 仿真。

1．步骤一：建立仿真模型

为了研究三相桥式整流电路中各个晶闸管的导通顺序及控制角与输出电压波形之间的关系，建立了如图 11-14 所示的三相桥式整流电路模型。其中由 6 个晶闸管组成的整流桥采用的是集成的通用整流桥模块（Universal Bridge）；其触发脉冲也采用的是集成同步 6 脉冲发生器模块（Synchronized 6-Pulse Generator），它的提取路径为 Simulink\SimPowerSystems\Elements\Control Block；在整流电路运行的同时，在脉冲发生器的输出端用信号分离模块（Demux）将发生的脉冲信号分离出来，分别通过示波器查看输入整流桥的触发信号。

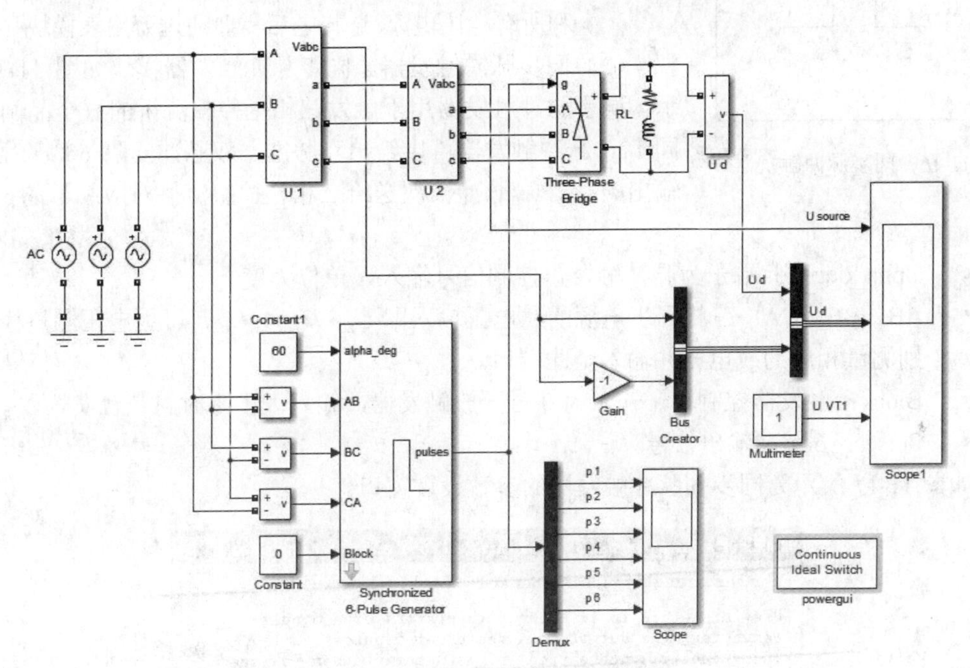

图 11-14　三相桥式整流电路模型

2．步骤二：设置模块参数

（1）通用整流桥模块。在 Simulink 模块库中的通用整流桥模块如图 11-15 所示。

A，B，C 端子：分别为三相交流电源的相电压输入端子；

g 端子：为触发脉冲输入端子，如果选择为电力二极管，无此端子；

+，－端子：分别为整流器的输出和输入端子，在建模时需要构成回路。

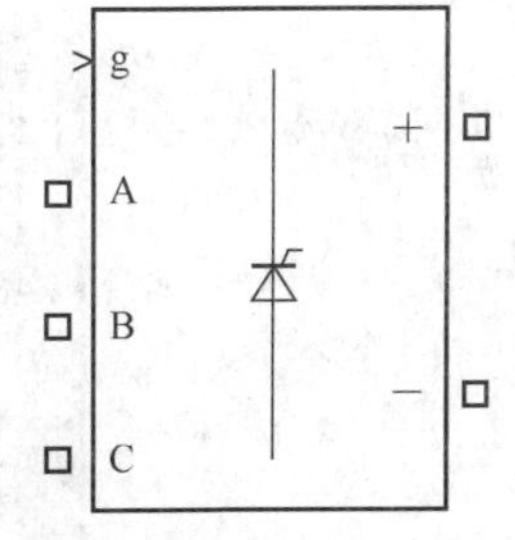

图 11-15　通用整流桥模块

通用桥臂模块参数设置方法如下。

Number of bridge arms：桥臂数量，可以选择一，二，三相桥臂，构成不同形式的整流器。

Snubber resistance R_s（ohms）：缓冲电阻 R_s。

Snubber capacitance C_s（F）：缓冲电容 C_s。

Power Electronic device：电力电子器件类型，可以当作多种器件的整流桥，可以选择的有：电力二极管（Diodes）、晶闸管（Thyristors）、门极可关断晶闸管（GTO）、绝缘栅双极型晶体管（IGBT）等主要器件。

R_{on}（ohms）：晶闸管的内电阻，单位为 Ω。

L_{on}（H）：晶闸管的内电感，单位为 H，电感不能设置为 0。

Forward voltage V_f（V）：晶闸管元件的正向管压降 V_f，单位为 V。

Measurements：测量可以选择以下几种形式，即：

- None（无）；
- Device voltages（装置电压）；
- Device currents（装置电流）；
- All voltages and currents（三相线电压与输出平均电压和所有电压电流，选择之后需要通过万用表模块显示）。

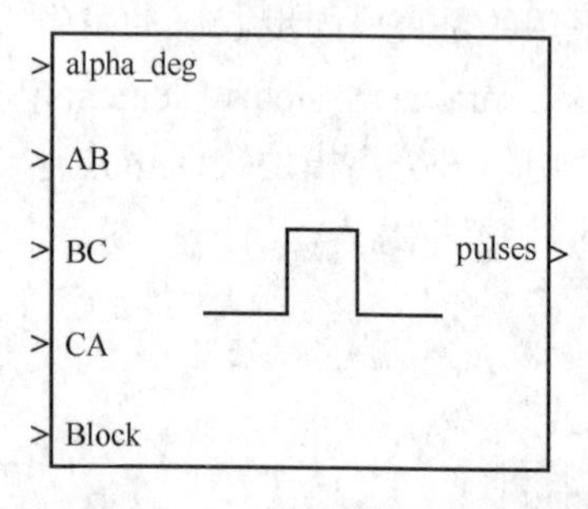

图 11-16　同步脉冲触发器

（2）同步脉冲触发器。同步脉冲触发器模块如图 11-16 所示，同步脉冲触发器用于触发三相全控整流桥的 6 个晶闸管，同步 6 脉冲触发器可以给出双脉冲，双脉冲间隔 60°，触发器输出的1～6号脉冲依次送给三相全控整流桥对应编号的6个晶闸管。

- alpha_deg：此端子为脉冲触发角控制信号输入，单位为度。
- AB，BC，CA：三相同步电源的线电压输入即 U_{ab}，U_{bc}，U_{ca}，可用电压测量模块分别测量相应的线电压并输入至此端口。
- Block：触发器控制端，输入为 0 时开放触发器，输入大于零时封锁触发器。
- Pulses：6 脉冲输出信号。

如图 11-17 所示为同步 6 脉冲触发器的参数设置窗口。

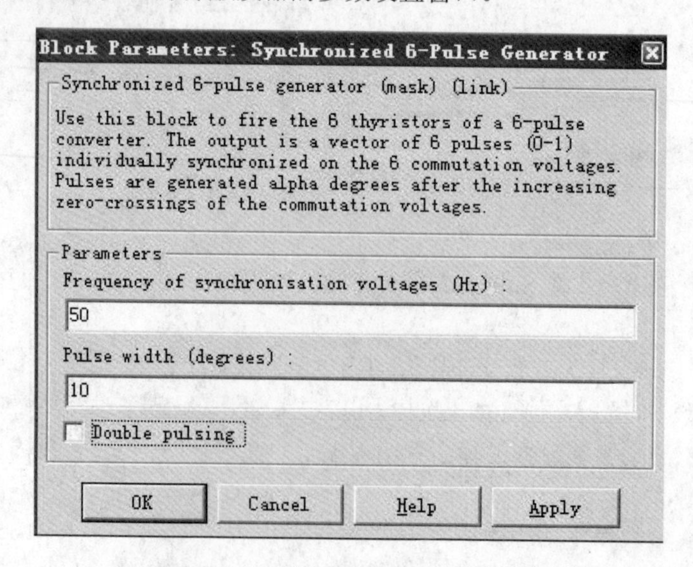

图 11-17　同步 6 脉冲触发器参数设置

其中的参数含义如下：

- Frequency of synchronization voltages（Hz）：同步电压频率（Hz）。
- Pulse width（degrees）：触发脉冲宽度（度）。
- Double pulsing：双脉冲触发选择。

（3）三相交流电源通过频率为 50Hz、幅值 220V、相位互差 120°的 3 个单相交流电压源（AC Voltage Source），以中性点接地的星形连接实现。

（4）三相电压测量（U1）及与其串联的反相增益（Gain）是用于制作负载波形的虚线底纹，并通过信号汇集元件（Bus Creator）将底纹与负载波形综合到一起并输入至示波器。

（5）此模型中还应用了一个万用表模块，用于测量通用整流桥中 1 号晶闸管两端的电压，并输入至示波器显示。

3．步骤三：设置仿真参数

设置仿真参数如下：选择 ode23tb 算法，将相对误差设置为 1e-3，开始仿真时间设置为 0，结束仿真时间设置为 0.1，其余参数均采用默认设置。

4．步骤四：启动仿真并分析仿真结果

单击主工具栏中的▶按钮来启动仿真，如果一切设置无误，则开始仿真运行，结束时系统会发出一鸣叫声。仿真得出的脉冲触发波形如图 11-18 所示。

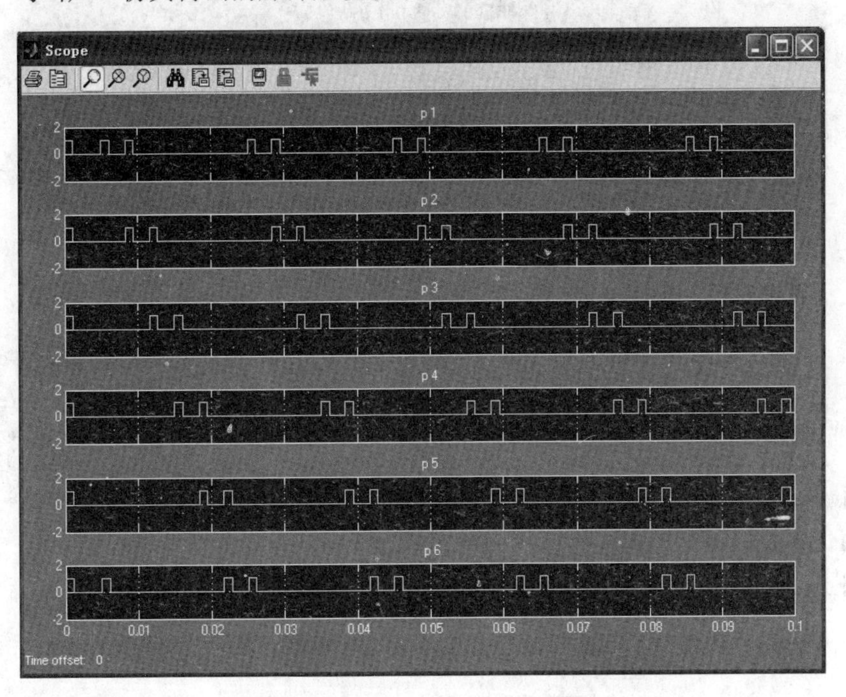

图 11-18　控制角 α 为 60°时的触发脉冲

在输出整流波形时各路信号波形的初始线型设置均为实线，且输出到示波器中的波形在默认情况下是不可编辑的，这时可以在 MATLAB 主命令窗口中输入以下两条命令：set(0，'ShowHiddenHandles'，'On');set(gcf，'menubar'，'figure');再回到示波器窗口会发现在窗口的最上边多了一行主菜单，选择 Insert 下的 Axes 命令后在波形上任意处双击就会在下方弹出一波形编辑窗口，在那里可以任意修改输出波形的属性。修改后的各路波形如

图 11-19 所示。

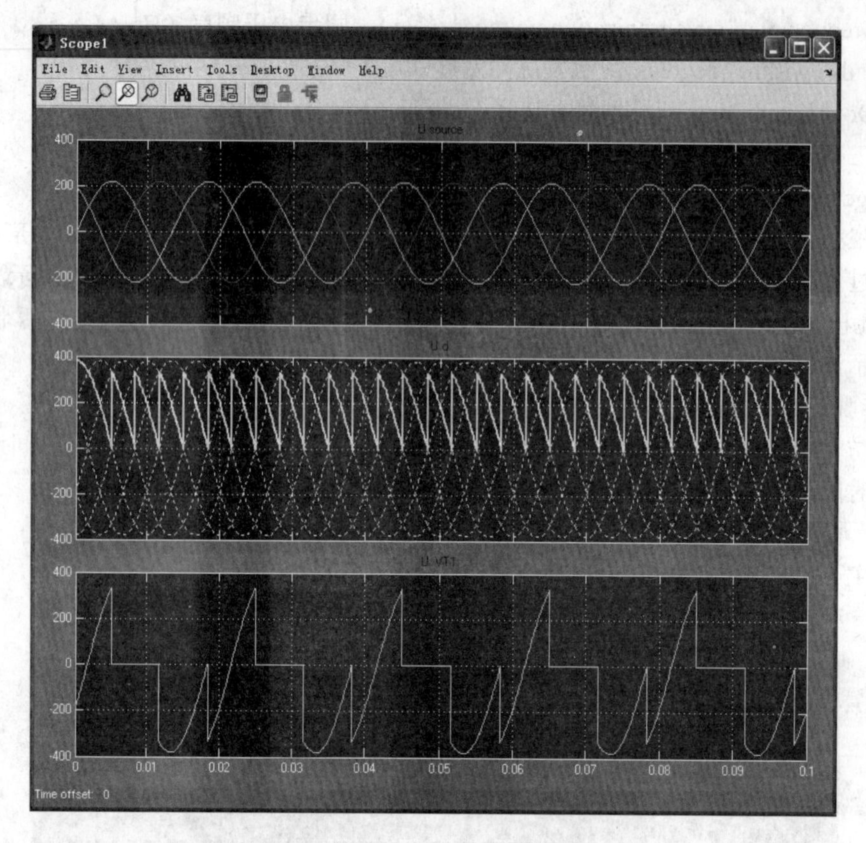

图 11-19　控制角 α 为 60°时的输出波形

提 示

在简单的电力系统建模时，如果电源不涉及短路响应，可选用 3 个独立的单相电源，初相角设置成互差 120°，按要求的连接方式组合成三相交流电源，如果选用三相电源（Three-Phase Source）模块，有可能由于模块的复杂参数设置不当而影响整体仿真效果。

【例 11-6】 电力系统输电线路的单相、三相重合闸的 Simulink 仿真。

如图 11-20 所示为一简单电力系统网络结构，该系统电压等级为 220kV，为双电源供电系统，左侧为 500MVA 发电机，右侧为无穷大电网。当在线路 k 点发生故障时，保护动作断

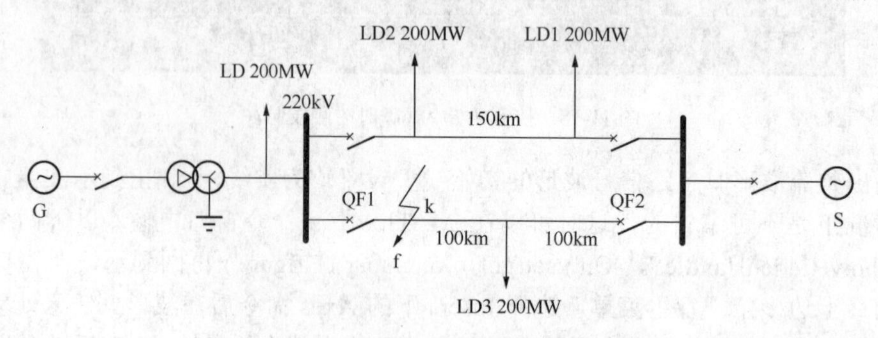

图 11-20　重合闸电力系统网络结构图

路器 QF1 和 QF2 将跳闸切断故障线路以保证非故障线路的正常运行。建立模型，仿真其重合闸过程并观察故障相电流的恢复情况。

在电力系统的故障中，大多数是送电线路（特别是架空线路）的故障。运行经验表明，架空线路故障大多是“瞬时性”的，例如雷电引起的闪落、大风引起的碰线等，线路断开后电弧即行熄灭。因此，在线路被断路器切断后的一段时间再进行一次重合闸就有可能大大提高供电的可靠性。

1. 步骤一：建立仿真模型

根据图 11-20，在 Simulink 模块库中找到对应的模块并连接成如图 11-21 所示的模型。

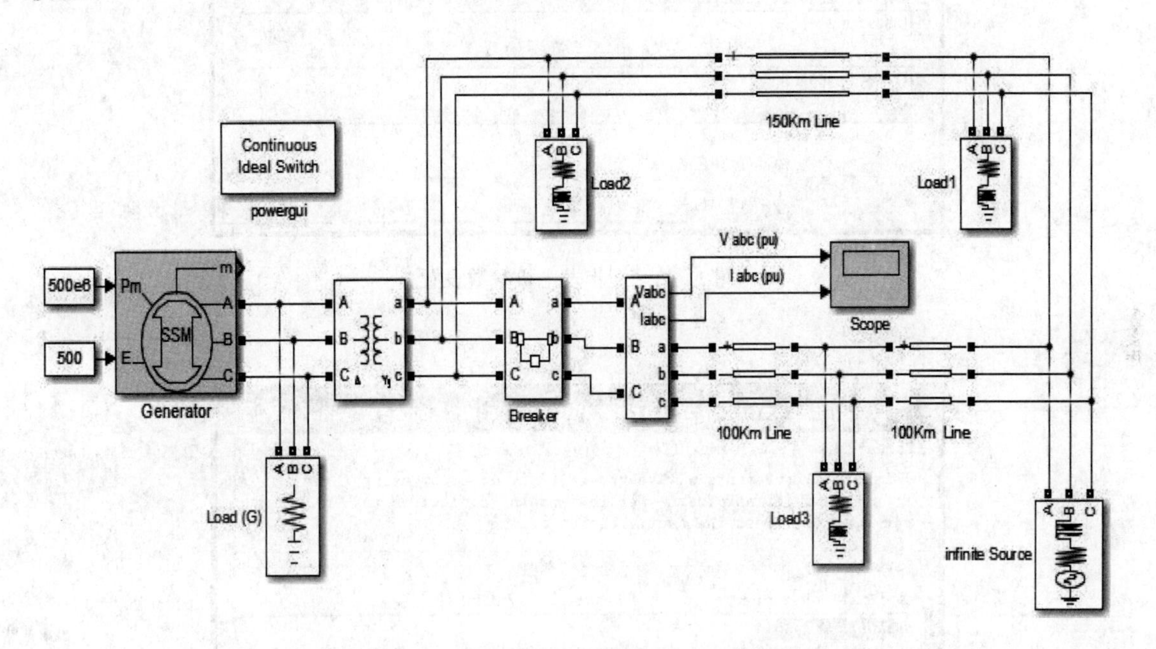

图 11-21　自动重合闸系统的 Simulink 模型

该模型中同步发电机采用的是简化的有名值参数的同步发电机模块（Simplified Synchronous Machine SI Units）；右端供电的无穷大电网采用的是同步三相电源模块（Three-Phase Source）；厂用三相负荷及用高压输送到变电所的负荷均采用的是三相串联 LRC 负荷模块（Three-Phase Series RLC Load）。分布参数的输电线路（Distributed Parameter Line）、线性变压器（Three-Phase Transformer）及三相断路器（Three-Phase Breaker）均取自 SimPowerSystems 库中的 Elements 模块组。

2. 步骤二：设置模块参数

（1）同步发电机参数设置如图 11-22 所示。

（2）三相变压器参数设置如图 11-23 所示。

（3）150km 分布参数线路的参数设置如图 11-24 所示。

（4）100km 分布参数线路的参数设置如图 11-25 所示。

（5）三相电压源参数设置如图 11-26 所示。

（6）三相串联 RLC 负荷 Load1 参数设置（Load2，Load3 与其相同）如图 11-27 所示。

Block Parameters: Generator
Simplified Synchronous Machine (mask) (link)
Implements a 3-phase simplified synchronous machine. Machine is modelled as an internal voltage behind a R-L impedance. Stator windings are connected in wye to an internal neutral point.
Pm: Mechanical power supplied to the machine, in Watts. Pm>0 for generator mode, Pm<0 for motor mode.
E: RMS value of phase-to-phase internal voltage, in volts.
Parameters
Connection type:
3-wire Y
Nom. power, L-L volt., and freq. [Pn(VA) Vn(Vrms) fn(Hz)]:
[500e6 13800 50]
Inertia, damping factor and pairs of poles [J(kg.m^2) Kd(pu_T/pu_w) p()]
[56290 0.3 2]
Internal impedance [R(ohm) L(H)]:
[1.9845 263.15e-3]
Init. cond. [dw(%) th(deg) ia,ib,ic(A) pha,phb,phc(deg)]:
[0.2,0 0,0,0 0,0,0]
OK
Cancel
Help
Apply

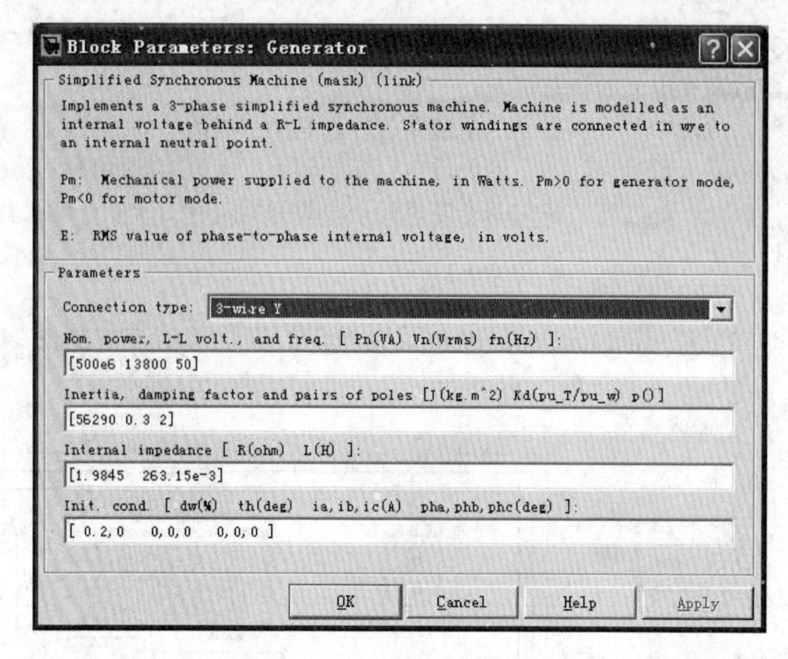

图 11-22　同步发电机参数设置

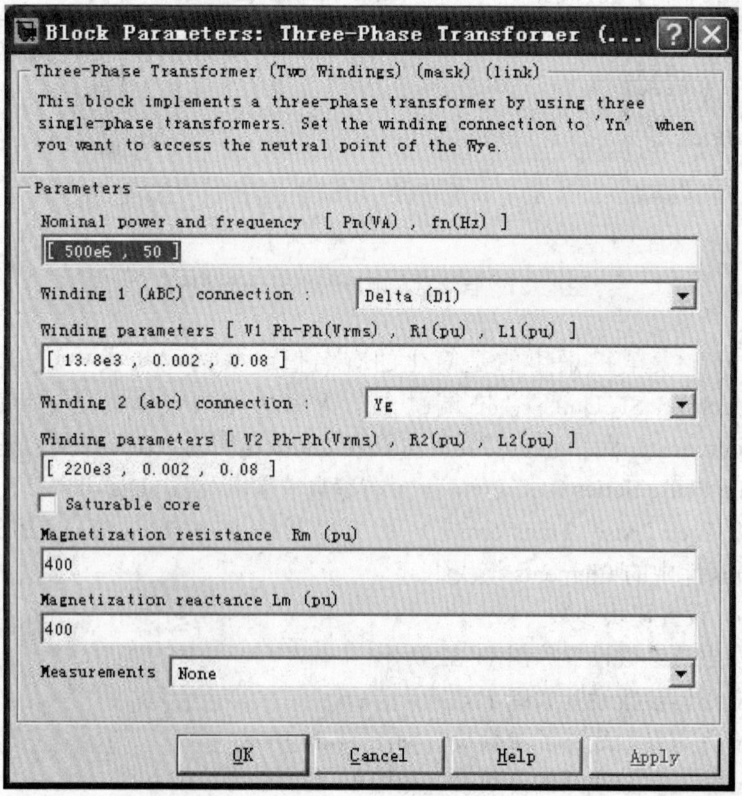

Block Parameters: Three-Phase Transformer (...
Three-Phase Transformer (Two Windings) (mask) (link)
This block implements a three-phase transformer by using three single-phase transformers. Set the winding connection to 'Yn' when you want to access the neutral point of the Wye.
Parameters
Nominal power and frequency [Pn(VA) , fn(Hz)]
[500e6 , 50]
Winding 1 (ABC) connection :
Delta (D1)
Winding parameters [V1 Ph-Ph(Vrms) , R1(pu) , L1(pu)]
[13.8e3 , 0.002 , 0.08]
Winding 2 (abc) connection :
Yg
Winding parameters [V2 Ph-Ph(Vrms) , R2(pu) , L2(pu)]
[220e3 , 0.002 , 0.08]
Saturable core
Magnetization resistance Rm (pu)
400
Magnetization reactance Lm (pu)
400
Measurements
None
OK
Cancel
Help
Apply

图 11-23　三相变压器参数设置

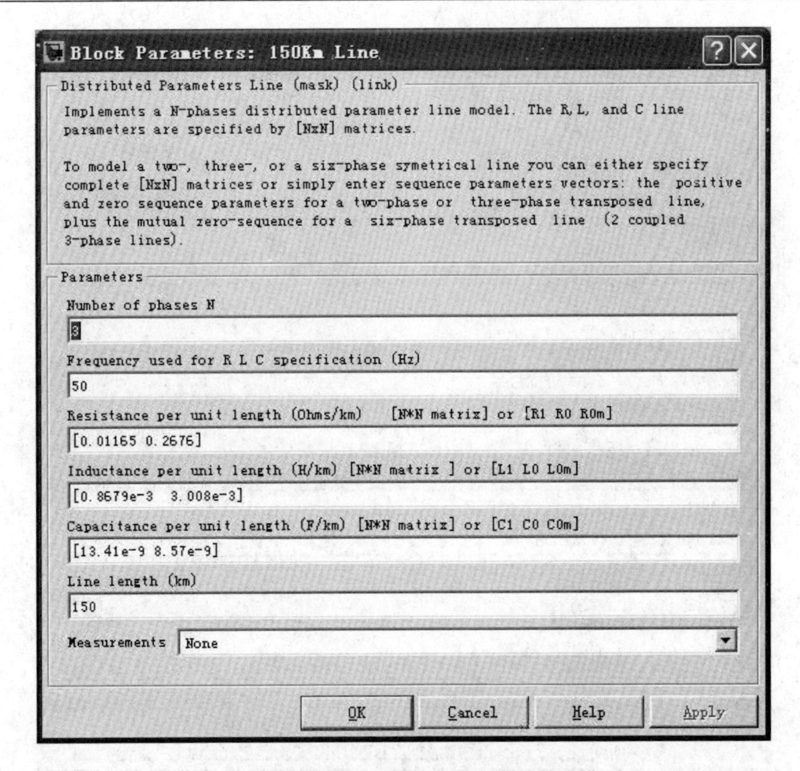

图 11-24 150km 线路参数设置

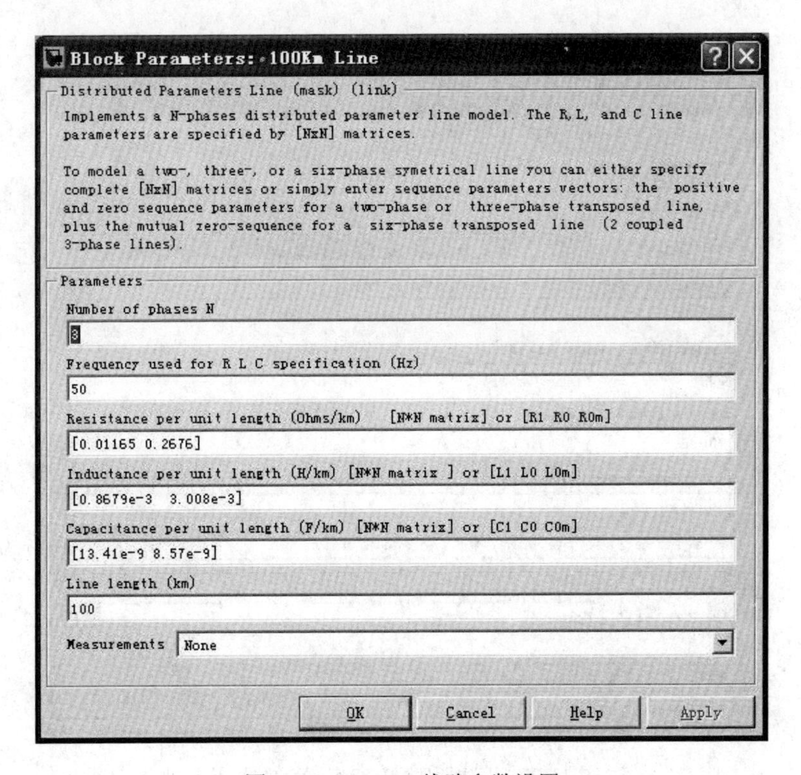

图 11-25 100km 线路参数设置

Block Parameters: infinite Source
Three-Phase Source (mask) (link)
Three-phase voltage source in series with RL branch.
Parameters
Phase-to-phase rms voltage (V):
220e3
Phase angle of phase A (degrees):
0
Frequency (Hz):
50
Internal connection:
Yg
Specify impedance using short-circuit level
3-phase short-circuit level at base voltage(VA):
200e6
Base voltage (Vrms ph-ph):
230e3
X/R ratio:
10
OK
Cancel
Help
Apply

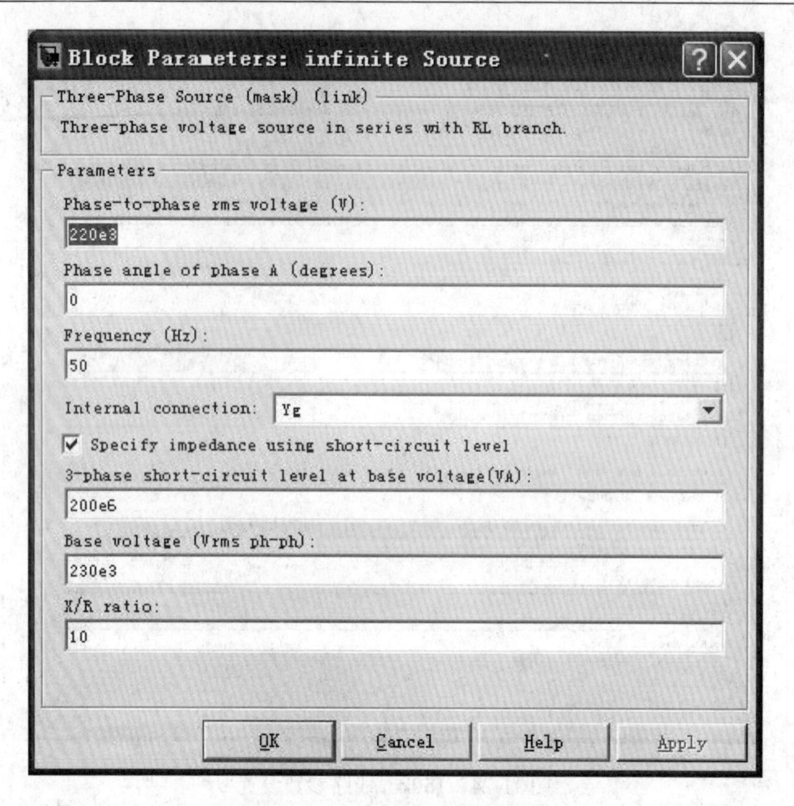

图 11-26　三相电压源参数设置

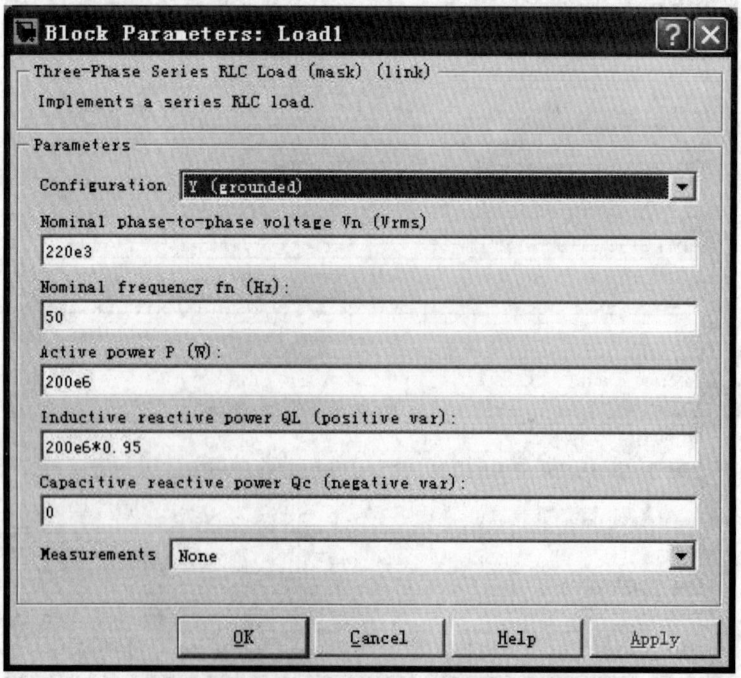

Block Parameters: Load1
Three-Phase Series RLC Load (mask) (link)
Implements a series RLC load.
Parameters
Configuration
Y (grounded)
Nominal phase-to-phase voltage Vn (Vrms)
220e3
Nominal frequency fn (Hz):
50
Active power P (W):
200e6
Inductive reactive power QL (positive var):
200e6*0.95
Capacitive reactive power Qc (negative var):
0
Measurements
None
OK
Cancel
Help
Apply

图 11-27　三相串联 RLC 负荷参数设置

（7）厂用三相串联 RLC 负荷 Load G 参数设置如图 11-28 所示。

（8）断路器参数设置如图 11-29 所示。

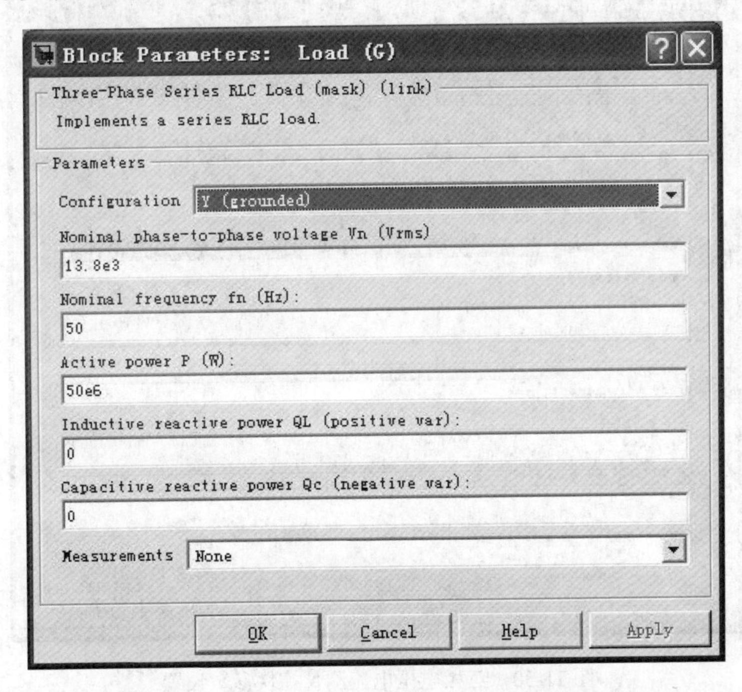

图 11-28　厂用三相串联 RLC 负荷参数

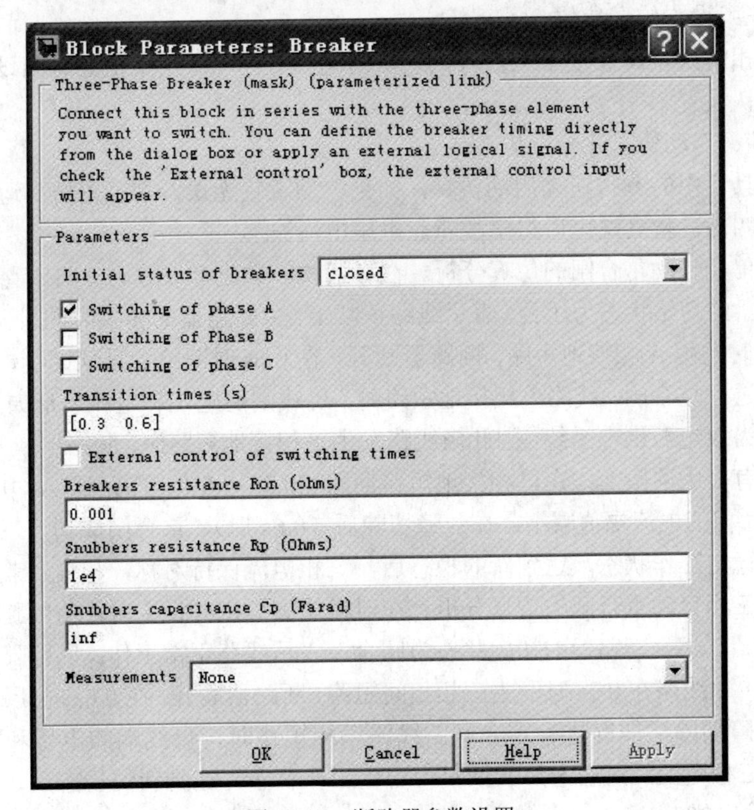

图 11-29　断路器参数设置

（9）三相电压电流测量模块参数设置如图 11-30 所示。

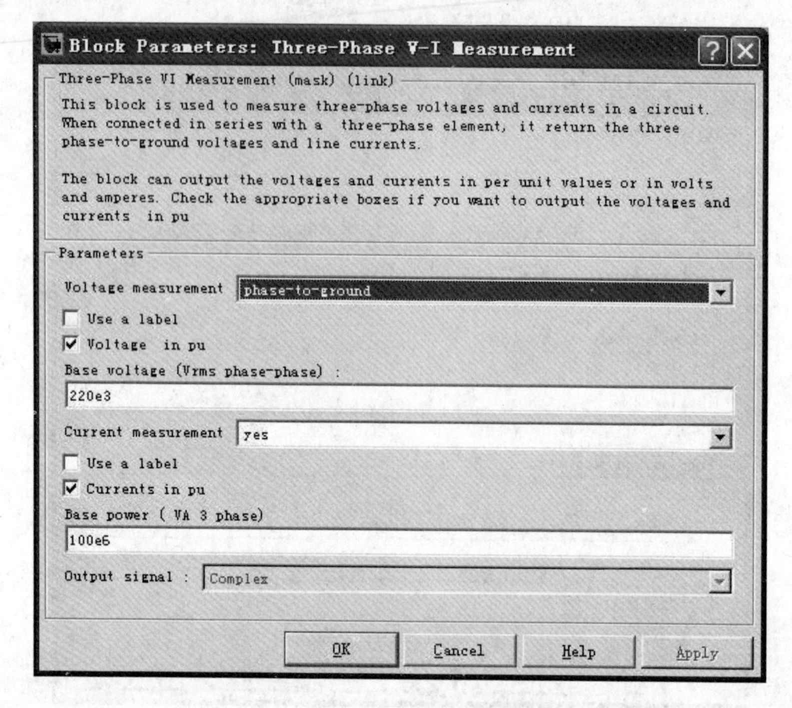

图 11-30 三相电压电流测量模块参数设置

3．步骤三：设置仿真参数

仿真参数相对误差设置为 1e-3，开始仿真时间设置为 0，结束仿真时间设置为 1，其余参数均采用默认设置。

4．步骤四：启动仿真并分析仿真结果

单击主工具栏中的▶按钮来启动仿真，如果一切设置无误，则开始仿真运行，结束时系统会发出一鸣叫声。仿真结束后得出故障点电压电流波形。

（1）线路单相自动重合闸的仿真分析。在对模块参数进行设置时，将断路器的故障相选为 A 相，断路器的初始状态为闭合，表示线路正常工作；断路器的转换时间设置为[0.3　0.6]，即线路在 0.3s 时发生 A 相接地短路，断路器断开，在 0.6s 时断路器重新闭合，相当于临时故障切除后线路进行重合闸。线路单相接地短路时，母线端的电压和电流波形如图 11-31 所示。

由于系统为双电源供电系统，因此当线路发生单相接地短路时，断路器断开切除故障点，母线电压并没有多大的改变；在单相接地短路期间（0.3～0.6s），断路器 A 相断开，A 相电流为 0，非故障相的电流幅值减小；在故障切除后（0.6s 后），重合闸成功，三相电流经过暂态后又恢复为稳定工作状态，达到新的稳态后，三相电流保持对称，相角互差 120°。

（2）线路三相自动重合闸的仿真分析。在对模块参数进行设置时，将断路器的故障相选为 A 相、B 相、C 相，断路器的初始状态为闭合，表示线路正常工作；断路器的转换时间设置为[0.3　0.6]，即线路在 0.3s 时发生三相相间短路，断路器断开，在 0.6s 时断路器重新闭合，相当于临时故障切除后线路进行重合闸。线路三相短路时，母线端的电压和电流波形如图 11-32 所示。三相电流经过暂态后又恢复为稳定工作状态，达到新的稳态后，三相电流保持对称，相角互差 120°。

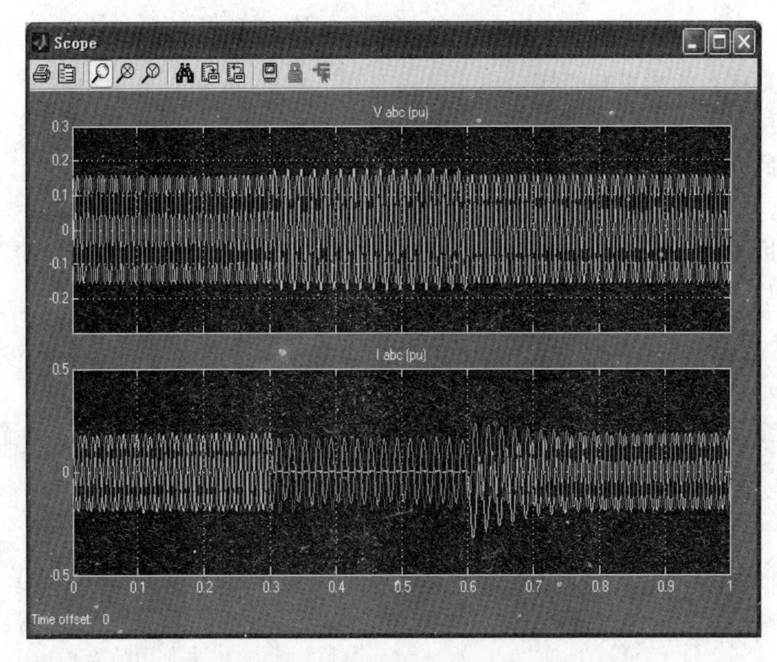

图 11-31　单相自动重合闸故障点电压电流波形

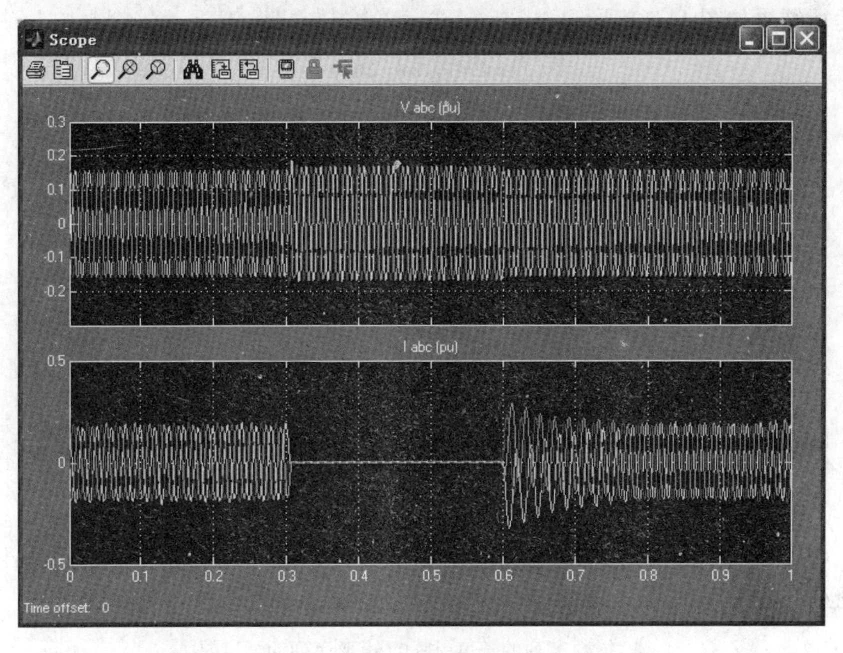

图 11-32　三相自动重合闸故障点电压电流波形

第三节　MATLAB 在“信号与系统”中的应用

本节介绍 MATLAB 在信号与系统中的主要应用，这些内容包括：

（1）连续时间信号与离散时间信号的卷积运算；

（2）周期信号的傅里叶级数系数谱线与周期的关系；

（3）非周期信号的傅里叶变换；

（4）周期信号的傅里叶变换；

（5）离散时间信号的移位和周期延拓运算。

（2），（3），（4）中涉及的信号均以常用的矩形信号为例，通过 MATLAB 对上述内容的仿真，可以帮助读者对相关内容加深理解和认识，也为如何使用 MATLAB 实现在信号与系统上的应用提供了思路。

【例 11-7】 已知 $x_1(t)=\mathrm{e}^{-t}u(t)$, $x_2(t)=\mathrm{e}^{-2t}u(t)$，求 $y(t)=x_1(t)*x_2(t)$。

MATLAB 代码如下：

```
% 用符号函数 syms 和替换函数 subs 实现卷积运算
syms t tao;
xt1=exp(-t);
xt2=exp(-2*t);
xt=subs(xt1,t,tao)*subs(xt2,t,t-tao);       % 用 tao 代替 xt1 中的 t,用 t-tao 代替
                                            % xt2 中的 t
yt=simple(simple(int(xt,tao,0,t)))          % 对 xt 积分,积分变量为 tao,积分区间
                                            % 0-t,并使用函数 simple 使表达式简化
ezplot(yt)                                  % 利用简化绘图命令绘制卷积结果
```

程序运行结果如图 11-33 所示。

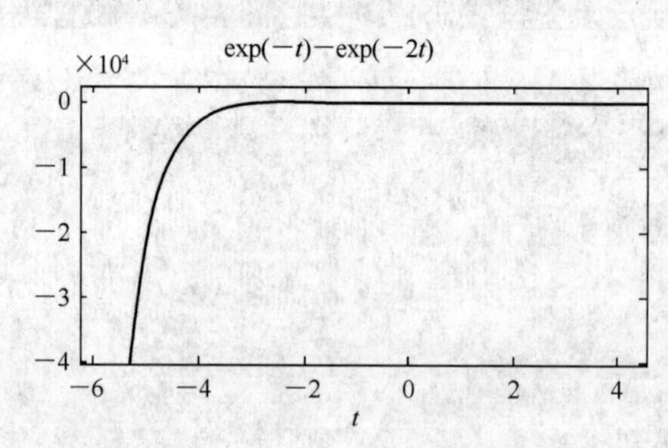

图 11-33 连续时间信号的卷积

【例 11-8】 求序列的卷积并图示卷积结果。序列如下：

（1）$x_1(n)=0.5^n R_{10}(n)$, $h_1(n)=R_5(n)$，求 $y_1(n)=x_1(n)*h_1(n)$。

（2）$x_2(n)=0.5^n R_{10}(n-2)$, $h_2(n)=R_5(n)$，求 $y_2(n)=x_2(n)*h_2(n)$。

解 MATLAB 程序如下

```
N1=10;N2=5;             % 指数序列的长度是 10,矩形序列的长度是 5
subplot(3,2,1)
n1=0:N1-1;
x1=(0.5).^n1;           % 指数序列表达式
stem(x1)                % 画指数序列 x1
subplot(3,2,2)
m=2;                    % 移位值
x2=zeros(1,N1);         % 为 x2 开辟一个数组空间
for k=m+1:m+N1
```

```
x2(k)=x1(k-m);          % 将序列 x1 向右移两位生成序列 x2
end
stem(x2)                % 画指数序列 x2
subplot(3,2,3)
n2=0:N2-1;
h1=ones(1,N2);          % 生成长度为 5 的矩形序列
h2=h1;
stem(n2,h1)             % 画序列 h1
subplot(3,2,4)
stem(n2,h2)             % 画序列 h2
subplot(3,2,5)
y1=conv(x1,h1);         % 计算序列 x1 和 h1 的卷积
stem(y1)                % 画序列 y1
subplot(3,2,6)
y2=conv(x2,h2);         % 计算序列 x2 和 h2 的卷积
stem(y2)                % 画指数序列 y2
```

程序运行结果如图 11-34 所示。

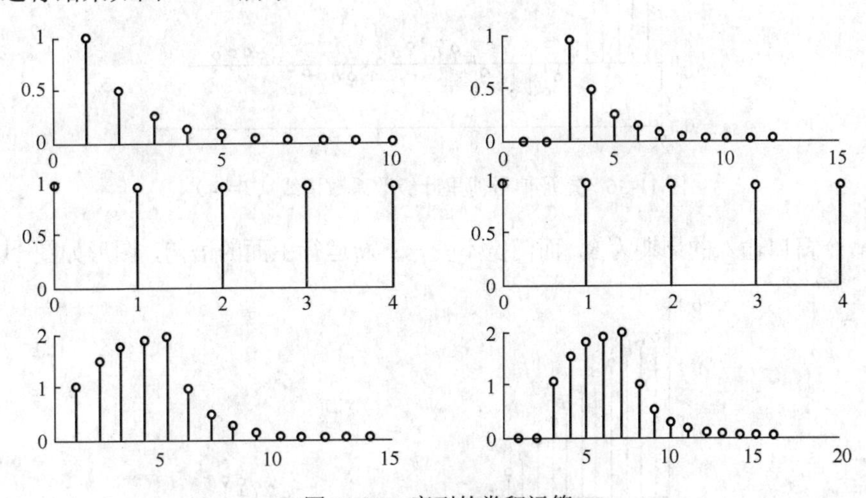

图 11-34　序列的卷积运算

【例 11-9】 已知周期矩形脉冲如图 11-35 所示，其周期为 T，宽度为τ，幅值为 1，求其傅里叶级数系数，并图示之（$T>\tau$）。

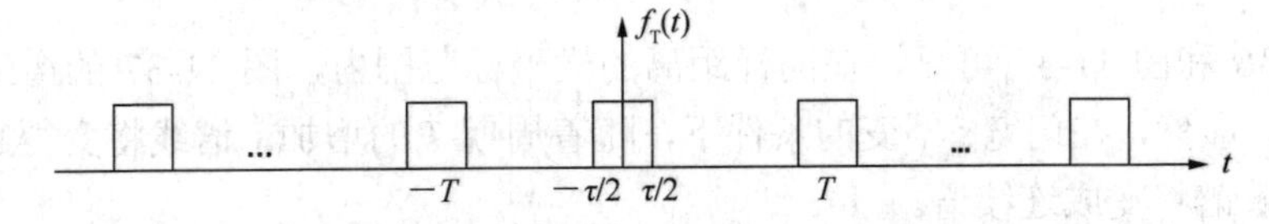

图 11-35　周期为 T，宽度为τ的周期矩形脉冲

解　由信号与系统知识知，矩形周期函数的傅里叶级数系数

$$F_n=(\tau/T)Sa\left(\frac{n\omega\tau}{2}\right),\quad n=0,\ \pm1,\ \pm2,\ \cdots$$

MATLAB 程序如下：

```
T=input('input T= ');                    % 利用 input 函数在命令窗口输入周期
```

```
tao=input('input tao= ');                % 利用 input 函数在命令窗口输入门宽
n=0:.1:3;
omega=2*pi/T;                            % Ω=2π/T
w=n*omega;                               % ω=nΩ
Fn=(tao/T)*sinc((n*omega*tao)/2);        % 周期矩形脉冲的傅里叶级数系数
stem(w,Fn)                               % 画傅里叶级数系数的谱线图
```

运行上面的程序，在 MATLAB 命令窗口显示如下语句：

```
>>input T=
```

输入 4 后，按 Enter 键，在 MATLAB 命令窗口显示如下语句：

```
>>input tao=
```

输入 2 后，按 Enter 键，结果如图 11-36 所示。

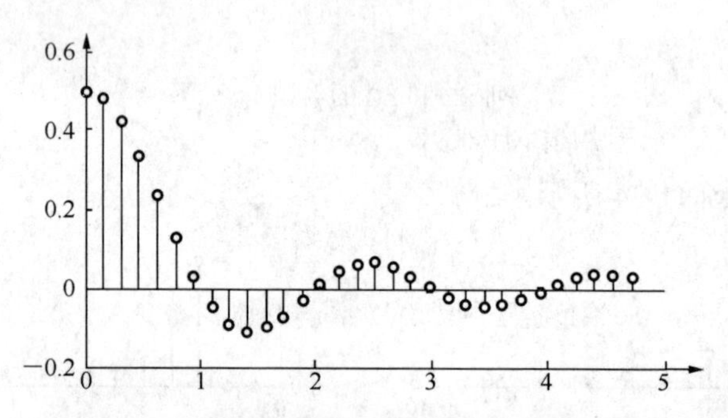

图 11-36 矩形信号傅里叶级数系数谱线（T=4）

若在命令窗口输入的周期为 8，而门宽不变，重新运行上面的语句，图形如图 11-37 所示。

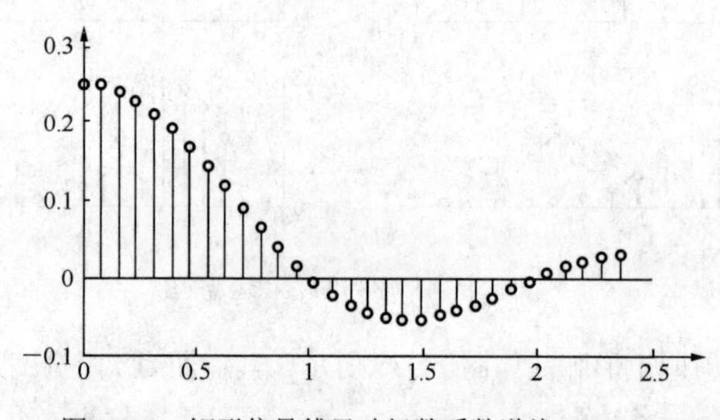

图 11-37 矩形信号傅里叶级数系数谱线（T=8）

从图 11-36 和图 11-37 可见，在同样距离的横坐标范围内，图 11-37 的谱线的条数是图 11-36 的两倍。显然，在门宽τ不变的条件下，随着周期 T 的增加，谱线将变得越来越密，当 $T\to\infty$时，离散谱将变成连续谱。

【例 11-10】 已知非周期矩形门函数为 $g_\tau(t)=\begin{cases}1\ ,\ |t|<\tau/2\\0\ ,\ |t|>\tau/2\end{cases}$，即，其幅值为 1，门宽为$\tau$，求它的频谱函数，并图示之。

解 幅值为 1，宽度为τ 的非周期矩形门函数的频谱函数为 $F(\mathrm{j}\omega)=\tau Sa\left(\dfrac{\omega\tau}{2}\right)$。

MATLAB 代码如下：

```
tao=input('enter gate width= ');
w=-10:.1:10;
F=tao*sinc(w*tao/2);
plot(w,F)
```

运行上面的程序，在 MATLAB 命令窗口显示如下语句：

```
enter gate width=
```

在上面的语句后输入门宽值，例如在此输入 2，然后再按 Enter 键，则运行结果如图 11-38 所示，读者也可尝试输入其他的门宽值，观察其波形的变化。

【例 11-11】 已知周期矩形脉冲如前图 11-35 所示，其周期为 T，脉宽为 τ，幅值为 1，试求其傅里叶变换，并图示之。

解　该周期函数的傅里叶变换为：$F(\mathrm{j}\omega)=\dfrac{2\pi\tau}{T}\sum\limits_{n=-\infty}^{\infty}Sa\left(\dfrac{n\Omega\tau}{2}\right)\delta(\omega-n\Omega)$。

MATLAB 程序如下：

```
w=-2:.1:2;                     % 设一个 w 范围
n=-2:.1:2;                     % 设一个 n 范围
F=[(w-n)==0].*sinc(w);         % 利用关系运算求 F(jw)
stem(w,F)                      % 画周期矩形脉冲的傅里叶变换图
axis([-30 30 -.4 1])           % 调整坐标轴,以便观察
```

程序运行结果如图 11-39 所示。

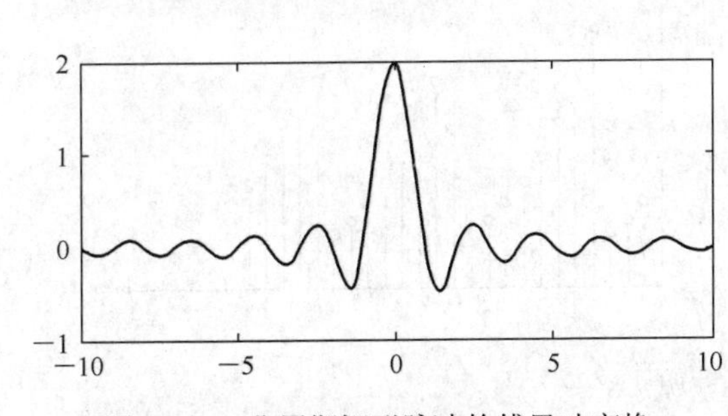

图 11-38　非周期矩形脉冲的傅里叶变换

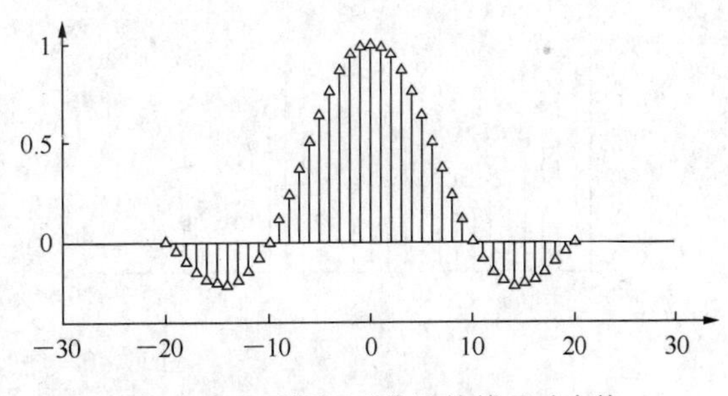

图 11-39　周期矩形信号的傅里叶变换

【例 11-12】 已知 $x(n)=0.5^n R_6(n)$，利用 MATLAB 生成并图示 $x(n)$，$x(n-\mathrm{m})$，$x((n))_6 R_N(n)$ 和 $x((n-m))_6 R_N(n)$，其中 $N=24$，m 为一个整常数，且 $0<m<N$。

解　$x((n))_6$ 表示以 6 为周期的延拓，$x((n-m))_6$ 表示将 $x(n)$ 右移 m 位后以 6 为周期的延拓，即序列的循环移位。序列的循环移位是通过 MATLAB 的求余函数 mod 来实现的，即 $y=x(\mathrm{mod}(n,M)+1)$ 可实现对 $x(n)$ 以 M 为周期的周期延拓，求余后加 1 是因为 MATLAB 向量的下标索引只能从 1 开始。

MATLAB 代码如下：

```
N=24;                          % 序列的长度设为 24
m=input('输入移位值 m= ');     % 利用 input 函数在命令窗口输入移位值
if (m<1|m>=N)
fprintf('输入数据不在规定范围内,请重新输入');break
end
n=0:N-1;                       % 序列的长度范围
x1=(.8).^n;                    % 序列 x1
```

```
x2=zeros(1,N);                    % 为数组 x2 开辟一个空间
for k=m+1:m+N;
x2(k)=x1(k-m);
end
xc=x1(mod(n,8)+1);                % 利用 mod 函数实现循环移位
xcm=x1(mod(n-3,8)+1);             % 将序列右移 3 位后再循环移位
subplot(2,2,1)
stem(x1);                         % 序列 x1
subplot(2,2,2)
stem(x2);                         % 序列 x2
subplot(2,2,3)
stem(xc);                         % 原序列的循环移位序列
subplot(2,2,4)
stem(xcm)                         % 序列右移 3 位后得到的循环移位序列
```

运行上面的程序，通过 input 语句输入移位值 m＝3。程序运行结果如图 11-40 所示。

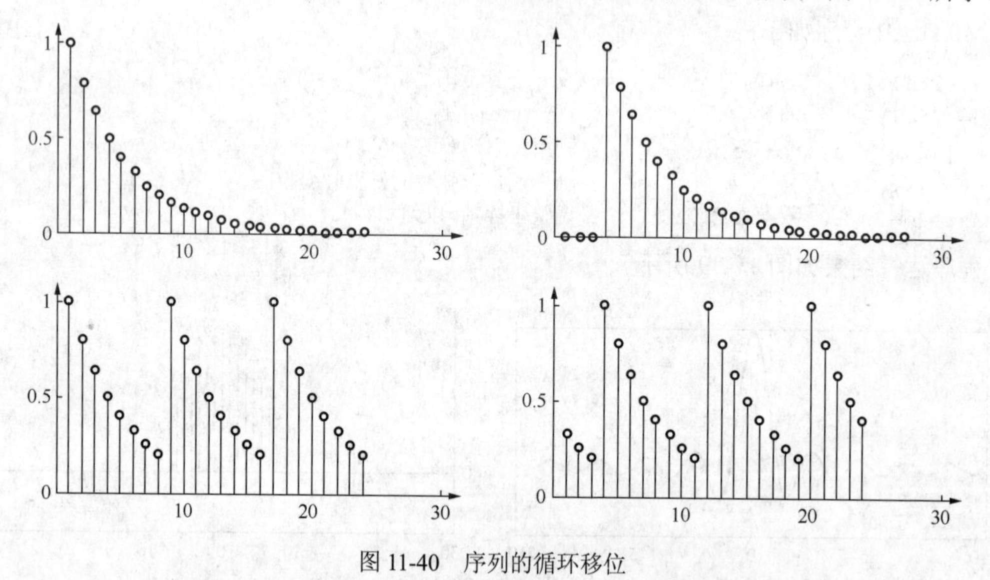

图 11-40　序列的循环移位

第四节　MATLAB 在“数字信号处理”中的应用

数字信号处理是一门理论与实践紧密结合的课程。其中离散傅里叶变换（DFT）或其快速算法快速傅里叶变换（FFT）及滤波器的设计是该门课程的主要内容。利用 MATLAB 来实现 DFT 或 FFT 及滤波器的设计，有助于进一步理解和巩固理论知识与提高分析、解决实际问题的能力。本节中基于 MATLAB 实现数字信号处理的内容如下：

1）序列的傅里叶变换（FT）；

2）序列的离散傅里叶变换（DFT）；

3）序列的快速傅里叶变换（FFT）；

4）FIR 滤波器的设计；

5）IIR 滤波器的设计。

上面 1）和 2）两部分内容采用 MATLAB 基本命令编程实现；3），4），5）这 3 部分的内容，将启用 MATLAB 信号处理工具箱中的相应函数，使用这些函数，可以简化程序代码，

增加语句的可读性，减少运算时间。

【例 11-13】 已知某序列 $x(n)$，求其 N 点傅里叶变换（FT）和离散傅里叶变换（DFT）。

解 MATLAB 程序如下：

```
x=input('input sequence x= ');                    % 利用 input 函数在命令窗口输入序列
N=input('input N= ');                             % 利用 input 函数在命令窗口输入变换点数 N
w=2*pi*(0:127)/128;                               % 设置 FT 的横轴数据范围
X=x*exp(-j*[1:length(x)]'*w);                     % 序列 x 的傅里叶变换 FT
subplot(211)
plot(w,abs(X))                                    % FT 的变换结果
set(gca,'xtick',0:pi/2:2*pi);                     % 设置 x 轴的标度范围
set(gca,'xticklabel',{'0' 'pi/2' 'pi' '3pi/2' '2pi'});    % 设置 x 轴的标度值位置
k=0:N-1;                                          % 设置 DFT 的横轴数据范围
XK=x*exp(-j*[1:length(x)]'*((2*pi)*k)/N);         % 计算序列 x 的离散傅里叶变换 DFT
subplot(212)
stem(k,abs(XK))                                   % DFT 的变换结果
```

程序运行结果如图 11-41 所示。

程序中并未给出具体的序列及其变换点数，而是通过键盘输入语句向用户索要需变换的序列和点数，这样可以增加代码的通用性和灵活性。本例输入的序列 $x=[1\ 0\ 1\ 0\ 1\ 0\ 1\ 0]$，采样点数 $N=16$。

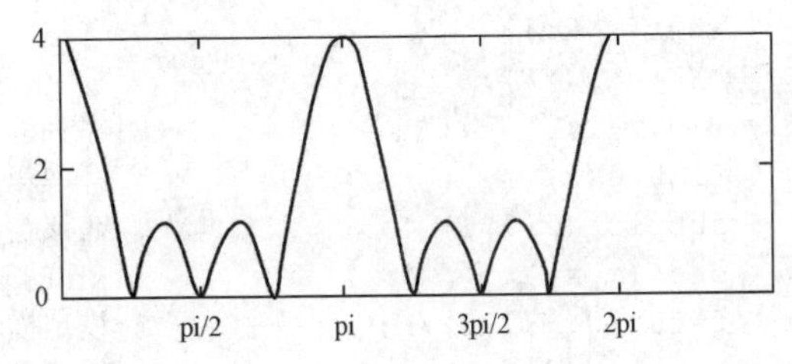

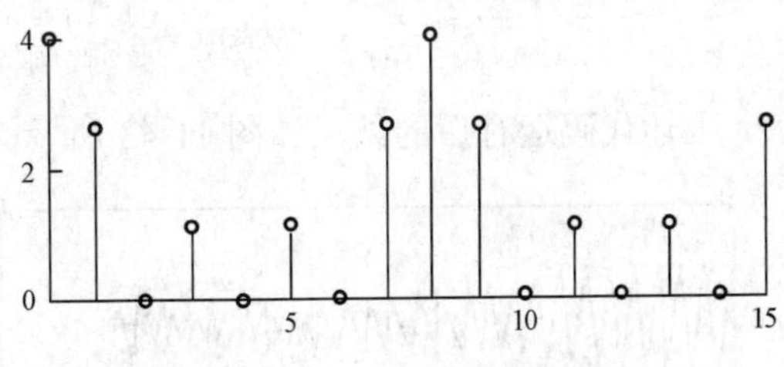

图 11-41 序列的 FT 和 DFT

由图 11-41 可见，序列的离散傅里叶变换 DFT 确实是对其傅里叶变换 FT 在一个周期 $[0\sim2\pi]$内的等间隔采样。

【例 11-14】 已知混合信号 $x(t)=\sin(2\pi f_1 t)+\sin(2\pi f_2 t)+\sin(2\pi f_3 t)$，其中 $f_1=20\text{Hz}$，$f_2=20.5\text{Hz}$，$f_3=40\text{Hz}$，利用快速傅里叶变换 FFT 对连续信号 $x(t)$ 分别做不同点数的离散傅里叶变换，具体要求如下：

（1）对 $x(t)$ 做 128 点的快速傅里叶变换；

（2）将 128 点补零变为 512 点，再做 512 点的快速傅里叶变换；

（3）对 $x(t)$ 做 512 点的快速傅里叶变换。

快速傅里叶变换函数的调用格式为：$\text{XK}=\text{fft}(x,N)$，$x$ 是被变换的序列，N 是变换的点数。若变换点数与序列的长度相同，N 也可省略，本例就属此种情况。

解 首先对连续信号 $x(t)$ 进行采样，按奈奎斯特准则，选采样频率 $f_s=100\text{Hz}$，则 $x(t)$ 被采样后变为离散序列为 $x(n)$，$x(n)=\sin\left(2\pi\dfrac{f_1}{f_s}n\right)+\sin\left(2\pi\dfrac{f_2}{f_s}n\right)+\sin\left(2\pi\dfrac{f_3}{f_s}n\right)$。

MATLAB 代码及运行结果如下：

```
% 信号 x(t)被采样后的 128 点 DFT
N=128;                        % 序列的长度
fs=100;                       % 采样频率
```

```
n=0:127;                          % 序列的长度范围
f1=20;f2=20.5;f3=40;              % 3 个信号的频率值
xn=sin(2*pi*n*f1/fs)+sin(2*pi*n*f2/fs)+sin(2*pi*n*f3/fs);      % 序列 x(n)
XK=fft(xn);                       % 对序列 x(n)做 128 点 FFT
AXK=abs(XK);                      % 求 XK 的幅值
figure(1)                         % 开辟第一个图形窗口
subplot(2,1,1)                    % 在该图形窗口创建第一个子图
plot(n,xn)                        % xn 的 plot 图形
subplot(2,1,2)                    % 创建第二个子图
f=fs*(0:63)/128;                  % 设定横轴的频率范围
plot(f,abs(XK(1:64)))             % 幅频特性(即频谱图)
```

上述代码运行后的结果如图 11-42 所示。

```
% 信号 x(t)被采样后补零,由 128 点增为 512 点的 DFT
M=512;
xn=[xn zeros(1,M-N)];             % 将 xn 补充到 512 点
XK=fft(xn);
AXK=abs(XK);                      % 求 XK 的幅值
m=0:M-1;                          % 序列的长度范围
figure(2)                         % 开辟第二个图形窗口
subplot(2,1,1)                    % 在该窗口创建第一个子图
plot(m,xn)                        % xn 的 plot 图形
f=fs*(0:M/2-1)/M;                 % 设定横轴的频率范围
subplot(2,1,2)                    % 创建第二个图形窗口
plot(f,AXK(1:256))                % 幅频特性(即频谱图)
```

上述代码运行后的结果如图 11-43 所示。

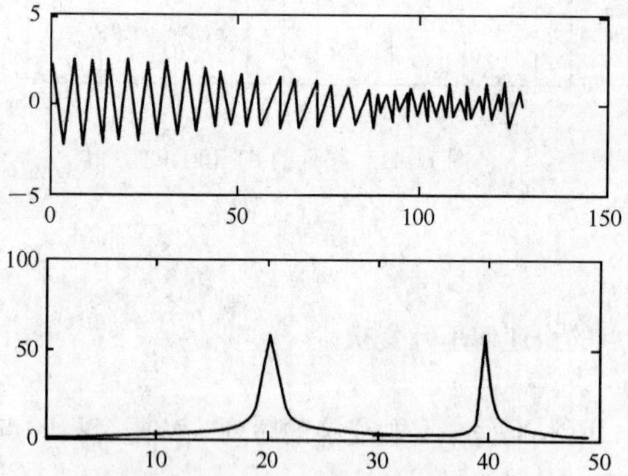

图 11-42 混合信号的 128 点傅里叶变换

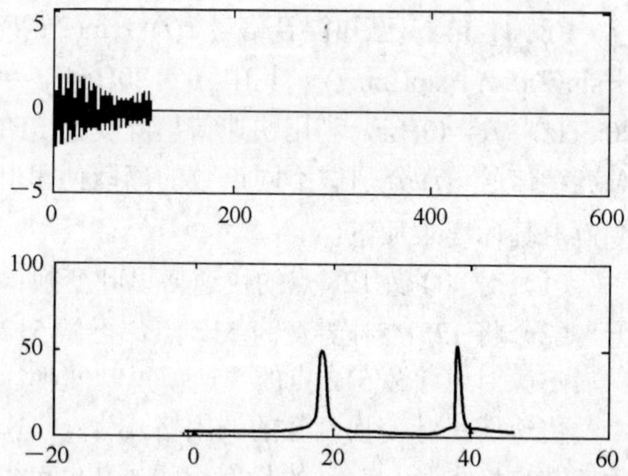

图 11-43 混合信号的补零 512 点傅里叶变换

```
% 信号 x(t)被采样后的 512 点 DFT
n=0:511;                          % 序列的长度范围
xn=sin(2*pi*n*f1/fs)+sin(2*pi*n*f2/fs)+sin(2*pi*n*f3/fs);
XK=fft(xn);
AXK=abs(XK);                      % 求 XK 的模值
figure(3)                         % 开辟第 3 个图形窗口
subplot(2,1,1)                    % 在该窗口建立第一个子图
```

```
plot(n,xn)                  % xn 的 plot 图形
f=(0:255)*fs/510;           % 设定横轴的频率范围
subplot(2,1,2)              % 建立第二个子图
plot(f,AXK(1:256))          % xn 的频谱图
```

上述代码运行后的结果如图 11-44 所示。

按照变换点数 $N>2fh/F$ 的要求（F 是频率分辨率），这里 N 应取 $(2\times40)/0.5=160$ 。而图 11-42 做的是 128 点的快速傅里叶变换，显然，20.5Hz 的信号无法清楚地分辨出来；而图 11-43 和图 11-44 虽然均做的是 512 点的变换，但图 11-43 的 129～512 点均用零来填补的，不是正弦序列的实际采样值，所以也未能分辨出 20.5Hz 的信号，故仅有图 11-44 能分辨出 20Hz 和 20.5Hz 的信号。

这里，利用 MATLAB 信号处理工具箱中的函数 fft，简化了语句代码，同时也提高了运算速度，而［例 11-13］的 DFT 的实现是用命令直接编写代码来完成的，没有利用工具箱函数。

【例 11-15】 有一混合信号 $s=\sin(2\pi*25*t)+\sin(2\pi*55*t)+\sin(2\pi*75*t)$，设计一个 FIR 带通数字滤波器，要求该滤波器能将频率为 55Hz 的信号选择出来。

解 根据题中要求，该带通滤波器的通带截止频率选为[0.3 0.6]，滤波器的阶数为 38。程序如下：

```
fs=200;                     % 采样频率 200Hz
t=0:1/fs:1;                 % 时域信号的时间范围
s=sin(2*pi*5*t)+sin(2*pi*35*t)+sin(2*pi*75*t);
subplot(3,1,1)
plot(t,s)
axis([0 1 -4 4])            % 调整坐标轴，以便观察信号
```

上述代码运行后的结果如图 11-45 所示。

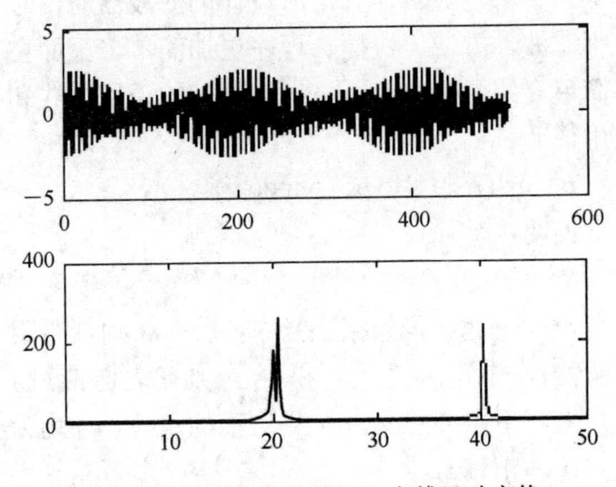

图 11-44　混合信号的 512 点傅里叶变换

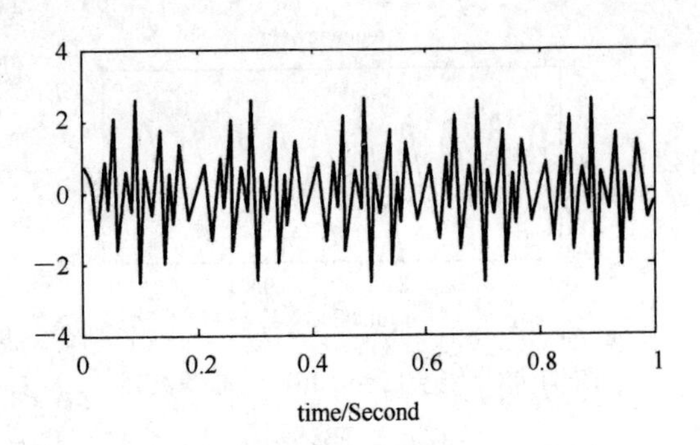

图 11-45　混合信号波形

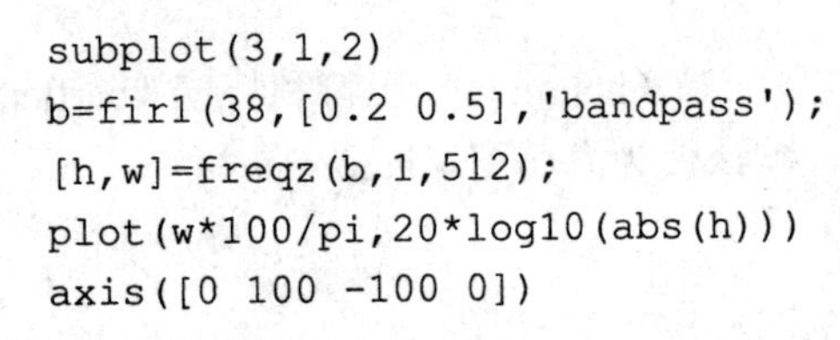

```
subplot(3,1,2)
b=fir1(38,[0.2 0.5],'bandpass');     % 设计题中所要求的滤波器
[h,w]=freqz(b,1,512);                % 求滤波器的幅频特性
plot(w*100/pi,20*log10(abs(h)))      % 画滤波器的幅频特性，幅值用对数表示
axis([0 100 -100 0])                 % 调整坐标轴，以便观察信号
```

上述代码运行后的结果如图 11-46 所示。

```
subplot(3,1,3)
sf=filter(b,1,s);                    % 对混合信号进行滤波
plot(t,sf)                           % 画滤波后的信号
axis([0.5 1 -2 2])                   % 调整坐标轴,以便观察滤波后的信号
```

上述代码运行后的结果如图 11-47 所示。

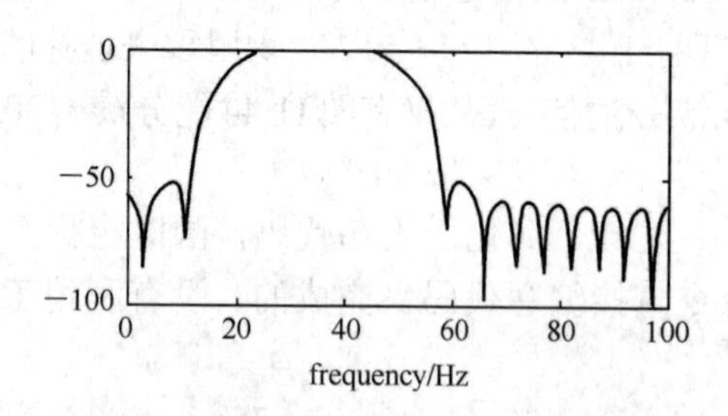

图 11-46　带通滤波器的幅频特性

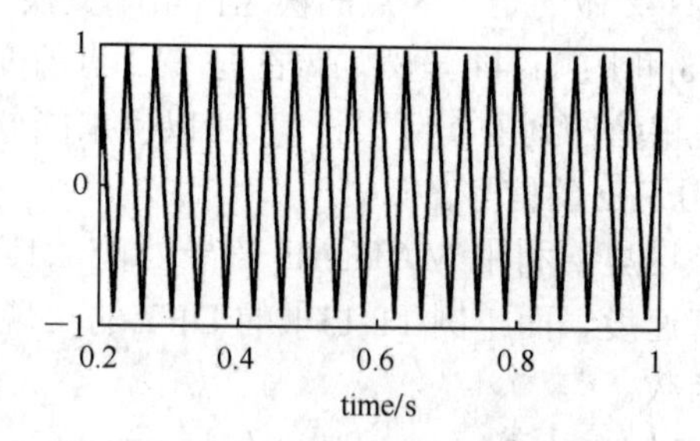

图 11-47　55Hz 的信号

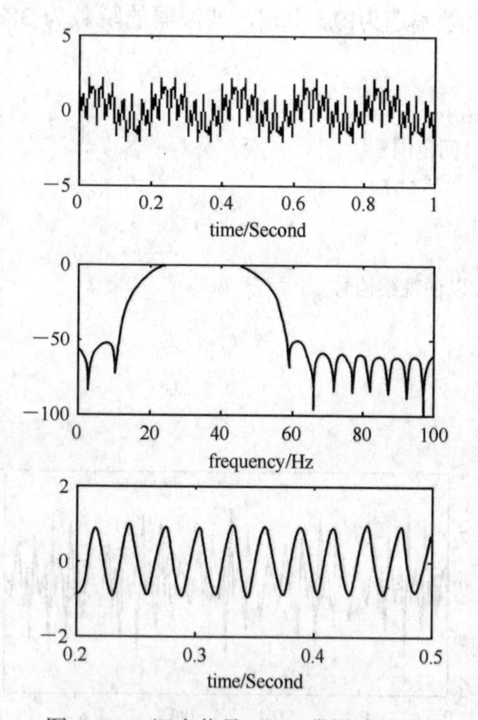

图 11-48　混合信号、FIR 带通滤波器及滤波后的波形图

图 11-45～图 11-47 清晰地再现了混合信号的时域波形、FIR 带通滤波器的频谱图及滤波后的时域波形。为了使读者看清每一部分所产生的结果，在代码的相应部分给出了运行结果。实际上，上面的代码运行后，所产生的 3 个图形如图 11-48 所示。

MATLAB 信号处理工具箱提供了基于窗函数法的 FIR 滤波器设计函数 fir1 和 fir2、频率响应函数 freqz 和滤波函数 filter，使用它们设计各种 FIR 数字滤波器，并用所设计的滤波器对信号进行滤波，方便、快捷、程序更加简单。下面主要简单介绍函数 firl，freqz 和 filter 的调用格式和使用说明。

b=firl(N,ω_c,'ftype',window)

说明：

N——滤波器的阶数；

ω_c——滤波器的截止频率，若是带通或带阻滤波器 $\omega_c=[\omega_1\ \ \omega_2]$，$\omega_1$ 和 ω_2 分别代表通带（阻带）上、下限截止频率，且这里的 ω_1 和 ω_2 均为归一化截止频率；

ftype——滤波器的类型，即低通（low）、高通（high）、带阻（stop）、带通（bandpass），默认值为低通或带阻滤波器；

window——窗函数类型，即矩形窗（boxcar）、汉宁窗（hanning）、巴特利特窗（bartlett）、布莱克曼窗（blackman）、海明窗（hamming）等，默认值为海明窗（hamming）；

b——返回滤波器的系数。

MATLAB 信号处理工具箱滤波器函数中的截止频率是归一化后的频率（即用滤波器的截止频率除以采样频率的 1/2），归一化频率转换为角频率，则将归一化频率乘以π。

得到滤波器的系数后，就可以作它的频率响应图了。MATLAB 提供了数字滤波器的频率响应函数，其基本调用格式为：

$[h,\omega]=\text{freqz}(b,a,n)$

说明：

b——代表滤波器传递函数的分子多项式系数；

a——代表滤波器传递函数的分母多项式系数；

n——代表复频率响应的采样点数；

h——滤波器的复频率响应；

ω——频率点，该ω是将归一化后的频率再乘以π。

除了上面的格式外，还有其他的调用格式，读者可参看专门针对数字信号处理的 MATLAB 方面的书籍。

滤波函数的调用格式为：

$xf=\text{filter}(b,a,x)$

说明：

b——代表滤波器传递函数的分子多项式系数；

a——代表滤波器传递函数的分母多项式系数；

x——代表被滤波的信号。

【例 11-16】 设计一个 8 阶 IIR 带通滤波器，利用该带通滤波器完成对混合信号的滤波，混合信号 $s(t)=\sin(2f_1t)+\sin(2f_2t)+\sin(2f_3t)$，其中：$f_1$=5Hz，$f_2$=15Hz，$f_3$=30Hz，要求所设计的带通滤波器能将频率为 15Hz 的信号选择出来。

解 根据设计要求，选该 IIR 带通滤波器的上限截止频率为 10Hz，下限截止频率为 20Hz，利用契比雪夫 cheby 滤波器实现带通滤波。程序中还加入了对滤波前后信号的频谱分析，以便清楚地再现滤波效果。

MATLAB 程序如下：

```
% 产生含有 3 个频率的正弦波混合信号
fs=100;                                    % 采样频率
t=(1:100)/fs;                              % 混合信号的时间范围
s1=sin(2*pi*5*t);s2=sin(2*pi*15*t);s3=sin(2*pi*30*t);
s=s1+s2+s3;
subplot(221)
plot(t,s);
xlabel('time/s','fontsize',8)
```

上述代码运行后的结果如图 11-49 所示。

```
% 产生一个 8 阶的 IIR 带通滤波器,上限截止频率 10Hz,下限截止频率 20Hz
% 并且对截止频率做了归一化处理
wn=[10 20];
[b,a]=cheby2(8,40,[10 20]*2/fs);          % 用 cheby2 设计 IIR 滤波器
[H,w]=freqz(b,a,512);                      % 求滤波器的幅频响应
```

```
subplot(222)
plot(w*fs/(2*pi),abs(H));                          % 画滤波器的幅频特性
```

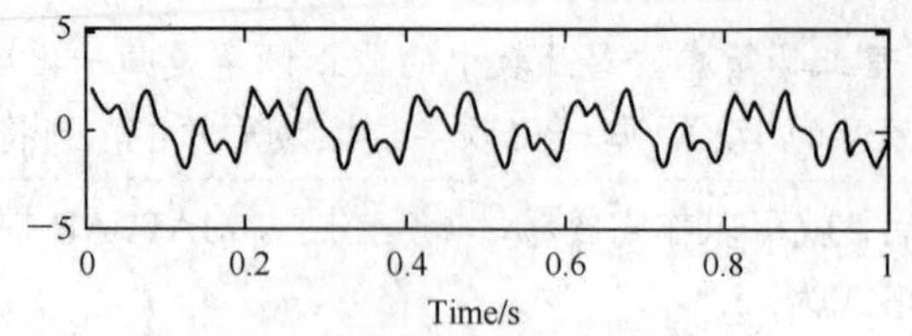

图 11-49　混合信号波形

上述代码运行后的结果如图 11-50 所示。

```
% 对混合信号进行滤波,选出 15Hz 的信号
sf=filter(b,a,s);                                  % 对混合信号进行滤波
subplot(223)
plot(t,sf);                                        % 画滤波后的时域信号
xlabel('Time(seconds)','fontsize',8);
```

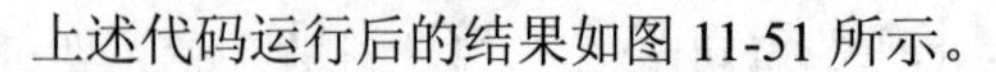

上述代码运行后的结果如图 11-51 所示。

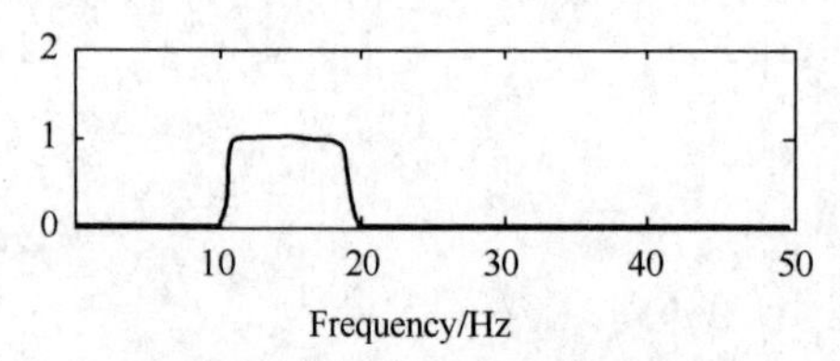

图 11-50　带通滤波器幅频特性

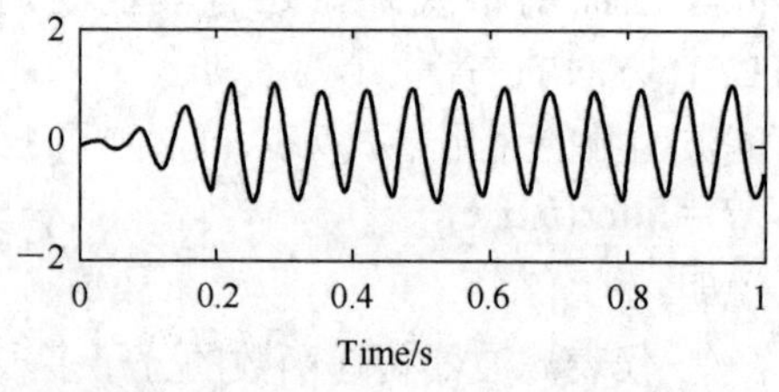

图 11-51　频率为 15Hz 的信号波形

```
% 画出滤波前后信号的频谱图
S=fft(s,512);                                      % 混合信号的傅里叶变换
SF=fft(sf,512);                                    % 滤波后的信号的傅里叶变换
w=(0:255)/256*(fs/2);                              % 设定横轴的频率范围
subplot(224)
plot(w,abs(S(1:256)),':')                          % 画混合信号的幅频特性
hold on                                            % 保留上面的图形
plot(w,abs(SF(1:256)));                            % 画滤波后信号的幅频特性
xlabel('Frequency(Hz)','fontsize',8);
```

上述代码运行后的结果如图 11-52 所示。

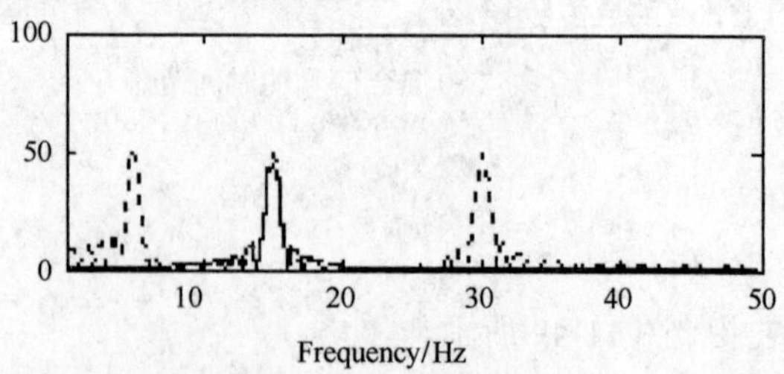

图 11-52　滤波前后的频谱图

图 11-51 和图 11-52 清晰地再现了混合信号通过 IIR 带通滤波器后的时域波形和频谱图。为了使读者看清每一部分的所产生的结果，在代码的相应部分给出了运行结果。实际上，上面的代码运行后，所产生的 4 个图形如图 11-53 所示。

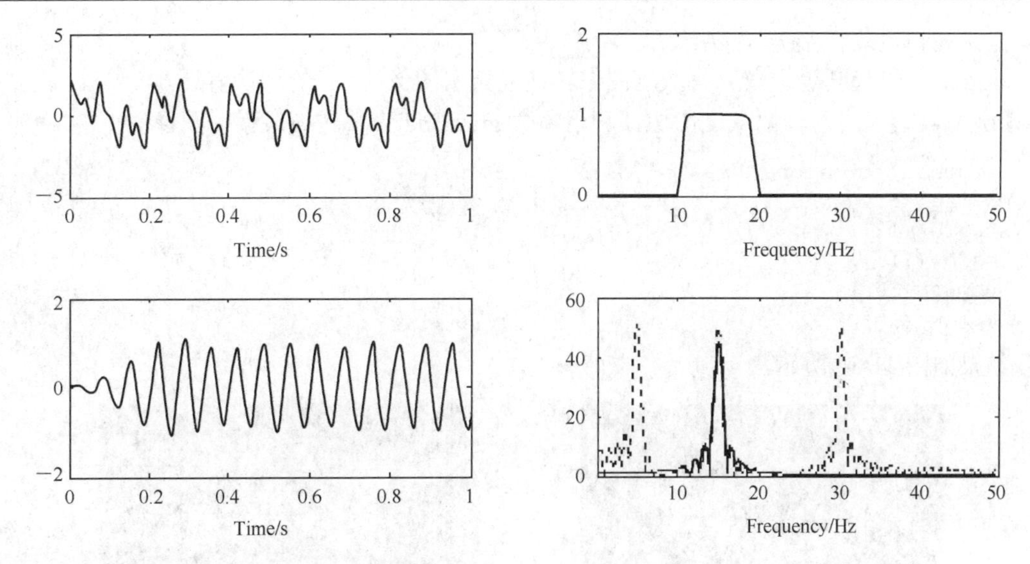

图 11-53　混合信号、IIR 带通滤波器、滤波后信号及滤波前后信号的频谱图

［例 11-16］设计 IIR 滤波器时，利用了契比雪夫 cheby2 滤波器。契比雪夫 cheby2 滤波器的调用格式为：

$[b,a]=\text{cheby2}(n,R_s,\omega_n,\text{'ftype'})$

说明：

b——滤波器传递函数分子系数向量；

a——滤波器传递函数分母系数向量；

n——滤波器的阶数；

R_s——滤波器阻滞衰减；

ω_n——滤波器截止频率；

ftype——滤波器类型。

在 MATLAB 中，IIR 滤波器除了契比雪夫 cheby 滤波器外，还有其他类型的滤波器，例如椭圆 ellip 滤波器、巴特沃斯 butter 滤波器和贝塞尔 besself 滤波器。这些滤波器都有与之相对应的调用格式，这里不再详述，读者可查看基于 MATLAB 的数字信号处理方面的书籍。

第五节　MATLAB 在“图像处理”中的应用

图像处理内容复杂、广泛，本节主要介绍如何利用 MATLAB 图像处理工具箱函数来实现图像类型转换、图像几何运算和图像增强的初步知识，旨在为初学图像处理的读者提供一种思路和增加其对图像处理的学习兴趣。

一、图像类型转换

在 MATLAB 的图像处理工具箱里提供了很多图像类型转换函数，利用这些函数可以实现不同图像类型间的转换，下面分别介绍这些函数的用法。

1. gray2ind 函数

该函数可以把灰度图像转换成索引图像。

调用格式为：

```
[X,map]=gray2ind(I,n)
```

即按指定的灰度等级数 n 将灰度图像转换成索引图像 X，n 的默认值是 64。

【例 11-17】 读入一幅灰度图像，利用函数 gray2ind 将其转换成索引图像。

```
I=imread('rice.png');
[X,map]=gray2ind(I,32);
subplot(121)
imshow(I);
subplot(122)
imshow(X,map)
```

结果如图 11-54 所示。

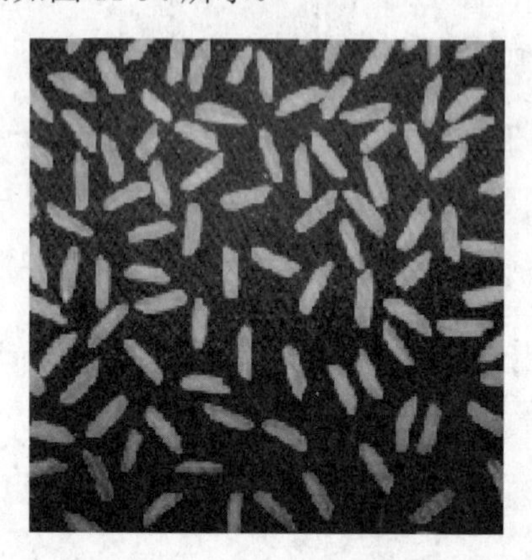
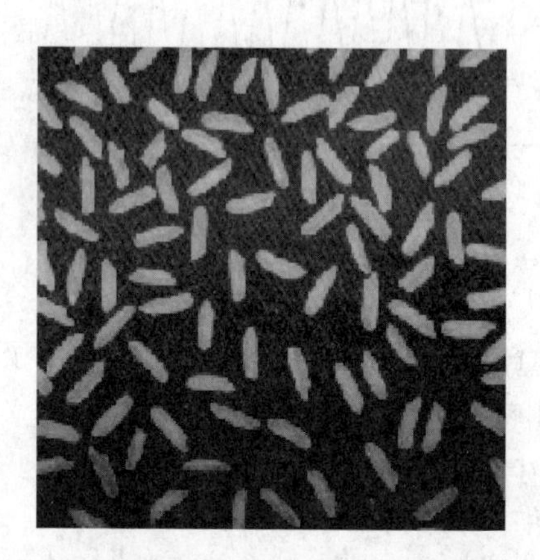

图 11-54　灰度图像转变成索引图像

2. grayslice 函数

该函数通过设定阈值将灰度图像转换成索引图像。

调用格式为：

```
X=grayslice(I,n)
```

即将灰度图像均匀量化为 n 个等级，然后再转换成索引图像 X。

【例 11-18】 读入一幅灰度图像，利用函数 grayslice 将其转换成索引图像。

```
I=imread('snowflakes.png');
X=grayslice(I,16);
imshow(I)
figure
imshow(X,jet(16))
```

结果如图 11-55 所示。

3. ind2gray 函数

该函数将索引图像转换成灰度图像。

调用格式为：

```
I=ind2gray(X,map)
```

【例 11-19】 读入一幅索引图像，将其转换成灰度图像。

```
load trees
I=ind2gray(X,map);
subplot(121)
Imshow(X,map)
```

```
subplot(122)
imshow(I)
```

结果如图 11-56 所示。

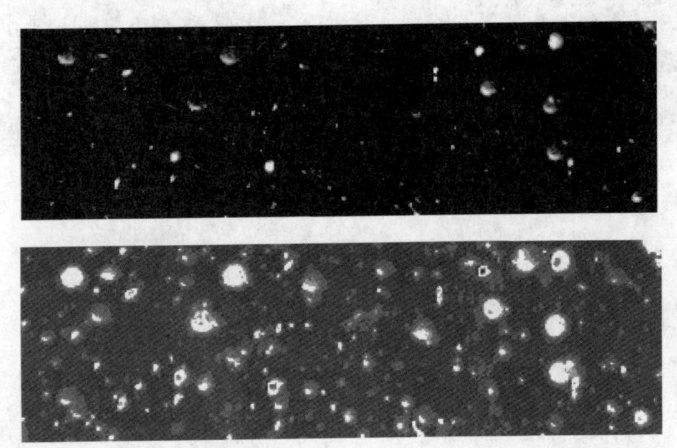

图 11-55 灰度图像转变成索引图像

图 11-56 将索引图像转换成灰度图像

4. rgb2ind 函数

该函数将真彩色图像转换成索引图像。

调用格式为：

```
[X,map]=rgb2ind(RGB)
```

【例 11-20】 读入一幅真彩色图像，将其转换成索引图像。

```
RGB=imread('onion.png');
[X,map]=rgb2ind(RGB);
subplot(121)
imshow(RGB)
subplot(122)
imshow(X,map)
```

结果如图 11-57 所示。

5. mat2gray 函数

该函数的功能是将一个数据矩阵转换成一幅灰度图像。

调用格式为：

```
I=mat2gray(X)
```

 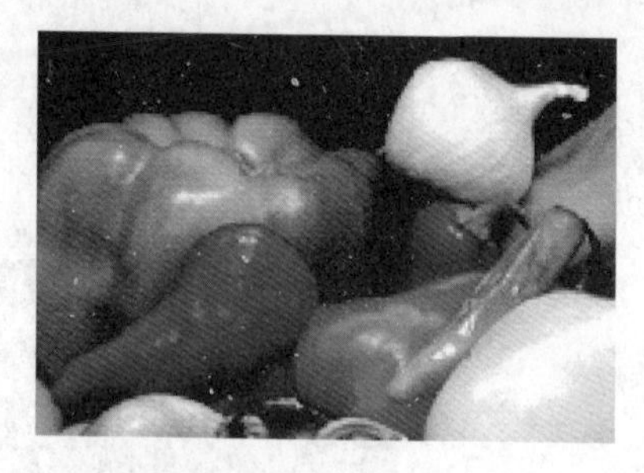

图 11-57 将真彩色图像转换成索引图像

【例 11-21】 读入一幅图像，将其转换成灰度图像。

```
I=imread('rice.Png');
J=filter2(fspecial('sobel'),I);
X=mat2gray(J);
subplot(121)
imshow(I)
subplot(122)
imshow(X)
```

结果如图 11-58 所示。

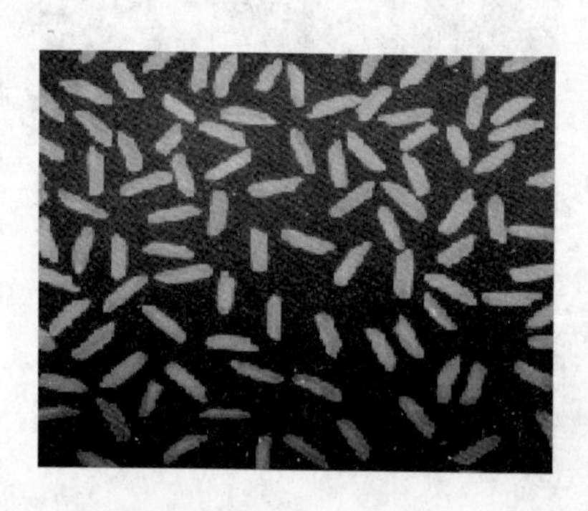 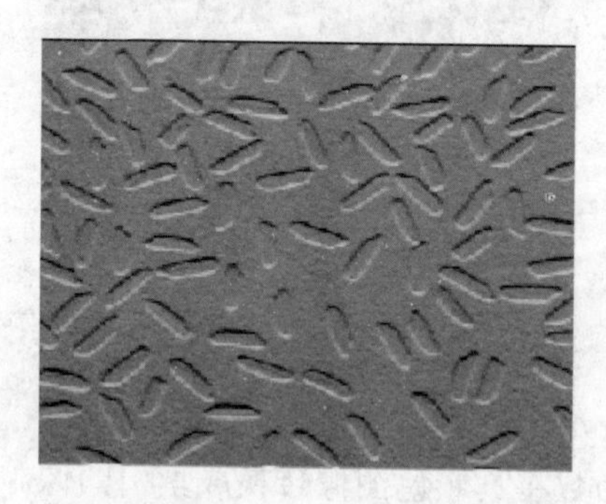

图 11-58 将数据矩阵转变成灰度图像

6. rgb2gray 函数

该函数的功能是将真彩色图像转换成灰度图像或者使彩色色图转换成灰度色图。调用格式为：

```
I=rgb2gray(RGB)
```

【例 11-22】 读入一幅真彩色图像，将其转换成灰度图像。

```
RGB=imread('pears.png');
I=rgb2gray(RGB);
subplot(121)
imshow(RGB)
subplot(122)
imshow(I)
```

结果如图 11-59 所示。

图 11-59　将真彩色图像转换成灰度图像

二、图像的运算

1. 加法运算

图像相加一般用于对同一场景的多幅图像求平均图像，以便有效地降低加性随机噪声。在 MATLAB 的图像处理工具箱中，imadd 函数实现图像的相加运算，其调用格式为：

```
K=imadd(X,Y)
```

即将 X 和 Y 中对应元素相加，返回值 Z 和 X、Y 大小一致，若 Y 为标量，则将此标量和 X 中每个元素相加。

【例 11-23】 读入两幅图像，并将两者相加。

```
I1=imread('rice.png');
I2=imread('testpat1.tif');
K=imadd(I1,I2,'uint8');          % 将 I1 和 I2 均设为 8 位无符号整形数据类型
subplot(131)
imshow(I1)
subplot(132)
imshow(I2)
subplot(133)
imshow(K,[])
```

结果如图 11-60 所示。

图 11-60　图像相加运算

2. 减法运算

图像相减是一种常用的图像处理方法，常用于检测图像变化及对运动物体的图像处理。在 MATLAB 中可以用图像数组直接相减来实现，或者用 imsubtract 函数（或 imabsdiff 函数）从一幅图像中减去一个常数。

函数调用格式为：

K= imsubstract(X,Y)或 K= imabsdiff(X,Y)，

使用方法与图像的加法运算相同。

【例 11-24】 读入一幅图像，做减法运算。

```
I=imread('coins.png');
J=uint8(filter2(fspecial('gaussian'),I));
K=imabsdiff(I,J);
subplot(131);imshow(I);
title('original image','fontsize',8)
subplot(132);imshow(J);
title('image with noise','fontsize',8)
subplot(133);imshow(K,[]);
title('processed image','fontsize',8)
```

结果如图 11-61 所示。

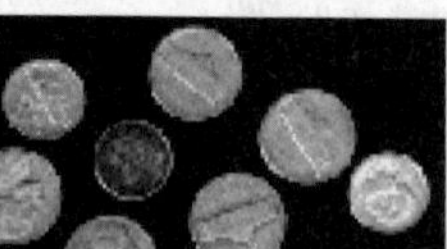

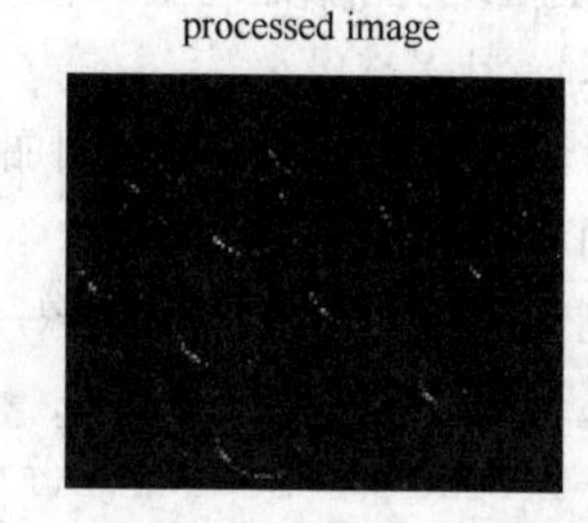

图 11-61　图像的减法运算

3. 乘法运算

图像的乘法运算可以用来实现掩模处理操作，即屏蔽掉图像的某些部分。这是一种常用的图像处理操作。此外由于时域的卷积或相关运算与频域的乘积运算相对应，因此可用乘法运算来实现卷积或相关处理。在 MATLAB 中可以用 immultiply 函数来实现图像的乘法运算。

函数调用格式为：

K= immultiply(X,Y)

此函数用法与图像的加、减法运算函数相同。

【例 11-25】 读入一幅图像，做乘法运算。

```
I=imread('bag.png');
I16=uint16(I);
J=immultiply(I16,I16);
subplot(121),imshow(I)
subplot(122),imshow
```

结果如图 11-62 所示。

4. 除法运算

图像的除法运算可用于校正成像设备的非线性影响，这在特殊形态的图像（如断层扫描等医学图像）处理中经常运用。图像除法运算还可以检测两幅图像间的差别，但是除法运算操作给出的是相应像素值的变化率，因而图像除法也可以称为比率变换。在 MATLAB 中运用 imdivide 函数实现不同图像的除法运算。

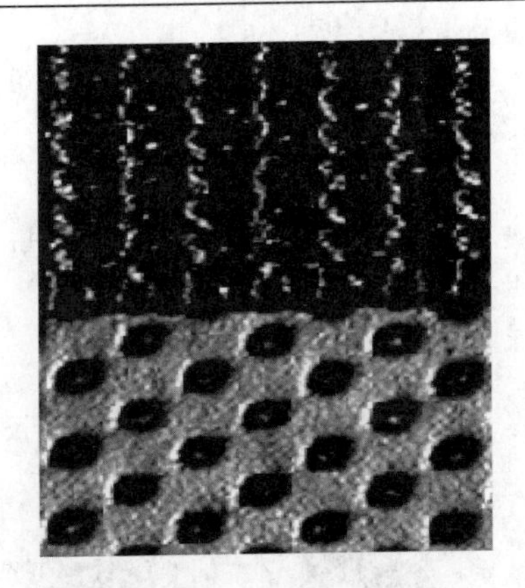 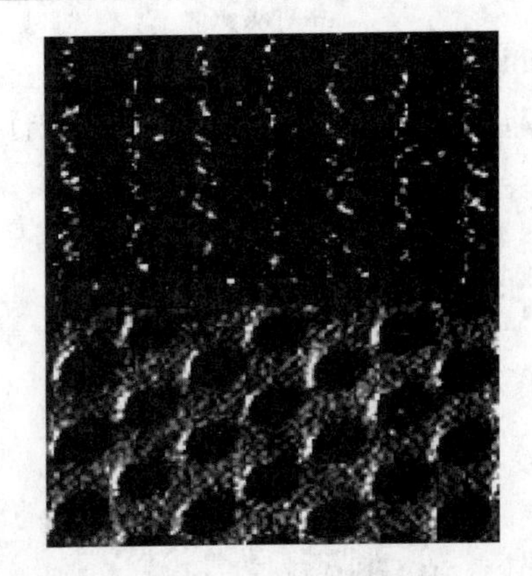

图 11-62　图像的乘法运算

函数调用格式为：

```
K= imdivide(X,Y)
```

此函数用法与图像的前 3 种运算方法相同。

【例 11-26】 读入一幅图像，做除法运算。

```
I=imread('circles.png');
J=imdivide(I,2);                          % 结果除 2,会让图像颜色变暗
subplot(1,2,1),imshow(I)
subplot(1,2,2),imshow(J)
```

结果如图 11-63 所示。

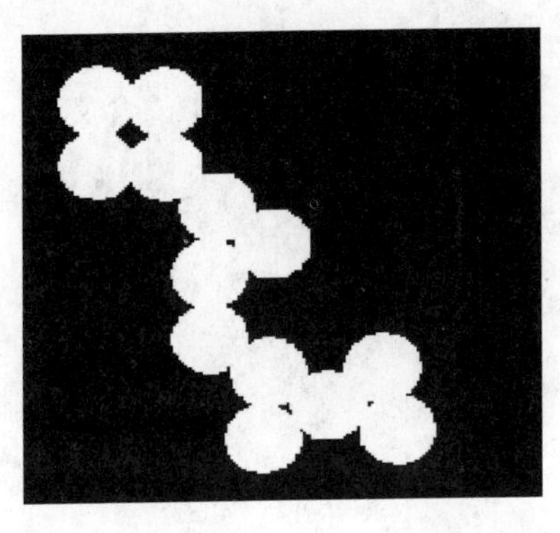 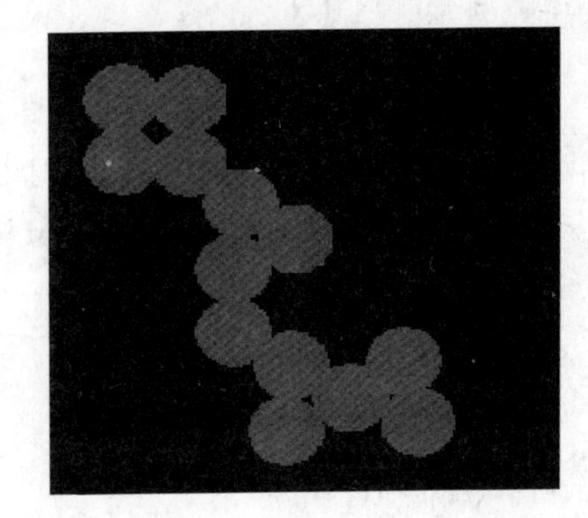

图 11-63　图像的除法运算

5. 图像的几何运算

（1）图像缩放。图像缩放是指用 imresize 函数改变图像的大小。

调用格式为：

```
B=imresize(A,m,method)
```

即把原图像 A 放大 *m* 倍。此函数使用由参数 method 指定的插值运算来改变图像的大小，method 的可选情况有以下几种：

1）nearest　最邻近插值，是一种默认的插值方式；

2）bilinear　双线性插值；

3）bicubic　双三次插值。

【例 11-27】 读入一幅图像，并对其进行放大处理。

```
A=imread('eight.tif');
B=imresize(A,1.5);
imshow(A);title('original image','fontsize',8)
figure;imshow(B);title('enlarged image','fontsize',8)
```

结果如图 11-64 所示。

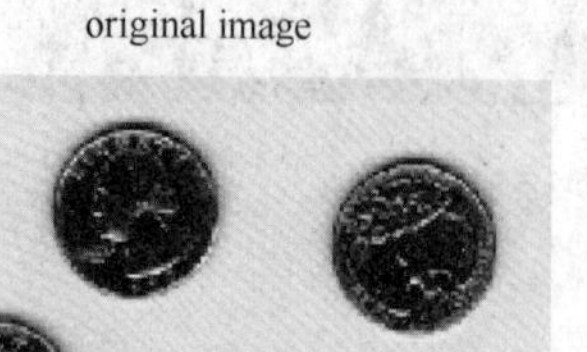

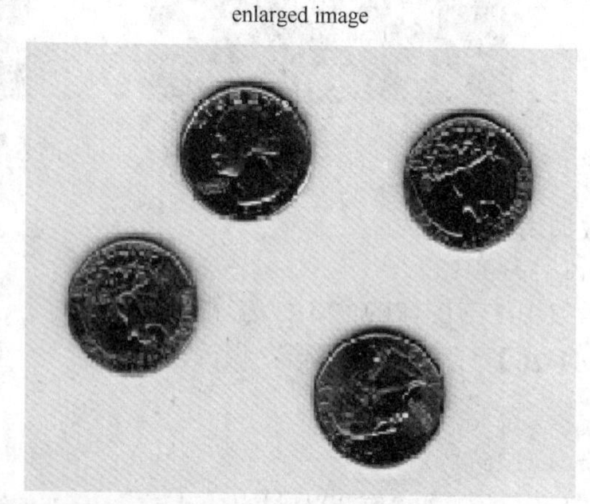

图 11-64　原图像和放大了的图像

（2）图像旋转。图像的旋转是用 imrotate 函数来实现的。

调用格式为：

```
J=imrotate(I,angle,method,'crop')
```

其中，I 是原图像；angle 是图像旋转的角度；method 与图像缩放中的含义相同；crop 是指对旋转后的图像进行剪切处理，使之与原图像保持同样大小。

【例 11-28】 读入一幅图像，并对其进行旋转处理。

```
I=imread('gantrycrane.png');
J=imrotate(I,90,'bilinear','crop');
subplot(121),imshow(I)
title('原图像')
subplot(122),imshow(J)
title('图像旋转 90°')
```

结果如图 11-65 所示。

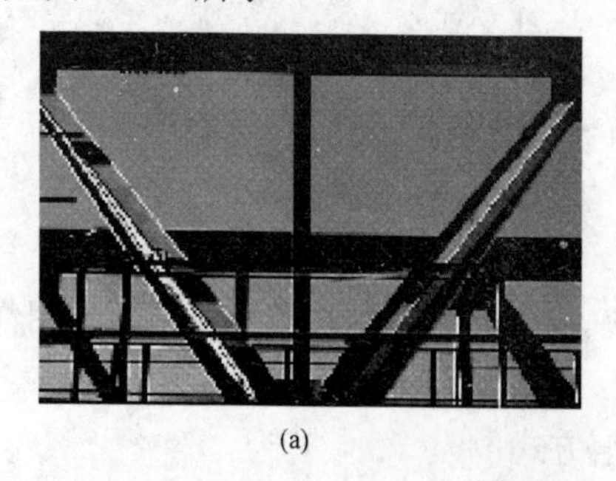

(a)

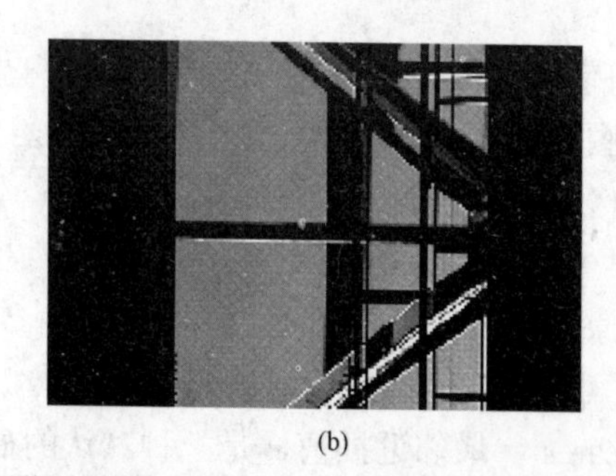

(b)

图 11-65　图像的旋转

（a）原图像；（b）图像旋转 90°

（3）图像剪切。图像剪切是指运用 imcrop 函数在整幅图中剪切出所感兴趣的部分，这样可以提高处理的效率。其格式包括以下几种：

- J=imcrop(I) 表示对灰度图像进行剪切操作；
- K=imcrop(X，map) 表示对索引图像进行操作；
- RGB=imcrop(RGB) 表示对真彩图像进行剪切操作；
- J=imcrop(I，rect)，K=imcrop(X，map，rect)，RGB=imcrop(RGB，rect)可以表示对其指定的矩形区域 rect 进行剪切操作。

【例 11-29】 对［例 11-28］中的旋转后的图像进行剪切处理。

```
I=imread('gantrycrane.png');
J=imcrop(I,[100 100 100 100]);
subplot(121),imshow(I)
title('original image','fontsize',8)
subplot(122),imshow(J)
title('cropped image','fontsize',8)
```

结果如图 11-66 所示。

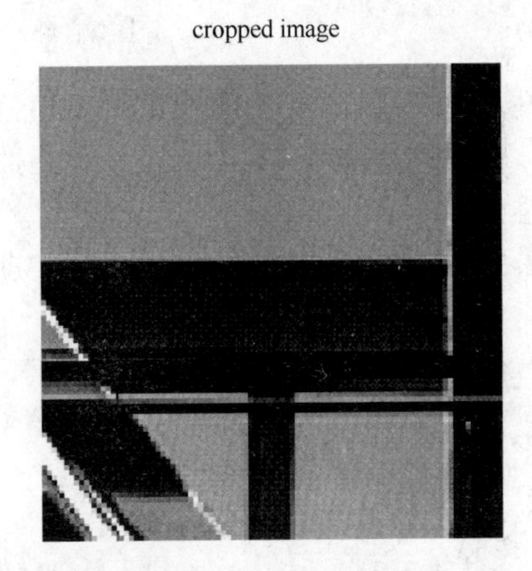

图 11-66 原图像和剪切后的图像

三、图像增强

图像增强是指按特定的需要突出一幅图像中的某些信息，其主要目的是使处理后的图像在某些特定的应用中比原来的图像更加有效。

1. 灰度变换增强

灰度变换是一种简单而实用的方法，它可以使图像动态范围增大，图像对比度扩展，图像变得清晰，特征明显。实现灰度变换增强的方法很多，这里主要介绍平方根灰度变换函数和非线性灰度变换。

采用平方根灰度变换函数实现其对图像的增强处理的示例如下。

【例 11-30】 读入一幅图像，对其进行灰度变换增强处理。

```
[X,map]=imread('forest.tif');
I=ind2gray(X,map);
subplot(121);imshow(I)
title('原图像','fontsize',8)
```

```
maxnum=double(max(max(I)));          % 取得 I 的最大值
J=sqrt(double(I)/maxnum);            % sqrt 函数不支持 uint8 类型
% 将数据类型转换成 double 型,然后求其平方根
J=uint8(J*maxnum);                   % 再将数据类型转变为整型
subplot(122);imshow(J)
title('平方根变换后的图像','fontsize',8)
```

结果如图 11-67 所示。

(a) (b)

图 11-67 灰度变换图像增强示例图

（a）原图像；（b）平方根变换后的图像

非线性灰度变换对要进行扩展的亮度值范围是有选择的，扩展的程度随亮度值的变换而连续变化。非线性变换通常有对数变换、指数变换两种方法。采用非线性灰度变换实现其对图像的增强处理的示例如下。

【例 11-31】 读入一幅图像，对其进行灰度变换增强处理。

```
clear all;
X1=imread('kids.tif');
subplot(121)
imshow(X1);
title('原图像','fontsize',8)
c=255/log(256);
x=0:1:255;
y=c*log(1+x);
[m,n]=size(X1)
X2=double(X1);
for i=1:m
for j=1:n
g(i,j)=0;
g(i,j)=c*log(X2(i,j)+1);
end
end
subplot(122);imshow(mat2gray(g));
title('非线性变换增强','fontsize',8)
```

结果如图 11-68 所示。

2. 空域滤波增强

使用空域模板进行的图像处理被称为空域滤波。模板本身被称为空域滤波器，从处理效果来分类，空域滤波器可以分为平滑滤波器和锐化滤波器。平滑的目的在于消除混杂在图像中的干扰因素，改善图像质量，强化图像表现特征。锐化的目的在于增强图像边缘，以便对图像进行识别和处理。

(a)

(b)

图 11-68　非线性变换图像增强示例图

（a）原图像；（b）非线性变换增强

维纳滤波器是一种线性平滑滤波器，它是一种自适应滤波器，能根据图像的区域方差来调整滤波器的输出。在 MATLAB 中用 wiener2 函数来设计维纳滤波器，其调用格式如下：

- J=wiener2(I，[m，n]，noise)；
- [J，noise]=wiener2(I，[m，n])；
- J=wiener2(I，[m，n]，noise)；
- [J，noise]=wiener2(I，[m，n])。

格式中的[m，n]代表 *m*n* 邻域估算平均值和标准方差，*m* 和 *n* 的默认值为 3。Noise 为加性噪声（高斯白噪声）。

【例 11-32】 读入一幅图像，利用 wiener2 滤波器对其进行增强处理。

```
I=imread('coins.png');
J=imnoise(I,'gaussian',0,0.001);
A1=wiener2(J);
A2=wiener2(J,[8,8]);
subplot(221);imshow(I);title('原图像','fontsize',8)
subplot(222);imshow(J);title('添加噪声的图像','fontsize',8)
subplot(223);imshow(A1);title('默认 wiener 滤波','fontsize',8)
subplot(224);imshow(A2);title('8×8wiener 滤波','fontsize',8)
```

结果如图 11-69 所示。

锐化滤波器可利用微分法和模板匹配法实现。梯度运算是图像处理的一次微分法，Laplacian 算子是线性二次微分算子，与梯度运算一样，具有旋转不变性，从而满足不同走向的图像边界的锐化要求。模板匹配法有 Robinson 模板、Prewitt 模板和 Kirsch 模板。与梯度和 Laplacian 算子相比，模板匹配法除了能增强图像边缘外，还具有平滑噪声的优点。

【例 11-33】 读入一幅图像，对其进行锐化处理。

```
I=imread('circles.png');
subplot(131);imshow(I);title('原图像','fontsize',8);
H=fspecial('laplacian');                    % 应用 laplacian 锐化图像
laplacianH=filter2(H,I);
subplot(132);imshow(laplacianH);
```

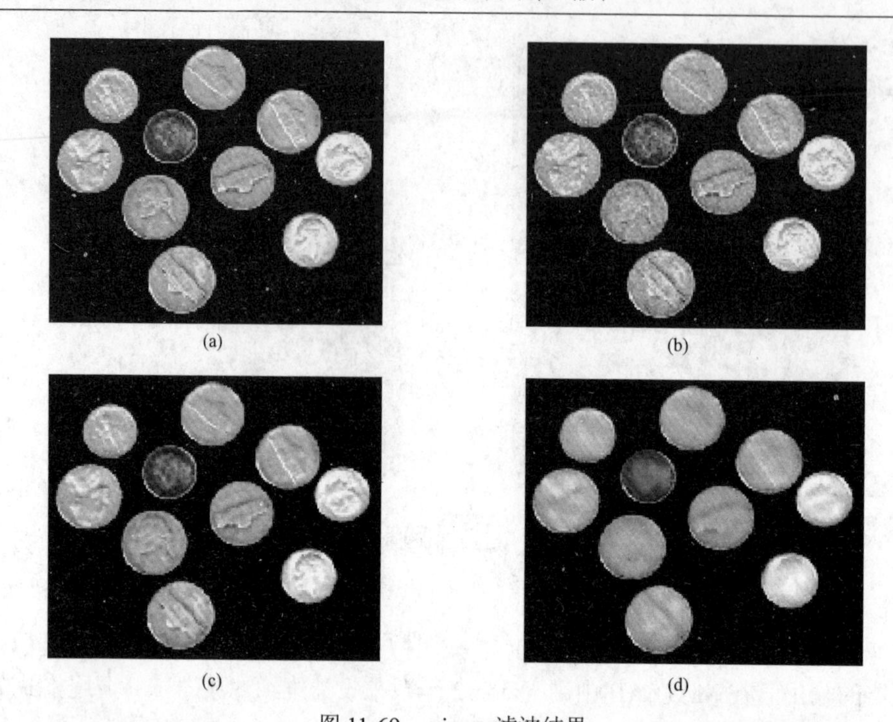

图 11-69 wiener 滤波结果

（a）原图像；（b）添加噪声的图像；（c）默认 wiener 滤波；（d）8×8wiener 滤波

```
title('laplacian 算子锐化图像','fontsize',8);
H=fspecial('prewitt');                          % 应用 prewitt 锐化图像
prewittH=filter2(H,I);
subplot(133);imshow(prewittH);
title('prewitt 模板锐化图像','fontsize',8);
```

结果如图 11-70 所示。

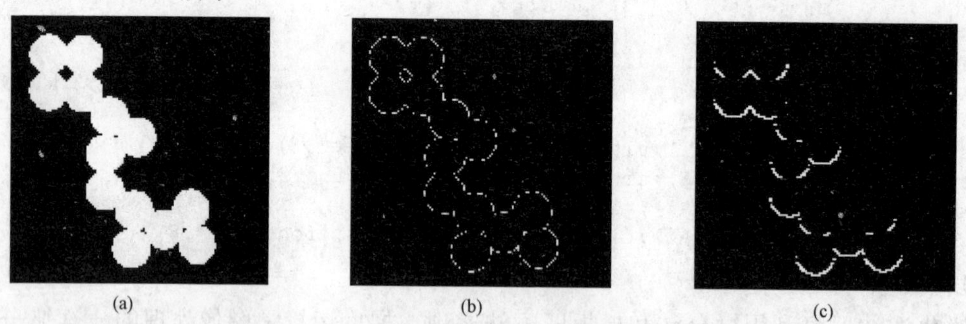

图 11-70 laplacian 算子和 prewitt 模板锐化法比较

（a）原图像；（b）laplacian 算子锐化图像；（c）prewitt 模板锐化图像

3. 频域增强

频域滤波的基础是傅里叶变换和卷积定理，即

$$G(u, v)=H(u, v)*F(u, v)$$

式中：$G(u, v)$为增强后的图像，$H(u, v)$为传递函数，$F(u, v)$为待增强的图像。一般的频域滤波可以分为以下几类：

（1）低通滤波。在频率域中，通过滤波器函数衰减高频信息而使低频信号畅通无阻地通过的过程称为低通滤波，它可以滤掉高频信息，保留低频信息，使图像平滑。

（2）高通滤波。高通滤波是指滤除低频信号，保留高频信号，它的传递函数主要有理想滤波器、布特沃斯高通滤波器、指数高通滤波器和梯形滤波器。

（3）带通滤波。带通滤波器允许一定的频率范围内的信号而阻止其他频率内的信号，其主要函数是高斯滤波器函数。

（4）同态滤波。同态滤波是将频率滤波和灰度滤波有效地结合在一起的图像处理方法。它是把图像的照明反射模型作为频域处理的基础，利用压缩亮度范围和增强对比度来修改图像的一种处理技术。

下面是一个巴特沃斯低通滤波图像实例。

【例 11-34】 读入一幅图像，利用巴特沃斯低通滤波器对其进行去噪处理。

```
I=imread('moon.tif');
subplot(131);imshow(I);title('原图像','fontsize',8)
J=imnoise(I,'salt & pepper',0.02);
subplot(132),imshow(J)
title('加噪声的图像','fontsize',8)
J=double(J);
f=fft2(J);
g=fftshift(f);
[M,N]=size(f);
n=5;d0=20;
n1=floor(M/2);n2=floor(N/2);
for i=1:M
for j=1:N
d=sqrt((i-n1)^2+(j-n2)^2);
h=1/(1+0.414*(d/d0)^(2*n));
g(i,j)=h*g(i,j);
end
end
g=ifftshift(g);
g=uint8(real(ifft2(g)));
subplot(133),imshow(g)
title('5 阶 Butterworth 滤波图像','fontsize',8)
```

结果如图 11-71 所示。

(a)

(b)

(c)

图 11-71　巴特沃斯低通滤波图像

（a）原图像；（b）加噪声的图像；（c）5 阶 Butterworth 滤波图像

图像处理不止上面提到的三种方法，还有图像复原、图像编码与压缩、图像分析及数学形态学操作等内容。这些内容在 MATLAB 图像处理工具箱中都有相应的函数与之对应，限于篇幅，这里就不一一介绍了。

第六节　MATLAB 在自动控制原理中的应用

对自动控制系统分析时，首先要对研究对象利用数学方法进行建模。数学模型分为线性系统和非线性系统两种。鉴于非线性系统领域太宽，没有也不可能有统一的通用解法，因此在实际应用中，把某些非线性系统近似为线性系统来求解。在 MATLAB 自控原理工具箱中，也着重于线性系统的算法，这类线性系统是线性时不变系统（Linear Time Invariant–LTI）。本节主要从系统传递函数的生成、动态特性和时域分析、系统的频域分析三个方面来介绍 MATLAB 在自控原理课程中的应用，借助于 MATLAB 软件可以节省大量的计算时间，避免人工运算所带来的错误，从而把注意力集中在概念的思考上，这对掌握好控制理论是非常有意的。本节所涉及的自控原理工具箱中的主要函数如下：

- s = tf(num, den) 创建一个连续时间系统的传递函数，式中自变量 num, den 分别代表系统传递函数分子和分母多项式系数；
- s = zpk(z, p, k) 创建一个连续时间零极点增益系统模型系统，式中 z, p, k 分别代表系统传递函数的零点、极点和增益；
- rlocus(s) 计算和绘制单输入单输出 LTI 系统的根轨迹；
- rlocfind(s) 利用 rlocus(s) 函数自动绘制系统的根轨迹后，再用 rlocfind(s) 命令通过鼠标选择根轨迹与虚轴的交点，即临界点；
- impulse(s)　绘制系统的单位冲击响应曲线；
- sgrid 绘制 S 平面网格线（用于连续时间系统）；
- zgrid 绘制 Z 平面网格线（用于离散时间系统）；
- $[\omega_n \quad z]$ = damp(s) 返回系统的固有频率和阻尼系数；
- c2d(s, T_s, method) 将连续时间系统转变为离散时间系统，采样频率为 T_s。

常用的转换的方法有 zoh（零阶保持器法）和 tustin（双线性变换法）：

- [num, den] = ord2(ω_n, z) 创建二阶连续系统，ω_n, z 分别为系统的固有频率和阻尼系数；
- s = feedback(s1, s2) 创建闭环反馈系统的模型；
- bode(s) 画 LTI 系统的幅频响应和相频响应；
- $[G_m, P_m, \omega_{cg}, \omega_{cp}]$ = margin(s) 返回系统的增益裕度、相位裕度和相关频率。

【例 11-35】 求图 11-72 所示系统的传递函数和极点分布，分别设 k_1=100，500。

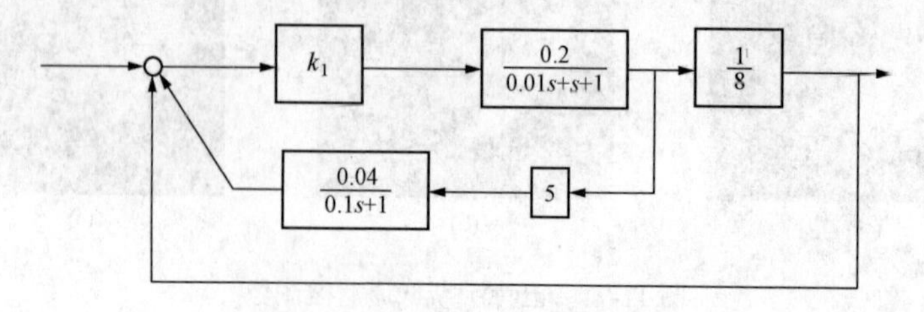

图 11-72 ［例 11-35］的图

参考代码及结果如下：

```
k2=0.04;
for k1=[100 500];
    s1=tf(0.2*K1,[0.01 1 1]);          % 建立 LTI 对象模型
    s2=tf(5*K2,[0.1 1]);               % 建立 LTI 对象模型
    s3=zpk([],0,1);                    % 生成零极点增益
    sb1=feedback(s1,s2);               % 对内环应用反馈公式
    s=feedback(series(sb1,s3),1)       % 对外环再用反馈公式，反馈环节系统函数为 1
  end
```

k_1=100 时的传递函数为：

```
Zero/pole/gain:
                 2000 (s+10)
-----------------------------------------------------
(s+99.65) (s+4.8 3) (s^2 + 5.524s + 41.55)
```

由此可见，极点为 p=[−99.65；−2.7620+5.8242i；−2.7620−5.82420i；−4.83]

k_1=500 时的传递函数为：

```
Zero/pole/gain:
               10000 (s+10)
--------------------------------------------------------
(s+102.1) (s+3.515) (s^2 + 4.379s + 278.6)
```

由此可见，极点为 p=[−102.1；−2.1895+16.5471i；−2.1895−16.5471i；−3.515]。

【例 11-36】 已知连续系统的传递函数为 $H(s)=\dfrac{3-2s}{s^2+2s+3}$，采样周期 0.2s，使用零阶保持器和双线性变换法求出其离散传递函数。

参考代码及结果如下：

```
a=[-2 3];b=[1 2 3];T=0.2;
s=tf(a,b);
disp('零阶保持器')
s1=c2d(s,T)
disp('双线性变换')
s2=c2d(s,T,'tustin')
零阶保持器
Transfer function:
  -0.2709 z + 0.3688
-------------------------
z^2 - 1.572 z + 0.6703
Sampling time: 0.2
双线性变换
Transfer function:
-0.1382 z^2 + 0.04878 z + 0.187
----------------------------------------
    z^2 - 1.577 z + 0.6748
Sampling time: 0.2
```

【例 11-37】 设系统的开环传递函数为 $H(s)=\dfrac{1}{s^5+12s^4+s^3+3s^2+2s}$，画出系统的根轨迹，并求出临界点（即根在虚轴上）的增益。

先建立系统的 LTI 连续模型，然后用 rlocus(s)函数画它的根轨迹，再利用 rlocfind(s)函数，通过鼠标选择根轨迹与虚轴的交点，即临界点。系统的根轨迹如图 11-73 所示。

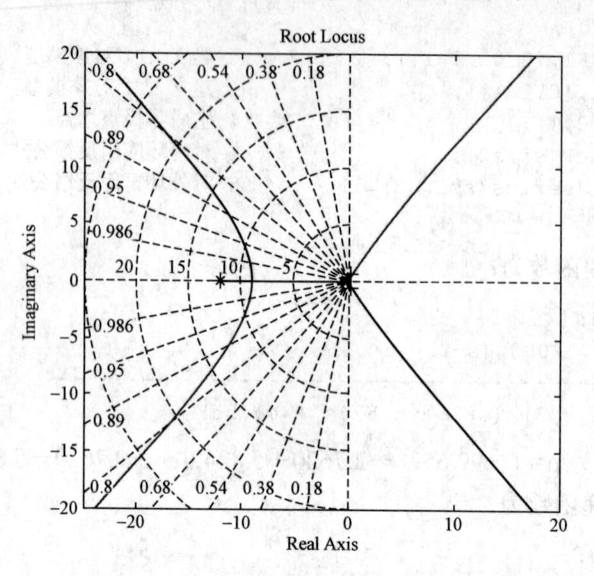

图 11-73 ［例 11-37］系统的根轨迹

参考代码及结果如下：

```
s=tf(1,[1 12 1 3 2])                    % 建立连续系统开环模型 s
rlocus(s)                               % 绘制系统的根轨迹
sgrid                                   % 画 S 平面的网格线
rlocfind(s)                             % 用鼠标求临界点及增益值
```

上面的代码运行后结果为：

```
selected_point =
       0.0059+ 0.6832i (临界点)
ans =
       2. 4374(增益值)
```

【例 11-38】 设系统的开环传递函数为$F(s)=\dfrac{K(T_{\mathrm{m}}s+1)\mathrm{e}^{-T_{\mathrm{d}}s}}{s^2}$，其中，$K=0.3[1/s^2]$，$T_{\mathrm{m}}=5s$，$T_{\mathrm{d}}=0.5s$，将系统的环路闭合起来如图 11-74 所示。分析它的极点变化情况，并求闭环系统的脉冲响应和阻尼系数。

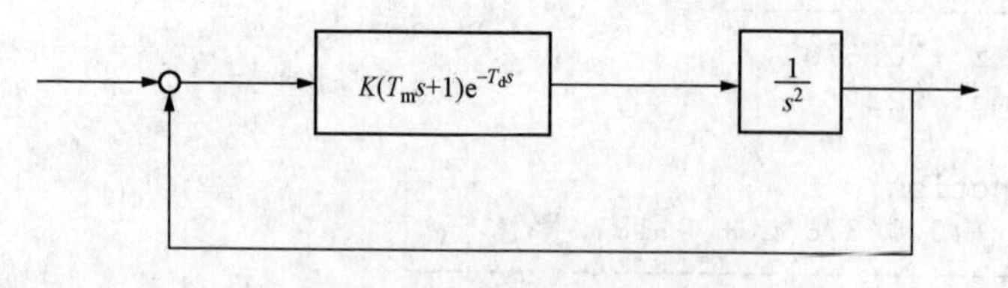

图 11-74 ［例 11-38］的图

先建立系统在开环状态下的模型，这是一个带时延环节的二阶无静差系统，可写出：s=tf(K*[Tm,1],[1,0,0],'Td',0.5)，然后用 feedback 函数把系统闭合起来。由于 MATLAB 的 feedback 命令不能用于带时延环节的系统，故用 pade 命令以四阶多项式来近似代替时延环节，然后再求闭环模型。

参考代码及结果如下：

```
K=0.2;Tm=5;Td=0.5;
s=tf(K*[Tm,1],[1,0,0],'Td',Td);           % 建立系统在开环状态下的模型
del=pade(s,4);                             % 以四阶多项式近似代替延时环节模型
bdel=feedback(del,1)                       % 建立闭环模型
damp(bdel)                                 % 求闭环模型的阻尼系数
subplot(221)
pzmap(s)                                   % 画出原始开环模型的零极点
subplot(222)
pzmap(del)                                 % 画出近似开环模型的零极点
subplot(223)
pzmap(bdel)                                % 画出闭环模型的零极点
subplot(224)
impulse(bdel)                              % 画出闭环系统的脉冲响应
```

原始开环模型的传递函数：

```
Transfer function:
                s + 0.2
exp(-0.5*s) * ----------
                 s^2
```

pade 近似开环模型的传递函数：

```
Transfer function:
s^5 - 39.8 s^4 + 712 s^3 - 6576 s^2 + 2.554e004 s + 5376
------------------------------------------------------------
   s^6 + 40 s^5 + 720 s^4 + 6720 s^3 + 2.688e004 s^2
```

pade 近似后的闭环模型传递函数：

```
Transfer function:
 s^5 - 39.8 s^4 + 712 s^3 - 6576 s^2 + 2.554e004 s + 5376
---------------------------------------------------------------------
s^6 + 41 s^5 + 680.2 s^4 + 7432 s^3 + 2.03e004 s^2 + 2.554e004 s + 5376
```

闭环模型的固有频率和阻尼系数：

```
Eigenvalue                          Damping          Freq. (rad/s)
 -2.59e-001                         1.00e+000        2.59e-001
 -1.49e+000 + 1.25e+000i            7.66e-001        1.95e+000
 -1.49e+000 - 1.25e+000i            7.66e-001        1.95e+000
 -6.76e+000 + 1.34e+001i            4.50e-001        1.50e+001
 -6.76e+000 - 1.34e+001i            4.50e-001        1.50e+001
 -2.42e+001                         1.00e+000        2.42e+001
```

[例 11-38] 运行图见图 11-75。

【例 11-39】 二阶系统的传递函数为 $H(s)=\dfrac{1}{s^2+2\xi\omega_n s+\omega_n^2}$，设其固有频率 $\omega_n=10$，阻尼系数 $\xi=[0.2:0.2:1]$，分别画出其波特图，观察阻尼系数对二阶系统频率响应的影响。

用 ord2 函数建立二阶连续系统 LTI 模型，然后用 tf 函数生成二阶连续系统，再用 bode 函数绘制对数频率特性曲线。不同的 ξ 用 for 循环处理。阻尼系数对二阶系统响应的影响如图 11-76 所示。

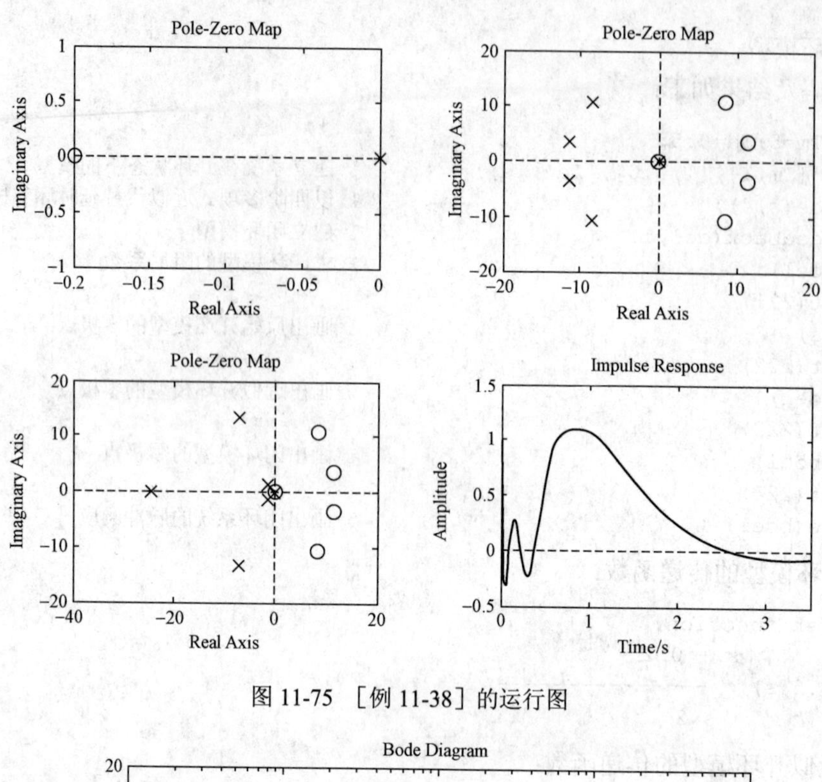

图 11-75 ［例 11-38］的运行图

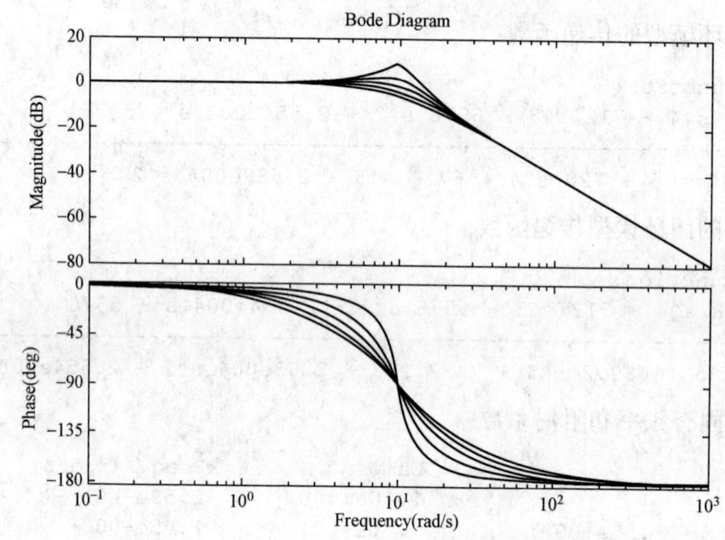

图 11-76 阻尼系数对二阶系统响应的影响

参考代码及结果如下：

```
wn=10;
for zeta=[0.2:0.2:1]
   [n,d]=ord2(wn,zeta);          % 建立二阶连续系统模型
   s1=tf(n*wn^2,d);              % 生成二阶连续系统
   figure(1)
   bode(s1)                      % 绘制波特图
   hold on
end
```

从图 11-76 可以看出，二阶连续系统阻尼系数 ξ 很小时，其幅频特性在转折处出现谐振峰，相频特性在这个频率附近迅速下降。随着 ξ 的增大，幅频特性的峰值减小，在 $\xi>0.8$ 后，幅频特性单调下降，相频特性的下降亦趋于平缓。

【例 11-40】 设开环系统的传递函数为 $H(s)=\dfrac{300(s+5)}{s(s+2)(s+12)^2}$，用单位负反馈将其构成闭合系统，画出开环系统的和闭环系统的频率响应，对二者进行比较并判断闭环系统的稳定性。

首先利用 zpk 函数建立 LTI 系统模型 s，用 feedback 函数得到它的闭环传递函数，用画波特图的 bode 函数绘出简易的频率特性曲线。二阶系统的开环和闭环响应如图 11-77 所示。

参考代码及结果如下：

```
s=zpk(-5,[0 -2 -12 -12],300);          % 生成四阶连续系统
sb=feedback(s,1);                      % 把连续系统闭合，生成闭合系统
bode(s,'--',sb,'.-')                   % 绘制波特图
[Gm Pm wcg wcp]=margin(s)              % 返回系统的增益裕度、相位裕度和相关频率
Gm =5.9733  Pm =35.5739  wcg =8.9442  wcp =3.1093
```

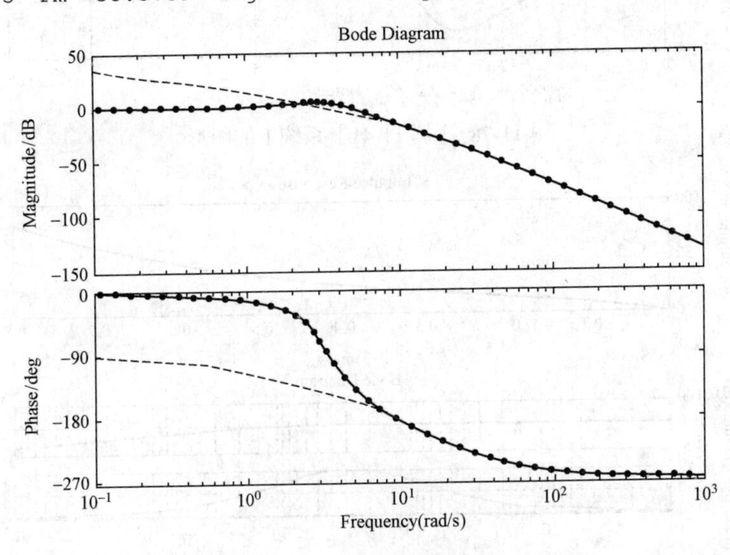

图 11-77　二阶系统的开环和闭环响应

由图 11-77 可知，此系统是稳定的。振幅稳定裕度 Gm5.9733dB，相位稳定裕度 Pm 为 35.5739°。过渡带的两个频率值分别为 3.1093Hz 和 8.9442Hz。另外，从图中还可以发现，在开环的幅频特性大于 0dB（例如 20dB 以上）的低频区，闭环幅频特性为 0dB，相频特性也近似为 0，即在这个阶段，反馈信号很强；在开环的幅频特性小于 0dB 的高频区，闭环与开环幅频特性重合，等于不起作用。

【例 11-41】 设系统的传递函数为 $H(s)=\dfrac{100}{(s-3)(s+2)(s+8)}$，这是一个开环不稳定系统，判别其闭环稳定性；在此基础上加一个零点 $(s+1)$ 后，再做同样工作。

首先利用 zpk 函数建立 LTI 系统模型 s1（即系统 1），用 feedback 函数得到它的闭环传递函数，用画波特图的 bode 函数绘出简易的频率特性曲线，最后画系统的冲击响应函数，从其响应曲线可以判断系统的稳定性，再对加零点后得到的 s2（即系统 2）做同样的工作。系统

1 和系统 2 的图形如图 11-78、图 11-79 所示。

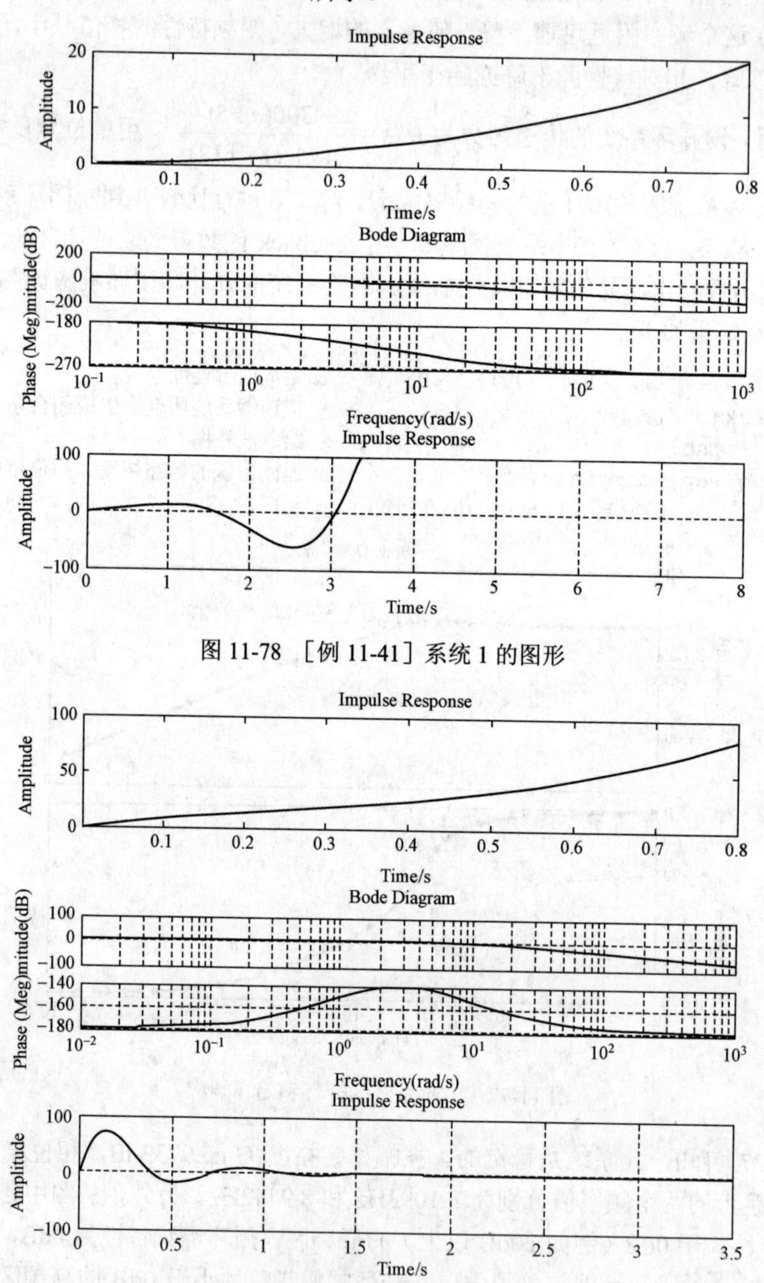

图 11-78 ［例 11-41］系统 1 的图形

图 11-79 ［例 11-41］系统 2 的图形

参考代码及结果如下：

```
s1=zpk([],[-8  -2  3], 100);                 % 产生连续系统 s1
figure
subplot(311)
impulse(s1)                                   % 画 s1 的冲击响应曲线
sb1=feedback(s1,1)
subplot(312)
```

```
bode(s1)                                 % 画 s1 的波特图
subplot(313)
impulse(sb1)                             % 画 sb1 的冲击响应曲线
s2=zpk([-1], [-8  -2  3],100);           % 产生连续系统 s2
figure
subplot(311)
sb2=feedback(s2,1)
subplot(312)
impulse(s2)                              % 画 s2 的冲击响应曲线
subplot(313)
bode(s2)                                 % 画 s2 的波特图
impulse(sb2)                             % 画 sb2 的冲击响应曲线
```

s1 闭环后构成的系统 sb1 零极点模型为

```
Zero/pole/gain:
              100
-------------------------------------------
(s+9.151) (s^2 - 2.151s + 5.683)
```

s2 闭环后构成的系统 sb2 零极点模型为

```
Zero/pole/gain:
          100 (s+1)
-------------------------------------------
(s+0.6344) (s^2 + 6.366s + 81.96)
```

通过结果，可以从两个方面判断两个系统的稳定情况。首先从两个模型的分母可以看出系统 1 是不稳定的，而系统 2 是稳定的。另外，从两个系统的冲击响应（即图 11-78 和图 11-79 的第四个子图）也可以看出系统 1 是不稳定的，而系统 2 是稳定的。

第七节　MATLAB 在通信原理中的应用

本节将对通信原理课程中涉及的随机过程的自相关函数、基带信号及功率谱密度、眼图、信号的频带传输、A 律 13 折线和 AMI 码型等基本概念及知识点通过 MATLAB 仿真给出直观的演示结果。

【例 11-42】 利用 rand 函数生成一随机函数，并求此随机函数的自相关函数和功率谱密度。

在编辑器内录入如下代码并保存代码，文件名为 example1142，运行代码，结果如图 11-80 所示。

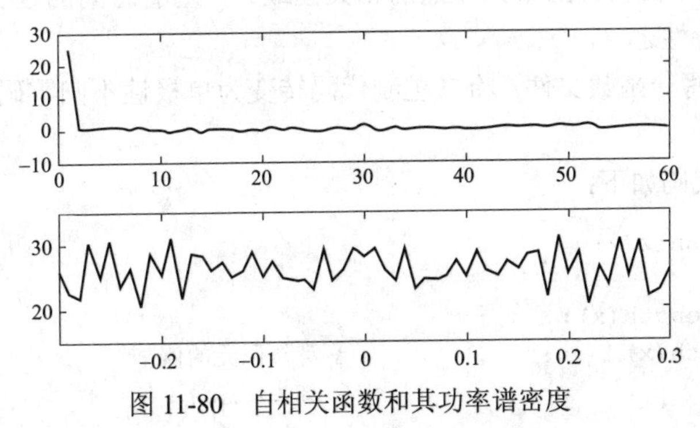

图 11-80　自相关函数和其功率谱密度

```
N=300;                                   % 随机函数的长度
t=1:61;                                  % 自相关函数的时间长度
M=60;                                    % 自相关函数的一个变量
s=-0.3:0.01:0.3;                         % 定义功率谱密度函数的横坐标范围
R = zeros(1,M+1);                        % 预设一个自相关函数数组
P = zeros(1,M+1);                        % 预设一个功率谱密度函数数组
  for j =1:10,                           % 取 10 次实现的整体平均
        X = rand(1,N)-1/2;               % 生成一随机函数
        Rx = zixiangguan(X, M);          % 调用自相关系数
        Sx = fftshift (abs (fft (Rx)));  % 自相关函数的功率谱密度
        R = R+Rx;                        % 自相关函数系数之和
        P = P+Sx;                        % 功率谱密度之和
  end
R=R/10;                                  % 自相关函数系数的整体平均
P=P/10;                                  % 功率谱的整体平均
subplot (2,1,1);
plot(t, R)                               % 画自相关函数曲线
axis([0,60,-10,30]);                     % 调整坐标轴
subplot(2,1,2);
plot(s, P)                               % 画功率谱密度曲线
axis([-0.3,0.3,15,35]);                  % 调整坐标轴
```

上面 example1142 命令文件里调用的 zixiangguan 函数文件如下：

```
function Rx =zixiangguan ( X, M )
N=length(X);
 Rx=zeros(1,M+1);
for   m=1:M+1,
   for  n=1:N-m+1,
       Rx(m)=Rx(m)+X(n)*X(n+m-1);
   end
end
   Rx(m)=Rx(m)/(N-m+1);
end
```

提示

运行命令文件 example1142 时，由于要调用函数文件 zixiangguan，切记要将 zixiangguan 文件放在当前目录下。

由图 11-80 可见，自相关函数在 0 点的相关性最大，随着时间的延长，相关性越来越小，这是自相关函数的特性之一。

【例 11-43】 编写一函数文件，将二进制代码转变为单极性不归零码，并求单极性不归零信号的功率谱密度。

函数文件参考代码如下：

```
function y = snrz(x)
step =200;
t=0:1/step: length(x);
for i =1:length(x)                 % 计算码元的值
 if(x(i)==1),                      % 如果信息是 1
```

```
    for j=1:step
        y((i-1)*step+ j) =1;          % 该码元对应的点值取 1
    end
  else
      for j=1:step,
          y((i-1)*step+ j)=0;         % 反之,信息为 0,码元对应点值取 0
      end
  end
end
y =[y, x(i)];   % 将 y 补上 1 位,这样 y 和 t 的个数一一对应,确保绘制 plot(t, y)不会出错
M=max(y)+0.1;
m=min(y)-0.1;
subplot(2,1,1);
plot(t, y);
axis([0,i,m,M]);                      % 为方便观察,重新标定坐标轴范围
title('单极性不归零信号');
subplot(2,1,2);
w=-0.5*(length(x)*step*0.05):0.05:0.5*(length(x)*step*0.05);
z=fftshift(abs(fft(y)));
plot(w, z);
title('单极性不归零信号幅频特性');
axis([-6,6,0,1800]);                  % 为方便观察,重新标定坐标轴范围
```

在命令窗口输入 x= [1 1 0 0 1 0 1 0 1 1 0 1 1 0 1 1]，再在命令窗口调用函数 y = snrz(x)，得到单极性不归零基带信号及其频谱如图 11-81 所示。

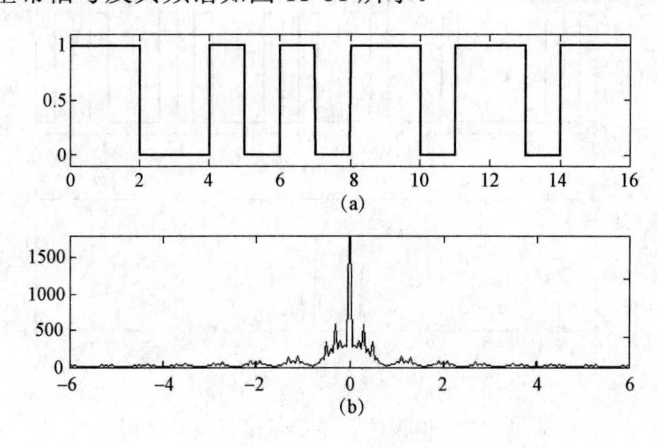

图 11-81 单极性不归零基带信号及其频谱

(a) 单极性不归零信号；(b) 单极性不归零信号幅频特性

【例 11-44】 编写一函数文件，将二进制代码转变为单极性归零码，并求单极性归零信号的功率谱密度。

```
function y = srz(x)
step = 200;
t=0:1/step:length(x);                 % 给出相应的时间序列
for i=1:length(x)                     % 进行码型变换
  if(x(i)==1)                         % 若输入的信息是 1
      for j=1:step/2
          y(step/2*(2*i-2)+j)=1;      % 定义前半时间值为 1
```

```
            y(step/2*(2*i-1)+j)=0;          % 定义后半时间值为 0
        end
    else
        for j=1:step/2                        % 反之,输入信息为 0
            y(step*(i-1)+j)=0;                % 定义所有时间值为 0
        end
    end
end
y =[y, x(i)];    % 将 y 补上 1 位,这样 y 和 t 的个数一一对应,确保绘制 plot(t, y)不会出错
M=max(y)+0.1;
m=min(y)-0.1;
subplot(2,1,1);
plot(t, y);
axis([0,i,m,M]);
title('单极性归零信号');
subplot(2,1,2);
w=-0.5*(length(x)*step*0.05):0.05:0.5*(length(x)*step*0.05);
z=fftshift(abs(fft(y)));
plot(w, z);
title('单极性归零信号幅频特性');
axis([-5 5 0 1200]);
```

在命令窗口输入 x= [1 1 0 0 1 0 1 0 1 1 0 1 1 0 1 1]，再在命令窗口调用函数 y = srz(x)，得到单极性归零基带信号及其频谱如图 11-82 所示。

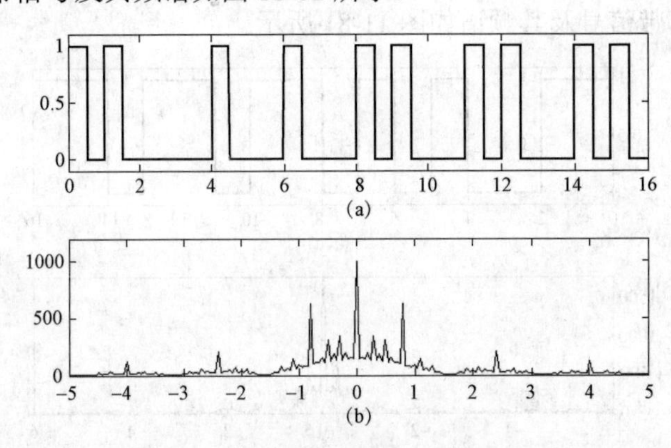

图 11-82 单极性归零基带信号及其频谱

（a）单极性归零信号；（b）单极性归零信号幅频特性

由图 11-81、图 11-82 可见，单极性数字基带信号必含连续谱。除此之外，单极性不归零信号仅在原点存在直流分量；单极性归零信号还包含离散谱，这样可以做定时分量提取。例题［11-43］和例题［11-44］中的 0 和 1 不等概，当 0 和 1 等概时，结论亦如此，读者可以一试，不再赘述。

【例 11-45】 编写一函数文件，将二进制代码转变为双极性不归零码，并求双极性不归零信号的功率谱密度。

```
function y= dnrz (x)
step=200;
t=0:1/step: length(x)
```

```
  for i=1:length(x)                                   % 计算码元的值
    if(x(i)==1)                                       % 如果信息是 1
      for j=1:step
          y((i-1)*step+ j)=1;                         % 该码元对应的点值取 1
      end
    else
      for j=1:step
          y((i-1)*step+ j)=-1;                        % 反之,信息为 0,码元对应点值取-1
      end
    end
  end
  y =[y, x(i)];     % 将 y 补上 1 位,这样 y 和 t 的个数一一对应,确保绘制 plot(t, y)不会出错
  M=max(y)+0.1;
  m=min(y)-0.1;
  subplot(2,1,1);
  plot(t, y);
  axis([0,i,m,M]);
  title('双极性不归零信号');
  subplot(2,1,2);
  w=-0.5*(length(x)*step*0.05):0.05:0.5*(length(x)*step*0.05);
  z=fftshift(abs(fft(y)));
  plot(w, z);
  title('双极性不归零信号幅频特性');
  axis([-6,6,0,1400]);
```

在命令窗口输入 x=[1 1 0 0 1 0 1 0 1 1 0 1 1 0 1 1]后，再在命令窗口调用函数 y = dnrz(x)，得到双极性不归零基带信号及其频谱如图 11-83 所示。

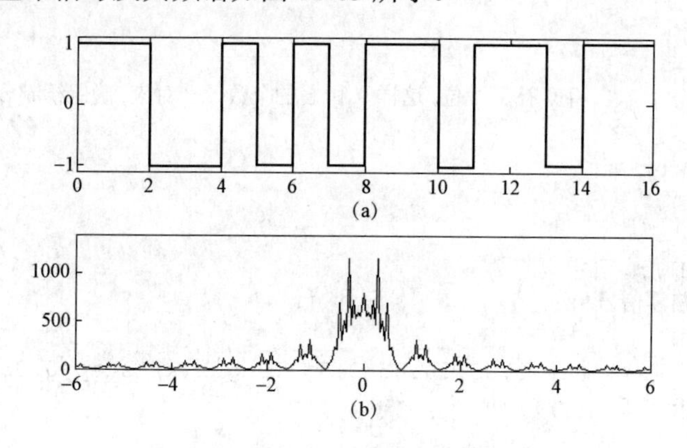

图 11-83　双极性不归零基带信号及其频谱

(a) 双极性不归零信号；(b) 双极性不归零信号幅频特性

本例的 0 和 1 的出现不等概。若令 x= [1 0 1 1 0 0 1 0 1 1 0 1 0 0 0 1] (0 和 1 等概出现)，则双极性不归零基带信号功率谱如图 11-84 所示。

【例 11-46】 编写一函数文件，将二进制代码转变为双极性归零码，并求双极性归零信号的功率谱密度。

```
function y = drz(x)
step=200;
```

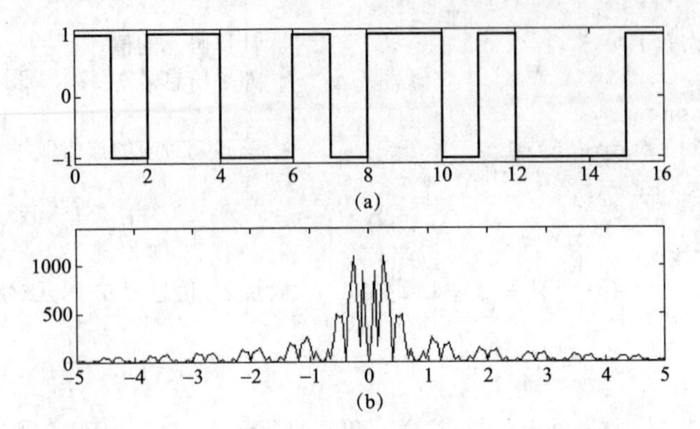

图 11-84 0 和 1 等概时双极性不归零基带信号及其频谱

（a）双极性不归零信号；（b）双极性不归零信号幅频特性

```
t=0:1/step: length(x);                         % 定义相应的时间序列
for i=1:length(x)                              % 进行编码
  if(x(i)==1)                                  % 若输入的信息是 1
     for j=1:step/2
          y(step/2*(2*i-2)+j)=1;               % 定义前半时间值为 1
          y(step/2*(2*i-1)+j)=0;               % 定义后半时间值为 0
     end
  else
     for j=1:step/2                            % 反之,输入信息为 0
        y(step/2*(2*i-2)+j)=-1;                % 定义所有时间值为-1
          y(step/2*(2*i-1)+j)=0;               % 定义后半时间为 0
       end
   end
end
y =[y, x(i) ];     % 将 y 补上 1 位,这样 y 和 t 的个数一一对应,确保绘制 plot(t, y)不会出错
M=max(y)+0.1;
m=min(y)-0.1;
subplot(2,1,1);
plot(t, y);
axis([0,i,m,M]);
title('双极性归零信号');
subplot(2,1,2);
w=-0.5*(length(x)*step*0.05):0.05:0.5*(length(x)*step*0.05);
z=fftshift (abs(fft(y)));
plot(w, z);
title('双极性归零信号幅度谱');
axis([-5,5,0,1000]);
```

在命令窗口输入 x=［1 1 0 0 1 0 1 0 1 1 0 1 1 0 1 1］后，再在命令窗口调用函数 y = drz(x)，得到双极性归零基带信号及其频谱如图 11-85 所示。

本例的 0 和 1 的出现不等概。若令 x=［1 0 1 1 0 0 1 0 1 1 0 1 0 0 0 1］（0 和 1 等概出现），则双极性归零基带信号功率谱如图 11-86 所示。

可见，对于双极性数字基带信号而言，无论归零和不归零，只要 0 和 1 不是等概出现，其功率谱除连续谱外，还有离散谱（见图 11-83 和图 11-85）；0 和 1 等概出现，则功率谱仅为连续谱（见图 11-84 和图 11-86）。

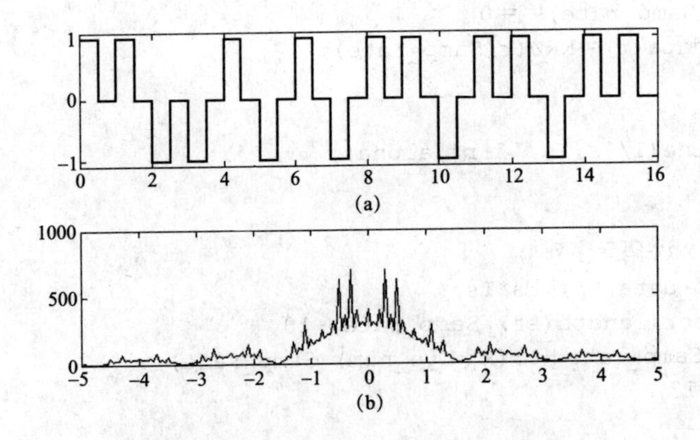

图 11-85 双极性归零基带信号及其频谱

（a）双极性归零信号；（b）双极性归零信号幅度谱

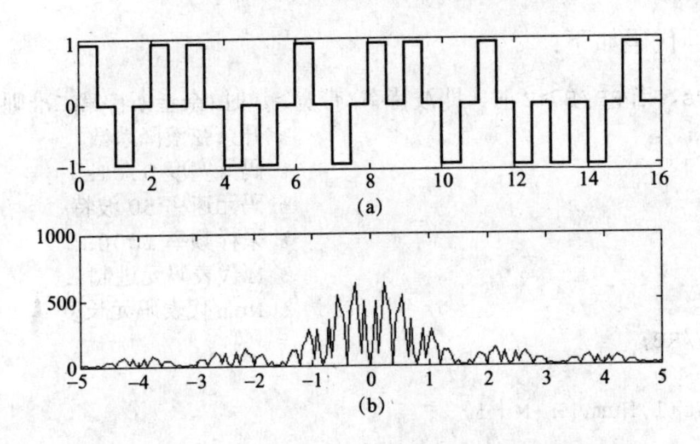

图 11-86 0 和 1 等概时双极性归零基带信号及其频谱

（a）双极性归零信号；（b）双极性归零信号幅度谱

【例 11-47】 编写一命令文件，实现眼图绘制功能。

无失真眼图绘制，代码如下：

```
%带宽 B=1/2Ts,当 RB/B<2 时，即波特率/带宽<2 时(奈奎斯特第二准则),眼图不失真
alpha=0.2;                                          % 升余弦滚降系数
Ts=0.01;                                            % 码元宽度 0.01s
RB=50;                                              % 码元速率 50 波特
Fs=1000;                                            % 采样频率 1000Hz
M=2;                                                % M 代表码元进制
Num=100;                                            % Num 代表码元长度
Samp_rate=Fs/RB;
Eye_num=2;
NRZ=2*randint(1,Num,M)-M+1;
subplot(311)
stem(NRZ)
axis([0 100 -1.5 1.5])
title('双极性 NRZ 码元序列')
Samp_data=zeros(1,Samp_rate*Num);
for r=1:Num*Samp_rate
```

```
    if rem(r,Samp_rate)==0
       Samp_data(r)=NRZ(r/Samp_rate);
    end
end
[ht,a]=rcosine(1/Ts,Fs,'fir',alpha);
subplot(312);
plot(ht);
title('双极性 NRZ 码元序列')
st=conv(Samp_data,ht)/Fs*Ts;
for k=10:floor(length(st)/Samp_rate)-10
    ss=st(k*Samp_rate+1:(k+Eye_num)*Samp_rate);
    subplot(313)
    plot(ss)
    title('升余弦滚降系统冲激响应')
    hold on
end
```

失真眼图绘制，代码如下：

```
% 带宽 B=1/2Ts，当 RB/B>2 时，即波特率/带宽>2 时(奈奎斯特第二准则)，眼图失真
alpha=0.2;                                        % 升余弦滚降系数
Ts=0.04;                                          % 码元宽度 0.01s
RB=50;                                            % 码元速率 50 波特
Fs=1000;                                          % 采样频率 1000Hz
M=2;                                              % M 代表码元进制
Num=100;                                          % Num 代表码元长度
Samp_rate=Fs/RB;
Eye_num=2;
NRZ=2*randint(1,Num,M)-M+1;
subplot(311)
stem(NRZ)
axis([0 100 -1.5 1.5])
title('双极性 NRZ 码元序列')
Samp_data=zeros(1,Samp_rate*Num);
for r=1:Num*Samp_rate
    if rem(r,Samp_rate)==0
       Samp_data(r)=NRZ(r/Samp_rate);
    end
end
[ht,a]=rcosine(1/Ts,Fs,'fir',alpha);
subplot(312);
plot(ht);
title('升余弦滚降系统冲激响应')
st=conv(Samp_data,ht)/Fs*Ts;
for k=10:floor(length(st)/Samp_rate)-10
    ss=st(k*Samp_rate+1:(k+Eye_num)*Samp_rate);
    subplot(313)
    plot(ss)
    title('基带信号眼图')
    hold on
end
```

仿真结果见图 11-87。

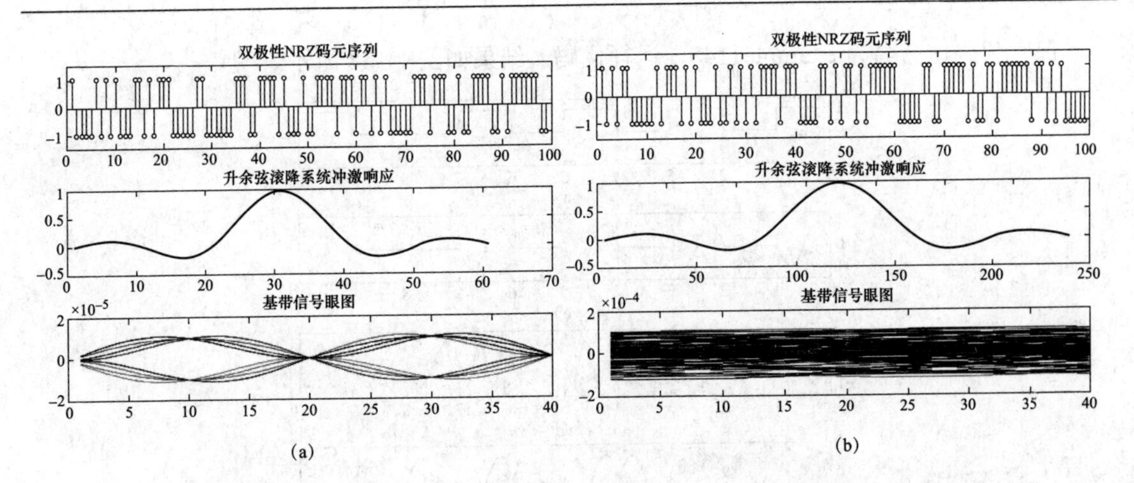

图 11-87　眼图

（a）无失真眼图；（b）失真眼图

【例 11-48】 编写一命令文件，实现对基带信号的 2ASK、2FSK 和 2PSK 的调制。

```
% 产生基带信号
fs=100;                          % 采样频率
ts=1/fs;
t=0.01:ts:10;                    % 信号持续时间长度为 10 秒,即产生 1000 个采样数据
a=[1 0 1 0 1 0 1 0 0 1];         % 信源信息
m=a(ceil(t));                    % 生成 1000 个采样数据,即数字基带信号
subplot(411);
plot(t, m)
title('基带信号');
axis([0,10,-1.5,1.5]);
%*****************调制信号****************%
f1=1; % 载波频率 f1
f2=2; % 载波频率 f2
tzxh1=sin(2*pi*f1*t);            % 频率为 f1 的载波
tzxh2=sin(2*pi*f2*t);            % 频率为 f2 的载波
%**************2ASK 调制**************%
subplot(412);
ask=m.*tzxh1;                    % 2ASK 调制信号
plot(t,ask)
title('2ASK 调制波形');
axis([0,10,-1.5,1.5]);
%**************2FSK 调制**************%
subplot(413);
fsk=cos(m*(pi/2)).*tzxh1+sin(m*(pi/2)).*tzxh2;          % 2FSK 调制信号
plot(t,fsk); axis([0,10,-1.5,1.5]);
title('2FSK 调制波形');
%**************2PSK 调制***************%
subplot(414);
N=length(fsk);
psk=2*ask-ones(1,N).*tzxh1;                       % 2PSK 调制信号
plot(t,psk); axis([0,10,-1.5,1.5]);
title('2PSK 调制波形');
```

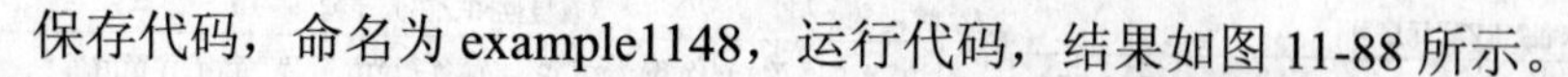

保存代码，命名为 example1148，运行代码，结果如图 11-88 所示。

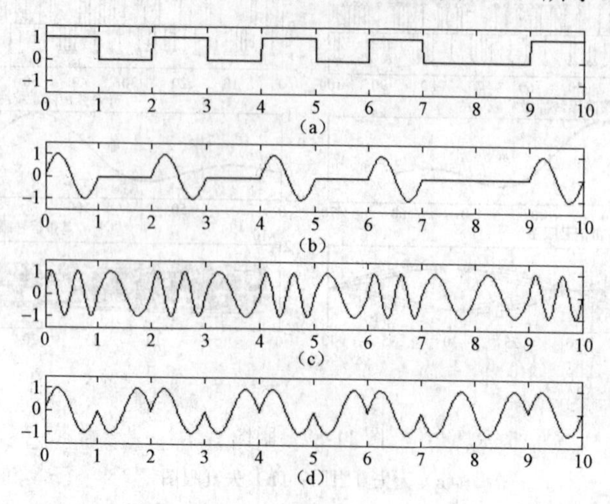

图 11-88　2ASK、2FSK 和 2PSK 调制波形

（a）基带信号；（b）2ASK 调制波形；（c）2FSK 调制波形；（d）2PSK 调制波形

【例 11-49】 编写一命令文件，求信源发送的数字信息的 2ASK、2FSK 和 2PSK 的频谱。

代码如下：

```
fs=100;                                      % 采样频率
ts=1/fs;
N=1000;                                      % 变换长度
f=(0:N-1)*fs/N;                              % 频率范围
t=0.01:ts:10;                                % 信号持续时间
a=[1 0 1 1 0 0 1 1 0 1];                     % 信源信息
m=a(ceil(t));                                % 生成 1000 个采样数据
f1=1; f2=2;                                  % 载波频率
tzxh1=cos(2*pi*f1*t);                        % 频率为 f1 的载波
tzxh2=sin(2*pi*f2*t);                        % 频率为 f2 的载波
ask=m.*tzxh1;                                % 2ASK 调制信号
ASK=fft(ask, N);
fsk=cos(m*(pi/2)).*tzxh1+sin(m*(pi/2)).*tzxh2;    % 2FSK 调制信号
FSK=fft(fsk, N);
m1=2*m-ones(1,N);
psk=m1.*tzxh1;                                    % 2PSK 调制信号
PSK=fft(psk, N);
%*************2ASK 信号频谱*************%
subplot(311)
plot(f, abs(ASK))
hold on
plot(-f, abs(ASK))
axis([-5,5,0,350]);
title('2ASK 信号频谱')
%*************2FSK 信号频谱*************%
subplot(312)
plot(f, abs(FSK))
```

```
hold on
plot(-f, abs(FSK))
axis([-5,5,0,350]);
title('2FSK 信号频谱')
%*************2PSK 信号频谱*************%
subplot(313)
plot(f, abs(PSK))
hold on
plot(-f, abs(PSK))
axis([-5,5,0,350]);
title('2PSK 信号频谱')
```

保存代码，命名为 example1149，基带信号频谱如图 11-89 所示。运行代码，结果如图 11-90 所示。

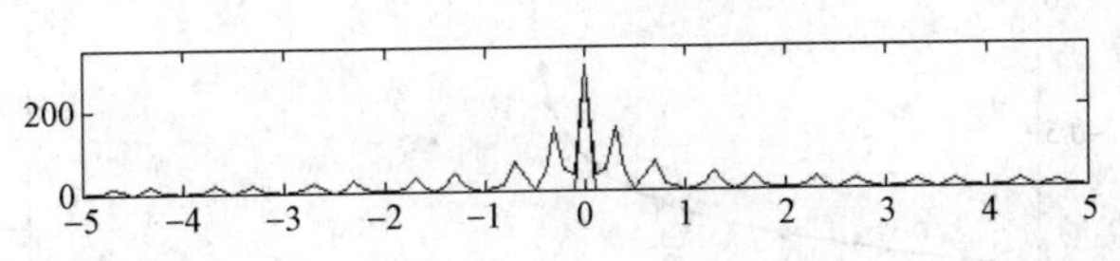

图 11-89　基带信号频谱

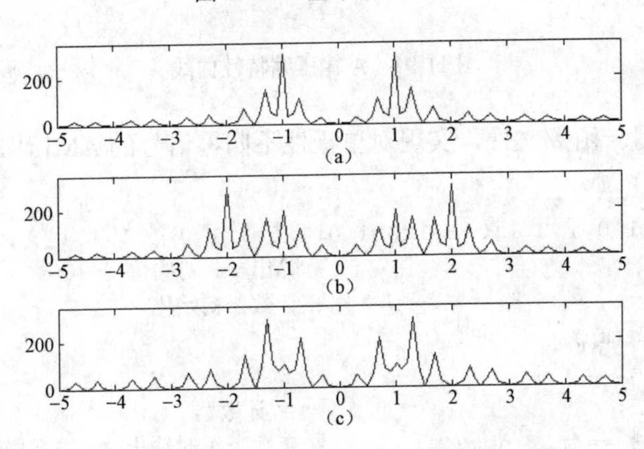

图 11-90　2ASK、2FSK 和 2PSK 信号频谱

（a）2ASK 信号频谱；（b）2FSK 信号频谱；（c）2PSK 信号频谱

【例 11-50】 编写一命令文件，绘制 A 律压缩特性曲线和 A 律 13 折线。

```
clear all
dx=0.01;                          % 定义 x 的间距
x=-1:dx:1; A=87.56;               % A 律参数 A=87.56
  for   i=1:length(x)             % 对数压缩器输入-输出幅度特性,x 是输入的幅值
     if    abs(x(i))<1/A          % ya 是输出的幅值
        ya(i)=A*x(i)/(1+log(A));
      else        ya(i)=sign(x(i))*(1+log(A*abs(x(i))))/(1+log(A));
    end
end
% 画 A 律压缩特性曲线
plot(x, ya);
hold on
% 定义 X,Y 的量化步长,画出 A 律 13 折线
```

```
xx=[-1,-1/2,-1/4,-1/8,-1/16,-1/32,-1/64,-1/128,1/128,1/64,1/32,1/16,1/8,1/4,
1/2,1];
yy=[-1,-7/8,-6/8,-5/8,-4/8,-3/8,-2/8,-1/8,1/8,2/8,3/8,4/8,5/8,6/8,7/8,1];
plot(xx,yy,'r');
plot(xx,yy,'k.:');
title('A律压缩特性曲线')
```

将文件命名为 example1150，运行结果如图 11-91 所示。

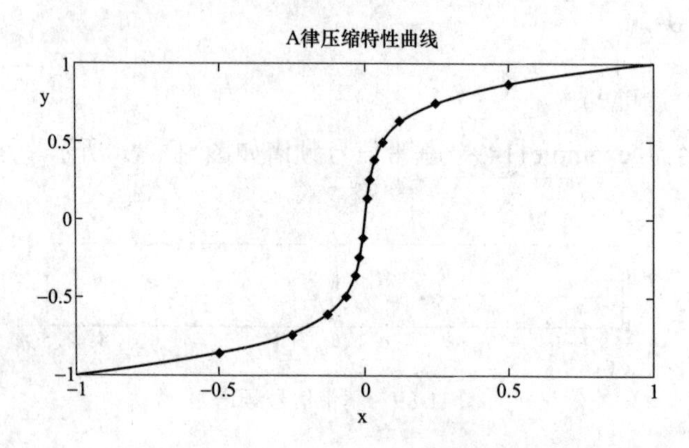

图 11-91　A 律压缩特性曲线

【例 11-51】 编写一函数文件，实现对单极性不归零信号的 AMI 码的编码和解码功能。

```
% AMI 码编码
xn=[1 1 1 1 0 1 0 1 0 1 0 1 1 0 1 0 1 0 1 1 0 1 1 1 1];
yn=xn;                                    % 输出 yn 初始化
num=0;                                    % 计数器初始化
 for k=1:length(xn)
    if  xn(k)==1
      num=num+1;                          %"1"计数器
       if num/2 == fix(num/2)             % 奇数个 1 时输出-1,进行极性交替
             yn(k)=1;
       else
             yn(k)=-1;
      end
   end
 end
% AMI 码解码,对 AMI 码全波整流即可实现解码
decodeAMI=abs(yn);
subplot(311)
stairs([0:length(xn)-1],xn);axis([0 length(xn) -2 2]);
title('单极性不归零波形');
subplot(312)
stairs([0:length(xn)-1],yn);axis([0 length(xn) -2 2]);
title('AMI 码波形');
subplot(313)
stairs([0:length(xn)-1],decodeAMI);axis([0 length(xn) -2 2]);
title('AMI 码的解码波形');
```

将文件命名为 example1151，运行结果如图 11-92 所示。

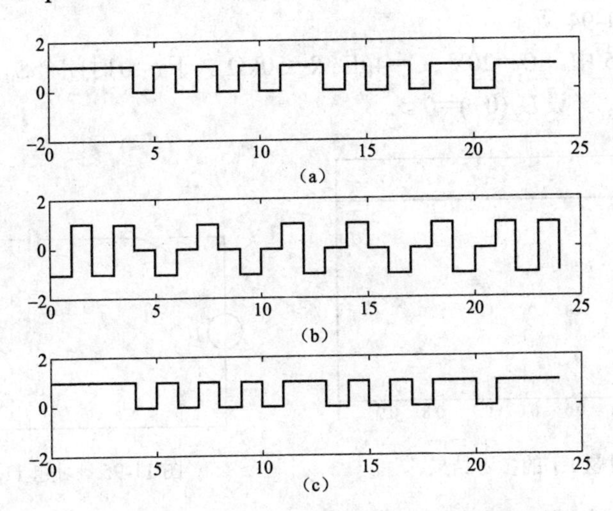

图 11-92 单极性不归零信号的 AMI 码编码和解码

（a）单极性不归零波形；（b）AMI 码波形；（c）AMI 码的解码波形

习　题

11.1　电路如图 11-93 所示，如在稳定状态下 R_1 被短路，试问短路后经多少时间电流能达到 15A？

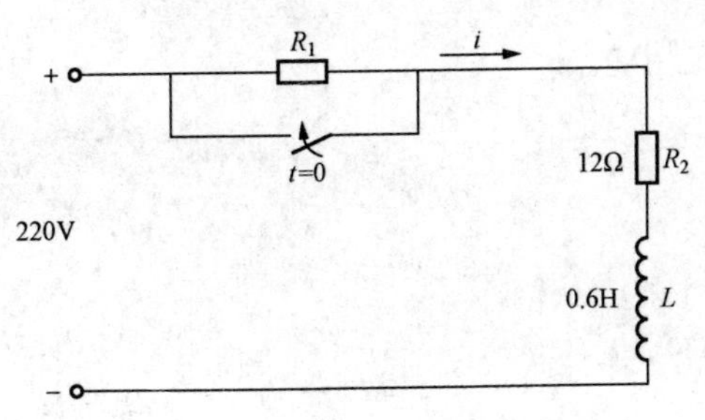

图 11-93　习题 11.1 的电路图

电路的求解过程如下：

（1）确定电流 i 的初始值

$$i(0_+)=\frac{U}{R_1+R_2}=\frac{220}{8+12}=11\text{A}$$

（2）确定 i 的稳态值

$$i(\infty)=\frac{U}{R_2}=\frac{220}{12}=18.3\text{A}$$

（3）确定电路的时间常数

$$\tau=\frac{L}{R}=\frac{0.6}{12}=0.05\text{s}$$

由一阶线性电路稳态分析的三要素法得

$$i=\left[18.3+(11-18.3)\text{e}^{-\frac{1}{0.05}t}\right]A=(18.3-7.3\text{e}^{-20t})\text{A}$$

参考代码如下：

```
t=0:0.01:1;                    % 此时间范围可以自定，但最好要超出暂态时间段
i=18.3-7.3*exp(-20*t);
plot(t,i)
t=-(log(33/73) )/20            % 电流达到 15A 时对应的时间
t =
```

```
    0.0397
```

参考结果如图 11-94 所示。

11.2　在图 11-95 中，U=20V，C=4μF，R=50kΩ。于 t=0 时闭合 S_1，t=0.1 s 时闭合 S_2，求 S_2 闭合后的电压 u_R。设 $U_c(0_-)=0$。

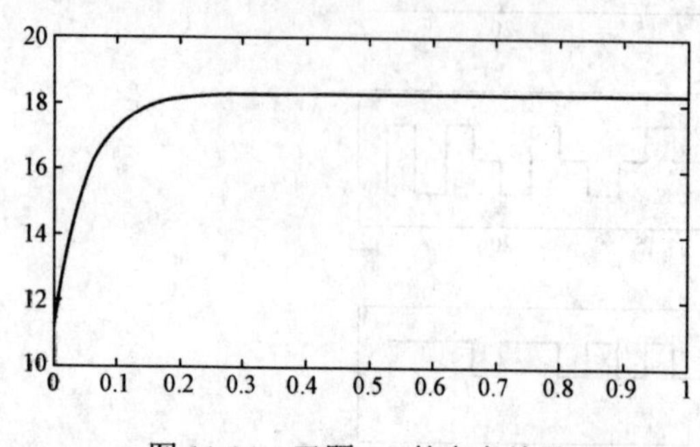

图 11-94　习题 1.1 的参考结果

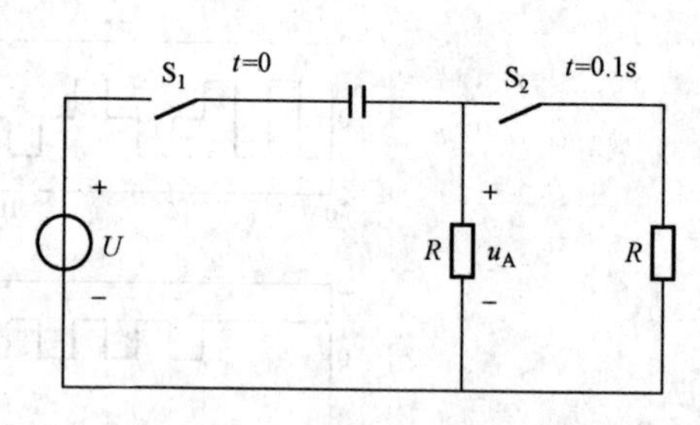

图 11-95　习题 11.2 的电路图

电路的求解过程如下：

t=0 时闭合 S_1 后，$u_R=Ue^{-\frac{t}{\tau_1}}=20e^{-\frac{t}{0.2}}$V，这里 $\tau_1=RC=50\times10^3\times4\times10^{-6}=0.2$s。

t=0.1s 时，$u_R(0.1\text{s})=12.14$V，t=0.1s 时闭合 S_2 后，应用三要素法求 u_R：

（1）确定初始值：$u_R(0.1\text{s})=12.14$V

（2）确定稳态值：$u_R(\infty)=0$V

（3）确定时间常数：$\tau_2=\dfrac{R}{2}C=25\times10^3\times4\times10^{-6}=0.1$s

则 $u_R=u_R(\infty)+[u_R(0.1s)-u_R(\infty)]e^{-\frac{t-0.1}{\tau_2}}=12.14e^{-10(t-0.1)}$V。

参考代码如下：

```
t=0:0.01:0.1;
uR1=20*exp(-5*t);
plot(t,uR1)
hold on
t=0.1:0.01:1;
uR2=12.14*exp(-10*(t-0.1));
plot(t,uR2)
```

参考结果如图 11-96 所示。

11.3　生成一个起点在原点的阶跃函数。

参考代码如下：

```
t0=-5;tf=5;dt=0.05;t1=0;
t=t0:dt:tf;
tlength=length(t)
n1=(t1-t0)/dt;
x=[zeros(1,n1),ones(1,tlength-n1)];
stairs(t,x,'k')                    % 使用 stairs 函数避免在突变点会形成斜边
axis([-5 5 -1 2])                  % 使用坐标轴调整函数便于直观显示波形
```

参考结果如图 11-97 所示。

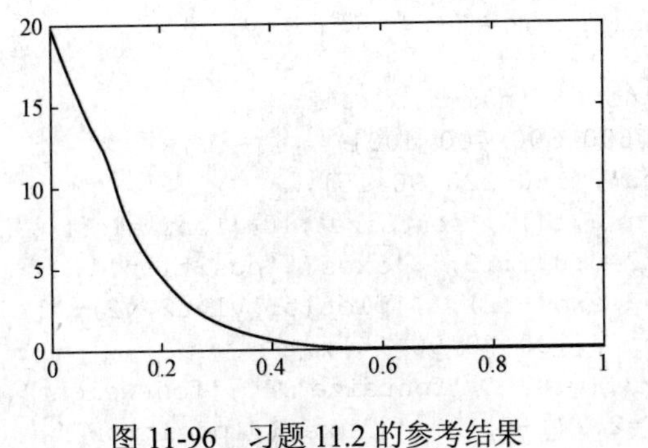

图 11-96　习题 11.2 的参考结果

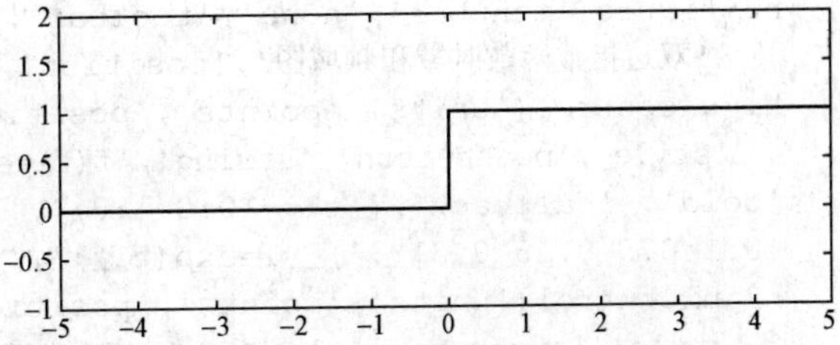

图 11-97　习题 11.3 的参考结果

11.4　生成一个单边指数函数，在此基础上能实现单边指数函数的左移和右移。

参考代码如下：

```
t=-5:0.1:5;
u=t>0;                          % 生成阶跃函数
subplot(411)
stairs(t,u)
subplot(412)
x1=exp(-0.5*t).*u;              % 利用阶跃函数得到单边指数函数
plot(t,x1)
subplot(413)
u2=t>2;
x2=exp(-.5*t).*u2;              % 利用阶跃函数的移位获得单边指数函数的右移
plot(t,x2)
subplot(414)
u3=t>-2;
x3=exp(-.5*t).*u3;              % 利用阶跃函数的移位获得单边指数函数的左移
plot(t,x3)
```

参考结果如图 11-98 所示。

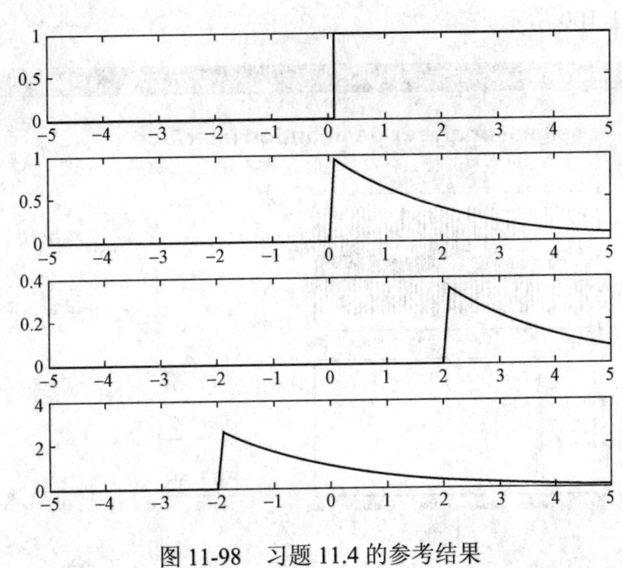

图 11-98　习题 11.4 的参考结果

11.5　创建一个图形用户界面，要求显示双边指数函数的时域和频域波形。

参考代码如下：

```
h0=figure('menubar','none','toolbar','none','name',…
    '双边指数函数时域和频域图','position',[600 300 400 400])
h1=uicontrol('units','points','position',[180 120 90 15],…
   'style','pushbutton','string','f(t)=exp(-|t|)','fontsize',10,'fontweight',…
'bold', 'callback',['t1=-10:0.1:0;','t2=0:0.1:10;','axes(''position'',…
[0.1 0.5 0.35 0.3]);','y1=exp(t1);','y2=exp(-t2);','plot(t1,y1,t2,y2);'])
h2=uicontrol('units','points','position',[180 90 90 15],…
  'style','pushbutton','string','F(w)=2/(1+w.^2)','fontsize',10,'fontweight',
'bold','callback',['f=-10:0.01:10;','F=2./(1+f.^2);','axes(''position'',…
[0.1 0.1 0.35 0.3]);','plot(f,F);'])
h3=uicontrol('units','points','position',[195 60 60 15],…
    'style','pushbutton','string','close','fontsize',10,'fontweight',…
'bold','callback','close')
```

参考结果如图 11-99 所示。

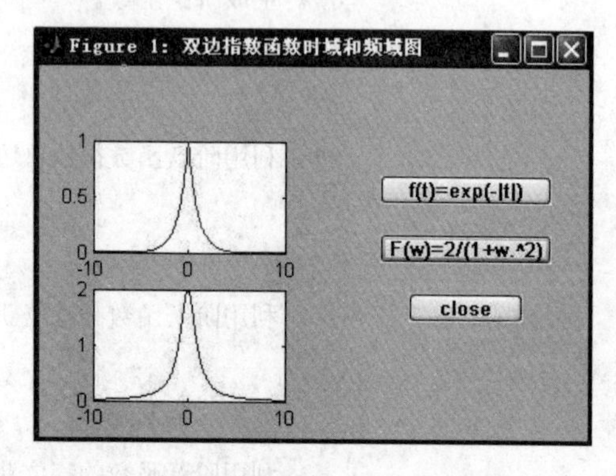

图 11-99　习题 11.5 的参考结果

11.6　利用 GUI 的向导设计，创建一个图形用户界面，对信号进行 FFT 运算。

参考结果如图 11-100 所示。

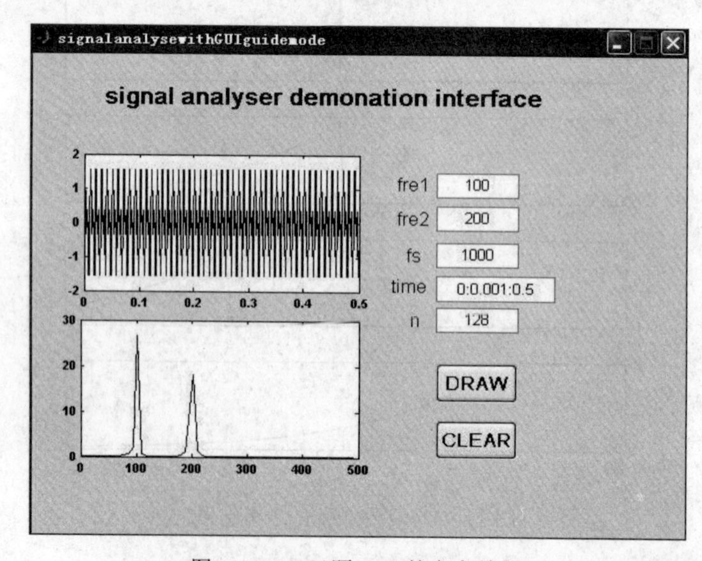

图 11-100　习题 11.6 的参考结果

11.7　利用 GUI 的程序设计，重做习题 11.6。

参考代码及结果如下：

```
h0=figure('menubar','none','toolbar','none','position',...
    [600 300 400 400],'name','信号分析仪');
htext1=uicontrol('units','points','position',[180 260 45 15],...
    'string','频率 1','style','text')
hedit1=uicontrol('units','points','position',[220 260 45 15],...
    'style','edit','callback','get(hedit1,''string'')');
htext2=uicontrol('units','points','position',[180 220 45 15],...
    'string','频率 2','style','text')
hedit2=uicontrol('units','points','position',[220 220 45 15],...
    'style','edit','callback','get(hedit2,''string'')');
htext3=uicontrol('units','points','position',[180 180 45 15],...
    'string','采样频率','style','text')
hedit3=uicontrol('units','points','position',[225 180 45 15],...
    'style','edit','callback','get(hedit3,''string'')');
htext4=uicontrol('units','points','position',[180 140 45 15],...
    'string','时间','style','text')
hedit4=uicontrol('units','points','position',[225 140 60 15],...
    'style','edit','callback','get(hedit4,''string'')');
htext5=uicontrol('units','points','position',[180 100 50 15],...
    'string','变换点数','style','text')
hedit5=uicontrol('units','points','position',[230 100 38 15],...
    'style','edit','callback','get(hedit5,''string'')');
hbutton1=uicontrol('units','points','string','draw','string','close',...
    'position',[200 20 45 15],'callback','close;')
hbutton2=uicontrol('units','points','string','draw',...
    'position',[200 60 45 15],'callback',...
    ['f1=str2double(get(hedit1,''string''));','f2=str2double(get(hedit2,...
''string''));','fs=str2double(get(hedit3,''string''));',...
't=eval(get(hedit4,''string''));','n=str2double(get(hedit5,''string''));'
,...
'haxes1=axes(''position'',[0.05 0.55 0.45 0.35]);',...
    'x=sin(2*pi*f1*t)+sin(2*pi*f2*t);','plot(t,x);',...
    'haxes2=axes(''position'',[0.05 0.1 0.45 0.35]);','y=fft(x,n);',...
    'm=y.*conj(y)/n;','f=fs*(0:(n/2-1))/n;','plot(f,m(1:n/2));'])
```

参考结果如图 11-101 所示。

在空界面的动态文本框内填入相应数据，单击“draw”按钮，结果如图 11-102 所示。

注意：设置参数时，采样频率值一定是时间长度步长值的倒数（比如本题采样频率 1000Hz，时间步长设为 0.001）；变换点数通常取 2 的整次幂，在此选 128 点。

将本题的参数重新设置，得到的结果如图 11-103 所示。

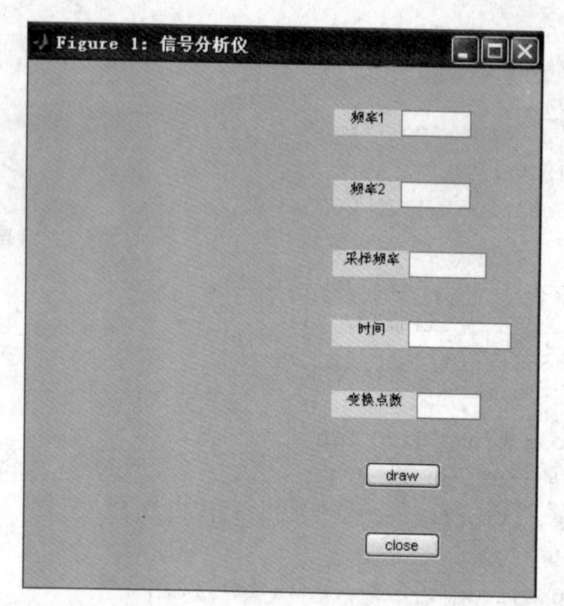

图 11-101　习题 11.7 的结果（信号分析仪的空图形界面）

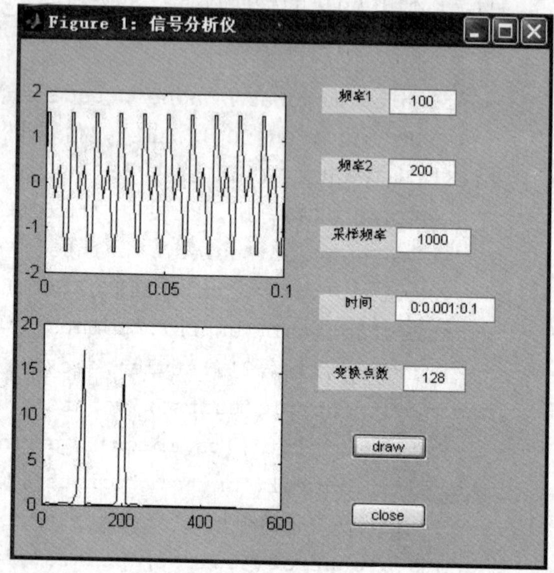

图 11-102　习题 11.7 的结果（1）

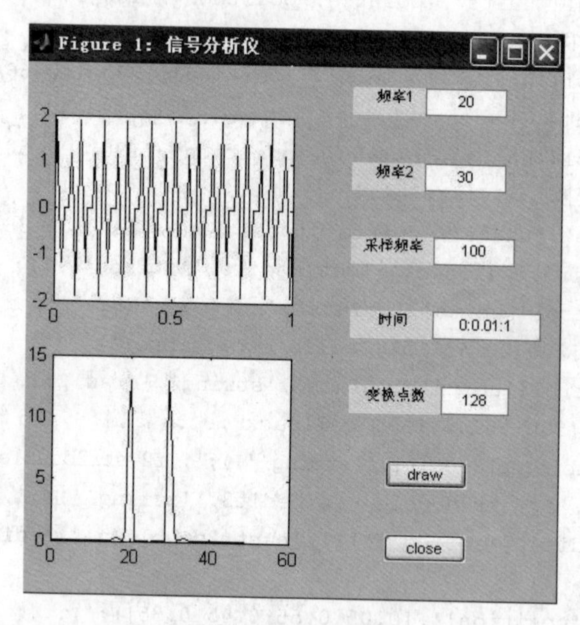

图 11-103　习题 11.7 的结果（2）

附录 A　MATLAB 函数命令索引表

附表 A-1　**MATLAB 函数命令索引表**

函数表	含义	函数表	含义
abs()	绝对值函数	colormenu	颜色表演示
acos()	反余弦函数	comet()	彗星状轨迹绘制
acosh()	反双曲余弦函数	comet3()	绘制三维彗星状轨迹
acot()	反余切函数	compan()	生成伴随矩阵
acoth()	反双曲余切函数	compass()	绘制由原点向四周辐射的带箭头复向量
acsc()	反余割函数	computer()	计算机类型测试
acsch()	反双曲余割函数	cond()	求矩阵的条件数
all()	测试向量中所有元素是否为真	condest()	估算范数
angle()	相角函数	conj()	共轭复数函数
any()	测试向量中是否有真元素	contour()	等高线图形绘制
ans()	返回最新结果	contour3()	三维等高线绘制
asec()	反正割函数	contourc()	等高线绘图计算
asech()	反双曲正割	contrast()	灰度对比度设置
asin()	反正弦函数	conv()	求多项式乘法或卷积
asinh()	反双曲正弦	conv2()	二维卷积
atan()	反正切函数	cool	天蓝色基色颜色表
atan2()	4 个象限内反正切	copper	铜色调颜色表
atanh()	反双曲正切	corrcoef()	相关函数系数
auread()	读声音文件	cos()	余弦函数
auwrite()	写声音文件	cosh()	双曲余弦
axes()	坐标轴任意位置的设定	cot()	余切函数
axis()	坐标轴标度设定	coth()	双曲余切
bar()	绘制条形图	cov()	协方差矩阵
break	中断循环的执行	cputime()	所用的 CPU 时间
brighten()	使图形色调变亮	csc()	余割函数
cd	改变当前的工作目录	cosh()	双曲余割函数
ceil()	对正无穷方向取整数	cusum()	各元素累加和
chol()	矩阵的 Cholesky 分解	cylinder()	生成柱体
cla	清除当前坐标轴	date()	日期
clc	清除命令窗口显示的内容	dec2hex()	十进制向十六进制的转换
clear	删除内存中的变量与函数	deconv()	多项式除法或去卷积
clf	清除当前图形窗口	delete	删除文件
clock	时钟	demo	运行 MATLAB 演示程序
close	关闭图形窗口	det()	求矩阵的行列式
colormap()	设定颜色可查表	diag()	建立对角矩阵或获取对角向量

续表

函数表	含义	函数表	含义
diff()	差分函数与近似微分	flag	红白蓝黑基色颜色表
diffuse()	图像柔焦处理	fliplr()	按左右方向翻转元素
dir	列出当前目录的内容	flipud()	按上下方向翻转元素
disp()	显示矩阵或文本	floor()	向负无穷方向取整数
dmperm()	Dulmage-Mendelsohn 分解	flops()	浮点运算计数器
echo	显示文件中的 MATLAB 命令	for	循环语句
eig()	求矩阵的特征值与特征向量	format	设置数据输出格式
eigmovie	对称矩阵特征值求解过程演示	fourier	Fourier 级数展开图形演示
else	与 if 一起使用的转移语句	fplot()	给定函数绘图
elseif	条件转移语句	fplotdemo	函数图形绘制演示
end	结束控制语句块的命令	fprintf()	有格式地向文件写入数据
eps	浮点相对差限	fread()	从文件读入二进制数据
error()	显示错误信息并中断函数	full()	由稀疏矩阵变换成常规矩阵
errorbar()	误差条形图绘制	function	声明某文件是函数文件的关键词
eval()	执行 MATLAB 语句构成的字符串	gca()	获得当前坐标轴的句柄
exist()	检验变量或文件是否已经定义	gcf()	获得当前图形的句柄
expm()	矩阵指数函数	get()	获得对象属性
expm1()	expm()函数的 M 文件实现	getframe()	获得一帧“电影”图像
expm2()	Taylor 级数求矩阵指数	ginput()	由鼠标器做图像输入
expm3()	特征值特征向量法求矩阵指数	global	定义全局变量
exp()	指数函数	gray	线性灰度颜色表
eye()	产生单位阵	grid	给图形加网格线
fclose()	关闭文件	gradient()	近似梯度计算
feather	羽状图形绘制	gtext()	在鼠标指定的位置加文本信息
feof()	测试文件是否结束	hadamard()	生成 Hadamard 矩阵
ferror()	查询文件输入输出错误状态	hankel()	生成 Hankel 矩阵
feval()	执行字符串指定的文件	help	启动联机帮助文档
fft()	离散 Fourier 变换	hex2num()	十六进制向 IEEE 浮点数的转换
fft2()	二维离散 Fourier 变换	hex2dec()	十六进制向十进制的转换
fftdemo	快速 Fourier 变换演示	hist()	绘制直方图
fftshift()	取消谱中心零位	hold	当前图形保护模式
figure()	生成绘图窗口	home	将光标移动到左上角位置
fill()	绘制填充的二维多边形	hot	黑红黄白基色颜色表
fill3()	绘制填充的三维多边形	hsv	色度饱和值（HSV）颜色表
filter()	一维数字滤波	hsv2rgb()	HSV 对 RGB 颜色转换
filter2()	二维数字滤波	if	条件转移语句
find()	查找非零元素的下标	ifft()	离散 Fourier 逆变换
findstr()	在一个字符串中查找其他字符串	ifft2()	二维离散 Fourier 逆变换
fix()	向零方向取整数	imag()	求取虚部函数

续表

函 数 表	含 义	函 数 表	含 义
image	显示图像	min()	求向量中最小元素
inf	无穷大（保留变量）	movie()	播放“电影”画面
info	显示 MATLAB 与 Math Works 信息	moviein()	初始化“电影”各幅图像内存
input()	键盘输入语句	mu21in()	声音文件对线性标度文件的转换
int2str()	整数转换为字符串	NaN	不定值
interp1()	一维插值	nargin	函数中实际输入变量个数
interp2()	二维插值	nargout	函数中实际输出变量个数
interpft()	利用 FFT 的一维插值	nextpow2()	找出下一个 2 的指数
inv()	矩阵求逆	ode23()	微分方程低阶数值解法
isempty()	若参数为空矩阵，则结果为真	ode23p()	微分方程低阶数值解法并画图
isglobal()	若参数为全局变量，则结果为真	ode45()	微分方程高阶数值解法
ishold()	若屏幕出于保护状态，则结果为真	odedemo	常微分方程演示
isinf()	若参数为 Inf，则结果为真	ones()	产生元素全部为 1 的矩阵
isletter()	若字符串为字母组成，则结果为真	pack	整理工作空间的内存
isnan()	若参数为 NaN，则结果为真	patch()	补片生成函数
issparse()	若矩阵为稀疏表示，则结果为真	path	设置查询 MATLAB 的路径
isstr()	若参数为字符串，则结果为真	pause()	暂停函数
jet	HSV 色调的变化型	pcolor()	伪颜色绘图
keyboard	人机交互语句	peaks	绘制尖峰图
linspace()	构造线性分布的向量	penny	便士硬币的各个角度试图
load	从文件中读入变量	pi	圆周率
log()	自然对数函数	pink	粉色色调颜色表
log10()	常用对数函数	plot()	二维图形绘制
loglog()	全对数坐标轴绘制	plot3()	绘制三维线或点图形
logm()	矩阵的对数	polar()	极坐标图形绘制
logspace()	构造等对数的分布向量	poly()	求矩阵的特征多项式
lookfor	对 HELP 信息中的关键词进行查找	polyder()	多项式求导
lower()	将字符串内容转换为小写	polyfit()	数据的多项式拟合
lscov()	最小二乘方差	polyval()	多项式求值
lu()	矩阵的三角（LU 分解）	polyvalm()	多项式矩阵的求值
magic()	生成魔术矩阵	print()	打印图形或将图形存盘
max()	求向量中最大元素	printopt()	建立打印机默认值
mean()	求向量各元素均值	prism	光谱颜色表
median()	求向量中各元素中间值	prod()	对向量中各元素求积
membrane	产生 Math Works 公司标志	qr()	矩阵的正交三角化（QR）分解
mesh()	绘制三维网格图形	Qrdelete()	QR 分解中删除一列
meshc()	带有等高线的网格图形	qrinsert()	QR 分解中插入一列
meshgrid()	生成网格数据阵	quad()	低阶数值积分算法
meshz()	带有零平面的三维网格图形	quad8()	高阶数值积分算法

续表

函数表	含义	函数表	含义
quaddemo	自适应变步长数值演示	sqrt()	平方根函数
quake	Loma Prieta 地震模型	sqrtm()	求矩阵的平方根
quit	退出 MATLAB 环境	stairs()	阶梯图形绘制
quiver()	箭头图形	std()	求向量中各元素标准方差
rand()	产生随机矩阵	stem()	离散序列柄状图形绘制
randn()	产生正态分布随机阵	str2mat()	字符串转换成矩阵
randperm()	随机置换向量	str2num()	字符串转换为实型数据
rank()	求矩阵的秩	strcmp()	字符串比较
real()	求取实部函数	subplot	在图形窗口中分建立若干个子图
realmex	最大浮点数值	sum()	对向量中各元素求和
realmin	最小浮点数值	sunspots	太阳黑子活动模拟
rem()	求余数	surf()	三维表面图
return	返回到主调函数	surface()	创建曲面
rgb2hsv()	RGB 对 HSV 颜色的转换	surfc()	带有等高线的三维表面图
rgbplot()	绘制颜色图	surfl()	带有光照阴影的三维表面图
roots()	多项式求根	svd()	矩阵的奇异值分解函数
rose()	极坐标（角度）直方图绘制	symbfact()	符号因式分解
rosser()	典型的对称矩阵特征值问题测试	tan()	正切函数
rot90()	将矩阵元素旋转 90°	tanh()	双曲正切
round()	取与真值最接近的整数	terminal	设置图形终端类型
save	将工作空间中变量存盘	text()	在图形上加文本信息
sec()	正割函数	tic()	启动秒表计时器
sech()	双曲正割	title()	给图形加标题
semilogx()	*x* 轴半对数坐标图形绘制	toc()	读取秒表计时器值
semilogy()	*y* 轴半对数坐标图形绘制	trace()	求矩阵的迹
sepdemo	有限元网络图演示	treeplot()	绘制分割路径的图形
set()	设置对象属性	tril()	提取矩阵的下三角部分
setstr()	将数值转换为字符串	triu()	提取矩阵的上三角部分
shading	阴影模式	type	列出 M 文件
sigdemo1	离散 Fourier 变换演示	uicontrol()	建立用户界面控制函数
sigdemo2	连续 Fourier 变换演示	version	显示 MATLAB 版本号
sign()	符号函数	vibes	L 型振荡动画
sin()	正弦函数	viewmtx()	显示坐标变换矩阵
size()	查询矩阵的维数	waterfall()	瀑布型图形
sort()	对向量中各元素排序	what	列出当前目录下的有关文件
sound()	将数据向量转换为声音	whatsnew	手册中未给出的新特性
sounddemo	MATLAB 4.0 声音功能演示	which	找出函数与文件所在的目录名
sphere()	产生球体	while	循环语句
spline2rd	二维样条函数演示	whitebg	将图形窗口设置成白色背景

续表

函 数 表	含 义	函 数 表	含 义
who	简要列出工作空间变量名	ylable()	给图形加 Y 轴标识
whos	详细列出工作空间变量名	zerodemo	求根演示
why	给出简要回答	zeros()	生成全零矩阵
xlable	给图形加 X 轴标识	zlable()	给图形加 Z 轴标识
xor()	逻辑异或	—	—

附录B　图形对象属性表

附表 B-1　　图形窗口属性

属性名称	功能	属性取值
Color	图形背景色	RGB 向量或 MATLAB 中固定的颜色名，默认颜色是灰色([0.8 0.8 0.8])
Colormap	图形颜色映像(参见第六章)	m*3 矩阵或 RGB 向量
HandleVisibility	指定何时对象句柄可见，此属性用于控制从 MATLAB 命令行或图形用户界面对对象句柄的访问	callback：通过回调程序或函数使句柄可见 on：总是可见 {off}：总是不可见
MinColormap	使用颜色表输入项的最小个数	标量，默认值 64
MenuBar	显示或不显示图形窗口的菜单	{figure}：显示 none：不显示
Name	图形窗口标题名	字符串（默认情况是空的），如果 NumberTitle 属性为 on，则标题格式为：Figure No.n：字符串
NextPlot	决定如何绘制下一幅图	add：使用当前图形窗口的属性，添加新的图形 replace：在画图前，将除 Position 属性外的所有图形窗口属性重置为默认值，并删除所有子对象 replacechildren：删除所有子对象，但不重置图形窗口属性
NumberTitle	是否在图形窗口标题中使用序号	on：使用 {off}：不使用
Resize	允许或不允许改变图形窗口大小	{on}：允许改变 off：不允许改变
Parent	图形窗口父对象的句柄	一般为 0
Position	图形窗口在屏幕中的位置	4 元素的向量：[到屏幕左边的距离，到屏幕右边的距离，图形窗口宽度，图形窗口高度]
Tag	用户指定的对象标记	字符串
Type	对象类型	figure
UIContextmenu	把图形和一个上下文菜单联系起来	图形中建立的上下文菜单句柄
Units	尺寸和位置数据单位	{pixels}：像素 normalized：归一化坐标，屏幕的左下角为[0 0]，右上角为[1 1] inches：英寸 centimeters：厘米 points：点，等于 1/72 英寸
UserData	用户指定的数据	矩阵或字符串
Visible	图形窗口是否可见	{on}：可见 off：不可见

附表 B-2　　坐标轴属性

属性名称	功能	属性取值
Color	坐标轴背景颜色	{none}：使用图形的背景颜色 RGB 向量或 MATLAB 中固定的颜色
FontAngle	字体角度	{normal}：正常 italic：斜体 oblique：在有些系统中为斜体
FontName	字体名	字符串，默认值是 Helvetica

续表

属性名称	功能	属性取值
FontSize	字体尺寸	整数
FontUnits	尺寸单位	{points}：点，等于 1/72 英寸 normalized：归一化 inches：英寸 centimeters：厘米 pixels：像素
FontWeight	字体的粗细	{normal}：正常 bold：粗体 light：淡字体 demi：适中或粗体
GridLineStyle	网格线型	一：实线 --：虚线 {：}：点线 -.：点划线 none：无
HitTest	指定坐标轴是否能够通过鼠标单击被选中，成为当前对象	{on}：坐标轴可以被鼠标选中为当前对象，即成为 gco 命令和属性 CurrentObject 的返回值 off：鼠标在坐标轴上单击后，选择坐标轴下面的对象
LineWidth	坐标轴线的宽度	以点为单位的数
Parent	坐标轴的父对象句柄	图形窗口句柄
Position	坐标轴相当于图形窗口的位置	4 元素的向量：[坐标轴左下角相对于图形窗口的横坐标，坐标轴左下角相对于图形窗口的纵坐标，坐标轴的宽，坐标轴的高]
Tag	用户指定的对象标记	字符串
Title	坐标轴的标题	文本对象的句柄
UserData	用户指定的数据	矩阵或字符串
Units	位置数据的单位	pixels：像素 {normalized}：归一化坐标，屏幕的左下角为[0 0]，右上角为[1 1] inches：英寸 centimeters：厘米 points：点，等于 1/72 英寸
UIContextMenu	把坐标轴和一个上下文菜单联系起来	在图形对象中建立的上下文菜单句柄
Visible	坐标轴是否可见，这个属性不影响坐标轴的子对象	{on}：可见 off：不可见
XAxisLocation	*X* 轴的位置	{bottom}：下面 top：上面
XColor	*X* 轴的颜色	RGB 向量或 MATLAB 中固定的颜色名
XDir	*X* 轴的正方向	{normal}：从左向右 reverse：从右向左
XGrid	*X* 轴的网格线	{off}：无网格线 on：添加垂直 *X* 轴的网格线
Xlabel	*X* 轴的标注	文本对象的句柄
XLim	*X* 轴的取值范围	[最小值，最大值]
XLimMode	*X* 轴的取值模式	{auto}：自动设置取值范围 manual：设置了 Xlim 的值，就自动成为 manual 模式
Xscale	*X* 轴的刻度类型	{linear}：线性 log：对数

续表

属性名称	功　能	属性取值
Xtick	X 轴的刻度向量，按此向量把刻度线画在坐标轴上	向量
XTickLabel	X 轴的刻度标记	字符串数组
XTickLabelMode	X 轴的刻度标记模式	{auto}：自动设置刻度标记 manual：设置了 XTickLabel 的值，就自动成为 manual 模式
XTickMode	X 轴的刻度模式	{auto}：自动设置刻度 manual：设置 Xtick 的值，就自动为 manual 模式
YAxisLocation	Y 轴的位置	{left}：左侧 right：右侧
YColor	Y 轴的颜色	RGB 向量或 MATLAB 中固定的颜色名
YDir	Y 轴的正方向	{normal}：对二维坐标轴从下向上，对三维坐标轴从前向后 reverse：和 normal 相反
YGrid	Y 轴的网格线	{off}：无网格线 on：添加垂直 Y 轴的网格线
YLabel	Y 轴的标注	文本对象的句柄
YLim	Y 轴的取值范围	[最小值，最大值]
YLimMode	Y 轴的取值模式	{auto}：自动设置取值范围 manual：设置了 Ylim 的值，就自动成为 manual 模式
YScale	Y 轴的刻度类型	{linear}：线性 log：对数
YTick	Y 轴的刻度向量，按此向量把刻度线画在坐标轴上	向量
YTickLabel	Y 轴的刻度标记	字符串数组
YTickLabelMode	Y 轴的刻度标记模式	{auto}：自动设置刻度标记 manual：设置了 YTickLabel 的值，就自动成为 manual 模式
YTickMode	Y 轴的刻度模式	{auto}：自动设置刻度 manual：设置 YTick 的值，就自动成为 manual 模式
ZColor	Z 轴的颜色	RGB 向量或 MATLAB 中固定的颜色名
ZDir	Z 轴的正方向	{normal}：对二维坐标轴相对屏幕从里向外，对三维坐标轴从下向上 reverse：和 normal 相反
ZGrid	Z 轴的网格线	{off}：无网格线 on：添加垂直 Z 轴的网格线
ZLabel	Z 轴的标注	文本对象的句柄
ZLim	Z 轴的取值范围	[最小值，最大值]
ZLimMode	Z 轴的取值模式	auto：自动设置取值范围 manual：设置了 Zlim 的值，就自动成为 manual 模式
ZScale	Z 轴的刻度类型	{linear}：线性 log：对数
ZTick	Z 轴的刻度向量，按此向量把刻度线画在坐标轴上	向量
ZTickLabel	Z 轴的刻度标记	字符串数组
ZTickLabelMode	Z 轴的刻度标记模式	{auto}：自动设置刻度标记 manual：设置了 ZTickLabel 的值，就自动成为 manual 模式
ZTickMode	Z 轴的刻度模式	{auto}：自动设置刻度 manual：设置 Xtick 的值，就自动为 manual 模式

附表 B-3 图形界面控件属性

属性名称	功能	属性取值
BackgroundColor	对象的背景色，用于填充图形界面控件的表面颜色	RGB 向量或 MATLAB 中固定的颜色
Callback	激活控件对象时执行的程序	字符串，可以是 MATLAB 表达式或 M 文件名
Cdata	在控件上显示的真色彩图像的 RGB 值矩阵	三维矩阵
Children	控件无子对象	空矩阵
FontAngle	字体角度	{normal}：正常 italic：斜体 oblique：在有些系统中为斜体
FontName	字体名	字符串，默认值是 Helvetica
FontSize	字体尺寸	整数
FontUnits	尺寸单位	{points}：点，等于 1/72 英寸 normalized：归一化 inches：英寸 centimeters：厘米 pixels：像素
FontWeight	字体的粗细	{normal}：正常 bold：粗体 light：淡字体 demi：适中或粗体
ForegroundColor	前景色，指标注在控件表面的文本的颜色	RGB 向量或 MATLAB 中固定的颜色
Listboxtop	指定显示在列表框最上方的字符串的序号，此属性只针对控件中的列表框类型	标量
Max	当前控件允许的最大值	标量
Min	当前控件允许的最小值	标量
Parent	父对象句柄	句柄
Position	控件相当于图形窗口的位置	4 元素向量：[控件左下角相对于图形窗口的横坐标，控件左下角相对于图形窗口的纵坐标，控件的宽度，控件的高度]
SliderStep	滑动条步长范围	[最小步长，最大步长]
String	控件的表面标识	字符串
Style	控件类型	pushbutton：按钮 togglebutton：开关按钮 radiobutton：单选按钮 checkbox：复选框 edit：编辑框 text：静态文本框 slider：滑动条 panel：图文框 listbox：列表框 popumenu：弹出式菜单
Tag	用户指定的对象标记	字符串
Type	对象类型	uicontrol
UIContextMenu	把控件和一个上下文菜单联系起来，当在控件上单击鼠标右键时显示该上下文菜单	句柄

续表

属性名称	功能	属性取值
Units	区域和位置数据的单位	{pixels}：像素 nermalized：归一化坐标，屏幕的左下角为[0 0]，右上角为[1 1] inches：英寸 centimeters：厘米 points：点，等于 1/72 英寸 characters：默认系统字体的字符尺寸，宽等于一个字母的宽度，高等于两行文本基线之间的距离
UserData	用户指定的数据	矩阵或字符串
Value	当前控件的值	标量或向量
Visible	控件是否可见	{on}：可见 off：不可见

附表 B-4　图形界面菜单属性

属性名称	功能	属性取值
Callback	菜单项的调用程序	字符串，可以是 MATLAB 表达式或 M 文件名
ForegroundColor	前景色，指菜单的文本颜色	RGB 向量或 MATLAB 中固定的颜色名
Label	菜单项的标记文本，标记中前面有&的，定义了快捷键，它由 Alt+字符激活	字符串
Parent	父对象句柄	句柄
Position	uimenu 对象的相对位置，顶层菜单从左到右编号，子菜单从上至下编号	标量
Separator	菜单项之间的分隔线	{off}：不画分隔线 on：分隔线在菜单项之上
Tag	用户指定的对象标记	字符串
UserData	用户制定的数据	矩阵或字符串
Visible	菜单是否可见	{on}：可见 off：不可见

附表 B-5　图形界面上下文菜单属性

属性名称	功能	属性取值
Callback	在定义了上下文菜单的对象上单击鼠标右键时调用的程序	字符串，可以是 MATLAB 表达式或 M 文件名
Children	上下文菜单无子对象	—
Parent	父对象	句柄
Tag	用户指定的对象标记	字符串
Type	对象类型	uicontextmenu
UIContextMenu	对上下文菜单无效	—
UserData	用户指定的数据	矩阵或字符串
Visible	上下文菜单是否可见	off：不可见 on：可见

附表 B-6 **线 条 属 性**

属性名称	功　能	属性取值
Clipping	是否修剪超出坐标轴边框的线条	{on}：剪掉超出坐标轴边框的线条 off：不修剪
Color	线条颜色	RGB 向量或 MATLAB 中固定的颜色
LineStyle	线条类型	{-}：实线 --：虚线 : : 点线 -.：点划线 none：无
LineWidth	线条粗细	标量，以点(1/72 英寸)为单位
Marker	标记符号	*：星号 .：点号 o：圆圈
Marker	标记符号	x：叉 +：加号 s：小正方形 d：菱形 v：下三角 ^：上三角 <：左三角 >：右三角 h：六角形 p：五角形
MarkerEdgeColor	标记符号的边缘颜色	{auto}：自动 none：无颜色 RGB 向量或 MATLAB 中固定的颜色
MarkerSize	标记符号的大小	标量，以点(1/72 英寸)为单位
Parent	父对象	句柄
MarkerFaceColor	标记符号的表面颜色	{auto}：自动 none：无颜色，RGB 向量或 MATLAB 中固定的颜色名
Tag	用户指定的对象标记	字符串
Type	对象类型	line
UIContextMenu	把线条和一个上下文菜单联系起来	线条中建立的上下文菜单句柄
UserData	用户指定的数据	矩阵或字符串
Visible	线条是否可见	{on}：可见 off：不可见
Xdata	*X* 方向坐标数据	向量
Ydata	*Y* 方向坐标数据	向量
Zdata	*Z* 方向坐标数据	向量

附表 B-7 **文 本 属 性**

属性名称	功　能	属性取值
Color	文本颜色	RGB 向量或 MATLAB 中固定的颜色名
Editing	允许或不允许对文本进行编辑	{off}：不允许 on：允许
FontName	字体名	字符串，默认值是 Helvetica
FontSize	字体大小	整数

续表

属性名称	功能	属性取值
FontUnits	字体单位	{points}：点，等于 1/72 英寸 normalized：归一化 inches：英寸 centimeters：厘米 pixels：像素
FontWeight	字体的粗细	{normal}：正常 bold：粗体 light：淡字体 demi：适中或粗体
Parent	父对象	句柄
Position	文本的位置	$[x,y,z]$
Rotation	文本的旋转角度	度数
Selected	对象是否被选中	on：被选中时如果 SelectionHighlight 也设为 on 则显示对象句柄 off：未被选中
SelectionHighlight	是否突出选中的对象	{on}突出 off：不突出
String	文本字符串	—
Tag	用户指定的对象标记	字符串
Type	对象类型	text
UIContextMenu	把文本和一个上下文菜单联系起来	在文本所在的图形中建立的上下文菜单句柄

附表 B-8 矩形属性

属性名称	功能	属性取值
Parent	父对象	句柄
EdgeColor	矩形边框的颜色	{RGB 向量或 MATLAB 中固定的颜色} none：无颜色
FaceColor	矩形表面的颜色	{none}：无颜色 RGB 向量或 MATLAB 中固定的颜色
LineStyle	线条类型	{-}：实线 --：虚线 :：点线 -.：点划线 none：无
LineWidth	线条粗细	标量，以点（1/72 英寸）为单位
Position	矩形的位置和尺寸	4 元素向量：[矩形区域左下角的横坐标，矩形区域左下角的纵坐标，矩形宽度，矩形高度]
Selected	对象是否被选中	on：被选中时如果 SelectionHighlight 也设为 on，则显示对象句柄 off：未被选中
Tag	用户指定的对象标记	字符串
Type	对象类型	rectangle
UIContextMenu	把矩形对象和一个上下文菜单联系起来	在矩形对象所在的图形中建立的上下文菜单句柄
UserData	用户指定的数据	矩阵或字符串
Visible	矩形是否可见	{on}：可见 off：不可见

附表 B-9 **表 面 属 性**

属性名称	功 能	属性取值
Cdata	顶点位置（即Zdata中的数据对应的点）的颜色值	颜色矩阵
Children	表面对象无子对象	—
DiffuseStength	由坐标轴中的光源对象产生的散射光的强度	0到1之间的标量
EdgeColor	整个表面的边缘颜色	{RGB向量或MATLAB中固定的颜色} none：不画出边缘 flat：颜色平滑处理 interp：颜色插值处理
EDgeLighting	整个表面的边缘光照	{none}：光照不影响边缘 flat：光线均匀穿过表面的边缘 gouraud：线性插值处理 phong：线性插值，并计算每个像素点的反射系数
LineStyle	线条类型	{-}：实线 --：虚线 ：：点线 -.：点划线 none：无
LineWidth	线条粗线	标量，以点（1/72英寸）为单位
FaceColor	表面颜色	{flat}：颜色平滑处理 none：不进行颜色处理 interp：颜色插值处理RGB向量或MATLAB中固定的颜色
FaceLighting	表面光照	{none}：光线不影响表面 flat：光线均匀穿过每个单独表面 gouraud：线性插值处理 phong：线性插值，并计算每个像素点的反射系数
Marker	标记符号	*：星号 .：点号 o：圆圈 x：叉 +：加号
Marker	标记符号	s：小正方形 d：菱形 v：下三角 ^：上三角 <：左三角 >：右三角 h：六角形 p：五角形
MarkerEdgeColor	标记符号的边缘颜色	{auto}：自动 none：无颜色 RGB向量或MATLAB中固定的颜色
MarkerSize	标记符号的大小	标量，以点(1/72英寸)为单位
MarkerFaceColor	标记符号的表面颜色	{auto}：自动 none：无颜色 RGB向量或MATLAB中固定的颜色

续表

属性名称	功能	属性取值
MeshStyle	边缘线的画法	{both}：行和列的边缘线都画 row：只画行的边缘线 column：只画列的边缘线
Parent	父对象	句柄
Tag	用户指定的对象标记	字符串
Type	对象类型	surface
UIContextMenu	把表面对象和一个上下文菜单联系起来	在表面对象所在的图形中建立的上下文菜单句柄
UserData	用户指定的数据	矩阵或字符串
Visible	表面对象是否可见	{on}：可见 off：不可见
Xdata	*X* 轴数据	向量或矩阵
Ydata	*Y* 轴数据	向量或矩阵
Zdata	*Z* 轴数据	向量或矩阵

附表 B-10　补片属性

属性名称	功能	属性取值
DiffuseStrength	由坐标轴中的光源对象产生的散射光的强度	0 到 1 之间的标量
EdgeColor	补片边缘的颜色	{RGB 向量或 MATLAB 中固定的颜色} none：不画出边缘 flat：颜色平滑处理 interp：颜色插值处理
EDgeLighting	补片边缘的光照	{none}：光照不影响边缘 flat：光线均匀穿过每个单独表面的边缘
EDgeLighting	补片边缘的光照	gouraud：线性插值处理 phong：线性插值，并计算每个像素点的反射系数
FaceColor	补片表面的颜色	{flat}：颜色平滑处理 none：不画出面 interp：颜色插值处理 RGB 向量或 MATLAB 中固定的颜色
FaceLighting	补片表面的光照	{none}：光照不影响边缘 flat：光线均匀穿过补片 gouraud：线性插值处理 phong：线性插值，并计算每个像素点的反射系数
Faces	补片顶点的连接	矩阵
LineStyle	线条类型	{-}：实线 --：虚线 :：点线 -.：点划线 none：无
LineWidth	线条粗细	标量，以点（1/72 英寸）为单位
Marker	标记在补片顶点的符号	*：星号 .：点号 o：圆圈 x：叉 +：加号 s：小正方形

续表

属性名称	功能	属性取值
Marker	标记在补片顶点的符号	d：菱形 v：下三角 ^：上三角 <：左三角 >：右三角 h：六角形 p：五角形
MarkerEdgeColor	标记符号的边缘颜色	{auto}：自动 none：无颜色 RGB 向量或 MATLAB 中固定的颜色名
MarkerFaceColor	标记符号的表面颜色	{auto}：自动 none：无颜色 RGB 向量或 MATLAB 中固定的颜色名
MarkerSize	标记符号的大小	标量，以点（1/72 英寸）为单位
SpecularColorReflectance	镜面反射光的颜色设置	0 到 1 之间的标量 0 表示镜面反射光的颜色依赖于反射光线的对象颜色和光源的颜色 1 表示镜面反射光的颜色只依赖于光源的颜色
SpecularExponent	镜面反射的粗糙度指数	大于或等于 1
SpecularStrength	镜面反射光的强度	0 到 1 之间的标量
Tag	用户指定的对象标记	字符串
Type	对象类型	patch
Parent	父对象	句柄
UIContextMenu	把补片对象和一个上下文菜单联系起来	在补片对象所在的图形中建立的上下文菜单句柄
UserData	用户指定的数据	矩阵或字符串
Visible	补片对象是否可见	{on}：可见 off：不可见
Xdata	*X* 轴数据	向量或矩阵
Ydata	*Y* 轴数据	向量或矩阵
Zdata	*Z* 轴数据	向量或矩阵

附表 B-11　　光源属性

属性名称	功能	属性取值
Color	光源颜色	RGB 向量或 MATLAB 中固定的颜色
Position	光源的位置	向量[*x*,*y*,*z*]，单位是坐标轴的数据单位
Style	光源类型	{infinite}：无限光源（平行） local：局部光源
Parent	父对象	句柄
Tag	用户指定的对象标记	字符串
Type	对象类型	light
UIContextMenu	把光源对象和一个上下文菜单联系起来	在光源对象所在的图形中建立的上下文菜单句柄
UserData	用户指定的数据	矩阵或字符串
Visible	光源对象是否可见	{on}：可见 off：不可见

附表 B-12 图 像 属 性

属性名称	功　　能	属 性 取 值
Cdata	图像的颜色数据	颜色矩阵
Children	图像对象无子对象	—
Parent	父对象	句柄
Selected	对象是否被选中	on：被选中时如果 SelectionHighlight 也设为 on，则显示对象句柄 off：未被选中
SelectionHighlight	是否突出选中的对象	{on}：突出 off：不突出
Tag	用户指定的对象标记	字符串
UIContextMenu	把图像对象与上下文菜单联系起来	在图像对象所在的图形中建立的上下文菜单句柄
UserData	用户指定的数据	矩阵或字符串
Visible	图像对象是否可见	{on}：可见 off：不可见
Xdata	*X* 轴数据	向量或矩阵
Ydata	*Y* 轴数据	向量或矩阵

注意：附录 B 给出的是图形对象的一些常用的主要属性及其属性值，表中{}括起来的属性值是默认值。

参 考 文 献

[1] 李丽，王振领．MATLAB 工程计算及应用［M］．北京：人民邮电出版社，2001．
[2] 王沫然．MATLAB 6.0 与科学计算［M］．北京：电子工业出版社，2002．
[3] 李海涛，邓樱．MATLAB 程序设计教程［M］．北京：高等教育出版社，2002．
[4] 张明照，刘政波．应用 MATLAB 实现信号分析与处理［M］．北京：科学出版社，2006．
[5] 刘波，文忠．MATLAB 信号处理［M］．北京：电子工业出版社，2006．
[6] 薛年喜．MATLAB 在数字信号处理中的应用［M］．北京：清华大学出版社，2003．
[7] 丁玉美，高西全．数字信号处理［M］．西安：西安电子科技大学出版社，2001．
[8] 李维波．MATLAB 在电气工程中的应用［M］．北京：中国电力出版社，2007．
[9] 王忠孔，段慧达，高玉峰．MATLAB 应用技术：在电气工程与自动化专业中的应用［M］．北京：清华大学出版社，2007．
[10] 张亮，郭仕剑，王宝顺，等．MATLAB 7.x 系统建模与仿真［M］．北京：人民邮电出版社，2006．
[11] 王兆安，黄俊．电力电子技术［M］．北京：机械工业出版社，2007．
[12] 洪乃刚，等．电力电子和电力拖动控制系统的 MATLAB 仿真［M］．北京：机械工业出版社，2006．
[13] 褚洪生，杜曾吉，阎金华．MATLAB 7.2 优化设计实例指导教程［M］．北京：机械工业出版社，2007．
[14] 楼顺天，姚若玉，沈俊霞．MATLAB 7.x 程序设计语言［M］．西安：西安电子科技出版社，2006．
[15] 徐东艳，孟晓刚．MATLAB 函数库查询辞典［M］．北京：中国铁道出版社，2006．
[16] 陈杰．MATLAB 宝典［M］．北京：电子工业出版社，2006．
[17] 黄忠霖，黄京．MATLAB 符号运算及其应用［M］．北京：国防工业出版社，2004．
[18] 张圣勤．MATLAB 7.0 实用教程［M］．北京：机械工业出版社，2006．
[19] 王洪元．MATLAB 语言及其在电子信息工程中的应用［M］．北京：清华大学出版社，2006．
[20] 王家文，李仰军．MATLAB 7.0 图形图像处理［M］．北京：国防工业出版社，2005．
[21] 贺兴华，周媛媛，王继阳，等．MATLAB 7.x 图像处理［M］．北京：人民邮电出版社，2006．
[22] Duane Hanselman，Bruce Littlefield．精通 MATLAB 7［M］．朱仁峰，译．北京：清华大学出版社，2006．